全国高等院校计算机职业技能应用规划教材

Windows Server 2008 服务器配置与管理

主　编　雷惊鹏
副主编　吴元君　张继山　袁明磊

中国人民大学出版社
·北京·

图书在版编目（CIP）数据

Windows Server 2008 服务器配置与管理/雷惊鹏主编．—北京：中国人民大学出版社，2013.1
全国高等院校计算机职业技能应用规划教材
ISBN 978-7-300-16507-3

Ⅰ.①W…　Ⅱ.①雷…　Ⅲ.①Window 操作系统-网络服务器-高等学校-教材　Ⅳ.①TP316.86

中国版本图书馆 CIP 数据核字（2013）第 017608 号

全国高等院校计算机职业技能应用规划教材
Windows Server 2008 服务器配置与管理
主　编　雷惊鹏
副主编　吴元君　张继山　袁明磊

出版发行	中国人民大学出版社		
社　　址	北京中关村大街 31 号	**邮政编码**	100080
电　　话	010－62511242（总编室）		010－62511770（质管部）
	010－82501766（邮购部）		010－62514148（门市部）
	010－62515195（发行公司）		010－62515275（盗版举报）
网　　址	http://www.crup.com.cn		
经　　销	新华书店		
印　　刷	固安县铭成印刷有限公司		
规　　格	185 mm×260 mm　16 开本	**版　　次**	2013 年 3 月第 1 版
印　　张	18.25	**印　　次**	2021 年 7 月第 3 次印刷
字　　数	460 000	**定　　价**	35.00 元

前言

网络技术专业是服务于物联网等新兴战略性产业的基础专业。基于Windows的系统管理及网络服务管理课程是网络技术专业的核心课程。尤其是近年来，随着虚拟化、云计算等概念不断向实践迈进，对Windows Server 2008的学习和应用正掀起高潮。

Windows Server 2008发布于2008年3月。它继承了Windows Server 2003的稳定性和Windows XP的易用性，并融入了许多新的功能和应用，代表了下一代Windows Server。通过使用Windows Server 2008，IT专业人员对其服务器和网络基础结构的控制能力更强，从而可重点关注关键业务需求。

本书以Windows Server 2008的系统管理和网络管理为主线，介绍日常的系统维护操作和网络服务配置。共分12章，前6章以系统管理为主，围绕"由谁管（第2章）、管什么（第3～5章）、怎样管好（第6章）"这条线，讲解系统安装、用户管理、磁盘管理、文件系统管理、资源共享和性能监视；接下来的4章以网络服务配置为主，以"能做什么、怎样去做"为思路，讲解DHCP、DNS、Active Directory、Web和FTP等常见服务的配置与管理操作；最后两章，分别介绍系统的安全管理和虚拟化服务，前者是管理的重要环节，后者是Windows Server 2008最新特性的应用。

本书组织了具有实际工程经验、主持或参与了多部教材开发并在教学一线工作多年的人员编写，从初学者的角度出发，使得读者尤其是高职高专院校的学生易于学习和掌握。读者完全可以按照本书所示截图、所写步骤，完成学习。建议在学习中注意比较法的运用。同时，教材融入了微软MTA认证的考试内容。微软MTA国际认证是微软最新推出的信息专业能力认证，专为有志成为IT专业人员（IT Pro）或程序开发人员（Developer）所设计的核心能力国际认证，其中考试的核心能力范围涵盖80%信息专业知识与20%的技能。在获得微软技术平台初步实际的操作经验，并通过MTA国际认证后，可以继续努力往微软技术专家MCTS（Microsoft Certified Technology Specialist）认证之路前进。将职业标准和资格认证纳入，是本教材的特色之一。

本书由安徽国防科技职业学院雷惊鹏老师担任主编，结合MTA认证要求梳理大纲，拟定写作思路，编写了第1、9、11、12章，并负责全书的统稿、审定工作；安徽财贸职业学院的吴元君老师负责编写第2、3、4章；安徽三联学院张继山老师负责编写第5、7、8章；安徽国防科技职业学院袁明磊老师负责编写第6、10章。

为方便教师授课和学生学习，本书配备有PPT教案和上机实验指导手册，可登录出版社网站下载或直接向主编索取。

在编写过程中，我们始终保持严谨的态度工作，但还是难免有疏漏或错误之处，恳请读者朋友批评指正，可通过邮箱 ahgfljp@126.com 与主编联系以便修正。在此表示衷心感谢！

编者

目　录

第1章 服务器的安装与基本配置

服务器操作系统的选择，对整个企业网络的有效运行至关重要。作为系统管理员和网络管理员，首要的任务是确保服务器本身能正常、稳定地运行，在此基础上才能更加有效地服务和管理整个网络。

通过本章的学习，掌握如何安装服务器操作系统 Windows Server 2008，并了解如何管理硬件设备的驱动程序和系统中运行的服务。之后将就用户工作环境的设置做出说明。

知识点：

- Windows Server 2008 介绍
- 设备驱动程序
- Windows 系统服务
- 用户工作环境

技能点：

- 能够安装 Windows Server 2008
- 能够管理设备驱动程序
- 能够管理 Windows 系统服务
- 能够设置用户工作环境

1.1 引例：Windows Server 2008 概览

Microsoft Windows Server 2008 是为强化下一代网络、应用程序和 Web 服务的功能而设计的操作系统。通过在网络中部署 Windows Server 2008，管理员对服务器和网络基础结构的控制能力更强，能更好地满足关键业务的运营需求。

1.1.1 与 Windows Server 2003 的比较

Windows Server 2003 于 2003 年 3 月 28 日发布，并在同年四月底上市。Windows Server 2003 在应用中具有可靠性、可用性、可伸缩性和安全性等特点，这使其成为高度可靠的平台。在应用中用户可根据要求选择使用 32 位或 64 位两种不同的系统平台。

Windows Server 2003 支持多达 8 个节点的服务器群集，而且群集安装和设置简便、可靠，增强的网络功能提供了更强的故障转移能力和更长的系统运行时间；通过由对称多处理技术（SMP）支持的向上扩展和由群集支持的向外扩展，提供了良好的可伸缩性。在安全性方面，提供了许多重要的新功能和改进，例如采用的公共语言运行库提高了可靠性并有助于保证计算环境的安全，改进的 IIS 6.0 有效增强了 Web 服务器的安全性。Windows Server

2003还提供了众多网络服务，例如智能的文件和打印服务、改进的Active Directory服务、XML Web服务、数字流媒体服务等。

Windows Server 2008是微软最新的服务器操作系统，发布于2008年3月。它继承了Windows Server 2003的稳定性和Windows XP的易用性，代表了下一代Windows Server。通过使用Windows Server 2008，IT专业人员对其服务器和网络基础结构的控制能力更强，从而可重点关注关键业务需求。

Windows Server 2008通过加强操作系统和保护网络环境提高了安全性。通过加快IT系统的部署与维护，使服务器和应用程序的合并与虚拟化更加简单，在虚拟化工作负载、支持应用程序和保护网络方面向组织提供最高效的平台。相对于Windows Server 2003，该系统主要有以下特色和改进：

● 增强的控制能力：增强的脚本编写功能和任务自动化功能帮助IT专业人员自动执行常见IT任务。服务器的配置和系统信息是从新的服务器管理器控制台这一集中位置来管理的，简化了在企业中管理与保护多个服务器角色的任务。

● 增强的系统保护：借助网络访问保护（NAP）、只读域控制器（RODC）、公钥基础结构（PKI）增强功能、Windows服务强化、新的双向Windows防火墙和新一代加密技术，Windows Server 2008操作系统中的安全性得到了增强。

● 增强的灵活性：例如允许用户从远程位置（如远程应用程序和终端服务网关）执行程序、使用Windows部署服务（WDS）加速对IT系统的部署和维护、使用Windows Server虚拟化（WSV）帮助合并服务器。

● 虚拟化技术：Windows Server 2008支持内置虚拟化技术，包括服务器虚拟化、应用程序虚拟化、桌面虚拟化、表示层虚拟化和集中管控五个方面。其中，服务器虚拟化技术使得可以在Windows Server 2008上运行Windows、Linux、UNIX等多个操作系统，并与现有的环境互操作。Hyper-V技术可以保证虚拟服务器的效率和单独部署同样的物理服务器的效率非常接近。

● ServerCore：是系统中一个全新的最小限度服务器安装选项，可以提供不包含服务器图形用户界面的操作系统，为一些特定服务的正常运行提供了一个最小的环境，从而减少了其他服务和管理工具可能造成的攻击和风险，安全性更高。

● PowerShell命令行：一个新的命令行工具，包含130多种工具和一种集成的脚本语言。可以作为图形界面管理的补充，也可以彻底取代它。系统管理员通过它来实现自动化和控制Windows桌面与服务器上的任务。不需要编程背景，非常易于学习和使用。

● 良好的Web支持：Windows Server 2008在Web方面有了很多增强。主要体现在用于文档发布、信息共享的Sharepoint Services 3.0、IIS 7.0、Windows Media Services等方面。其中IIS 7.0相比之前版本，在内核中做了很大改进，把内核分割为40多个模块，管理员可以根据不同需求选择打开一些模块而同时关闭一些模块，这样管理员对于系统的控制更加容易。此外，稳定性方面有了极大提升，IIS 7.0会对自身的系统进行监控，当出现异常的时候，如占用CPU资源过多，IIS 7.0可以自动优化。

● 自修复NTFS文件系统：一个新的系统服务会在后台默默工作以检测文件系统错误，并且可以在无需关闭服务器的状态下自动将其修复。这样在文件系统发生错误的时候，服务器只会暂时停止无法访问的部分数据，整体运行基本不受影响。

除了上述特性和改进的功能以外，Windows Server 2008 还有许多特色有待于我们在实际应用中逐步了解。总体而言，Windows Server 2008 通过内置的服务器虚拟化技术，可以帮助企业降低成本，提高硬件利用率，优化基础设施并提高服务器可用性；通过 Server Core、PowerShell、Windows Deployment Services 以及增强的联网与集群技术等，为工作负载和应用要求提供功能最为丰富且可靠的 Windows 平台；改进的安全功能，为网络、数据和业务提供网络接入保护、联合权限管理以及只读的域控制器等前所未有的保护，是有史以来最安全的 Windows Server；改进的管理、诊断、开发与应用工具，以及更低的基础设施成本，能够高效地提供丰富的 Web 体验和最新网络解决方案。

1.1.2 Windows Server 2008 的版本

Windows Server 2008 有多种不同版本，在硬件支持、性能和网络服务的提供方面存在一定差别，用户在应用中可根据实际需求加以选择。

1. Windows Server 2008 标准版（Standard Edition）

适用于小型商业网络，其内建的强化 Web 和虚拟化功能专为增加服务器基础架构的可靠性和弹性而设计，同时能节省时间及降低成本，为文件和打印机共享、提供安全的 Internet 连接以及集中化的桌面应用程序部署提供良好支持。

2. Windows Server 2008 企业版（Enterprise Edition）

为满足各种规模的企业的一般用途而设计，提供企业级的平台。其所具备的群和热添加（Hot-Add）处理器功能，可协助改善可用性，而整合的身份识别管理功能，可协助改善安全性，利用虚拟化授权权限整合应用程序，则可减少基础架构的成本，因此 Windows Server 2008 企业版能为高度动态、可扩充的 IT 基础架构，提供良好的基础。在功能类型上与标准版基本相同，但提供了对更高硬件系统的支持，提供了更加优良的可伸缩性和可用性，并增加了 Failover Clustering、Active Directory 联合服务等企业技术。

3. Windows Server 2008 数据中心版（Datacenter Edition）

为数据库、企业资源规划软件、高容量实时事务处理和服务器强化操作创建任务性解决方案提供了扎实基础。数据中心版所提供的企业级平台，可在小型和大型服务器上部署具业务关键性的应用程序及大规模的虚拟化。其所具备的群和动态硬件分割功能，可改善可用性，而利用无限制的虚拟化授权权限整合而成的应用程序，则可减少基础架构的成本。此版本可支持 2 到 64 颗处理器和提供无限量的虚拟镜像应用，在建置企业级虚拟化以及扩充解决方案上能够提供良好的基础。

4. Windows Web Server 2008（Web Edition）

从该版本的名称能判断出，Windows Web Server 2008 是特别为单一用途 Web 服务器而设计的系统，可用于创建和管理 Web 应用程序、网页和 XML Web Services。重新设计架构的 IIS 7.0、ASP.NET 和 Microsoft .NET Framework，能满足任何企业快速部署网页、网站、Web 应用程序和 Web 服务的需要。

5. Windows Server 2008 安腾版（Itanium Edition）

Windows Server 2008 安腾版专为 Intel Itanium 64 位处理器设计，可提供高可用性和多达 64 颗处理器的可扩充性，能符合高要求且具关键性的解决方案之需求。

6. Windows HPC Server 2008（High-Performance Computing Edition）

Windows HPC Server 2008 具备高效能运算（HPC）特性，可提供企业级的工具给高生产力的 HPC 环境，由于其建立于 Windows Server 2008 及 64 位技术上，因此可有效地扩充至数以千计的处理核心，并可提供管理控制台，协助用户主动监督和维护系统健康状况及稳定性。其所具备的互操作性和弹性，可让 Windows 和 UNIX/Linux 的 HPC 平台间进行整合，也可支持批次作业以及服务导向架构（SOA）工作负载，而增强的生产力、可扩充的效能以及使用容易等特色，可使 Windows HPC Server 2008 成为同级中最佳的 Windows 环境。

除了上述版本以外，Windows Server 2008 还包括不支持 Windows Server Hyper-V 技术的三个版本：Windows Server 2008 Standard without Hyper-V、Windows Server 2008 Enterprise without Hyper-V、Windows Server 2008 Datacenter without Hyper-V。

1.2 安装 Windows Server 2008 系统

1.2.1 了解必要的安装选项

1. 收集操作系统的安装需求信息

在安装操作系统之前，需要收集必要的信息，明确该操作系统对硬件环境的最低需求。Windows Server 2008 的功能较以前的操作系统有了极大改进，但是其安装过程却十分简单且简短。在安装中，用户要根据实际需求，在安装向导的提示下做出相应的设置，以满足当前环境的需要。管理员应了解安装 Windows Server 2008 必要的硬件配置需求，如表 1—1 所示：

表 1—1　　安装 Windows Server 2008 必要的硬件配置

硬件名称	最低配置	推荐配置
处理器（CPU）	Pentium 1GHz（32 位）或 1.4GHz（64 位）	2.0GHz 或更高
内存	512MB	2GB 或更高
硬盘	10GB	40GB 或更多

此外，管理员还应注意两个问题：

（1）Windows Server 2008 有多种版本。不同版本对硬件的支持程度不同。例如，32 位系统中，标准版支持的最大内存为 4GB，企业版和数据中心版为 64GB；64 位系统中，标准版为 32GB，其他版本为 2TB。

（2）若要从光盘安装系统，则需要配备 CD-ROM 或 DVD-ROM。同时要注意计算机的外部组件是否在 Windows Server 2008 的硬件兼容列表（HCL）中。

关于各版本的硬件支持及兼容性查询，均可通过微软官方网站查看。

2. 了解其他必要的安装选项

在确定服务器外部组件均能满足要求，即确定硬件兼容性没有问题之后，则可以进入下一环节：制定安装计划。如有必要，还可设置自动安装选项等。

在制定系统安装计划时，着重考虑以下方面：

（1）决定执行升级还是执行全新安装。

在现有操作系统的基础上可以执行升级安装过程，例如从现有的 Windows Server 2003 标准版升级到 Windows Server 2008 标准版，此时可不用卸载原有的 Windows 系统，只要在原来的基础上进行升级安装即可，而且升级后可保留原有的配置，升级过程中会安装在旧系统中安装过的角色或功能。这种方式的优点是可以大大减少对系统的配置时间。但并非从现有的任何系统都能升级到 Windows Server 2008。

在条件许可时，应尽可能采用全新安装的方式。全新安装是在空白的磁盘分区上创建操作系统的过程，不会在安装过程中安装任何角色或功能。通过设置 BIOS 支持从 CD-ROM 或 DVD-ROM 启动，便可直接从安装光盘启动计算机并运行安装程序。

(2) 确定驱动器如何分区。

分区是物理磁盘的一部分，其作用如同一个物理分隔单元。硬盘上的存储空间首先需要进行分区的操作。在创建分区后，将数据存储在该分区之前必须将其格式化并指派驱动器号。这个过程可以在安装操作系统时完成，也可在安装好系统之后对分区做出调整。

(3) 是否需要执行自动安装。

在安装操作系统的过程中，系统会询问一些问题，管理员需要对这些问题做出判断和选择，做出明确的设置，所以在安装过程中管理员不能离开。如果有多台机器都需要安装操作系统，无疑，这会占据大量的时间。此时可以考虑采用自动安装的方式，即管理员事先将系统可能问到的问题以及对这些问题的回答存储在一个文本文件中，安装过程中当系统需要用户输入信息时，安装程序可以自动在指定的文本文件中寻找答案，而不必等待管理员的手工输入。

(4) 决定服务器的命名约定。

规范地命名每一台计算机设备，能方便使用者和管理员有效区分各机器。例如，名为"FileServer"的计算机，很容易让人联想到这是一台文件服务器，可能存储有用户所需的一些资料；而名为"win001dc4k65"的计算机，则很难通过名称判断该机器的位置和作用。因此，采用合理的计算机名称对日后的使用和维护很有帮助。

(5) 确定网络配置和安全性要求。

可以预先设计好服务器的网络配置要求和安全要求，并在安装中设置合理的选项。例如服务器所使用的 IP 地址、管理密码等。

(6) 对硬件应用所有固件或 BIOS 更新。

有时候，对 BIOS 进行更新是必要的。硬件厂商对原有 BIOS 文件进行错误修正和性能提升，通过更新可以有效提高和充分发挥硬件的管理性能。但是更新 BIOS 也存在一定的风险，管理员需要有丰富的维护经验和熟练的操作能力，否则不建议实行此操作。

1.2.2 安装 Windows Server 2008

下面以从光盘引导计算机为例，介绍全新安装 Windows Server 2008（标准版）的详细步骤。在安装开始之前，应保证安装光盘是可用的，并将计算机的 BIOS 设置为从光盘启动。

(1) 启动计算机后，按住"Del"键，进入 BIOS 设置界面。在"Advanced BIOS Features"选项中，设置"First Boot Device"选项为"CDROM"。保存设置后退出 BIOS 设置界面。

(2) 将安装光盘放入光驱并启动计算机。此时将从光盘启动安装程序。计算机将加载部分驱动程序，并初始化安装执行环境，如图 1—1、图 1—2 所示。

图 1—1　加载部分驱动程序

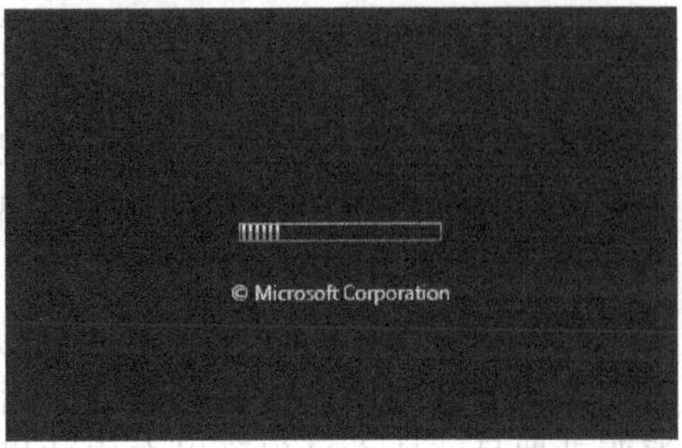

图 1—2　初始化安装执行环境

（3）在出现“安装 Windows”界面后，选择安装语言、时间和货币格式、键盘和输入方法，如图 1—3 所示（一般采用系统默认设置即可），单击“下一步”开始全新安装。

（4）在出现的窗口中，可单击查看“安装 Windows 须知”，或是执行“修复计算机”的操作。这里进行的是安装操作，所以应单击“现在安装”，如图 1—4 所示。

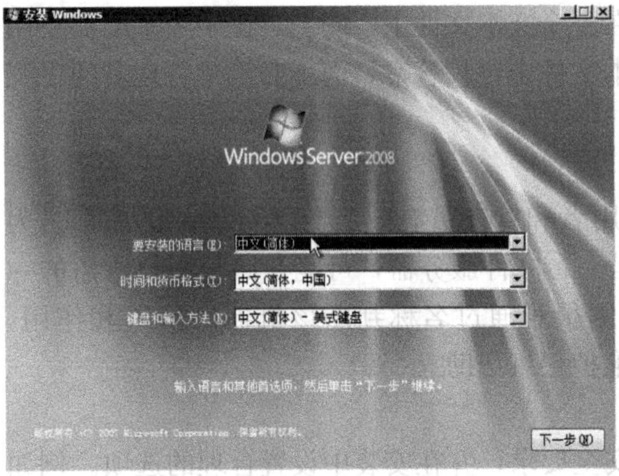

图 1—3　语言设置及其他首选项

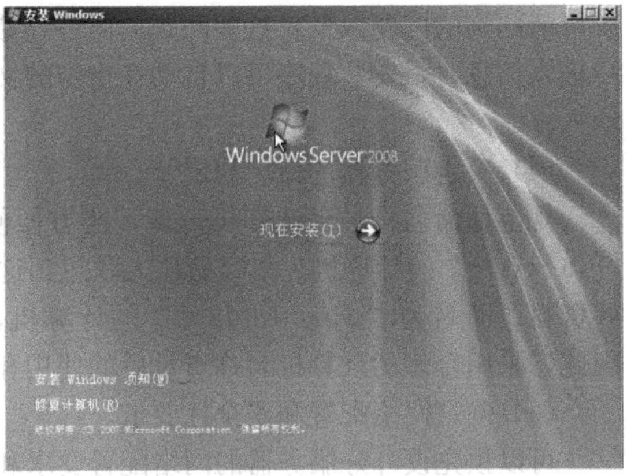

图 1—4　执行安装操作

（5）在出现的窗口中列出了可以安装的版本。这里选择“Windows Server 2008 Standard（完全安装）”选项，即 32 位的标准版，如图 1—5 所示。单击“下一步”。

（6）按提示阅读许可条款，并且必须接受该条款才可以继续执行安装操作。选中“我接受许可条款”复选框，如图 1—6 所示，单击“下一步”。

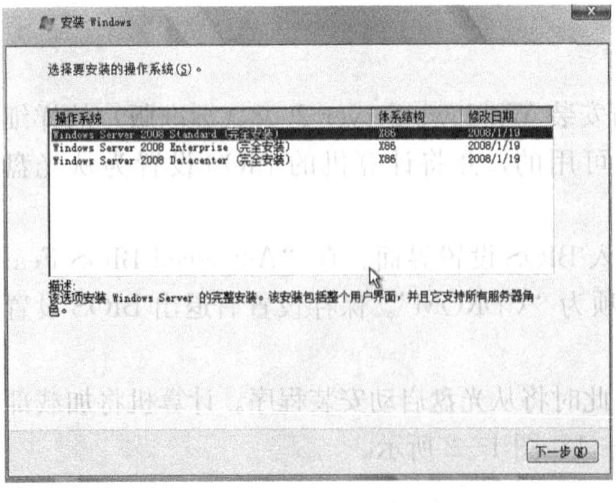

图 1—5　选择操作系统的版本

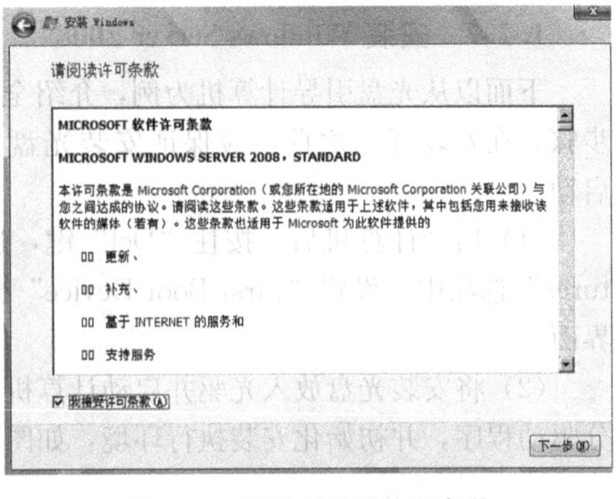

图 1—6　阅读并接受许可条款

（7）在出现的窗口中，选择安装类型。“自定义（高级）”选项即用于本次操作的全新安装，如图 1—7 所示，而“升级”选项已被禁用，因为目前计算机并没用可用的操作系统。

（8）在出现的窗口中将选择系统的安装位置。此时硬盘并未使用，而且可在图中看到硬盘的名称为“磁盘 0”，表示目前计算机里只安装有 1 块硬盘。如果安装有多块硬盘，还可看到磁盘 1、磁盘 2 等。单击图中的“驱动器选项（高级）”，如图 1—8 所示，对硬盘进行分区、格式化操作。只有经过分区和格式化操作的硬盘才可以存放数据。

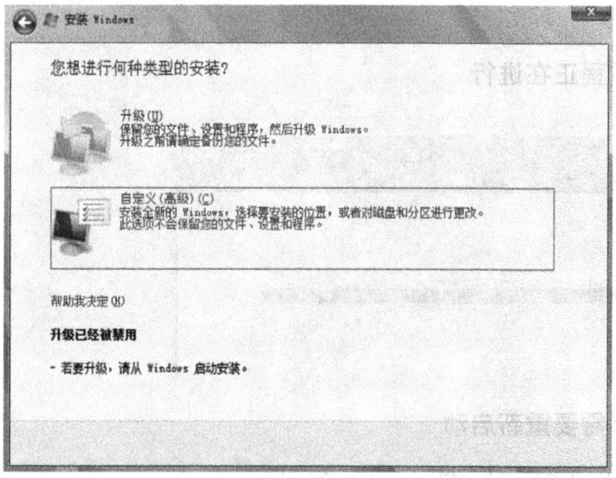

图 1—7　选择自定义（高级）安装

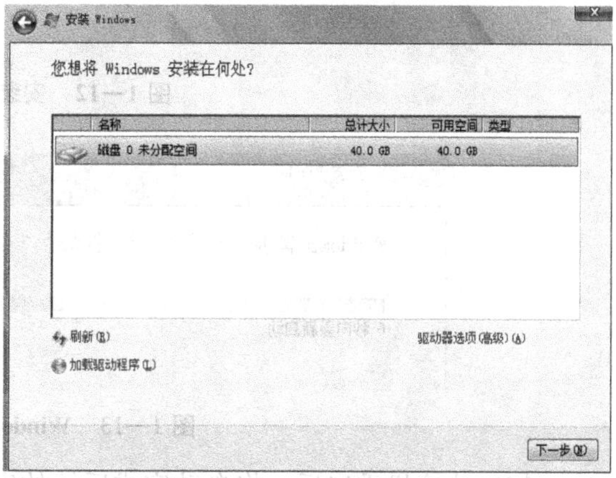

图 1—8　磁盘状态信息

（9）在出现的窗口中单击“新建”按钮，如图 1—9 所示，在“大小”文本框中输入第一个分区，也就是主分区的大小（见图 1—10），例如 20480MB，输入完成后单击“应用”按钮，第一个分区创建完成。

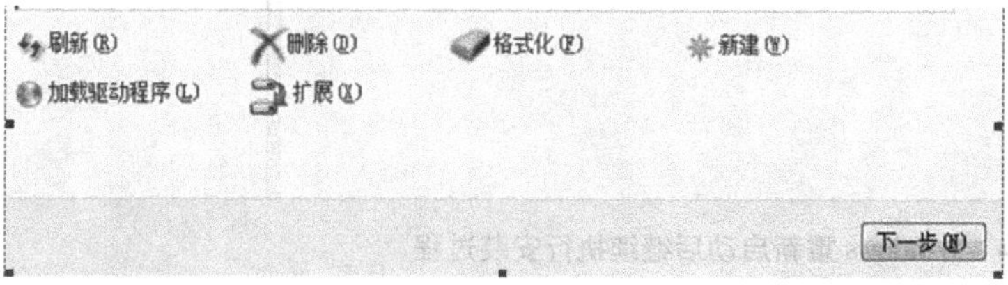

图 1—9　新建磁盘分区

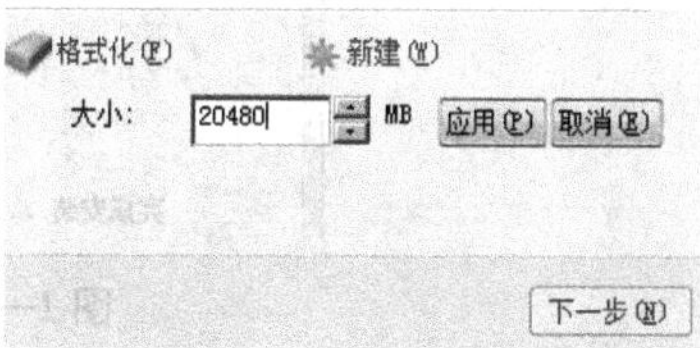

图 1—10　设置分区大小

（10）创建成功的分区如图 1—11 所示。剩余的磁盘空间可按照步骤（9）所述方法完成划分。也可以在系统安装完成之后，通过专门的磁盘管理工具进行分区和格式化。

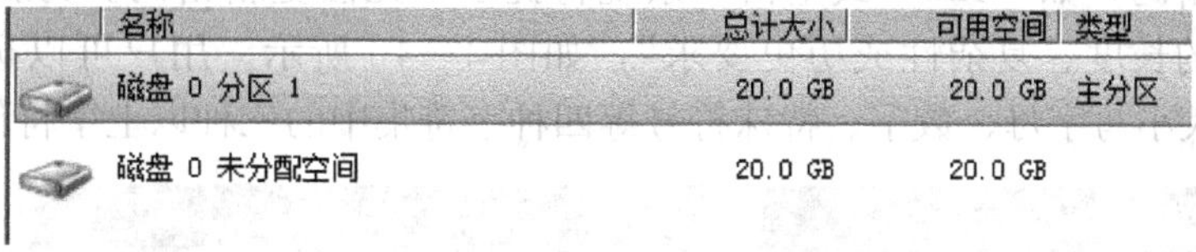

名称
总计大小
可用空间
类型
磁盘 0 分区 1
20.0 GB
20.0 GB
主分区
磁盘 0 未分配空间
20.0 GB
20.0 GB

图 1—11　创建了分区后的磁盘状态

（11）接下来，系统将执行复制文件和安装的操作，如图 1—12 所示，此过程管理员不需做任何操作，只需等待计算机重启即可，如图 1—13 所示。

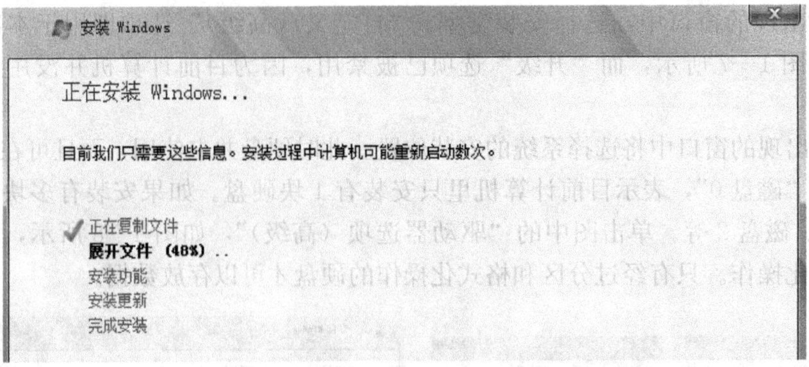

图 1—12　安装过程正在进行

图 1—13　Windows 需要重新启动

（12）计算机重启后，将自动完成后续的安装过程，如图 1—14 所示。

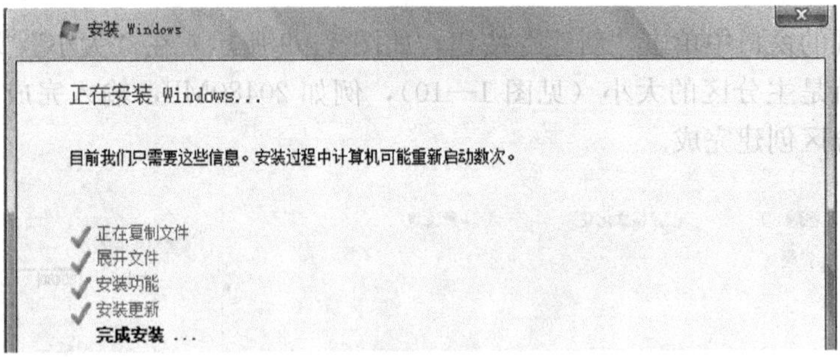

图 1—14　Windows 重新启动后继续执行安装过程

（13）待安装过程全部结束后，将显示计算机的登录画面。Windows Server 2008 要求用户首次登录之前必须更改密码，如图 1—15 所示，单击图中的“确定”按钮。

（14）需要注意的是，按照系统的策略，用户更改的密码必须符合一定的要求，如果使用过于简单的密码，如“123”或空格，系统将提示“无法更新密码。为新密码提供的值不符合字符域的长度、复杂性或历史要求”，如图 1—16 所示。用户可以选择长度大于 6 个字符、包含大小写字母、数字、特殊符号等四种字符集中的三种以上字符作为密码，例如

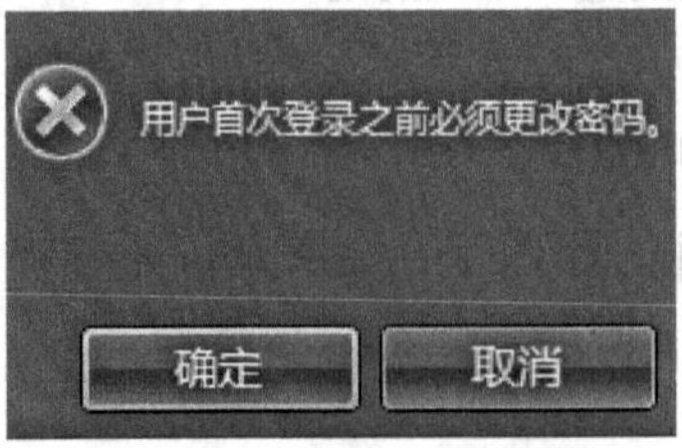

图 1—15　提示更改密码

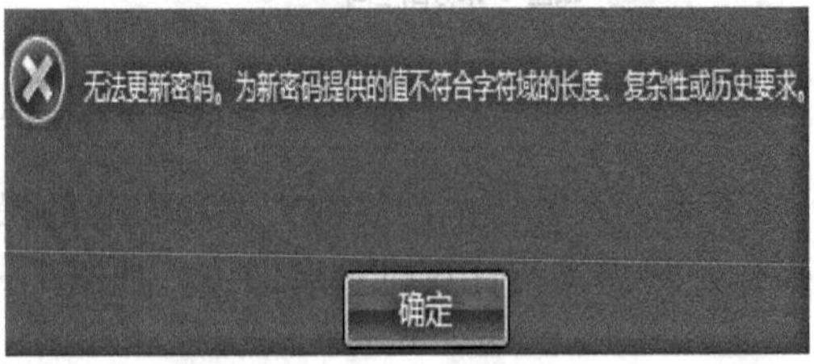

图 1—16　密码需要符合系统安全策略的要求

“123abc＊”，即可满足要求，如图 1—17 所示。更改密码后，按下回车键即可看到密码更改的提示，如图 1—18 所示，单击“确定”即可进入系统。

图 1—17　更改符合条件的密码

1—18　密码更改成功

（15）进入操作系统后，默认状态用户能看到的桌面图标只有“回收站”，如图 1—19 所示，并且系统会自动弹出“初始配置任务”窗口（见图 1—20）。

图 1—19　第一次登录后显示的操作系统桌面

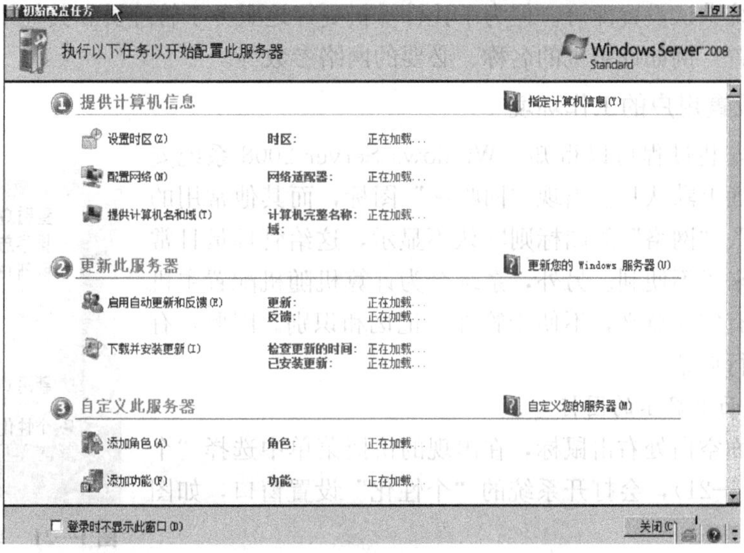

图 1—20　“初始配置任务”窗口

到这里，Windows Server 2008（标准版）的完全安装操作就全部结束了。相对于 Windows Server 2003，Windows Server 2008 的功能得到了提升，但是其安装工作并不复杂，所需的时间也大大减少。然而在安装完成后，管理员应当对系统做出适当的调整和设置，以便更好地应用和管理。系统的基本配置将在 1.3 节讲解。

1.2.3 了解自动安装选项

上述过程演示了如何通过光盘执行全新安装。通过操作不难发现，在安装中计算机会提出一些问题，并由管理员做出设置后方可进行下一步的操作，否则安装进程将始终停留在某一画面。也就是说，在整个安装过程中，需要用户的直接参与。如果需要安装的服务器数量较少，那么安装任务相对会比较轻松，耗费的时间也不会太长。但是如果要安装的服务器数量较多，通过安装向导需要管理员一台一台地去设置，无疑会导致大量的时间浪费在重复的劳动上。这也不符合管理效率的要求。此时应当考虑是否可以通过其他设置来简化安装过程。

Windows Server 2008 提供了自动安装的功能，使得服务器或工作站可以在几乎不需要管理交互的情况下进行部署。可在网络中设置 Windows 部署服务（WDS），通过使用安装文件或预配置映像（Windows 映像 *.WIM 文件）快速部署工作站的服务器应用程序。

WDS 要求在网络中已有的服务器上配置 Active Directory（活动目录）服务、动态主机配置协议（DHCP）、可正常工作的域名系统（DNS）以及 NTFS 格式的非系统驱动器，待安装系统的主机启用预启动执行（PXE）的网络接口卡（NIC）。上述几种服务及相关内容在本书中均有详细讲解。通过提供带有交互式安装中所需的输入的“应答”文件，可以执行几乎或完全没有交互操作的安装。应答文件是简单的文本文件，可以使用实用工具 Setupmgr. exe 或使用 Windows XP 以上操作系统所支持的 Windows 自动安装工具包（WAIK）创建。

1.3 Windows Server 2008 的基本配置

在 Windows Server 2008 的安装过程中，一些必要的设置已经调整好，管理员只需进行微调或按照系统默认设置即可。但为了让计算机更好地服务于管理员和其他用户，还需要做更进一步的设置，例如计算机的名称、必要的网络参数等。

1.3.1 设置用户的工作环境

从前面的安装过程可以得知，Windows Server 2008 系统安装好以后，桌面上默认只会出现“回收站”图标，而其他常用的诸如“计算机”、“网络”等图标则默认不显示，这给管理员日常的管理工作带来了不便利。另外，系统会为计算机随机配置主机名，冗长且没有实际意义，不便于管理员记忆和识别。因此，有必要对系统进行调整。

1. 调整桌面上显示的图标

（1）在桌面空白处右击鼠标，在出现的快捷菜单中选择“个性化”（见图 1—21），会打开系统的“个性化”设置窗口，如图 1—22 所示。

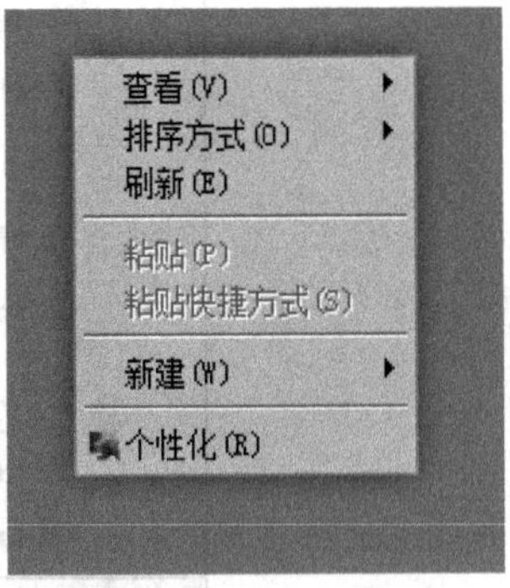

图 1—21 单击“个性化”

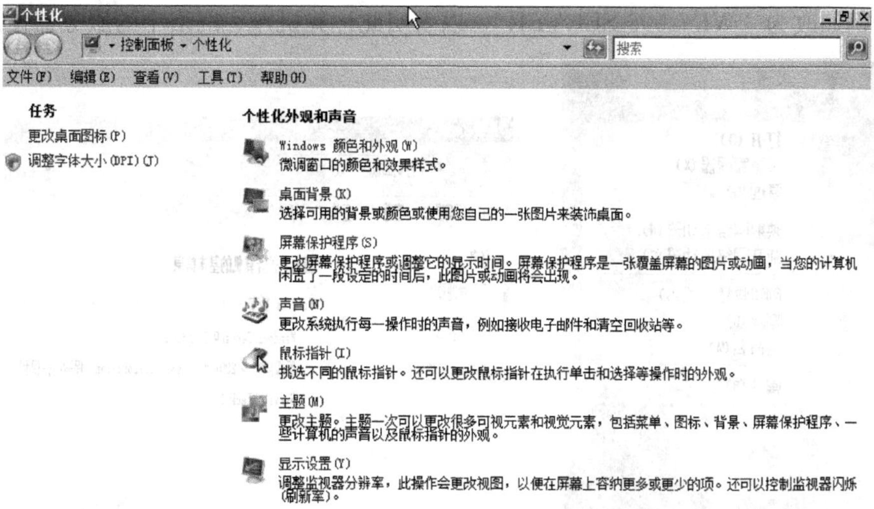

图 1—22 系统的“个性化”设置窗口

（2）单击窗口左侧的“更改桌面图标”，出现“桌面图标设置”对话框（见图 1—23）。选中需要在桌面上显示的图标的复选框，如常用的“计算机”、“网络”、“回收站”，单击“确定”。

（3）经过设置后，常用图标将出现在桌面，如图 1—24 所示。

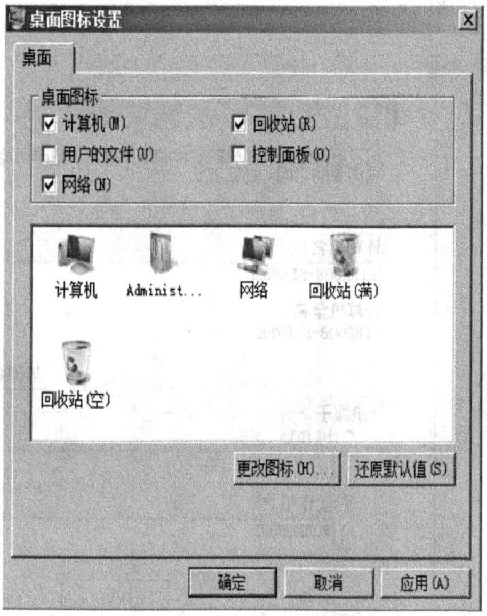

图 1—23 桌面图标设置

图 1—24 调整后显示的常用图标

2. 更改主机的名称

为了有效标识和管理计算机，建议将计算机名改为有一定意义的名称。

（1）在桌面上右击“计算机”图标，选择“属性”（见图 1—25），将打开系统属性设置窗口（见图 1—26），在该窗口左侧单击“高级系统设置”。

（2）在“系统属性”窗口下，单击“计算机名”选项卡，此时可看到当前主机所使用的名称，如图 1—27 所示。很显然，当前所用的名称“WIN-U6C3L95QWOX”没有实际意义。单击图中的“更改”按钮，在出现的如图 1—28 所示的窗口中，将计算机名改为有意义的字符，例如改为“WIN2008-SERVER”，以表明此计算机作为网络中的服务器使用。

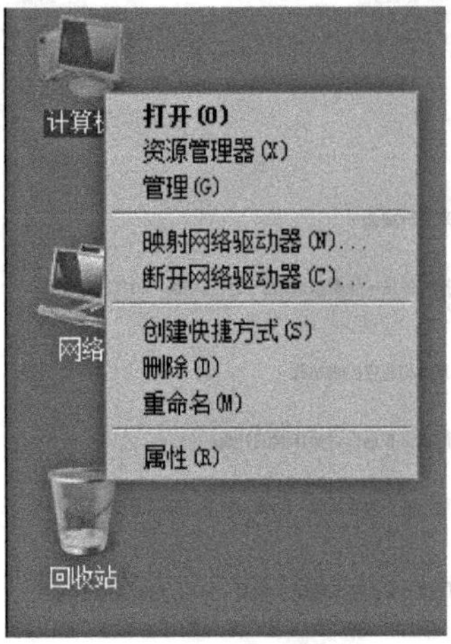

图 1—25　选择计算机属性

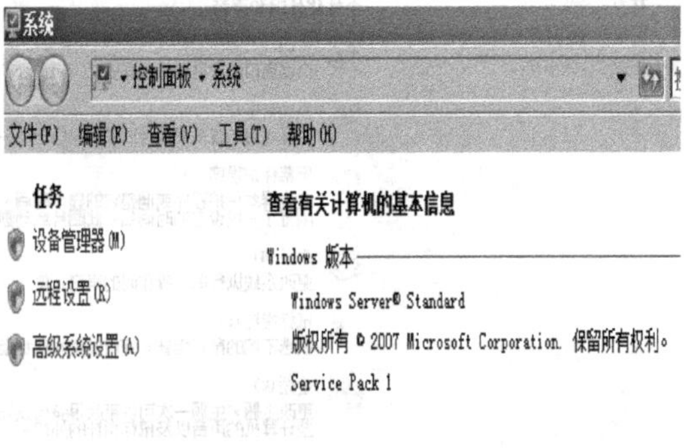

图 1—26　选择“高级系统设置”

（3）更改主机名称后，系统会提示计算机需要重启，如图 1—29 所示，依次单击“确定”、“关闭”按钮后，选择立即或稍后重启（见图 1—30）。需要注意的是计算机名称更改后，一定要经过重启的操作，更改才会生效。

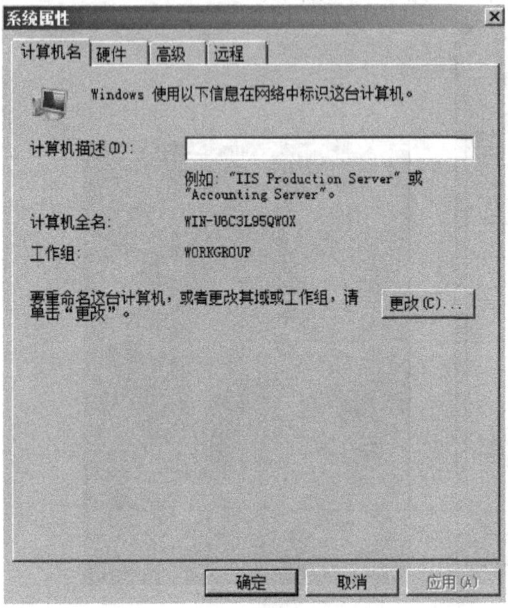

图 1—27　系统属性设置窗口

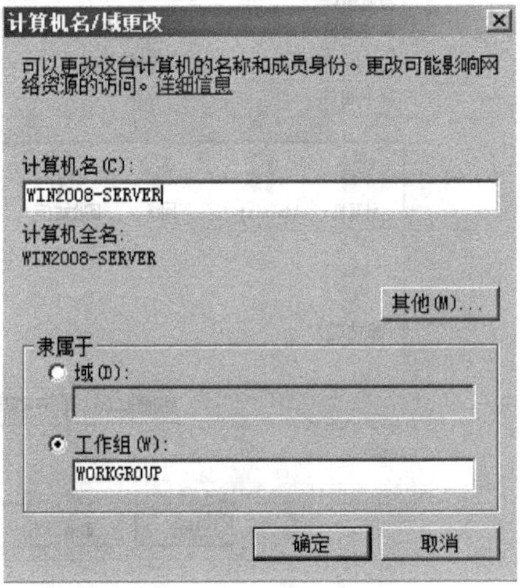

图 1—28　计算机名设置窗口

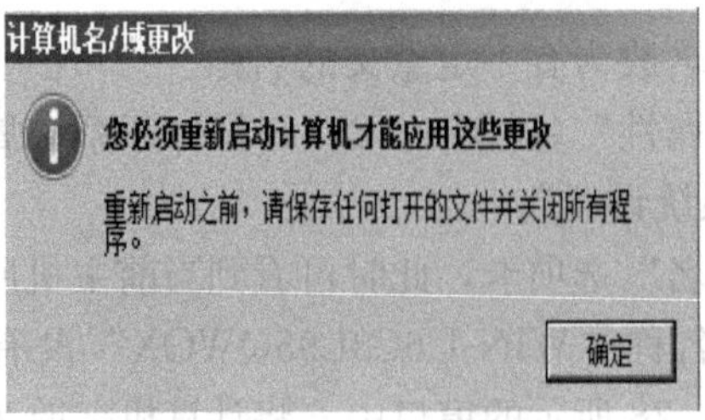

图 1—29　改名后提示重启

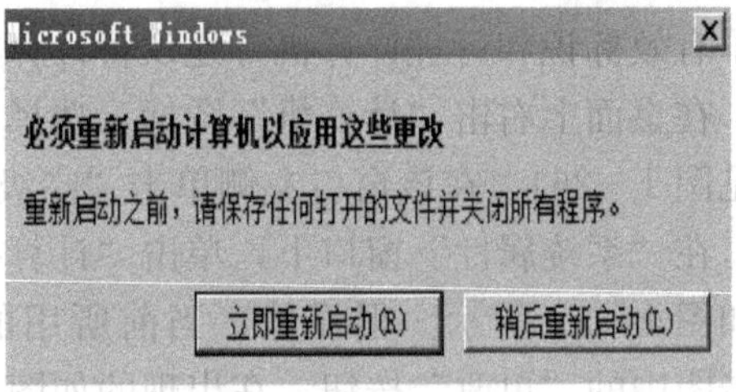

图 1—30　注意保存资料后再重启

3. 设置必要的网络参数

处在网络中的计算机，都需要有一个可用的 IP 地址及对应的子网掩码，才能与其他计算机通信。IP 地址可以手工配置，也可以利用网络中已有的 DHCP 服务器来自动获得。下面介绍 IP 地址的配置操作。

（1）右击桌面上“网络”图标，选择“属性”（见图 1—31），在打开的“网络和共享中心”窗口左侧，单击“管理网络连接”（见图 1—32）。

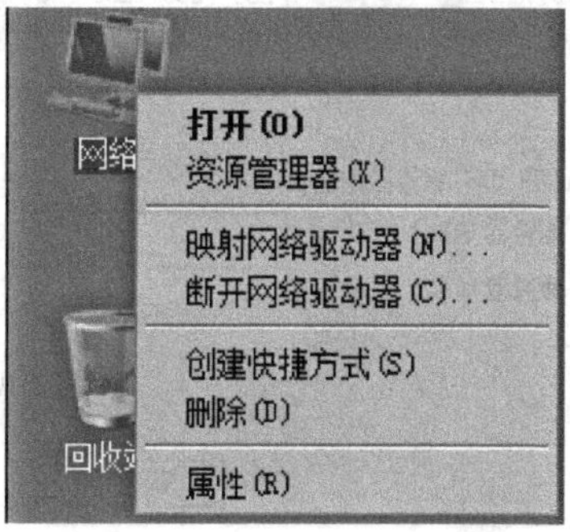

图 1—31 设置网络的属性

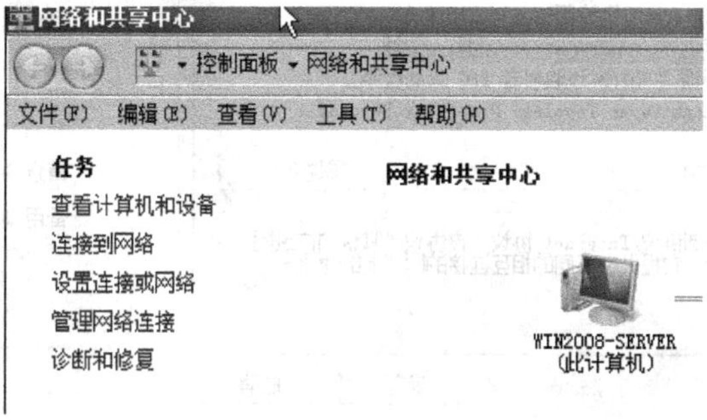

图 1—32 管理网络连接

（2）打开的“网络连接”窗口将显示当前已安装网卡的状态，如图 1—33 所示。右击“本地连接”图标，选择“属性”（见图 1—34）。

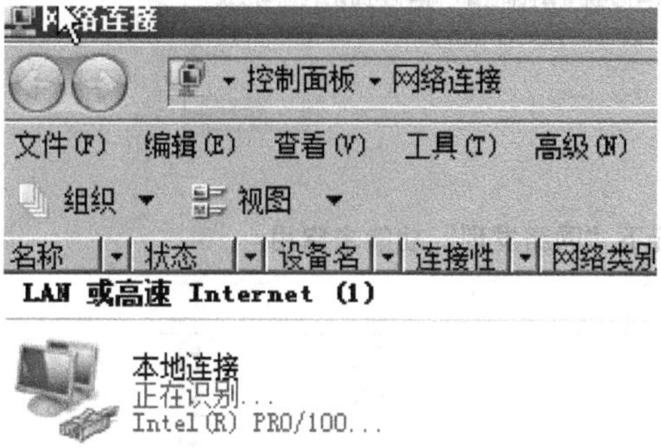

图 1—33 系统已安装的网卡

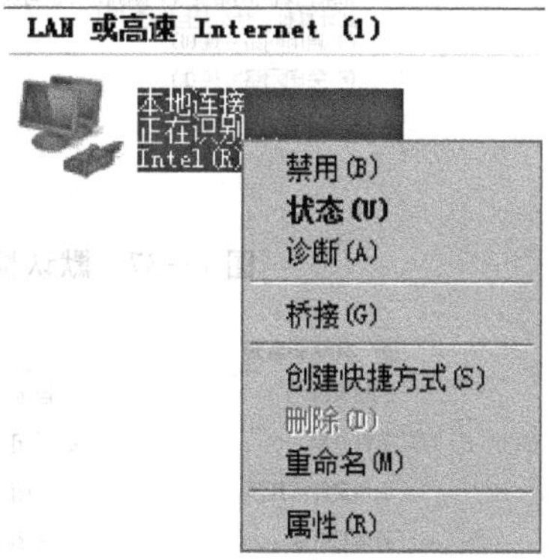

图 1—34 修改本地连接的属性

（3）在出现的“本地连接属性”窗口中，可以看到本网卡已安装的网络服务和协议（见图 1—35），如果网络中没有采用 TCP/IPv6 协议，则建议不要选中其中的 TCP/IPv6 协议，否则会影响网络通信的速度。双击图中的“Internet 协议版本 4”（见图 1—35）。

（4）在打开的“Internet 协议版本 4（TCP/IPv4）属性”对话框中，手动指定网卡所使用的 IP 地址和对应的子网掩码。还可以根据需要指定默认网关及 DNS 服务器等参数。完成后单击“确定”，IP 地址信息的设置即告完成，如图 1—36 所示。

需要注意的是，在图 1—32 所示的“网络和共享中心”窗口的下方，有一个“共享和发现”的功能设置，系统安装后默认关闭网络发现功能（见图 1—37）。管理员可以启用网络发现功能，以便在网络中能寻找到其他主机或由自身提供文件和打印机共享功能（见图 1—38）。

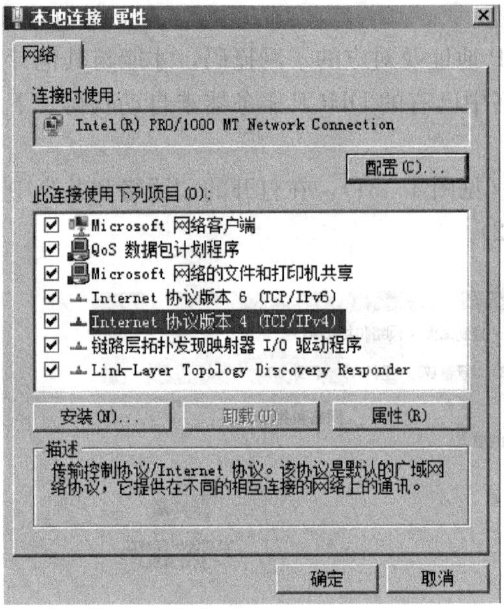

图 1—35　当前网卡的属性设置窗口

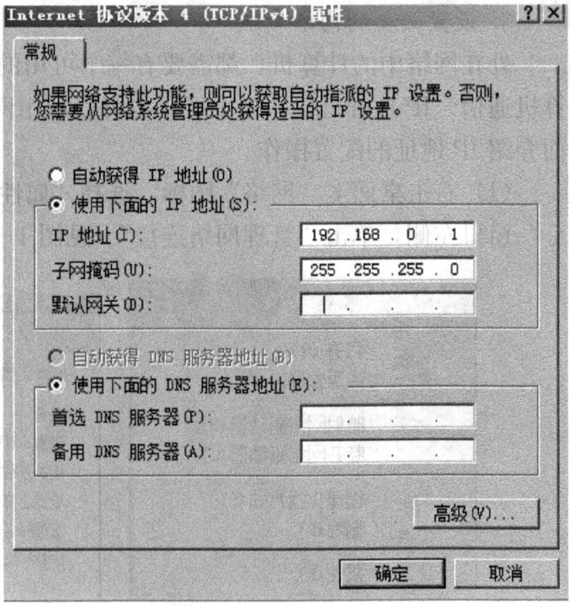

图 1—36　手工指定网卡的参数

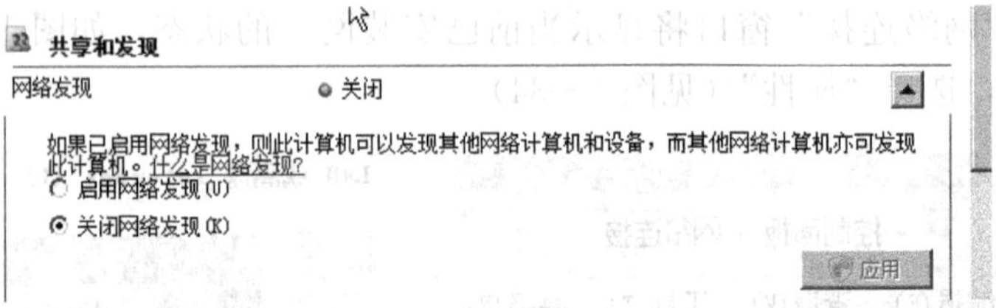

图 1—37　默认情况下“网络发现”功能未启用

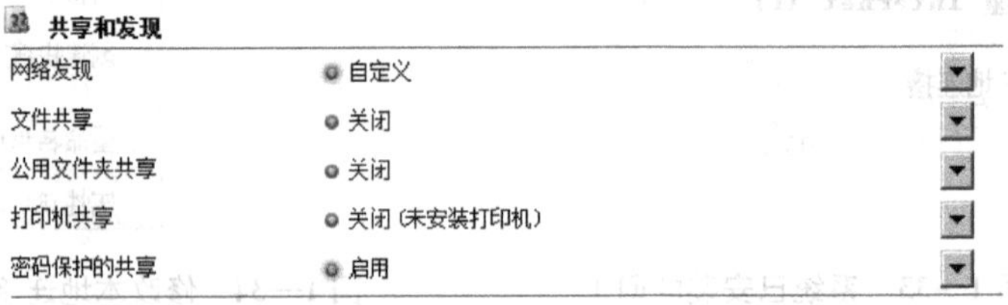

图 1—38　启用“网络发现”功能后变为“自定义”状态

4. 系统的关闭

Windows 的一大历史问题就是关机过程缓慢。在 Windows XP 里，一旦关机开始，系统就会开始一个 20 秒钟的计时，之后提醒用户是否需要手动关闭程序，而在 Windows Server 里，这一问题的影响会更加明显。Windows Server 2008 提供了快速关机的服务，20 秒钟的倒计时被一种新服务取代，可以在应用程序需要被关闭的时候随时、一直发出信号。开发人员开始怀疑这种新方法会不会过多地剥夺应用程序的权利，但现在他们已经接受了它，认为这是值得的。

(1) 单击开始“菜单”后，会看到与关机操作有关的按钮，如图 1—39 所示。

(2) 选择关机操作后，将出现“关闭 Windows”的对话框，可以在此对话框中选择关闭系统的原因后单击“确定”执行关闭操作（见图1—40）。管理员可以通过修改计算机的策略设置，来决定关机时是否出现此对话框。

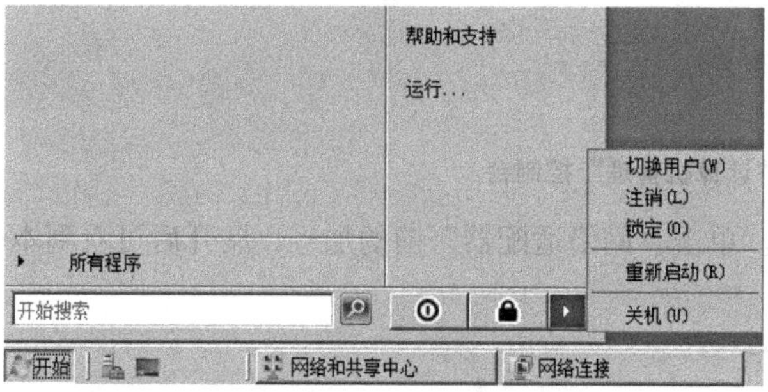

图1—39 “开始”菜单中的关机按钮

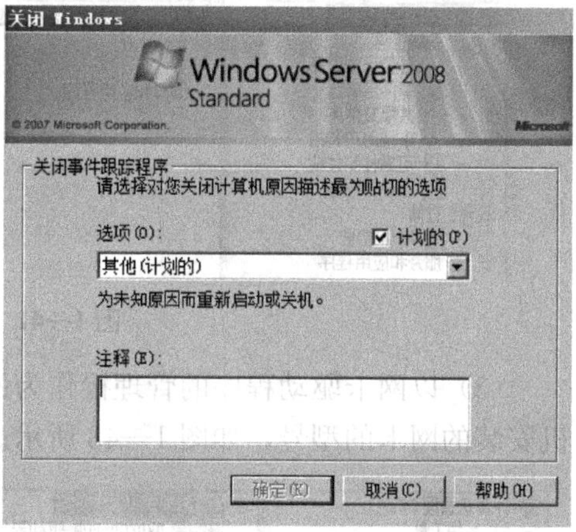

图1—40 关闭 Windows

1.3.2 了解和管理设备驱动程序

计算机系统是由各种硬件和软件有机组合的一个完整的系统。各种硬件设备在软件程序发出的指令的控制下，完成特定的工作。那么硬件如何“听懂”各种指令并开展工作呢？

在操作系统与硬件设备之间，有一套可以使计算机和设备完成通信的特殊软件，英文名为“Device Driver”，全称为“设备驱动程序”，相当于硬件的接口。操作系统只有通过这个接口，才能与外围组件通信，控制硬件设备的工作。例如，必须有适当的驱动程序，服务器才能将打印作业发送到本地连接的打印机，进而完成文档的打印。

理论上说，所有的硬件设备都需要安装相应的驱动程序才能正常工作。但是像CPU、内存、键盘、显示器等设备却并不需要安装驱动程序也可以正常工作，而其他一些外设，例如显卡、声卡等，却一定要安装驱动程序，否则便无法正常工作。这主要是因为，有些硬件对于一台个人电脑来说是必需的（例如CPU），所以早期的设计人员将这些硬件列为BIOS（基本输入输出系统）能直接支持的硬件，也就是硬件安装后就可以被BIOS和操作系统直接支持，不再需要安装驱动程序；而对于其他的硬件，则必须在安装驱动程序后才能正常工作。

对驱动程序的管理操作主要包括：

● 安装驱动程序：为新硬件安装对应的驱动程序，让操作系统识别和控制新硬件。

● 更新驱动程序：为已安装的硬件更新对应的驱动程序，更好地发挥硬件性能。

● 回滚驱动程序：错误地安装或更新了硬件驱动程序后，通过此操作返回到以前安装的驱动程序。

● 禁用设备：停止硬件设备的工作。如需要再次使用，则启用该设备即可。

上述选项均可使用计算机管理控制台中的“设备管理器”进行设置。具体操作如下：

(1) 在“运行”对话框中输入“compmgmt.msc”，可打开“计算机管理”控制台，如图1—41所示。

(2) 在控制台窗口左侧，选择“设备管理器”后，可看到本地计算机已安装的硬件设备及设备的工作状态，如图1—42所示。

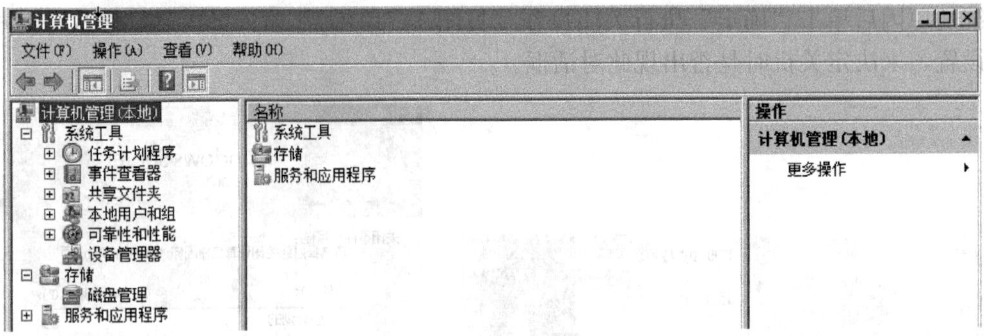

图 1—41 “计算机管理”控制台

(3) 以网卡驱动程序的管理操作为例。单击“网络适配器”前的加号，展开后可看到本机安装的网卡的型号，如图 1—43 所示。

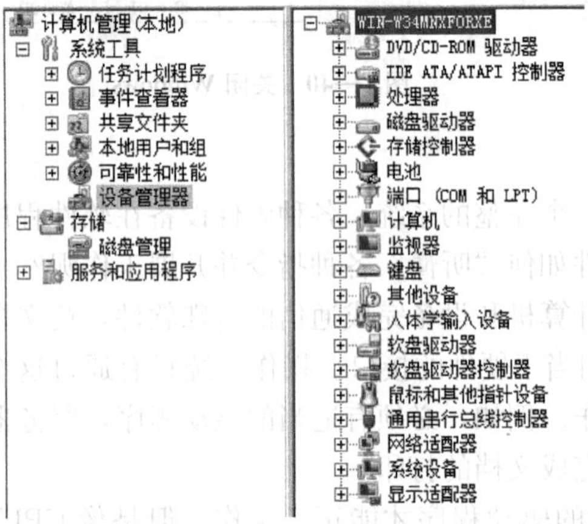

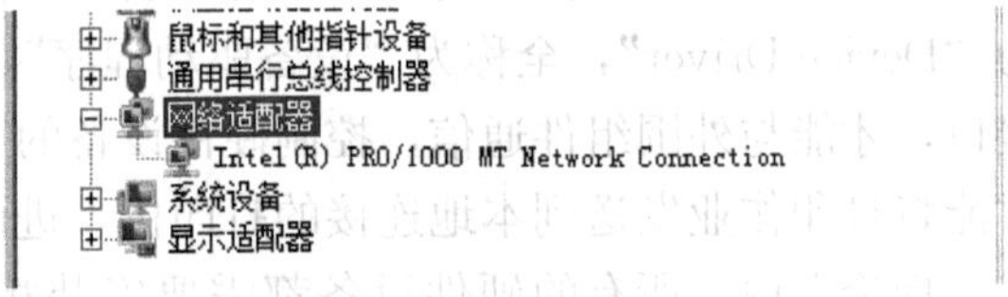

图 1—42 已安装的硬件设备

图 1—43 本机安装的网卡设备

(4) 右击该网卡的名称，选择“属性”，即可打开该网卡的属性设置对话框，如图 1—44 所示。

(5) 单击“驱动程序”标签，可看到该网卡驱动程序的相关信息，如驱动程序的提供商、驱动程序的发布日期及版本号等，还可以进行驱动程序的更新、回滚等操作，如图 1—45 所示。

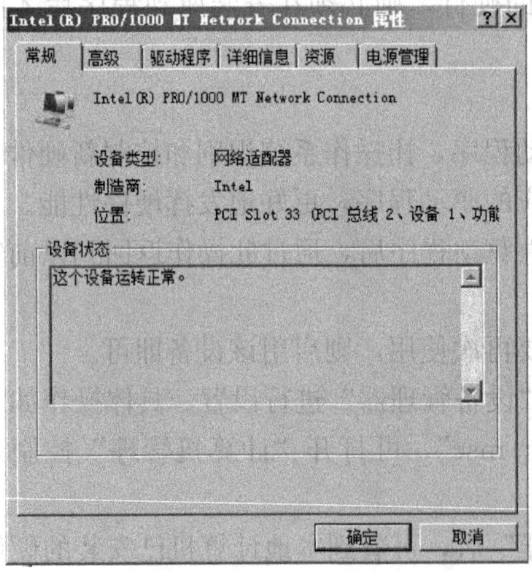

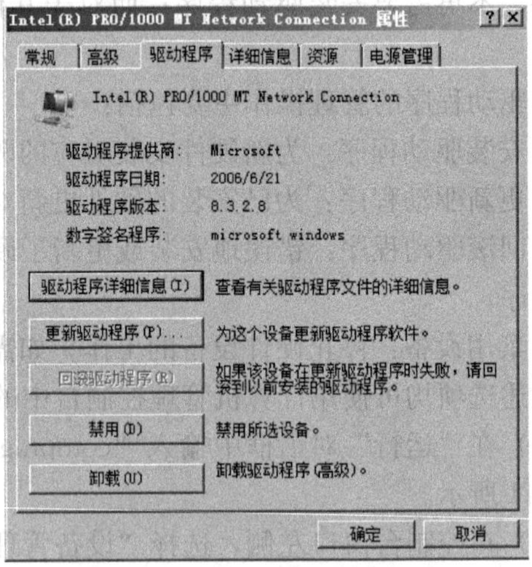

图 1—44 网卡的属性设置窗口

图 1—45 网卡的驱动程序信息

(6) 单击其他选项卡，可以查看该网卡的其他信息，例如单击“资源”选项卡，可以看到该网卡的内存地址及中断号等信息，如图 1—46 所示。

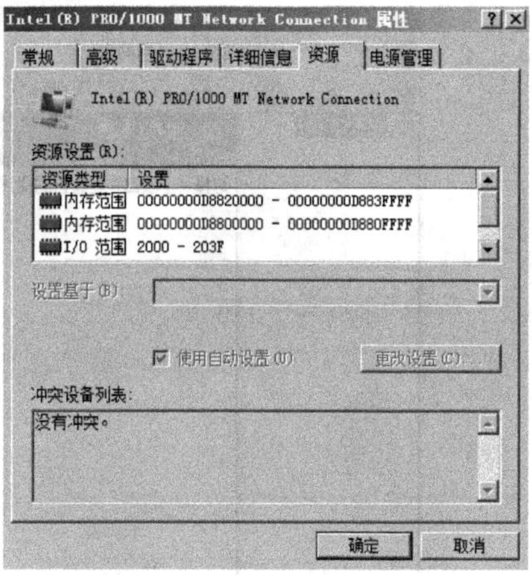

图 1—46　网卡的资源设置信息

经过数字签名的驱动程序才是“受信任”的。如果外部组件使用了设计不良的驱动程序，可能会为它们的系统带来漏洞并导致其不稳定。因此在所有驱动程序推出之前，都应对其进行测试。管理员可执行以下任意或全部任务，以简化对驱动程序的管理：

- 使用数字证书对设备驱动程序包进行数字签名，然后将这些证书放在客户端计算机中，使用户无需确定设备驱动程序或其发布者是否“受信任”。
- 将设备驱动程序包暂存在客户端计算机的受保护的驱动程序存储区中，使标准用户无需管理员权限即可安装这些程序包。
- 配置客户端计算机，使其在发现新硬件设备且本地计算机中没有暂存驱动程序包时，在指定共享网络文件夹中搜索驱动程序包。

1.3.3　了解和管理 Windows 系统服务

Windows 服务是执行特定功能且设计为不需要用户参与的长期运行的可执行程序。例如系统自带的防火墙就是典型的 Windows 服务。这些服务可以在计算机启动时自动启动，也可以暂停和重新启动而且不显示任何用户界面。这些特点使得服务非常适合在服务器上使用，或任何时候，为了不影响在同一台计算机上工作的其他用户，需要长时间运行功能时使用。此外还可以设置在不同于登录用户的特定用户账户或默认计算机账户的安全上下文中运行服务。

管理员需要熟知常见服务的作用。通过“服务控制台”或计算机管理控制台中的“服务”组件，能实现对服务的日常管理。

Windows 服务的启动类型主要有以下几种：

- 自动（延迟的启动）：使用此设置可将服务配置为在引导和登录过程中自动启动。在登录过程中，会暂时延迟服务的启动以提高登录性能。
- 自动：使用此设置可将服务配置为在引导和登录过程中自动启动。
- 手动：服务以手动方式启动。
- 已禁用：服务不启动。

管理员可以在登录系统后手动管理服务。通过在运行对话框中输入“services.msc”，打开服务管理控制台，如图 1—47 所示。

在该控制台中，管理员可单击窗口下方的“扩展”或“标准”标签，更换查看方式。双击某个服务的名称后可执行对该服务的管理操作，例如启动、停止和重新启动服务。下面以提供“支持此计算机通过网络的文件、打印、和命名管道共享”功能的 Server 服务为例，说明对 Windows 服务的管理操作。

(1) 在服务列表中找到名为“Server”的服务，如图 1—48 所示，双击该服务。

(2) 在该服务的属性窗口中，通过“常规”标签，可以看到对该服务的功能的描述，所对应的程序的路径，以及服务当前的状态，如图 1—49 所示。

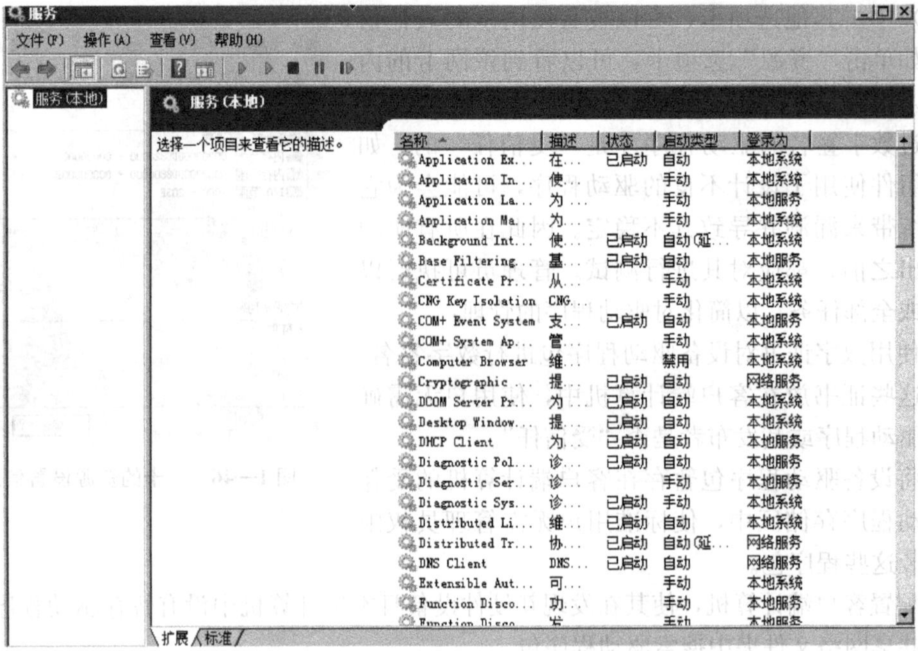

图 1—47 Windows 服务管理控制台

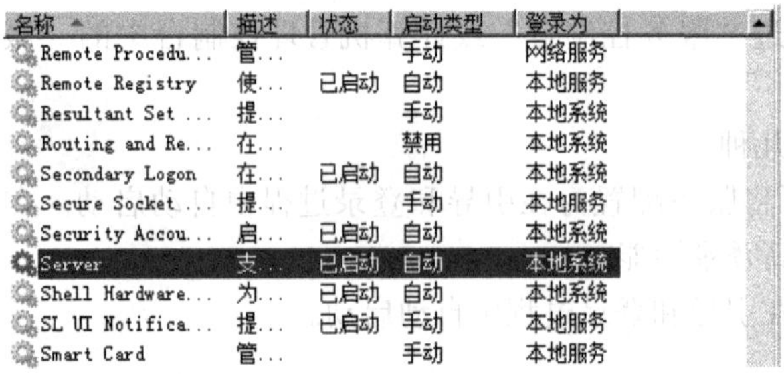

图 1—48 找到名为“Server”的服务

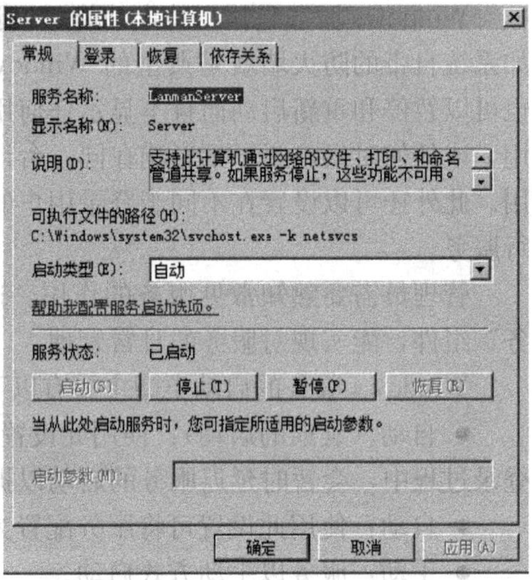

图 1—49 查看服务的属性

在图 1—49 中，可通过鼠标单击“启动”、“停止”等按钮，改变服务的运行状态。此外，管理员还可以通过命令行界面启动和停止服务，如图 1—50 所示。

(3) 通过“登录”标签，可以调整用以启动服务的账户身份。Windows 服务必须通过身份验证才能运行，也就是说，某些服务只能通过特定的账户才能启动。可设置的登录选项包括作为网络服务登录、作为本地系统账户登录和作为用户账户登录，如图 1—51 所示。一般情况下，不需要对该标签做出改动。

(4) 如果服务失败，可以通过“恢复”标签，指定第一次、第二次服务失败或后续失败时将执行的操作（例如，运行程序或脚本），如图 1—52 所示。

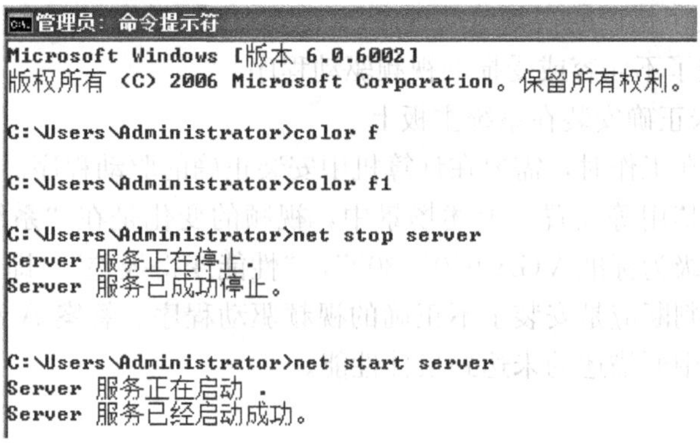

图 1—50　通过命令行启动或停止服务

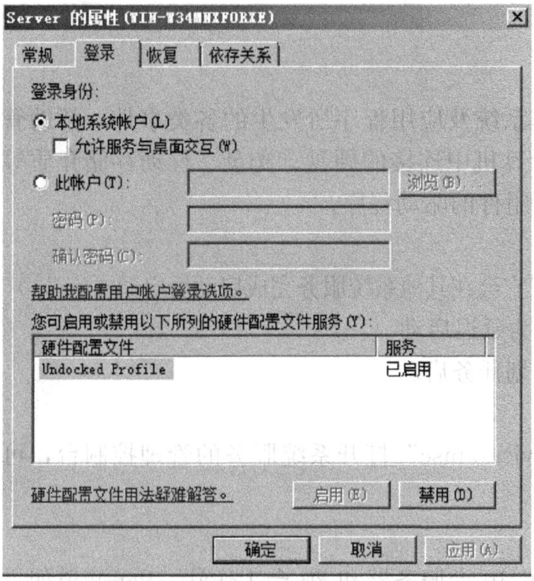

图 1—51　调整服务的账户登录身份

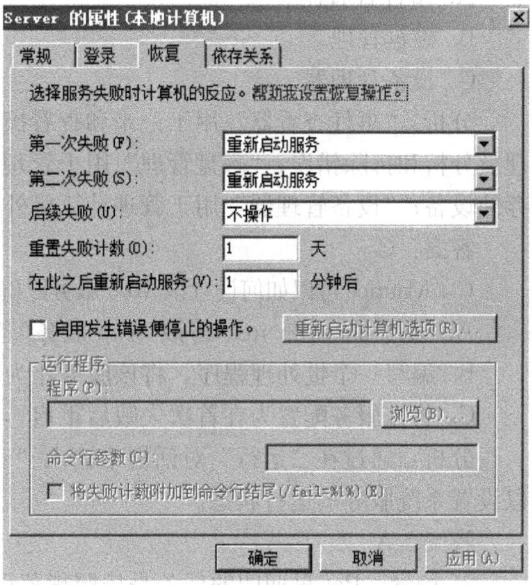

图 1—52　设置服务失败时计算机的反应

可以将服务配置为响应多种故障，例如重新启动服务、重新启动计算机或运行特定的程序。当服务无法启动时，通常会将一个事件写入系统事件日志。管理员可以通过查看事件查看器中记录的系统日志，了解服务的状态，从而找出故障原因。

1.4　能力拓展：MTA 认证考试练习

1. 场景：Maurice Taylor 是 Fabrikam，Inc. 的网络管理员。他计划构建并应用于生产的一座工作站的视频显示器出现了问题。当初建立系统时该显示器能够正常运行。应用一些系统和驱动程序更新之后，视频降级为标准 VGA 640×800 且性能变得极差。他知道这是不可接受的。

另外，Maurice 的 Windows Server 2008 R2 Web 服务器还存在一个防火墙服务问题。系统启动时该服务未能启动；但是 Maurice 可以在登录后手动将其启动。Maurice 不希望每次需要维护该 Web 服务器时都要手动启动该服务，并且他意识到如果因为他忘记启动防火墙服务为 Web 服务器提供保护，将会给自己带来很大的麻烦。

(1) 造成 Maurice 的视频问题的可能原因是什么？(　　)

A. Maurice 安装了错误的视频驱动程序

B. Maurice 安装了不兼容或受损的视频驱动程序

C. 视频适配器未正确安装在系统主板上

分析：外部组件在工作时，需要在计算机中安装正确的驱动程序。管理员可以对驱动程序进行更新、回滚、禁用等设置。上述场景中，视频的变化是在“系统和驱动程序更新之后”发生的，且“降级为标准 VGA 640×800”，“性能变得极差”，即视频可以工作，但没有发挥其最佳性能。判断应是安装了不正确的视频驱动程序。答案 A 和 C 会导致视频无法显示，而不是像场景中所描述的未达到最佳性能。

答案：B

(2) Maurice 应检查哪些地方来验证自己是否安装了正确的驱动程序？（　　）

A. 事件查看器

B. 磁盘管理

C. 设备管理器

分析：“事件查看器”用于记录和查看操作系统及应用程序所发生的各类事件，帮助管理员分析和排除错误；“磁盘管理”用于管理计算机中连接的硬盘、光盘、移动存储介质等存储设备；“设备管理器”用于管理计算机外围组件的驱动程序。

答案：C

(3) Maurice 可以如何设置该 Web 服务以确保它会在其他系统服务完成启动后启动？（　　）

A. 通过 services. msc 将该 Web 服务配置为延迟启动

B. 编写一个批处理程序，将该服务作为计划任务启动

C. 将该服务配置为在首次失败后重启

分析：通过在“运行”对话框中输入“services. msc”打开系统服务的管理控制台，可以设置系统服务的运行状态。

答案：A

2. 场景：Pat 星期四的任务是按照规范设置 10 台服务器和 20 台工作站。Pat 知道如果逐个设置，可能要到周末才能完成，而他不希望这样，因为他计划周末与一些朋友一起去参加音乐会。Pat 知道当新的工作站或服务器投入使用时公司会使用 Windows 部署服务。Pat 希望能够在尽可能减少人工交互的情况下自动执行这些安装。

(1) Pat 可以采取哪些措施来确保自己周末能够参加音乐会？（　　）

A. 开始手动安装并希望能够按时完成

B. 对服务器和工作站各创建一个完整的安装、设置和配置，并使用这两个副本通过 Windows 部署服务和 ImageX 来映像其余系统

C. 将他的票卖给朋友，因为他不可能成行

分析：对于多台计算机需要安装操作系统的场景，可以设置自动安装选项来简化管理员的操作。WDS 和使用应答文件可以实现此目的。通过创建这两个映像或克隆，Pat 可以通过将这些文件（映像）“推送”到其余系统的硬盘驱动器上来复制这些安装。

答案：B

(2) ImageX 是什么？（　　）

A. 一种图片编辑实用程序

B. 一种个人图像增强服务

C. 一种系统映像软件，用于拍摄经过配置的现有服务器或工作站的“快照”，创建该系统的“映像”或“克隆”版本，并将其保存到文件中

分析：ImageX 可以复制到可引导 CD/DVD/USB，从而创建现有系统的映像文件，以用于复制或备份的目的。

答案：C

(3) Pat 可使用什么措施来解决他的问题的最后部分，即尽可能减少人工交互？(　　)

A. 由机器人执行安装

B. 使用 Windows 系统映像管理器来创建一个能够在安装期间自动提供设置问题的答案，以及配置和安装任何必需软件的答案文件

C. 创建一个包含服务器和工作站上需要安装的所有软件的 DVD

答案：B

3. 什么是设备驱动程序？应使用何种应用程序对设备进行管理或故障排除？

参考：设备管理器。

4. Windows 服务的四种启动类型是什么？

参考：在系统服务管理控制台中查看具体服务的启动类型。

5. 某个服务启动失败了，您首先会使用哪个控制台确定该服务启动失败的原因？

参考：查看“事件视图”中的“系统日志”。

本章小结

通过本章的知识学习和技能练习，对 Windows Server 2008 的版本和特点应有所了解；对通过光盘进行系统的安装以及安装后的基本配置应当掌握。如何管理设备驱动程序及系统服务，需要在日常的练习和操作中逐步熟悉。

练习题

1. 在你熟悉的操作系统中，选择一款，将其与 Windows Server 2008 进行比较，看看在界面、功能、操作等方面，有什么异同。

2. 安装 Windows Server 2008 对系统有哪些要求，记录你所使用的主机在安装该系统时的配置。

3. 通过互联网，收集、了解 Windows Server 2008 的相关特性，整理出 Windows 系列产品发展的路线图。

4. 将硬盘设置为计算机的第一优先启动设备。

5. 修改主机名称，记录第一次登录计算机时使用的密码。

第 2 章　本地用户与组的管理

计算机在安装好各类软件、存储有各种资源后，需要提供给“合法”的用户使用，那么，计算机如何识别使用它的用户是“合法用户”还是“非法用户”呢？如同生活中银行卡的使用，用户需要提供正确的卡号和密码，才有可能通过银行卡完成现金存取、转兑等操作，目前的计算机也是通过使用者提供的用户名和密码来验证使用者身份的。这里的“用户名”就是本章将要提及的“用户账户”。

通过本章的学习，理解用户账户对于系统管理和安全的作用，掌握如何创建和管理本地用户账户、本地组账户，并了解账户管理中的一些细节问题。

知识点：

- ◆ 用户账户的作用
- ◆ 账户的命名准则
- ◆ 组账户的作用

技能点：

- ◆ 能够创建和管理本地用户账户
- ◆ 能够创建和管理本地组账户

2.1　理解账户的作用

用户账户用于记录计算机使用者的用户名和口令、隶属的组、可以访问的网络资源，以及用户的个人文件和设置。

计算机通过用户账户来辨别用户身份，让有使用权限的人登录计算机，访问本地计算机资源或从网络访问这台计算机的共享资源。不同的用户可以具备不同的操作权限。在登录时，Windows Server 2008 要求用户指定或输入不同的用户名和密码，当计算机比较用户输入的账户和密码与本地安全数据库中的信息一致时，才会认为该用户是合法用户，从而让用户登录到计算机或访问网络资源。

Windows Server 2008 支持两种用户账户：域用户账户和本地用户账户。

● 域用户账户：用户可以登录到域上，并获得访问该网络的权限。域是微软推荐的一种网络管理环境，适合大规模网络的管理，其相关知识参加本书第 9 章。

● 本地用户账户：用户只能登录到一台特定的计算机上（该计算机被称为“本地主机”，即使用者当前正在使用的计算机），并访问该计算机上的资源。当创建本地用户账户时，Windows Server 2008 仅在计算机上%Systemroot%\system32\config 文件夹下的安全数据库（SAM）中创建该账户。

在 Windows Server 2008 系统安装完毕后，默认创建有 Administrator 账户和 Guest 账户。Administrator 账户代表的是管理员，通过该账户可以执行计算机管理的所有操作；而 Guest 账户被称作“来宾账户”，是为临时访问计算机的用户而设置的，默认处于禁用状态。

2.2 本地用户账户的管理

2.2.1 账户的命名准则

系统管理员在创建用户账户之前，首先应了解账户命名的一些规则：

(1) 不能与受管理的计算机上的任何其他用户账户名或组名相同；

(2) 最多可包含 20 个字符；

(3) 可以包含大写或小写字符；

(4) 不能包含以下任何字符：

″ / \ [ ] : ; | = , + * ? < > @

(5) 不能仅包含句点（.）或空格；

(6) 不区分大小写。

在企业网络中，对用户账户的命名应尽量保持一致，企业通常会制定账户的命名策略，例如以下几种都是常见的用户名称的命名方式。

(1) [名字] . [姓氏]：例如，Luka. Abrus；

(2) [名字首字母] [姓氏]：例如，Labrus；

(3) [员工 ID] [名字首字母] [姓氏首字母]：例如，0123LA。

2.2.2 创建和管理本地用户账户

管理员可通过服务器管理器、计算机管理控制台、命令行工具等多种方式创建本地用户账户。在默认状态下，系统已创建两个系统账户：Administrator 和 Guest（已禁用），如图 2—1 所示。与以前版本的 Windows 操作系统采用叉号标记有所不同，该图显示的 guest 账户图标上有一个向下的黑色箭头，表明该账户处于禁用状态，用户不能通过该账户登录到计算机。

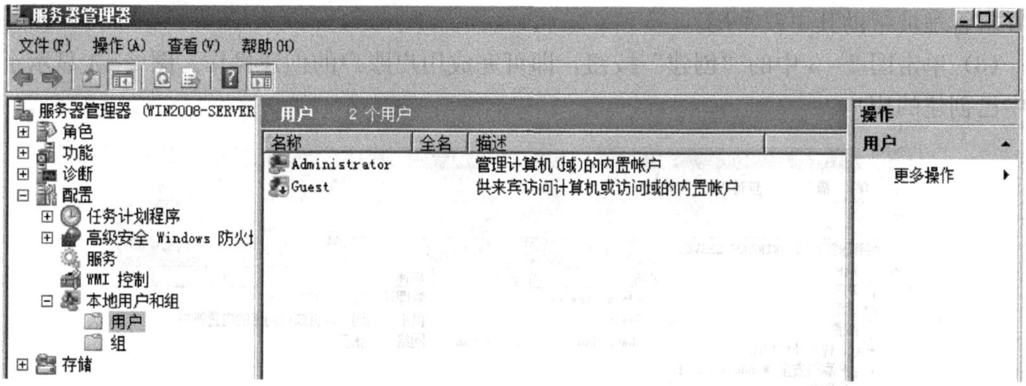

图 2—1 系统默认创建的两个账户

1. 创建本地用户账户

用户可利用默认的管理员账户 Administrator 登录到计算机，开始本地用户账户的创建操作。

（1）在“服务器管理器”管理控制台中，依次展开根节点下的“配置”、“本地用户和组”，右击“用户”节点，选择“新用户”命令，如图 2—2 所示。

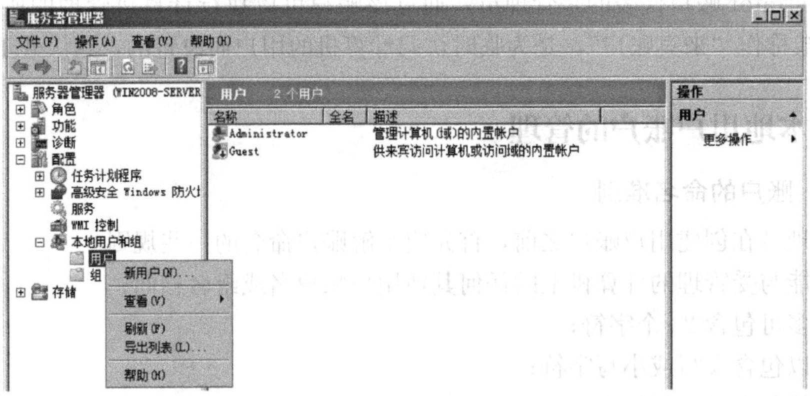

图 2—2　选择“新用户”以创建用户账户

（2）打开“新用户”对话框后，输入用户名，即用户登录计算机时所使用的名称；根据需要输入全名和描述信息，方便对账户的管理。按要求输入合理的密码，如图 2—3 所示。

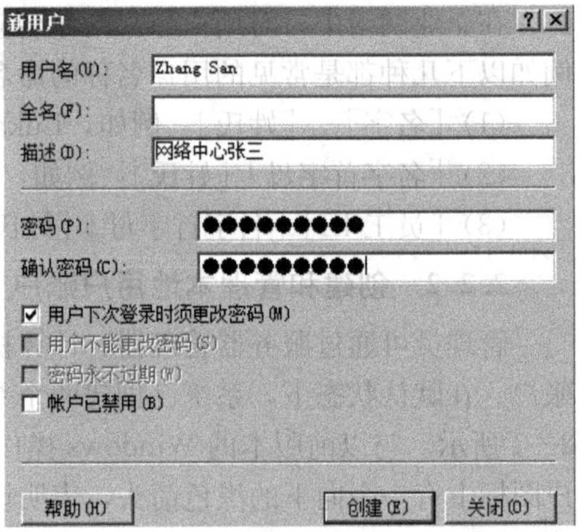

图 2—3　通过“新用户”对话框创建用户账户

管理员应当具备良好的安全意识，在创建用户账户时应为用户指定一个初始密码，而且对于 Administrator 账户应指定一个复杂密码，以防止其他用户随便使用该账户。为用户设置的密码不能太简单，推荐最小长度为 8 个字符，最多可由 128 个字符组成。密码应由大小写字母、数字以及合法的非字母数字的字符混合组成，如“123Abc＊”就是一个较为安全的密码形式。

管理员可以设置允许用户在第一次登录时更改自己的密码。一般情况下，用户应该可以控制自己的密码。如果用户不慎遗忘了登录密码，可以寻求管理员帮助其更改密码。

（3）单击图 2—3 中的“创建”按钮，即可完成用户账户的创建操作。图 2—4 显示了系统中已创建的用户。

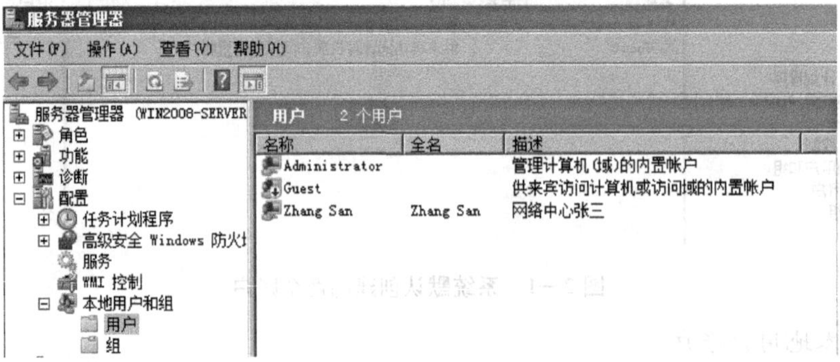

图 2—4　系统中已创建的用户账户

2. 用户账户的常规管理

对于已建立的账户，可能会根据需要做出适当的调整，此时需要修改账户一些常用的属性，例如修改账户的密码、更改用户隶属的用户组、修改用户的配置文件等。下面选择一些常见操作进行说明。

（1）修改账户密码。系统管理员虽然不知道每个用户账户所设置的具体密码，但是却有权限修改其他账户的密码。例如要修改用户“ZhangSan”的密码，在该账户名上右击，选择“设置密码”，如图 2—5 所示。

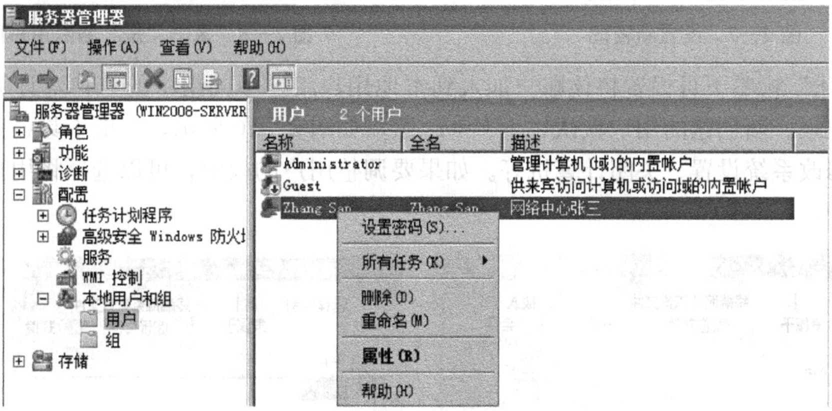

图 2—5　通过“设置密码”设置或修改用户的密码

在弹出的对话框中会显示警告信息，单击“继续”按钮，如图 2—6 所示。

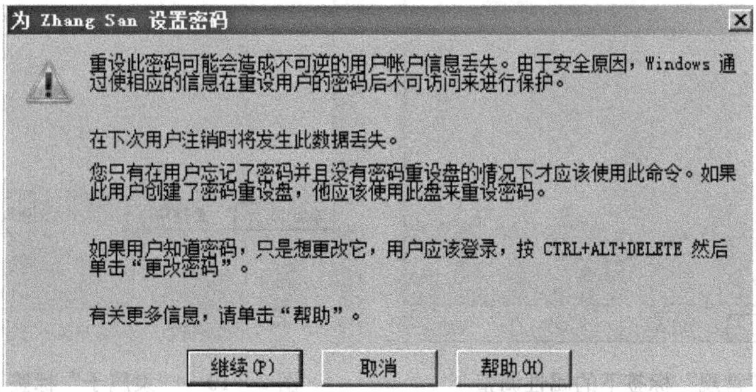

图 2—6　单击“继续”执行下一步操作

输入设置的新密码并对其确认，单击“确定”即可完成密码设置或修改的操作，如图 2—7 所示。

（2）删除用户账户。如果确定某个账户不再使用，可删除该账户。具体做法是在图 2—5 中选择“删除”，弹出图 2—8 所示的对话框。该警告信息中给出了一个重要信息：系统识别每个用户依靠的是一个被称作 UID（用户标识符）的字符串。正是由于每个用户都有一个对应的 UID，操作系统才能识别该用户是否存在，并为其分配合适的权限。

（3）修改用户账户属性。在图 2—5 中选择“属性”可以打开用户账户的属性设置窗口。通过该窗口下的多个标签，修改关于账户的多个属性。

“常规”标签下显示的是账户的一些描述信息，例如全名、描述等，还可以设置密码选项或禁用账户，如图 2—9 所示。

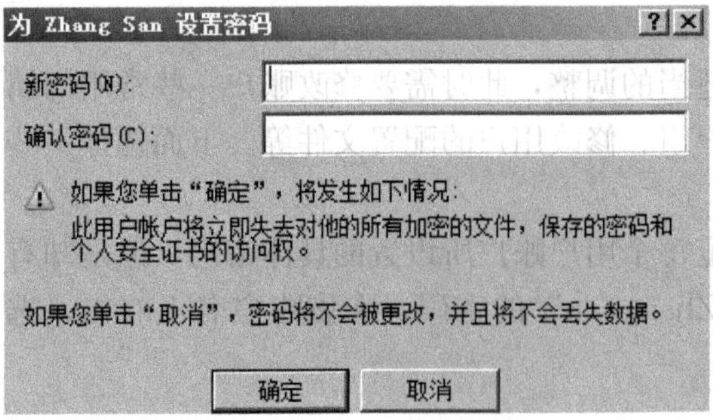

图 2—7　设置新密码

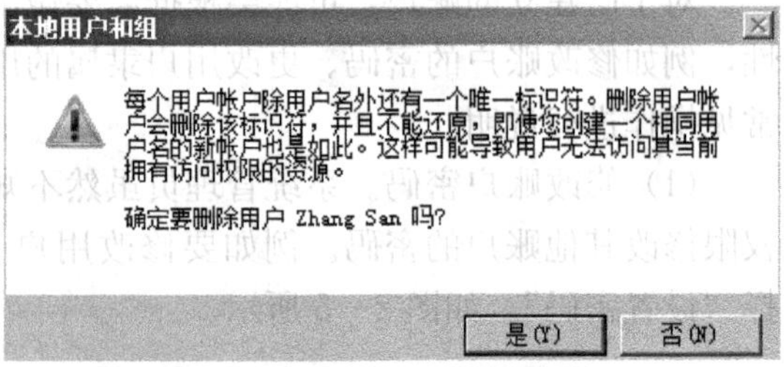

图 2—8　单击“是”删除用户账户

“隶属于”标签下可设置将该账户加入到本地用户组。不同组中的账户对计算机具有不同的操作权限。新创建的用户默认属于 Users 组，如图 2—10 所示，一般不具备一些特殊权限，例如修改系统设置、关闭计算机等。如果要调整用户的权限，可以选择将用户账户加入到其他组中。

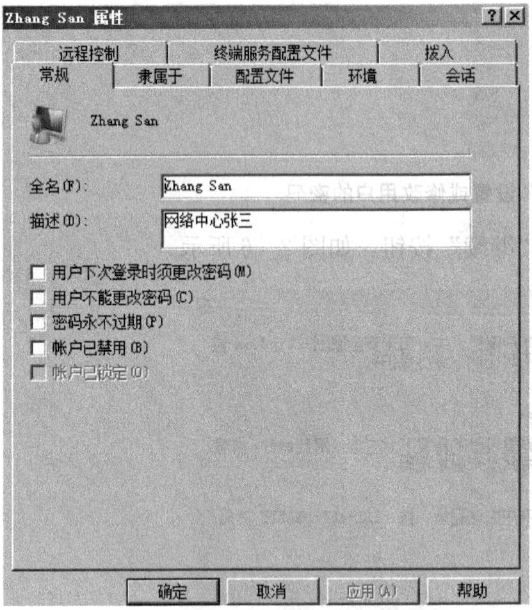

图 2—9　“常规”标签下的属性调整

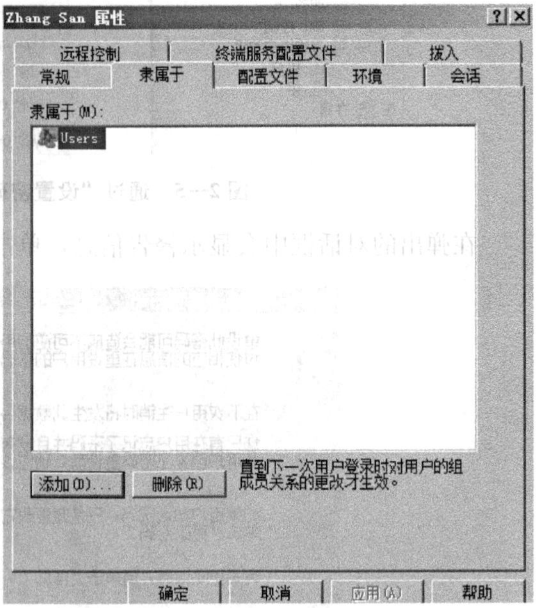

图 2—10　“隶属于”标签下的属性调整

“配置文件”标签下可设置用户账户的配置文件路径、登录脚本、主文件夹路径等信息，如图 2—11 所示。用户配置文件是在用户登录时定义系统加载所需环境的设置和文件的集合，包括所有用户专用的配置设置，如程序项目、屏幕颜色、网络连接、打印机连接、鼠标设置及窗口的大小和位置。当某用户第一次登录计算机时，系统就会创建一个专用的配置文件。

Windows 计算机上有三种主要的配置文件类型：

● 本地用户配置文件。在用户第一次登录到计算机上时被创建，并储存在计算机的本地硬盘驱动器上，一般存储在%Systemdrive%\Documents adn Settings\%Username%中。任何对本地用户配置文件所作的更改都只对发生改变的计算机产生作用。

● 漫游用户配置文件。一个本地配置文件的副本被复制及储存在网络上的一个服务器共享上。当用户每次登录到网络上的任一台计算机上时，这个文件都会被下载，并且当用户注销时，任何对漫游用户配置文件的更改都会与服务器的拷贝同步。漫游用户配置文件需要域环境网络的支持。

● 强制用户配置文件。是一种特殊类型的配置文件，使用它管理员可为用户指定特殊的设置。只有系统管理员才能对强制用户配置文件作修改。当用户从系统注销时，用户对桌面做出的修改就会丢失。

还有一种特殊的配置文件，它是一个临时的配置文件，只有在因一个错误而导致用户配置文件不能被加载时才会出现。临时配置文件允许用户登录并改正任何可能导致配置文件加载失败的配置。临时配置文件在每次会话结束后都将被删除——注销时对桌面设置和文件所作的更改都会丢失。

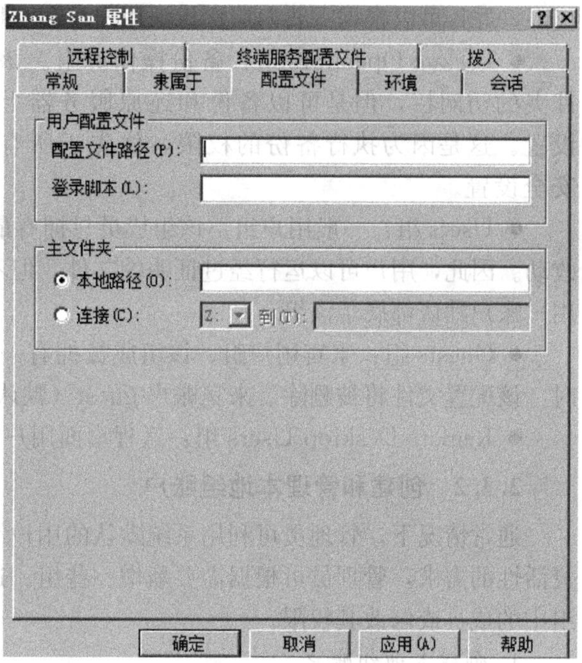

图 2—11 “配置文件”标签下的属性调整

2.3 组账户的管理

操作系统利用用户账户对其进行授权，进而使得用户可以访问本地或网络上的资源。如果网络中只有几个用户账户，设置起来比较简单。但是当网络环境较为复杂、用户数量较多时，如果管理员需要为每一个用户账户设置对资源的访问权限，工作量就会大大增加，而且容易出错。并且，人员的变更、机构的调整都会引起权限的变化。如何简化对这类需求的操作呢？

对于计算机的使用，同一部门的人可能具有相同的或相似的访问权限，因此可以根据权限的需求，将使用者分门别类地放到不同的组中，然后根据需要，修改组中的用户账户，或是调整用户组的权限。用户组的使用，能大大减少工作量和工作难度，是推荐的用户管理方法。

2.3.1 组账户的功能与内置组

组账户是计算机的基本安全组件，是用户账户的集合。通过使用组，管理员可以同时向一组用户分配权限，从而简化对用户账户的管理。组账户并不能用于登录计算机。

与用户账户一样，根据 Windows Server 2008 服务器的工作组模式和域模式，组分为本地组和域组。

● 本地组：创建在本地的组账户，信息被存储在本地安全账户数据库（SAM）内。本地组只能在本地机使用，它有两种类型：用户创建的组和系统内置的组。

● 域组：创建在 Windows Server 2008 的域控制器上，信息被存储在 Active Directory 数据库中，这些组能够被使用在整个域中的计算机上。

本章只介绍本地组账户。在 Windows Server 2008 安装后，已有多个本地组账户被自动建立，常用的包括：

● Administrators 组：日常管理中权限最大的组。该组的成员具有对服务器的完全控制权限，并且可以根据需要向用户指派用户权利和权限。默认成员有 Administrator 账户。

● Backup Operators 组：备份操作员组。该组的成员不一定具备访问所有文件和文件夹的访问权，但是可以备份和还原服务器上的文件，而不考虑保护这些文件的安全设置。这是因为执行备份的权限，优先于所有文件的使用权限，但是不能更改文件的安全设置。

● Users 组：一般用户组。该组成员只拥有最基本的权利，用户无法进行有意或无意的改动。因此，用户可以运行经过证明的文件，但不能运行大多数旧版应用程序。所有新建的用户账户默认都属于该组。

● Guests 组：来宾用户组。该组成员拥有一个在登录时创建的临时配置文件，在注销时，该配置文件将被删除。来宾账户 guest（默认情况下禁用）是该组的默认成员。

● Remote Desktop Users 组：远程桌面用户组。该组成员可以通过远程登录到计算机。

2.3.2 创建和管理本地组账户

通常情况下，管理员可利用系统默认的用户组完成常规的管理操作。如果有特殊安全和灵活性的需求，管理员可根据需要新增一些组。这些组创建之后，可以像内置组一样，设置组中的成员或修改其权限。

1. 创建本地组账户

（1）在“服务器管理器”管理控制台中，依次展开根节点下的“配置”、“本地用户和组”，右击“组”节点，选择“新建组”命令，如图 2—12 所示。

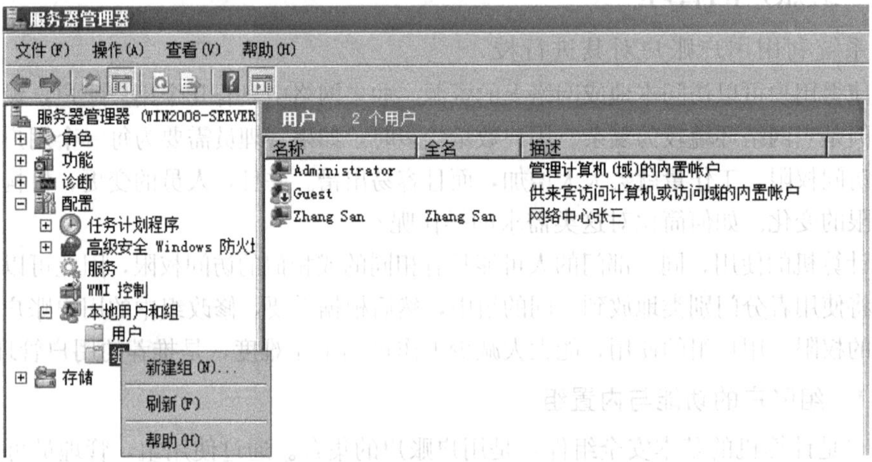

图 2—12 选择“新建组”以创建本地组账户

（2）打开“新建组”对话框后，输入组名及描述信息。通过“添加”按钮为组添加成员，也可暂时不添加，直接单击“创建”按钮，如图 2—13 所示。

（3）创建好的组如图 2—14 所示。

2. 本地组账户的常规管理

下面介绍组成员的添加和组的删除这两个常见的管理操作。

右击新建组的名称，在弹出的对话框中选择“属性”，如图 2—15 所示。

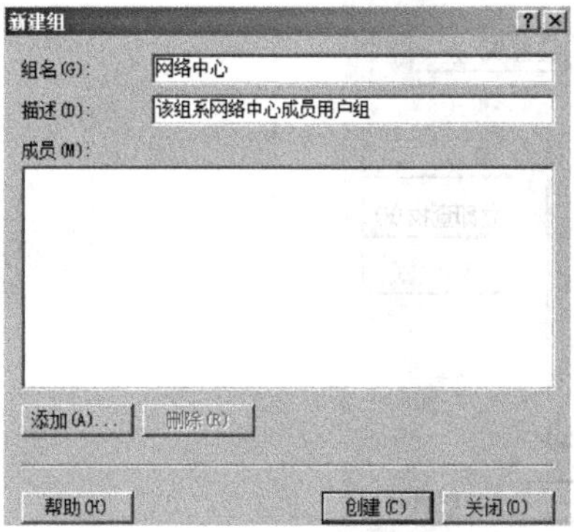

图 2—13　设置组名及描述信息

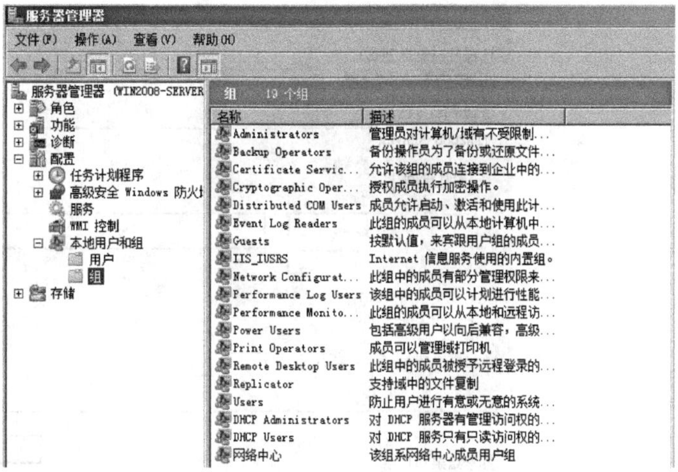

图 2—14　系统内置组及创建的新组

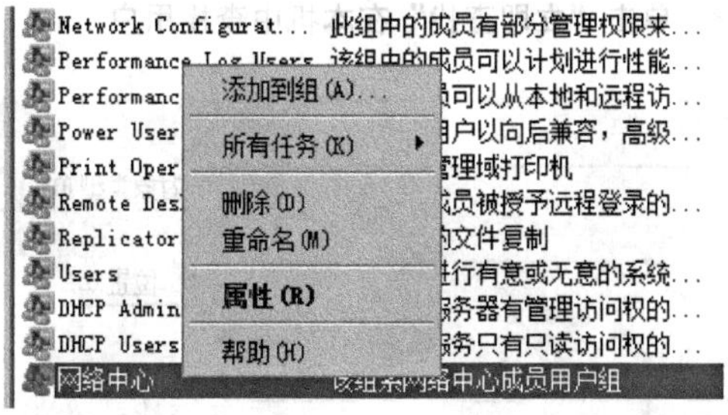

图 2—15　修改新建组的属性

在组的常规属性中，单击“添加”按钮，如图 2—16 所示。需注意的是图中的提示：“直到下一次用户登录时对用户的组成员关系的更改才生效”。因此在实验和应用中，如果修改了成员的隶属关系，应注销该用户账户重新登录系统，才能看到更改后的效果。

在“选择用户”对话框中，可直接输入要添加的用户名称。也可在单击“高级”按钮后，选择“立即查找”，在本地计算机上查找要添加到当前组的用户账户名称，找到后单击“确定”，即可完成成员的添加操作。上述过程如图 2—17 至图 2—21 所示。

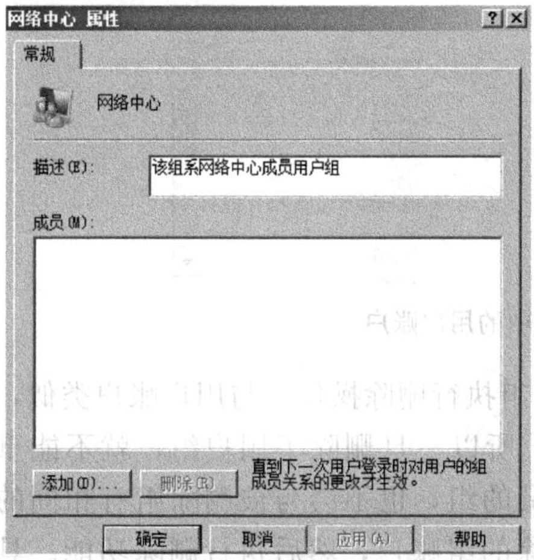

图 2—16　单击“添加”为组添加用户

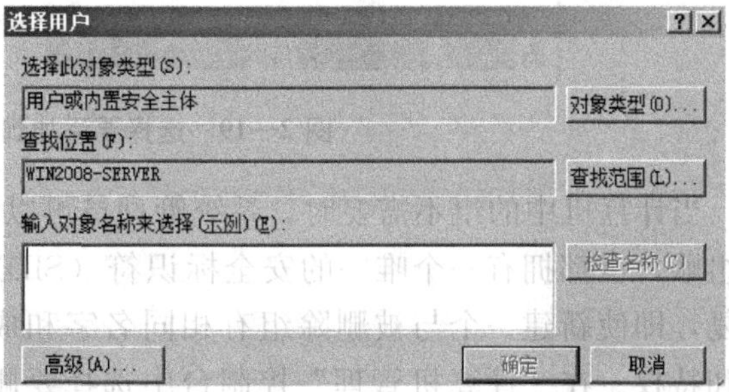

图 2—17　输入用户账户名或单击“高级”按钮

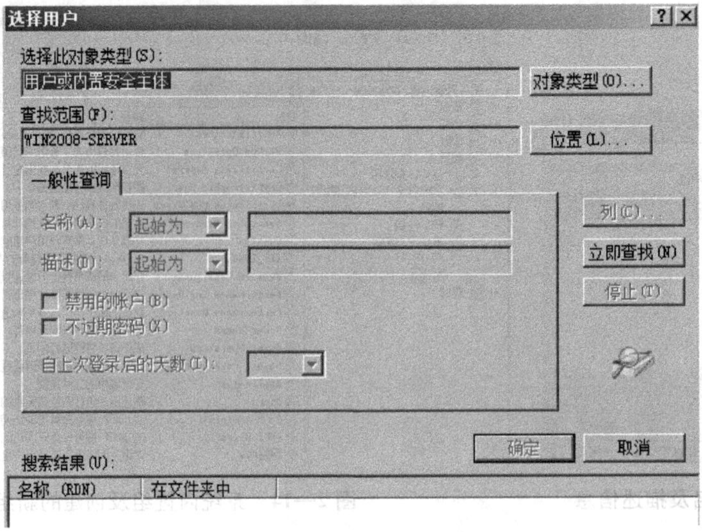

图 2—18　单击“立即查找”在本机中查找用户

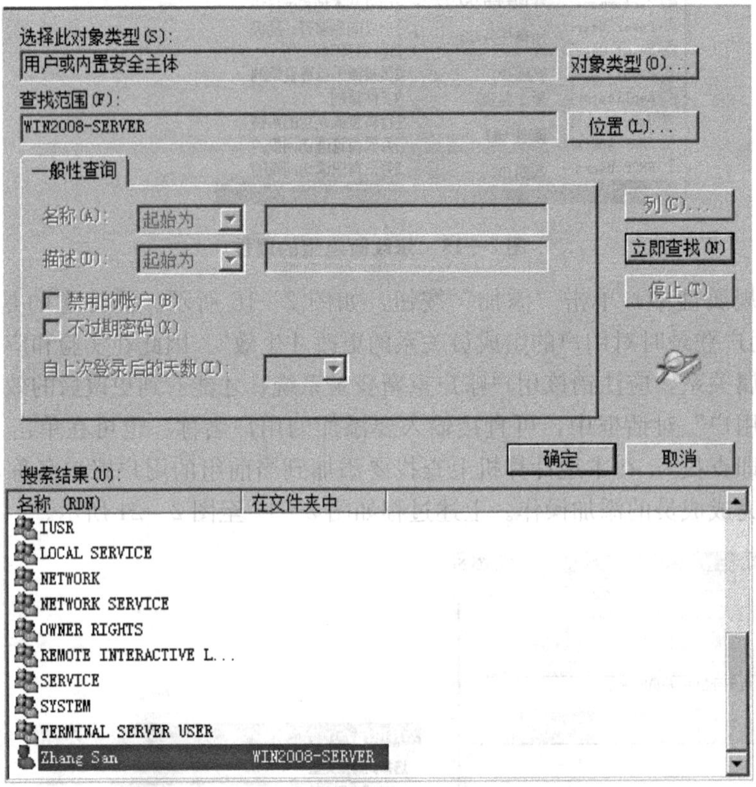

图 2—19　选择要添加到组中的用户账户

当计算机中的组不需要时，系统管理员可以对组执行删除操作。与用户账户类似，每个组账户也都拥有一个唯一的安全标识符（SID），所以一旦删除了用户组，就不能重新恢复，即使新建一个与被删除组有相同名字和成员的组，也不会与被删除组有相同的特性和特权。在“计算机管理”控制台中选择要删除的组账户，然后执行删除功能。具体操作不再赘述。

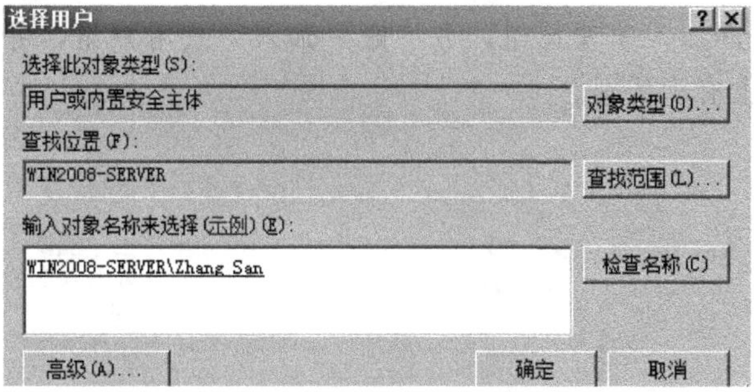

图 2—20　确定用户后单击“确定”按钮

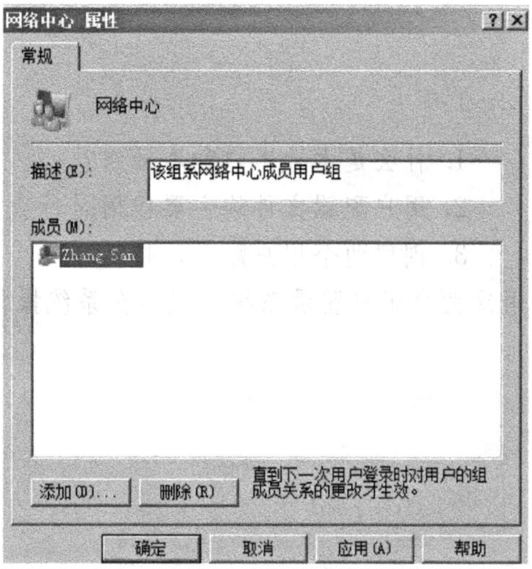

图 2—21　添加了用户后的组

2.4　能力拓展：MTA 认证考试练习

1. 在命令提示符下使用“net user”命令可以创建本地用户账户，尝试完成操作。

参考：net user ＜要创建的用户名＞ ＜密码＞ /add。

2. 列出 Windows Server 2008 R2 中提供的两个默认系统账户。

参考：administrator；guest。

3. Walter Harp 是一个咨询台技术人员。他的任务包括管理域打印机。他应成为哪个本地组的成员？

参考：查看系统内置组，找到与打印机管理相关的管理员组 Print Operators。注意权限不宜过低或过高。

4. 为什么需要将新创建的账户保留为禁用状态？

参考：这是一个行业“最佳实践方案”，因为在新员工开始工作之前并不需要使用新创建的账户，这些账户通常会在员工开始工作定位时启用。通常会为新账户分配现有员工可能知道的通用密码。有些公司会生成随机密码，但还是会保持账户的禁用状态，直到员工开始工作为止。

5. Guests 组的成员应具有哪些权限？

参考：Guests 默认具有与 Users 组成员相同的访问权限，但 Guest 账户除外，后者有进一步的限制。

本章小结

通过本章的知识学习和技能练习，对本地用户账户和本地组账户的作用应有所了解；对账户的创建和管理操作应当掌握。本章内容与后续的文件权限的分配有较大联系，特别是内置组的使用，需要在实验中多加练习。

练习题

1. 什么是本地用户和本地组？

2. 用户配置文件的主要作用是什么？

3. 创建两个用户账户，将其中一个账户加入管理员组，另一账户加入一般用户组，并用这两个账户登录系统，观察在系统操作上有无区别。

第 3 章　磁盘管理

磁盘管理是计算机使用和维护中的常规任务，也是系统管理的重要内容之一。计算机中存放信息的主要存储设备是硬盘，本章围绕硬盘的使用进行说明，包括对硬盘分区的创建和管理、磁盘类型的调整、卷的创建等。

通过本章的学习，理解磁盘使用中涉及的分区、卷的概念，掌握如何应用和管理基本磁盘、动态磁盘，通过比较加深理解动态磁盘的优势。

知识点：

◆ 分区与卷的概念

◆ 基本磁盘

◆ 动态磁盘

技能点：

◆ 能够使用磁盘管理工具进行磁盘管理

◆ 能够创建和使用基本磁盘分区

◆ 能够创建动态磁盘中不同类型的卷

3.1　认识磁盘和磁盘管理工具

磁盘是计算机外部存储介质中的常见设备。设计者将圆形的磁性盘片封装在一个方形的密封盒子里，以防止磁盘表面划伤而导致数据丢失。外部设备中有了磁盘之后，人们使用计算机就方便多了，不但可以把数据处理结果存放在磁盘中，还可以把很多输入到计算机中的数据存储到磁盘中，这样数据就能重复得到使用，提高数据的利用率。但是人们在使用中又发现了另一个问题：要存储到磁盘上的内容越来越多，众多的信息存储在一起，使用起来很不方便。于是人们提出了“文件”的概念，通过文件来管理各类数据。文件和文件系统的知识将在第 4 章进行讲解。

图 3—1　硬盘的构造

磁盘设备一般包括磁盘驱动器、适配器及盘片，它们既可以作为输入设备，也可作为输出设备（或称载体）。硬盘是最常见的磁性存储媒介之一，由一个或者多个铝制或者玻璃制的碟片组成。这些碟片外覆盖有铁磁性材料。绝大多数硬盘都是固定硬盘，被永久性地密封固定在硬盘驱动器中。图 3—1 显示的就是常见的硬盘。

如何方便而有效地管理磁盘呢？Windows 系统提供了图形化界面和命令行界面两种方式，帮助用户对磁盘进行管理和维护。图 3—2 显示的是在“服务器管理器”控制台下展开后的图形化磁盘管理工具，图 3—3 显示的是在命令行界面下专用的磁盘管理命令，这些工具的使用在本章将会有详细的说明。

Windows Server 2008 系统集成了很多磁盘管理方面的新特征、新功能，主要包括：

（1）更为简单的分区创建。右键单击某个卷时，可以直接从菜单中选择是创建基本分区、跨区分区还是带区分区。

（2）磁盘转换选项。向基本磁盘添加的分区超过四个时，系统将会提示您将磁盘分区形式转换为动态磁盘或 GUID 分区表（GPT）。

（3）扩展和收缩分区。可以直接从 Windows 界面扩展和收缩分区。

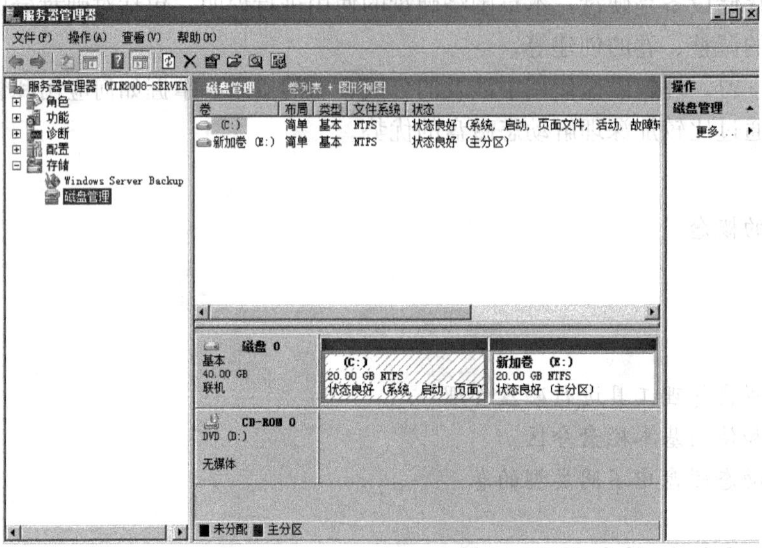

图 3—2　图形化磁盘管理工具

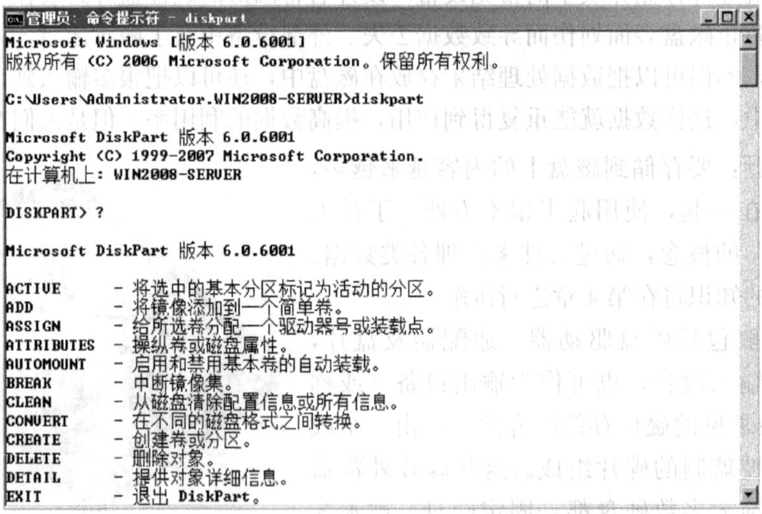

图 3—3　命令行界面下的磁盘管理工具

3.2 基本磁盘的应用和管理

3.2.1 认识基本磁盘

观察图 3—2，会发现名称为“磁盘 0”的图标上显示有“基本 40.00GB 联机”等信息，这些参数显示了系统中安装的第一块硬盘的配置类型、存储容量和状态。默认情况下，硬盘被安装到计算机中以后，Windows 系统会识别其为“基本磁盘”。基本磁盘和动态磁盘是 Windows 中的两种硬盘配置类型。基本磁盘是一种可由 MS-DOS 和所有基于 Windows 操作系统访问的物理磁盘，该类型最易于管理，大多数个人计算机都配置为基本磁盘。

基本磁盘以分区方式组织和管理磁盘空间，主要包含主磁盘分区、扩展磁盘分区和逻辑驱动器。硬盘安装好以后，不能直接使用，必须对硬盘进行分割，将其分割成一块一块的硬盘区域，也就是磁盘分区。将不同的数据分别存放在不同分区上，有利于用户的查找和数据本身的安全。例如，通常管理员会将系统本身的文件和一些程序文件存放在系统分区下，通常是 C 盘，将用户文档、多媒体资料等数据存放在 D 盘、E 盘等其他分区下，各个分区存放的数据彼此独立，不会因为某一个分区数据出现问题而导致其他分区的数据也出现故障。

在传统的磁盘管理中，将一个硬盘分为两大类分区：主分区和扩展分区。主分区是能够安装操作系统，进行计算机启动的分区，这样的分区可以直接格式化，然后安装系统，直接存放文件。在一个硬盘中最多只能存在 4 个主分区。如果一个硬盘上需要超过 4 个以上的磁盘分区的话，那么就需要适用扩展分区了。

如果使用扩展分区，那么一个物理硬盘上最多只能有 3 个主分区和 1 个扩展分区。扩展分区不能直接使用，它必须经过第二次分割成为一个一个逻辑分区后，才可以使用。一个扩展分区中的逻辑分区可以任意多个。图 3—4 显示了常用的分区方式。

每个基本磁盘都有一个分区表，用以记录该基本磁盘的分区情况。分区表中只能记载 4 条记录，因此基本磁盘最多只能被划分为 4 个磁盘分区，而其中最多只能有 1 个扩展磁盘分区。也就是说，基本磁盘可包含多达四个主分区，或最多三个主分区加一个具有多个逻辑驱动器的扩展分区。

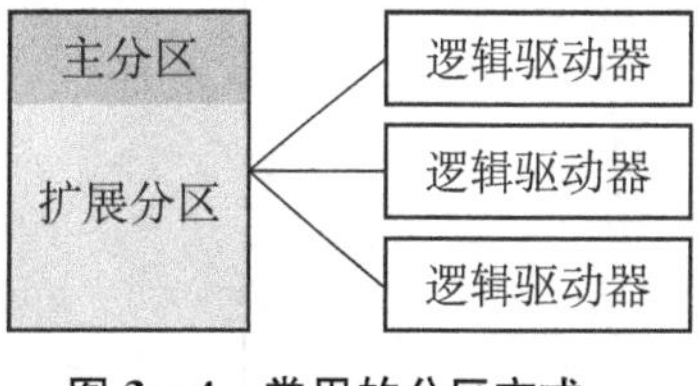

图 3—4 常用的分区方式

由于磁盘中保存有操作系统及其他数据，这里再初步了解一些与系统启动有关的内容。

Windows 系统启动大致包含如下过程：

(1) 开机自检（POST）阶段：当用户启动计算机时，它就会处理基本输入/输出系统（BIOS）中包含的指令。第一组启动指令是 POST，负责执行初始硬件检查，例如确定现有的内存量、检验是否存在需要启动操作系统的设备、从位于主板上的 CMOS 内存中检索系统配置设置。

(2) 初始启动阶段：该过程会将操作系统代码加载到计算机内存中。BIOS 会初始化计算机硬件并加载操作系统，完成硬件设置，最后生成功能完整的操作系统。此过程可通过直接连接磁盘、局域网或网络存储来执行，最常见的方法是通过磁盘执行。BIOS 会读取主启动记录（MBR）。MBR 是第一个硬盘的第一个扇区，其中存储着磁盘分区信息，占用的物理空间很小，但却是基于 x64 和 x86 的计算机启动过程中的一个重要因素。

(3) 启动加载程序阶段：该过程将从引导分区加载启动文件。引导配置数据（BCD）存储定义了如何配置引导菜单。此存储是 BCD 对象和元素的命名空间容器，它们保存了加载 Windows 或运行其他引导应用程序所需的信息。实际上，BCD 存储是采用注册表配置单元格式的二进制文件。

（4）检测并配置硬件阶段：该过程收集有关已安装硬件的信息。

（5）内核加载阶段：该过程将加载 Windows 内核。文件 winload. exe 是 Windows 操作系统启动加载程序，可加载操作系统内核，其前身是 Windows Server 2003 中的 NTLDR。在安装了单一操作系统的计算机上，计算机启动时按住 F8 键可进入安全模式，用于排除程序和驱动程序无法正常启动的故障。启动程序不在安全模式下运行，只会安装启动 Windows 所需的基本驱动程序。

（6）登录阶段：该过程 Windows 子系统启动 winlogon. exe，负责用户登录过程。

3.2.2 管理基本磁盘的分区

通过磁盘管理工具，用户可以方便地对基本磁盘进行日常管理，例如创建、删除分区，修改驱动器的号码等。下面在图形界面和命令行界面下分别介绍分区的创建过程。

1. 图形界面下创建分区

（1）在图 3—5 所示的窗口中，可看到系统中已安装的磁盘状态，其中有 20GB 的未分配空间可使用。已使用的空间和未使用的空间用了不同颜色进行标识。

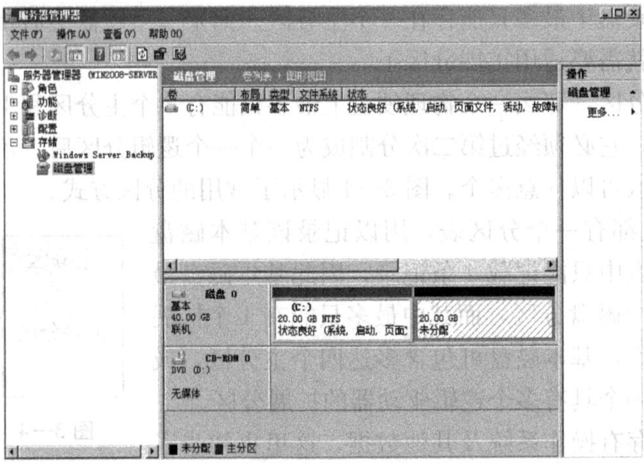

图 3—5 磁盘空间的使用状态

（2）在未分配空间上右击鼠标，弹出快捷菜单，选择其中的“新建简单卷”，如图 3—6 所示。

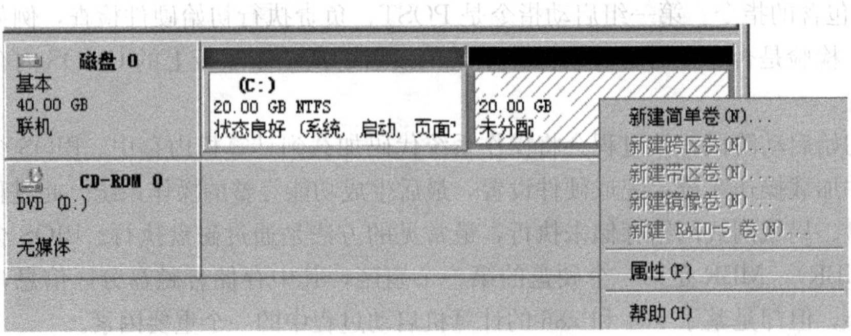

图 3—6 选择“新建简单卷”

（3）接下来会打开“新建简单卷向导”窗口，如图 3—7 所示，直接点击“下一步”。

（4）在打开的“指定卷大小”对话框中，指定拟新建的简单卷，即基本磁盘中的分区的大小，如图 3—8 所示。图中显示了该分区最小和最大的磁盘空间量，用户所指定的大小应介于这两个值之间。这里将新分区的大小指定为 10240MB，单击“下一步”按钮继续。

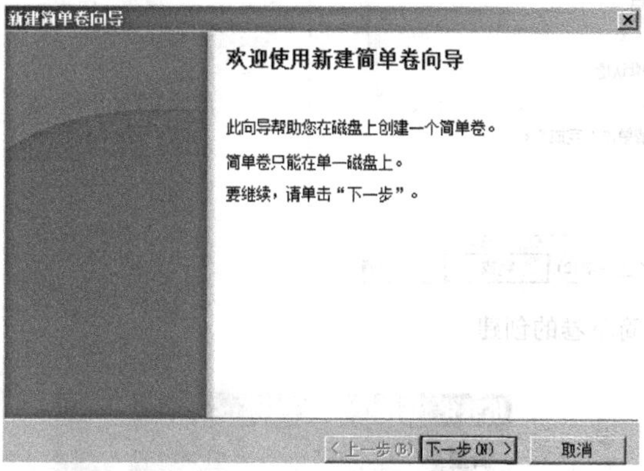

图 3—7　单击“下一步”开始创建简单卷

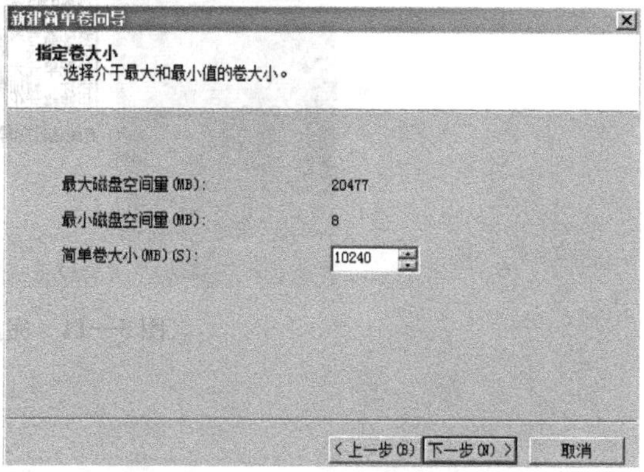

图 3—8　指定新建分区的空间容量

（5）在打开的“分配驱动器号和路径”对话框中，设置为分区分配的驱动器号码，即通常所说的盘符，如图 3—9 所示。默认的驱动器号为一个英文字母，且该字母会根据当前硬盘的使用情况自动设置，用户也可以手工指定，或是暂时不指定。在这里将盘符指定为“E:”盘。单击“下一步”按钮继续。

（6）接下来在打开的“格式化分区”对话框中，用户可以设置是否执行格式化操作。磁盘驱动器必须格式化后才能使用。用户可以设置格式化卷所用的文件系统、分配单元大小、卷标、是否执行快速格式化、启用文件和文件夹压缩等选项。这些选项所代表的具体含义在第 4 章文件系统部分会有详细说明，此处可以按照默认设置进行选择，单击“下一步”继续，如图 3—10 所示。该对话框也反映了磁盘与文件系统有密切联系。

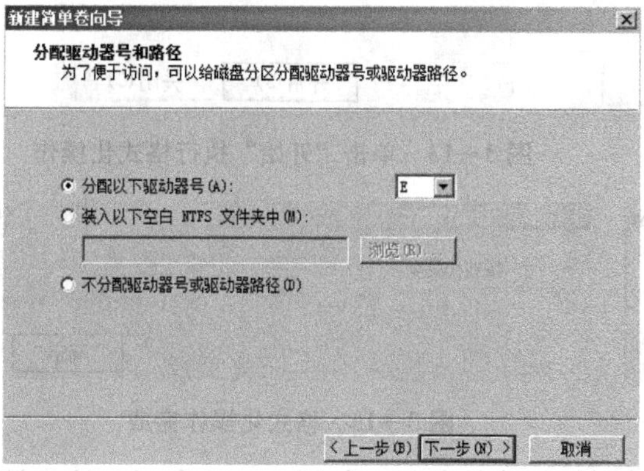

图 3—9　分配驱动器号码

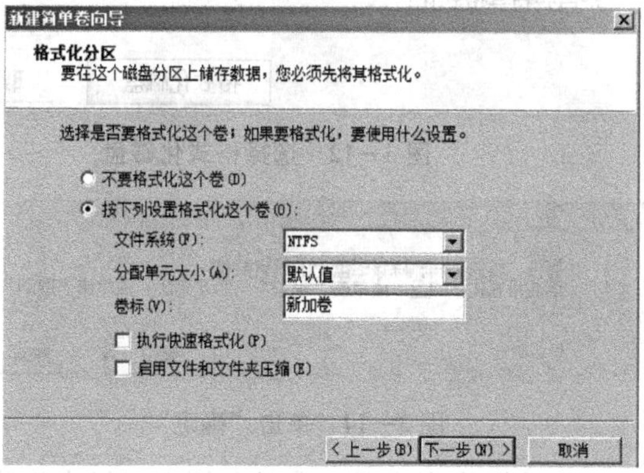

图 3—10　选择格式化操作相关选项

（7）系统将显示所创建的简单卷的信息，可以单击“上一步”对原先设置进行修改，如确定无误，单击“完成”按钮，完成创建向导，如图 3—11 所示。

磁盘分区只有在格式化后才能使用，在创建分区的操作完成后，系统即自动弹出格式化分区的提示，当然用户也可以在任何时候对分区进行格式化操作。单击图 3—12 中的“格式化磁盘”按钮，按照默认设置完成分区格式化操作，如图 3—13 至图 3—15 所示。

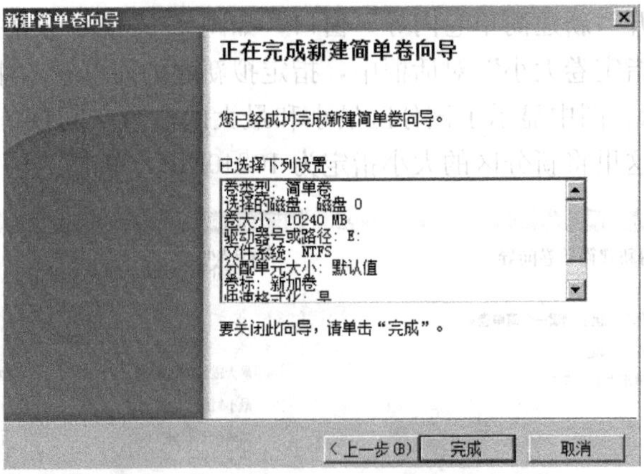

图 3—11　完成简单卷的创建

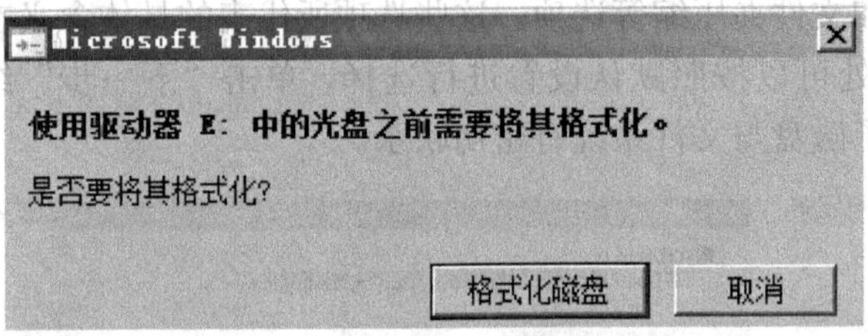

图 3—12　选择格式化磁盘

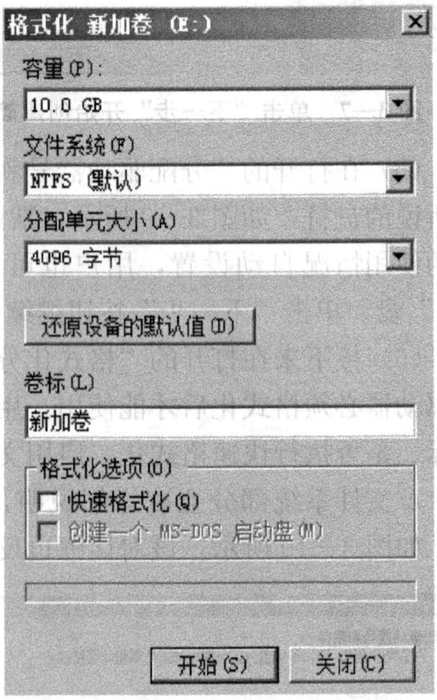

图 3—13　单击“开始”执行格式化操作

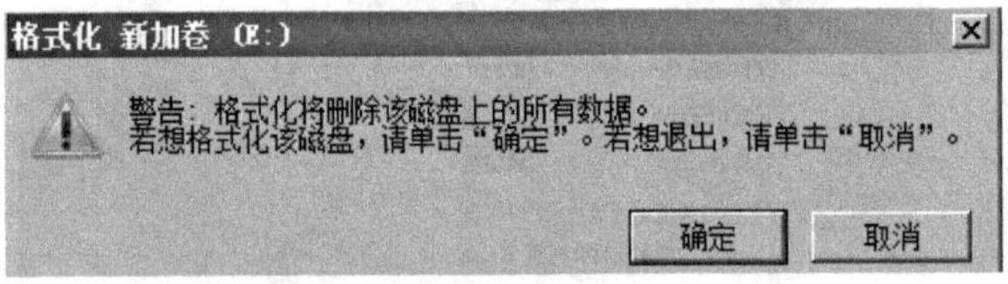

图 3—14　单击“确定”

图 3—15　格式化操作完成

上述操作完成后，在磁盘管理工具中将能看到新创建的分区，如图 3—16 所示。注意该图显示了新创建分区的类型为“主分区”。打开资源管理器，也能看到该分区的图标（见图 3—17）。

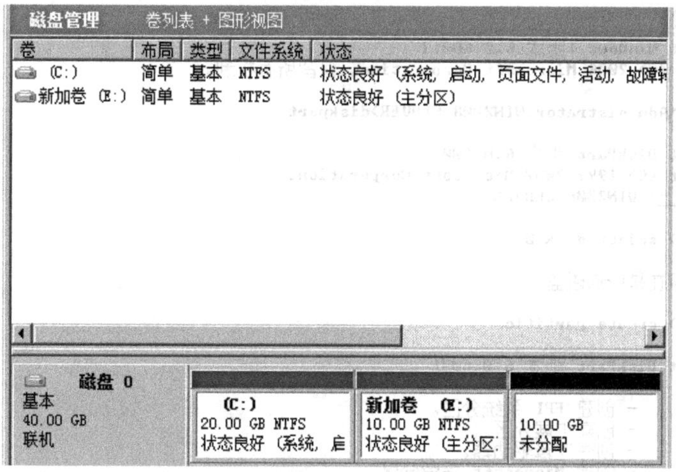

图 3—16　新创建的分区类型为主分区

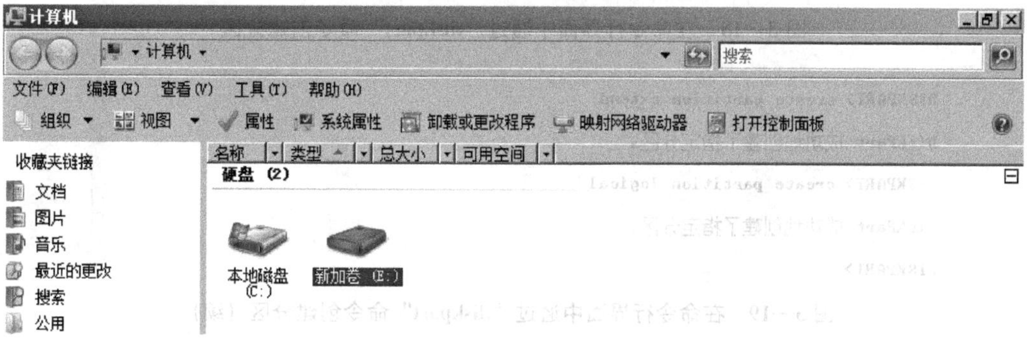

图 3—17　"计算机"窗口显示了新创建的分区

2. 命令行界面下创建分区

如果要创建扩展分区或逻辑驱动器，用户可以在命令行界面下通过"diskpart"命令完成。利用"diskpart"可实现对硬盘的分区管理，包括创建分区、删除分区、合并（扩展）分区，完全可取代分区魔术师等第三方工具软件，它还有分区魔术师无法实现的功能，如设置动态磁盘、镜像卷等，而且设置分区后不用重启电脑也能生效。

在"开始"菜单下的"运行"对话框中输入"cmd"打开命令提示符窗口，再输入"diskpart"即可启动该工具，此时屏上显示二级提示符"DISKPART >"，用户可以继续输入磁盘管理的各种命令，例如，"select"用以选择磁盘或分区，"create"用以创建分区。可以随时输入"?"获取该工具的帮助信息。读者可以按照图 3—18、图 3—19 所示的命令逐条输入，在磁盘中创建扩展分区和逻辑分区，并在创建完成后按屏幕提示执行格式化操作。图 3—20 显示了逻辑分区创建完成后的状态。

如果某一个分区不再使用，可以选择删除。删除分区后，分区上的数据将全部丢失，所以删除分区前应仔细确认。如果待删除分区是扩展磁盘分区，要先删除扩展磁盘分区上的逻辑驱动器后，才能删除扩展分区。

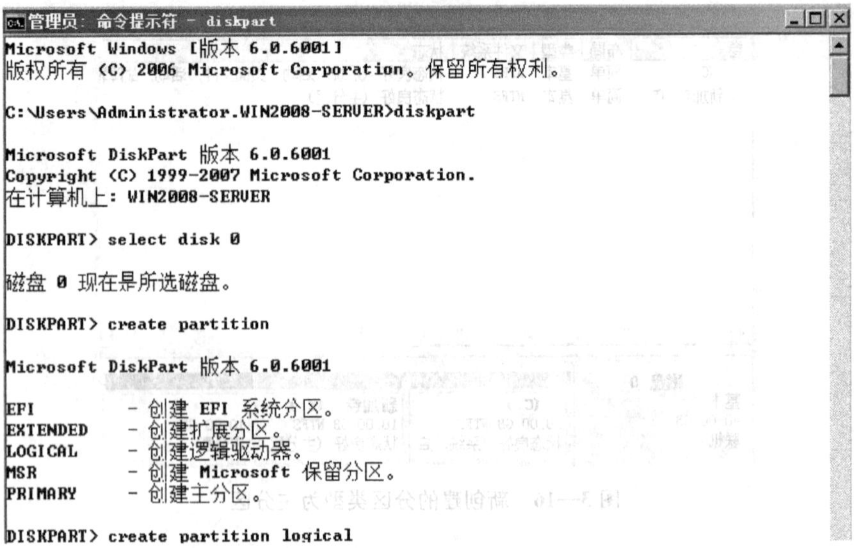

图 3—18 在命令行界面中通过“diskpart”命令创建分区

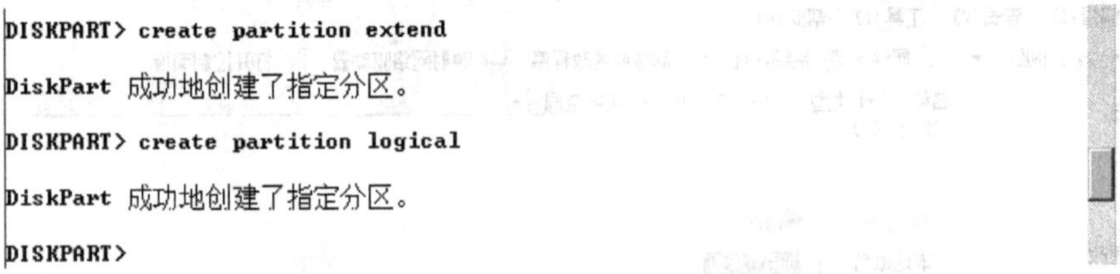

图 3—19 在命令行界面中通过“diskpart”命令创建分区（续）

图 3—20 通过“diskpart”命令创建的逻辑分区

3.3 动态磁盘的应用和管理

3.3.1 认识动态磁盘

动态磁盘是 Windows 2000 开始推出的磁盘分区方式，Windows Server 2008 延续了对动态磁盘的支持。

为了区别于基本磁盘，动态磁盘中被划分的存储空间被称为卷（Volume），不再称作分区。与分区类似，卷也可以被指派驱动器号，并需要进行格式化后才能存放数据。但是卷的很多优势是分区无法比拟的。动态磁盘优于基本磁盘的特点有：

（1）卷可以扩展到包含非邻接的空间，这些空间可以在任何可用的磁盘上。

（2）对每个磁盘上可以创建的卷的数目没有任何限制，而基本磁盘受 26 个英文字母的限制。

（3）Windows Server 2008 将动态磁盘配置信息存储在磁盘上，而不是存储在注册表中或者其他位置。同时，这些信息不能被准确地更新。

一个硬盘可以是基本磁盘，也可以是动态磁盘，但不能二者兼是，因为在同一磁盘上不能组合多种存储类型。如果计算机中有多个硬盘，可以将各个硬盘分别配置为基本磁盘或动态磁盘。

接下来介绍如何在系统中创建动态磁盘和动态卷。

3.3.2 管理动态磁盘的卷

动态磁盘往往在计算机中有多块硬盘时采用。如果计算机中只安装有一块硬盘，则使用动态磁盘的意义不是很大。

1. *磁盘类型转换*

在计算机中添加多块硬盘后，需要经过初始化操作，使得硬盘能够被识别。如图 3—21 所示，在计算机中添加了两块大小均为 40GB 的硬盘，连接后硬盘没有经过初始化，处于未知状态。

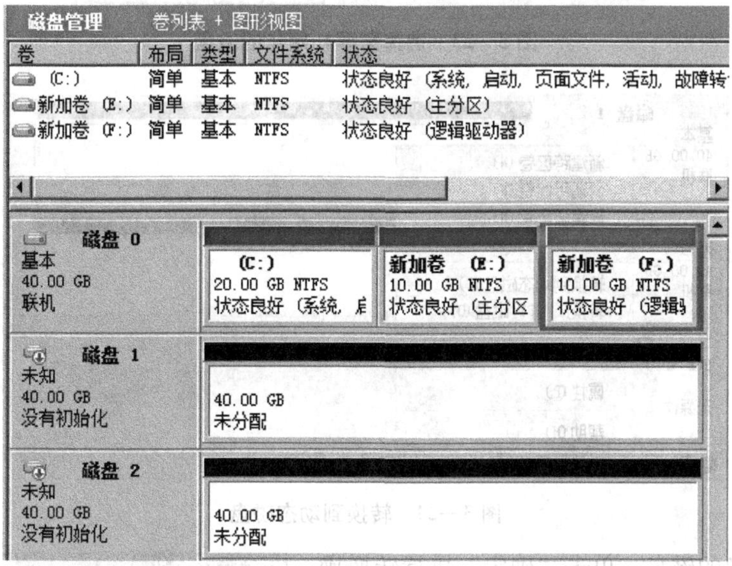

图 3—21 未经初始化的磁盘系统不能识别

右击未知磁盘，在快捷菜单中选择“初始化磁盘”，如图 3—22 所示。

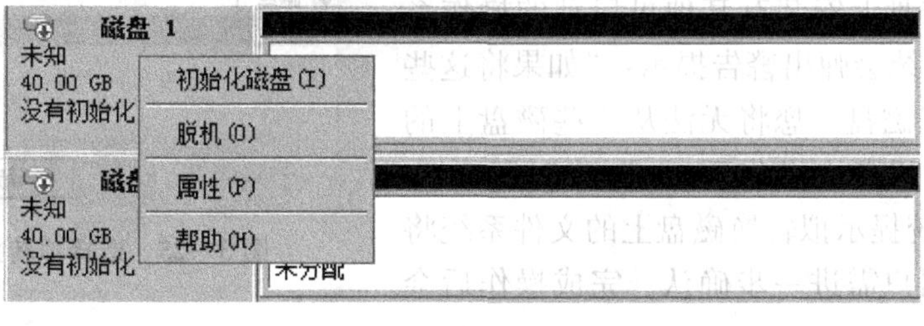

图 3—22 初始化磁盘

接下来选择需要进行初始化操作的磁盘，如图 3—23 所示。注意图中的提示，根据硬盘容量选择合理的磁盘分区形式。

初始化操作完成后，磁盘将从未知类型转化为基本磁盘，此时右击基本磁盘，在快捷菜单中即可看到“转换到动态磁盘”选项，如图 3—24 所示。

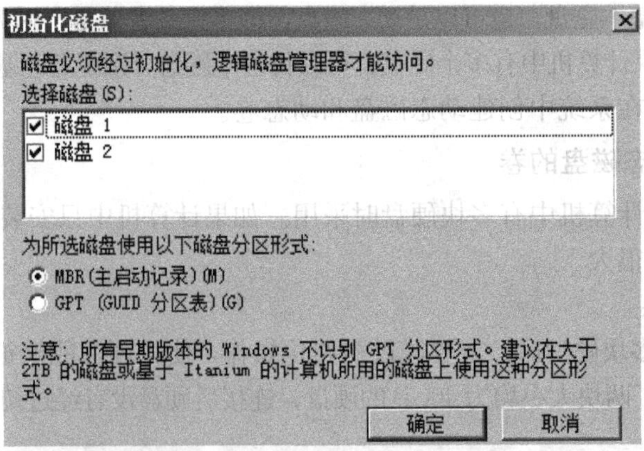

图 3—23　选择需要初始化的磁盘

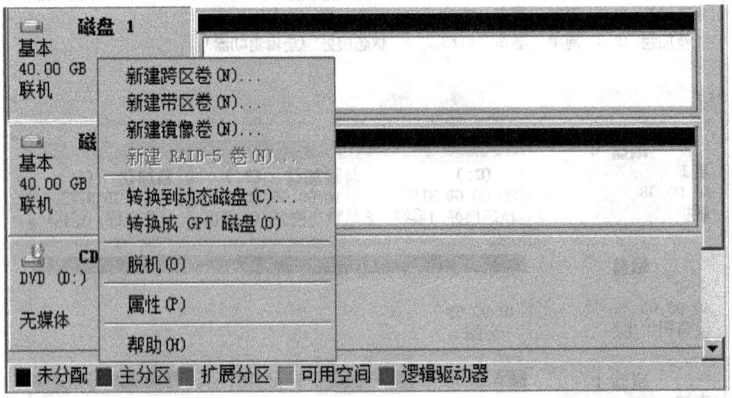

图 3—24　转换到动态磁盘

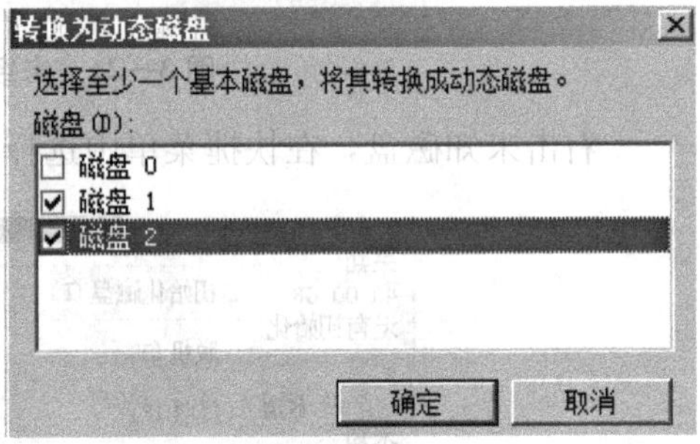

图 3—25　选择拟转换的磁盘

选择需要被转换的磁盘，单击“确定”执行转换操作，如图 3—25 所示。转换以后的动态磁盘，如图 3—26 所示。

如果原先磁盘上安装有其他可启动的操作系统，在转换前系统会弹出警告提示：“如果将这些磁盘转换成动态磁盘，您将无法从这些磁盘上的卷启动其他已安装的操作系统。”此时可单击“是”按钮，系统提示拟转换磁盘上的文件系统将被强制卸下，用户需进一步确认。完成操作后会提示重启系统。

在基本磁盘转换为动态磁盘时，应注意以下问题：

（1）必须具备管理员操作权限才能完成该过程。如果计算机与网络连接，则网络策略设置也有可能妨碍转换。

（2）将基本磁盘转换为动态磁盘后，不能将动态卷改回到基本分区。

（3）在转换磁盘之前，应该先关闭在磁盘上运行的程序。

（4）为保证转换成功，任何要转换的磁盘都必须至少包含 1MB 的未分配空间。

（5）扇区容量超过 512 字节的磁盘，不能从基本磁盘升级为动态磁盘。

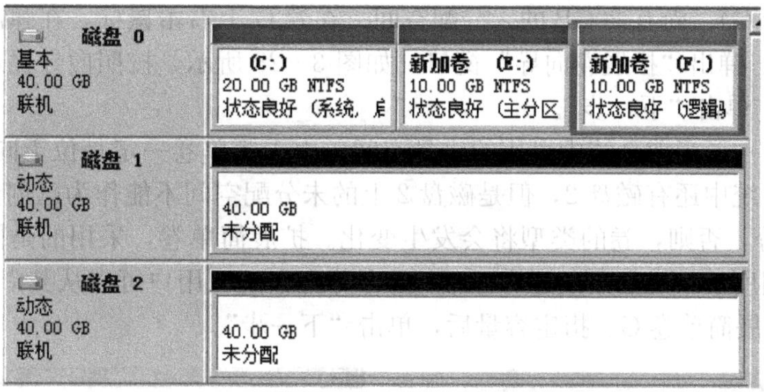

图 3—26　转换成动态磁盘后的磁盘状态

(6) 一旦升级完成，动态磁盘就不能包含分区或逻辑驱动器，也不能被非 Windows Server 2008 的其他操作系统所访问。

动态磁盘转换为基本磁盘的操作基本相似，但在转换时，首先要进行删除卷的操作。如果不删除动态磁盘上的所有的卷，转换操作将不能执行。另外需要注意的是，基本磁盘转换成动态磁盘，不会导致磁盘上原有数据的丢失；但动态磁盘转换为基本磁盘后，原磁盘上的数据将全部丢失并且不能恢复，因此需要事先做好数据的备份工作。

Windows Server 2008 支持 5 种类型的动态卷：简单卷、跨区卷、带区卷、镜像卷和 RAID-5 卷。下面分别介绍每种卷的特点和创建方法。

2. 建立简单卷

简单卷是物理磁盘的一部分，但它工作时就好像是物理上的一个独立单元。当系统中只有一个动态磁盘时，简单卷是可以创建的唯一类型的卷。在磁盘未分配的空间上可以动态地增加或收缩现有简单卷的大小，而不需要重新进行分区操作，这是简单卷相对于基本磁盘中分区的一个优势。

简单卷的创建非常简单，其操作步骤与在基本磁盘中创建分区的步骤非常类似，在动态磁盘上右击后出现的快捷菜单中选择“新建简单卷”命令，接下来按照创建向导指定简单卷的大小、分配驱动器号并执行格式化。

简单卷只能创建在一个物理磁盘上。当简单卷创建完成后，如果卷的空间不足，可以动态调整其大小。如图 3—27 所示，磁盘 1 是一个动态磁盘，其上创建了一个大小为 20GB 的

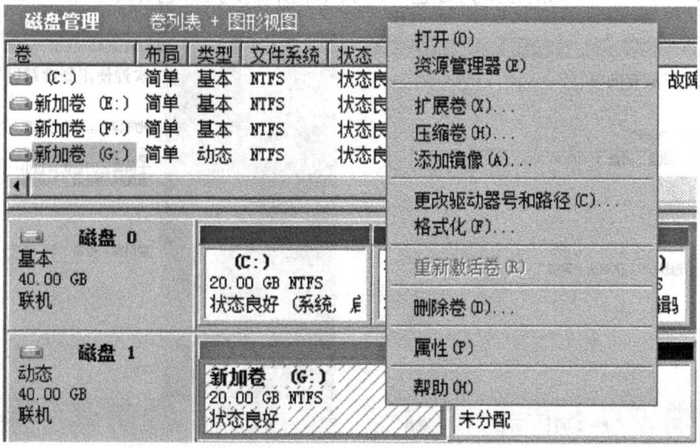

图 3—27　对简单卷进行扩展

简单卷（号码为 G），尚有 20GB 的未分配空间。在卷 G 上右击鼠标，在弹出的快捷菜单中选择“扩展卷”，弹出“扩展卷向导”窗口，如图 3—28 所示，按照向导提示，动态增加简单卷 G 的容量，单击“下一步”。

图 3—29 显示了当前系统中可用的磁盘空间。由于简单卷一定是位于同一个磁盘上的，因此尽管目前系统中还有磁盘 2，但是磁盘 2 上的未分配空间不能作为已创建的磁盘 1 上的简单卷 G 的部分，否则，卷的类型将会发生变化。扩展简单卷，采用的是同一磁盘上未分配的空间。如图所示，磁盘 1 上还有 20GB 的未分配空间，用户可以从其中指定 10240MB，即 10GB 用于扩展简单卷 G。指定容量后，单击“下一步”。

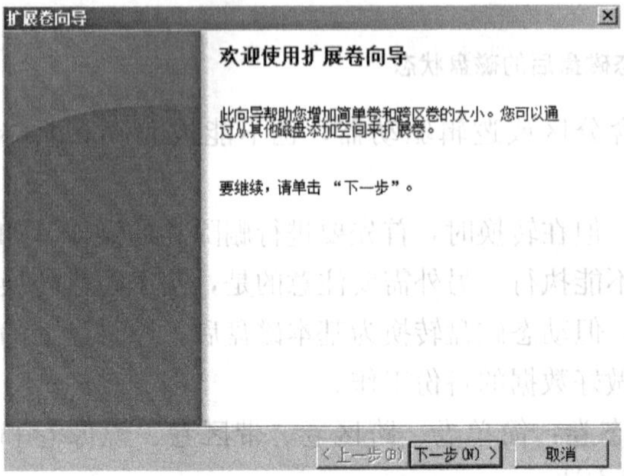

图 3—28　扩展卷向导

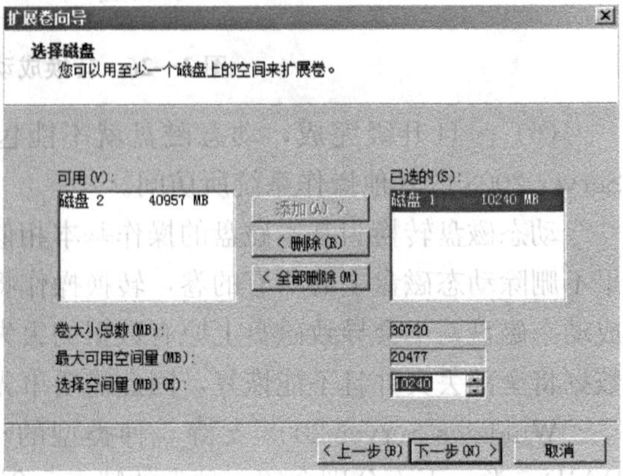

图 3—29　指定待扩展的容量

单击“完成”按钮即可完成扩展卷向导（见图 3—30），在磁盘管理工具中即可查看扩展后的简单卷。

3. 建立跨区卷

与简单卷不同，跨区卷可以将来自多个物理磁盘（2 到 32 块）的未分配空间合并到一个逻辑卷中，这样可以更有效地使用多个磁盘系统上的所有空间和所有驱动器号。

跨区卷组织数据时，先将一个磁盘上为卷分配的空间充满，然后从下一个磁盘开始，再将该磁盘上为卷分配的空间充满。利用跨区卷能快速增加卷的容量，但是跨区卷不能提高对磁盘数据的读取性能，也不提供任何容错功能。当跨区卷中的某个磁盘出现故障时，存储在该磁盘上的所有数据将全部丢失。

（1）在图 3—24 中选择“新建跨区卷”，弹出新建跨区卷的向导，如图 3—31 所示，向

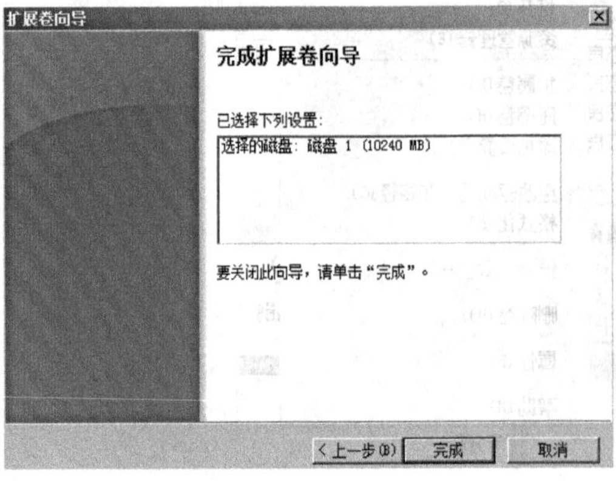

图 3—30　完成扩展卷向导

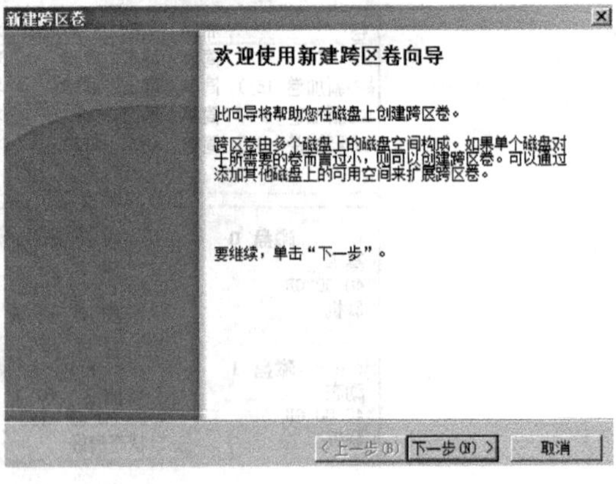

图 3—31　新建跨区卷向导

导的欢迎窗口中显示了对跨区卷的描述信息。单击“下一步”。

（2）在“选择磁盘”对话框中，选择用于创建跨区卷的磁盘，并指定在该磁盘上使用的卷的容量。图 3—32 显示了系统中除了磁盘 1 以外，磁盘 2 上尚有 40957MB 的可用空间。现需要使用磁盘 2 上的可用空间，则选中磁盘 2 后单击添加按钮。

（3）指定跨区卷在磁盘 2 上占用的空间容量，如图 3—33 所示，设置后单击“下一步”。

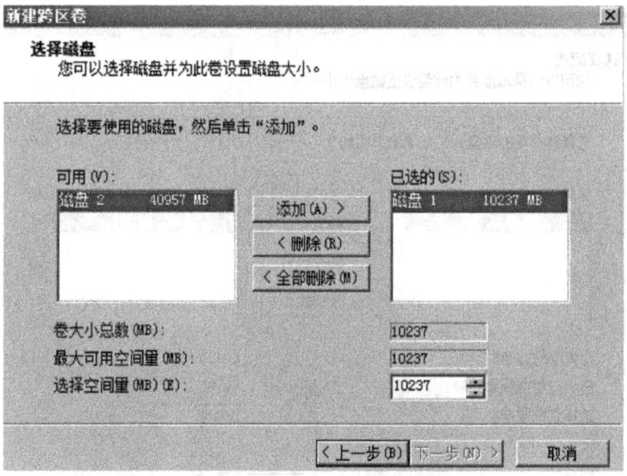

图 3—32　选择用于创建跨区卷的动态磁盘

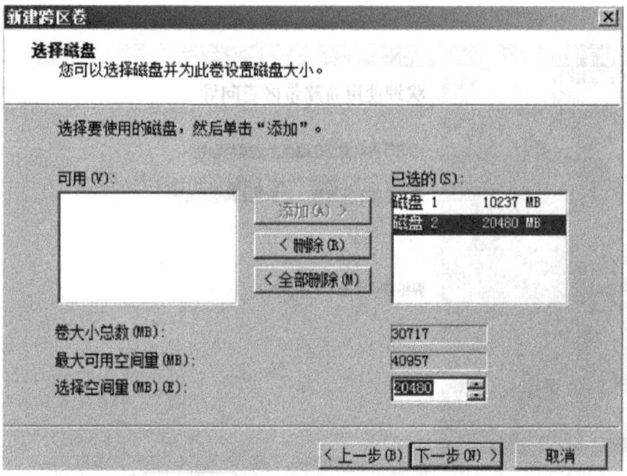

图 3—33　指定用于创建跨区卷的空间容量

（4）接下来指定为跨区卷分配的驱动器号，并完成格式化操作。

（5）确定无误后，完成新建跨区卷向导，如图 3—34 所示。

（6）通过磁盘管理工具，可以看到已创建的跨区卷的信息。图 3—35 显示紫色标识的卷为跨区卷，卷号为 H，其容量在磁盘 1 上占用了 10GB 的空间，在磁盘 2 上占用了 20GB 的空间，因此总容量为 30GB。

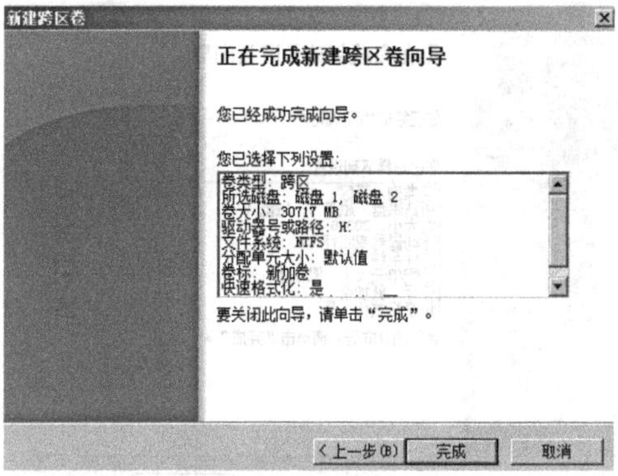

图 3—34　完成新建跨区卷向导

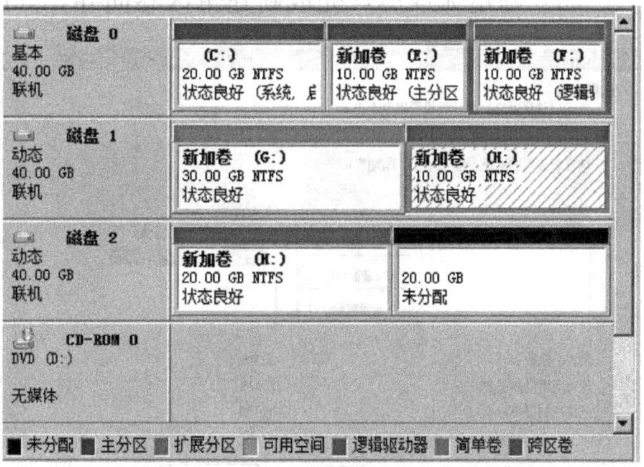

图 3—35　已创建的跨区卷

4. 建立带区卷

与跨区卷类似，带区卷也是由两块或两块以上（最多 32 块）物理磁盘所组成，不同的是，每块磁盘所贡献的空间大小必须相同。带区卷上的数据被均匀地以带区形式跨磁盘交错分配。在写入数据时，数据被分割为 64KB 的块，并均衡地同时对所有磁盘进行写数据操作。带区卷是 Windows 的所有可用卷中性能最佳的卷，但是不具备容错能力。如果带区卷中的某个磁盘发生故障，则整个卷中的数据都将丢失。创建带区卷时，最好使用相同大小、型号和制造商的磁盘。带区卷的创建与跨区卷类似。

（1）在图3—24中选择“新建带区卷”，弹出新建带区卷的向导，如图3—36所示，向导的欢迎窗口中显示了对带区卷的描述信息。单击“下一步”。

（2）在“选择磁盘”对话框中，选择用于创建跨区卷的磁盘，并指定在该磁盘上使用的卷的容量。图3—37显示了系统中除了磁盘1以外，磁盘2上尚有20477MB的可用空间。现需要使用磁盘2上的可用空间，则选中磁盘2后单击添加按钮。

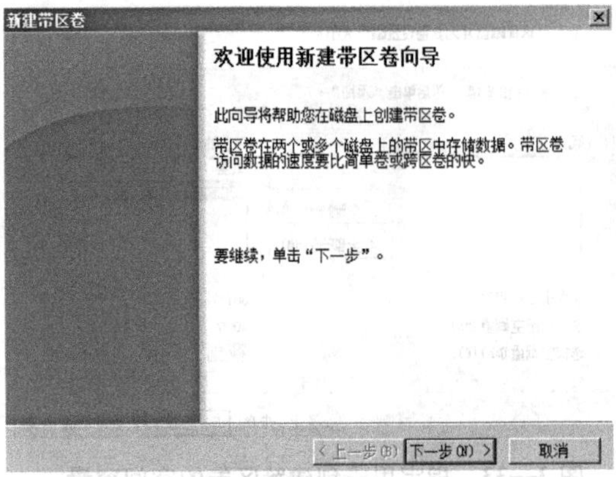

图3—36　新建带区卷向导

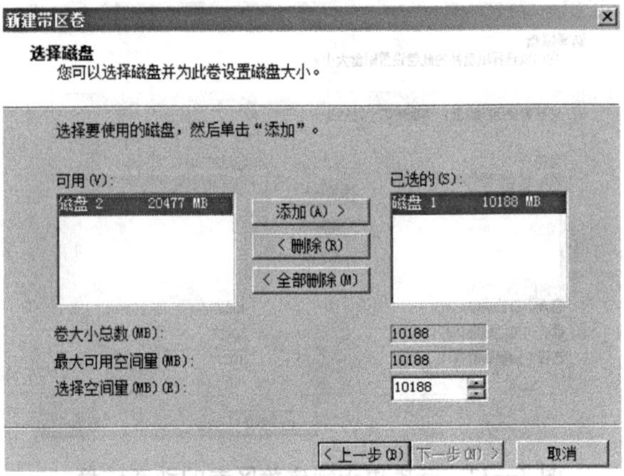

图3—37　选择用于创建带区卷的动态磁盘

（3）指定带区卷在磁盘2上占用的空间容量。由于带区卷要求在各个磁盘上占用空间相同，因此系统会根据已选的磁盘容量自动设置添加的磁盘上的空间占用容量，这一点与跨区卷是不同的。如图3—38所示，设置后单击“下一步”。

（4）接下来指定为带区卷分配的驱动器号，并完成格式化操作。

（5）确定无误后，完成新建带区卷向导，如图3—39所示。

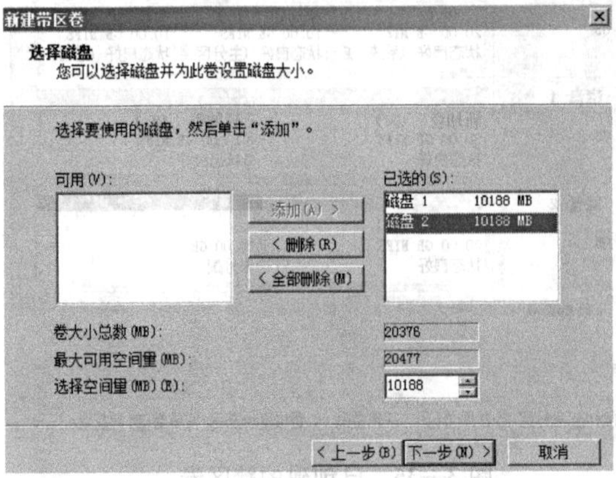

图3—38　设置用于创建带区卷的空间容量

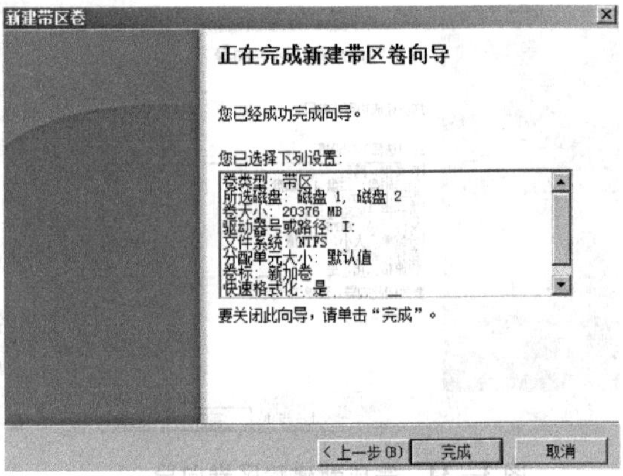

图3—39　完成新建带区卷向导

（6）通过磁盘管理工具，可以看到已创建的带区卷的信息。图3—40显示浅蓝色标识的卷为跨区卷，卷号为1，其容量在磁盘1、磁盘2上都占用了9.95GB的空间，也反映出带区卷占用磁盘空间的特点：均匀分布。

5. 建立镜像卷

镜像卷是具有容错能力的动态卷。利用镜像卷，可以将用户的相同数据同时复制存储到两个物理磁盘中，从而提供数据冗余性。如果其中一个磁盘出现故障，系统可以继续利用未

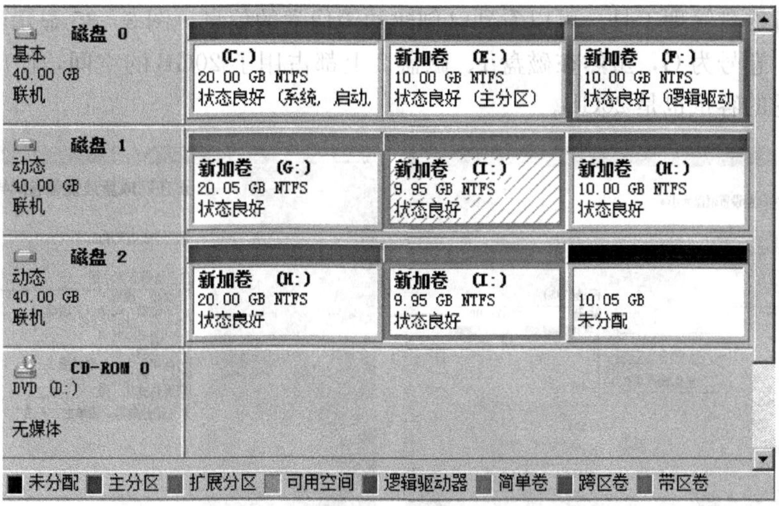

图 3—40 已创建的带区卷

损坏的另一磁盘进行数据读写操作，通过保留的完全冗余的副本来保护磁盘上的数据免受介质故障的影响。因此，镜像卷的磁盘空间利用率只有 50%，其成本相对较高。但是镜像卷可以大大增强读性能，因为容错驱动程序同时从两个磁盘成员中同时读取数据；其写性能会略有下降，因为容错驱动程序必须同时向两个成员写数据。

镜像卷目前广泛应用在没有使用硬件 RAID（廉价磁盘冗余阵列）的简易服务系统中。

（1）在图 3—24 中选择“新建镜像卷”，弹出新建镜像卷的向导，如图 3—41 所示，向导的欢迎窗口中显示了对镜像卷的描述信息。单击“下一步”。

（2）在“选择磁盘”对话框中，选择用于创建镜像卷的磁盘，并指定在该磁盘上使用的卷的容量。图 3—42 显示了已选的磁盘 1 上有 30719MB 可用空间，磁盘 2 上有 20477MB 的可用空间。选中磁盘 2 后单击添加按钮。

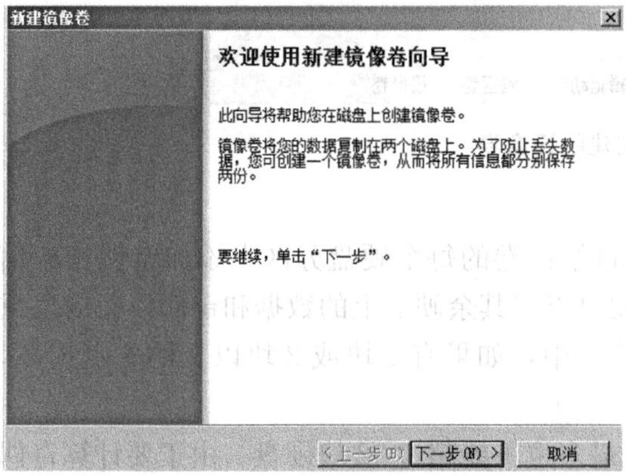

图 3—41 新建镜像卷向导

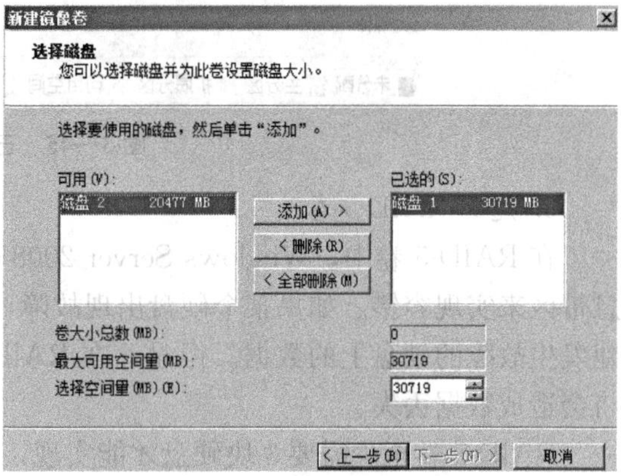

图 3—42 选择用于创建镜像卷的动态磁盘

（3）指定镜像卷的空间容量。由于镜像卷要求两个磁盘上占用的空间相同，因此系统会根据被选中的磁盘容量自动调整，如图 3—43 所示，磁盘 1、磁盘 2 的容量是相同的，设置后单击“下一步”。

（4）接下来指定为镜像卷分配的驱动器号，并完成格式化操作。

（5）确定无误后，完成新建镜像卷向导，如图 3—44 所示。

(6) 通过磁盘管理工具，可以看到已创建的镜像卷的信息。图 3—45 显示红褐色标识的卷为镜像卷，卷号为 G，虽然在磁盘 1、磁盘 2 上都占用了 20GB 的空间，但应注意的是用户能使用的卷的容量也是 20GB。

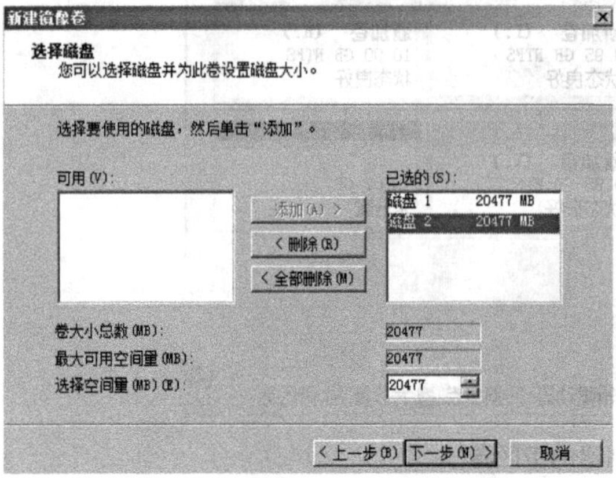

图 3—43 设置用于创建镜像卷的空间容量

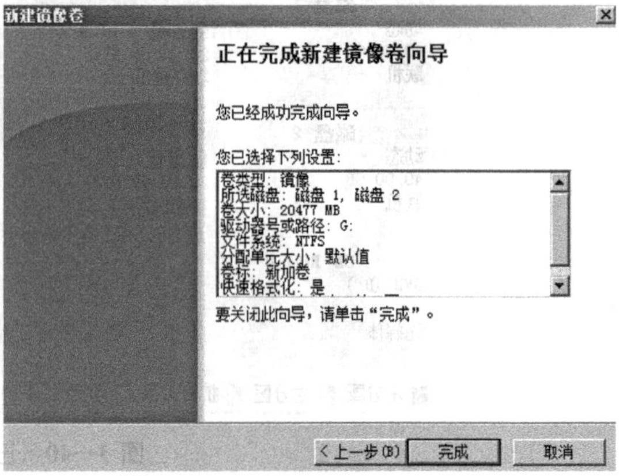

图 3—44 完成新建镜像卷向导

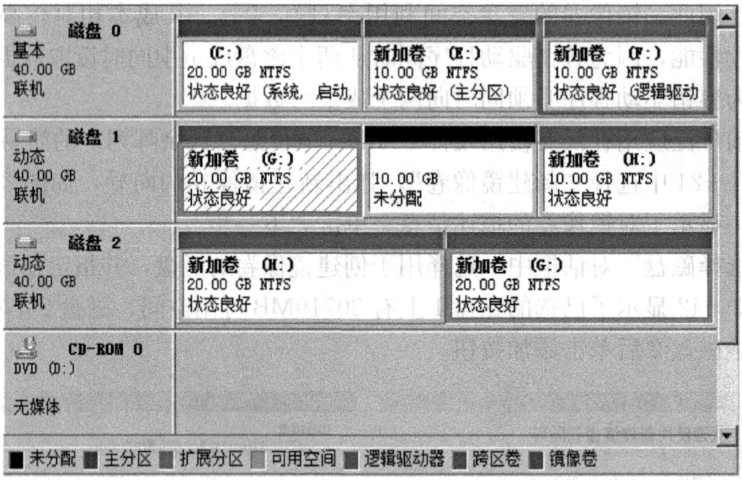

图 3—45 已创建的镜像卷

6. 建立 RAID-5 卷

在 RAID-5 卷中，Windows Server 2008 通过给该卷的每个硬盘分区中添加奇偶校验信息带区来实现容错。如果某个硬盘出现故障，便可以用其余硬盘上的数据和奇偶校验信息重建发生故障的硬盘上的数据。但是，在 RAID-5 卷中，如果有 2 块或 2 块以上的磁盘损坏，将会造成数据丢失。

RAID-5 卷至少需要 3 块硬盘才能实现，但最多也不能超过 32 块硬盘。由于要计算奇偶校验信息，所以 RAID-5 卷上的写操作要比镜像卷上的写操作慢一些。但是，RAID-5 卷比镜像卷提供更好的读性能，因为可以从多个磁盘上同时读取数据。与镜像卷相比，RAID-5 卷的性价比较高，而且 RAID-5 卷中的硬盘数量越多，冗余数据带区的成本越低。但是 RAID-5 卷不能包含根分区或系统分区。

(1) 确保系统中至少有 3 块硬盘，否则 RAID-5 卷无法创建，如图 3—46 所示，在任一动态磁盘的分区或未分配空间上右击，在弹出的快捷菜单中选择“新建 RAID-5 卷”。

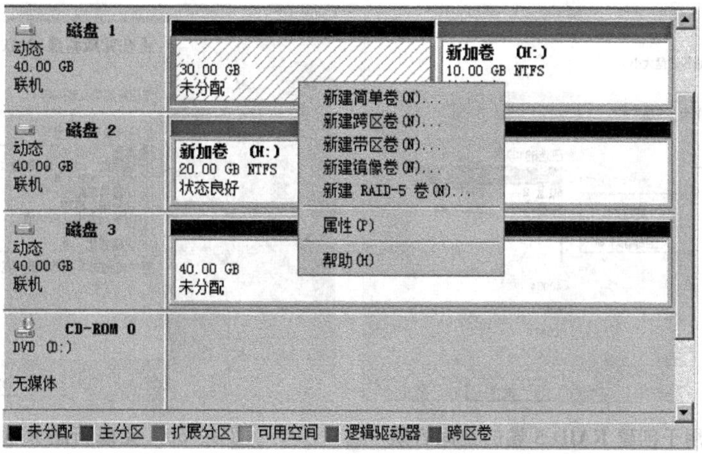

图 3—46　至少 3 块硬盘才能创建 RAID-5 卷

（2）新建 RAID-5 卷向导的欢迎窗口中显示了对 RAID-5 卷的描述信息，如图 3—47 所示，单击“下一步”。

（3）在“选择磁盘”对话框中，选择用于创建 RAID-5 卷的磁盘，并指定在该磁盘上使用的卷的容量。图 3—48 显示了已选的磁盘 1 上有 30719MB 可用空间，磁盘 2 上有 20477MB 的可用空间，磁盘 3 上有 40957 MB 可用空间。选中磁盘 2、磁盘 3 后单击添加按钮。

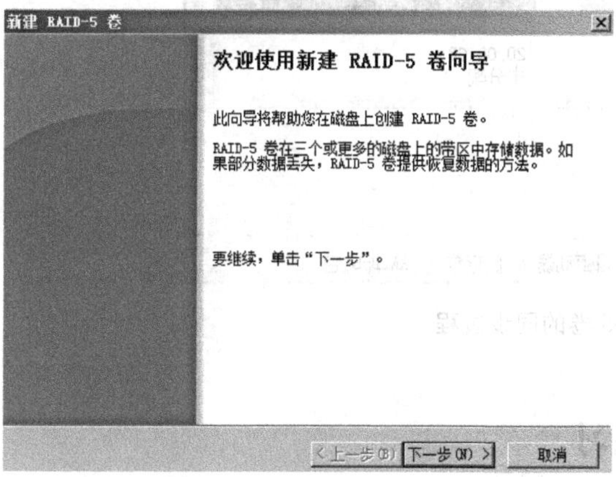

图 3—47　新建 RAID-5 卷向导

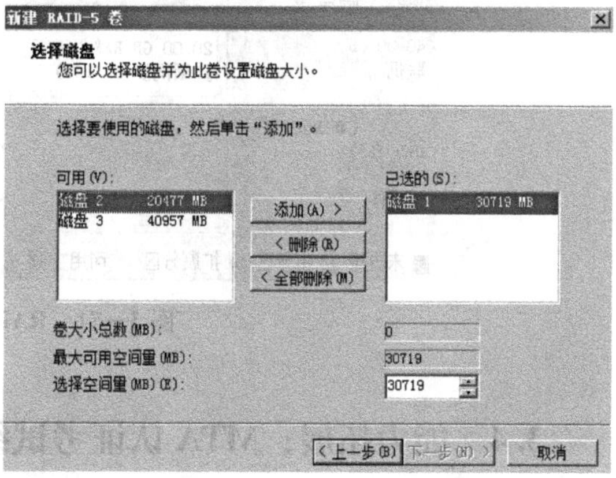

图 3—48　选择用于创建 RAID-5 卷的动态磁盘

（4）指定 RAID-5 卷的空间容量。系统会根据被选中的磁盘容量自动调整，如图 3—49 所示，新建的 RAID-5 卷在磁盘 1、磁盘 2、磁盘 3 上占用的空间容量是相同的，设置后单击“下一步”。

（5）接下来指定为 RAID-5 卷分配的驱动器号，并完成格式化操作。

（6）确定无误后，完成新建 RAID-5 卷向导，如图 3—50 所示。

（7）接下来会经过一段时间的同步过程，如图 3—51 所示，耐心等待该过程结束，即可看到创建后的 RAID-5 卷。

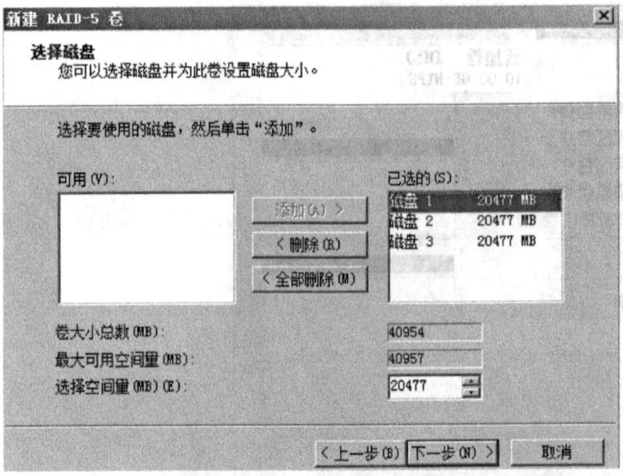

图 3—49　设置用于创建 RAID-5 卷的空间容量

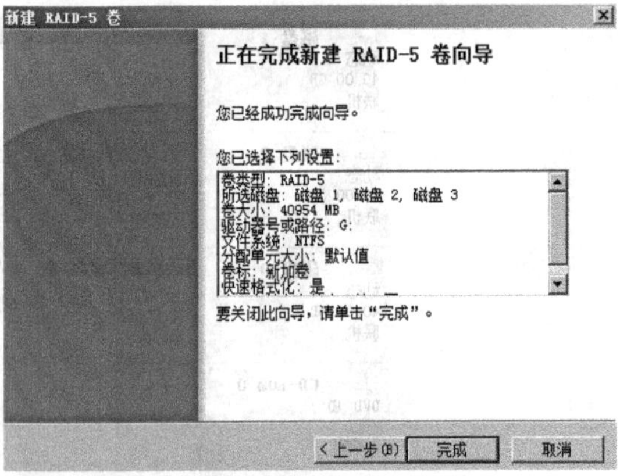

图 3—50　完成新建 RAID-5 卷向导

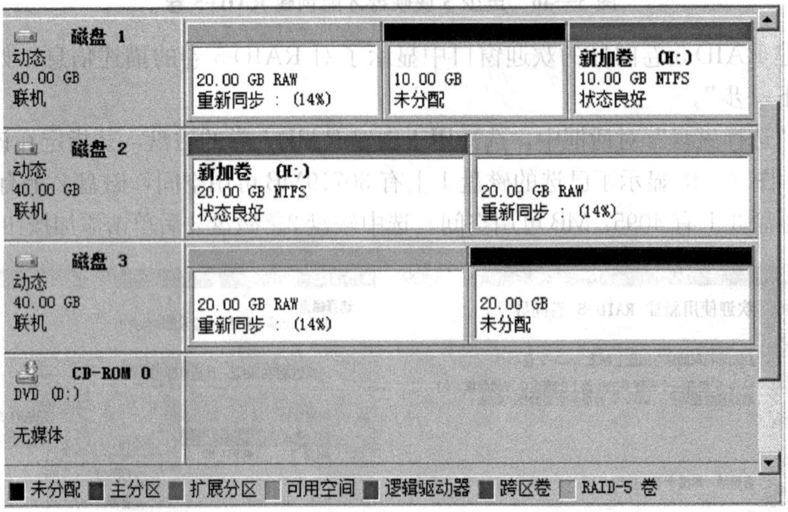

图 3—51　RAID-5 卷的同步过程

3.4　能力拓展：MTA 认证考试练习

1. 场景：Howard Gonzalez 是 Humongous Insurance 的系统管理员。该公司承担保护跨 14 个州、数十万客户财产安全的责任。由于 Humongous Insurance 存储的数据的时间关键性，Howard 正在研究确保客户服务代表能够随时访问其客户信息的最佳备选方法。服务器停机对于 Humongous Insurance 是不可接受的，而客户满意度则是最高优先目标。Howard 正在考虑各种形式的独立磁盘冗余阵列（RAID），可能会在网络附加存储（NAS）中进行配置。

(1) 如果 Howard 想要配置一个 RAID-5 解决方案，他至少需要使用多少个硬盘驱动器？(　　)

A. 5　　　B. 2　　　C. 3

答案：C

(2) 与存储区域网络（SAN）相比，NAS 具有哪些优势？(　　)

A. 没有任何优势；两者不相上下

B. NAS 可在无需使用服务器的情况下提供文件服务功能

C. NAS 具有通过连接到网络中的服务器来提供文件抽象的优势

分析：网络附加存储（NAS）是连接提供不同客户端平台数据访问的计算机网络的文件级计算机数据存储。NAS 无需服务器即可提供服务。SAN 需要使用服务器来提供文件抽象服务。NAS 可减少网络中的服务器数量。

答案：B

（3）Howard 正在使用 RAID-5 来配置服务器。他的 RAID 阵列中使用了 4 个 750GB 的硬盘驱动器。配置 RAID 后，Howard 将拥有多大的可用空间？（　　）

A. 750GB　　B. 2250GB　　C. 2250TB

分析：独立磁盘冗余阵列（RAID）是一种将数据分布在作为单一存储单元的一组计算机磁盘驱动器的数据存储方法。RAID-5 中，用于提供冗余的驱动器空间为 1/n（总驱动器空间），其中 n 为阵列中的驱动器总数。因此 $3000-\frac{1}{4}$（3000）＝2，250。

答案：B

2. 场景：Luka Abrus 是 City Power and Light 的系统管理员。Luka 希望能够在无需从头开始重建或购买阵列控制器而导致成本大量增加的情况下，提高三台服务器的数据可用性。Luka 还希望能够在一个系统中使用数据并将它传输至另一个系统，并显示为另一个硬盘驱动器。

（1）Luka 如何能够在无需购买阵列控制器而增加成本或重建每一台服务器的情况下提高服务器数据的可用性？（　　）

A. 确保服务器始终开启

B. 对每台服务器添加另一个物理驱动器，将该驱动器从基本磁盘转换为动态磁盘，并在两个驱动器之间建立一个镜像（RAID-1）

C. 确保每晚运行备份，从而能够在发生故障时还原数据

答案：B

（2）Luka 如何能够将数据从一个系统传输至另一个并使其显示为单独的驱动器？（　　）

A. 创建一个虚拟硬盘（VHD）来存储数据

B. 携带一个外部驱动器，并将其从一个系统连接到另一个

C. 压缩数据并将其通过电子邮件发送给自己

分析：微软 VHD 文件格式是一种虚拟机硬盘（Virtual Machince Hard Disk），可被压缩成单个文件存放在宿主机器的文件系统上，主要包括虚拟机启动所需的系统文件。

答案：A

（3）通过在 Microsoft Windows Server 2008 R2 中使用自愈 NTFS，Luka 能够获得哪些优势？（　　）

A. 持续数据可用性　　B. 无需担心物理驱动器故障　　C. 无需安装防病毒软件

分析：自从 DOS 时代开始，如果文件系统中发生文件出错问题就意味着磁盘需要脱机进行修复。而在 Windows Server 2008 中，在后台运行的服务能够检测到文件系统的错误并在发现文件出错的情况下启动一个修复进程，而期间并不需要关闭服务器。自愈 NTFS（或称自修复 NTFS）尝试纠正文件系统损坏，而无需使用 Chkdsk. exe，但是自愈 NTFS 无法防御硬件故障。

答案：A

3. 场景：Fourth Coffee 在邻近的各州新开了 20 家店面，以扩展业务。这意味着该公司需要扩展其 IT 部门和雇佣一些新的技术人员。新雇佣的人员具有维护公司的技术基础结构的知识和技巧至关重要——公司的成功取决于各个业务级别的高效技术。

CIO 要求系统管理员 April Meyer 对她的同事开展 Server 2008 R2 培训。她希望每位同事都具有对引导过程的基本了解以及对一些疑难的解答技巧。

(1) April 可使用哪种命令行实用程序来演示如何修改引导配置数据库?

A. bcdedit. exe　　B. boot. ini　　C. ntloader. exe

分析：bcedit. exe（启动配置数据存储编辑器）是 Windows Server 2008 自带的一个命令行工具，用来定制 windows boot manager，位于 x:\windows\system32 目录下（x：为操作系统安装目录）。可以使用 bcdedit. exe 来编辑 Mac OS x，ubuntu，Windows 等多系统启动菜单。bcd 要起作用还必须依赖于 x:\boot 文件夹及 x:\bootmgr 这个文件。其中 x:\bootmgr 是真正的开机引导程序，而 x:\boot 文件夹中有一个名为 bcd 的文件，实际上通常所说的系统的启动菜单，就是以系统 bcd 文件的形式而存在的，也就是说系统 bcd 就是一个文件。一个名为 font 的文件夹，里面含有用于开机引导菜单的显示的字体文件。

答案：A

(2) 开机自检（POST）有何作用?（　）

A. 测试电源是否打开

B. 执行初始硬件检查、检验设备并从 CMOS 中检索系统配置

C. 调用例如 autoexec. bat、config. sys 和 win. ini 等程序

答案：B

(3) April 希望演示在安全模式下启动计算机。通过哪些步骤可在安全模式下启动计算机?（　）

A. 访问系统 BIOS 并将其配置为在安全模式下启动

B. 引导安装媒体并选择安全模式选项

C. 移除所有介质，并在 Windows 徽标显示之前按住 F8 键

分析：在安全模式下，Windows 与一组有限的文件和驱动程序一起启动。

答案：C

4. 通过网络搜索有关 VHD 的资料，了解 VHD 的使用。

5. 通过网络搜索有关 bcdedit. exe 命令的用法，掌握其常见的几个参数。

本章小结

通过本章的知识学习和技能练习，对磁盘的类型、分区的类型以及卷的类型与特点应有所了解，并能简要描述计算机的启动过程；对基本磁盘中各种分区、动态磁盘中各种卷的创建操作应当掌握。本章内容与后续的文件系统部分的内容联系紧密，学习中应注意联系和比较。

练习题

1. 在本地计算机（或虚拟机）中添加3块硬盘，并存放测试数据，将其转换为动态磁盘，观察数据是否丢失。

2. 分别创建简单卷、跨区卷、带区卷、镜像卷和RAID-5卷。

3. 测试镜像卷和RAID-5卷的容错功能。

4. 管理员的任务是配置一个RAID-5解决方案。现拥有5个硬盘驱动器可供使用，如下图。

驱动器	大小
1	50GB
2	120GB
3	72GB
4	500GB
5	72GB

计算使用这5个硬盘驱动器配置RAID-5后，可用的总存储空间是多少？

第4章 文件系统管理

包括 Windows 在内的大多数操作系统把可由用户命名的对象称作文件，而且不同的操作系统都有其独特的文件类型。Windows 中的文件可以是文本文档、图片、动画、程序等等，通常具有三个字母的文件扩展名，用于指示文件类型（例如，图片文件常常以 JPEG 格式保存并且文件扩展名为 .jpg）。

通过本章的学习，了解文件及文件系统有关的概念，理解 NTFS 文件系统相对于 FAT 文件系统的优势，掌握如何配置 NTFS 的权限及压缩、加密等其他特性。本章内容与磁盘管理、网络共享资源的管理都有密切联系。

知识点：

- 文件与文件系统
- NTFS 权限的应用规则
- NTFS 压缩
- 磁盘配额
- EFS 加密文件系统

技能点：

- 能够合理设置用户对文件的访问权限
- 能够设置 NTFS 的加密、压缩、磁盘配额等特性

4.1 认识文件系统

通过第 3 章的学习应当知道，一个磁盘在使用前，需要划分区域。分区建立以后，还需要进行格式化操作。也就是说，一个分区或磁盘能作为文件系统使用前需要初始化，并将记录数据结构写到磁盘上。这个过程就叫建立文件系统。

4.1.1 文件系统的功能

文件系统是操作系统用于明确磁盘或分区上的文件的方法和数据结构，即在磁盘上组织文件的方法。磁盘或分区和它所包括的文件系统是不同的。在所有的计算机系统中，都存在一个相应的文件系统，用来规定对文件和文件夹进行操作处理的各种标准和机制。用户在对文件或文件夹进行操作时，都需要通过文件系统这个中间环节。

文件系统提供了存储、组织计算机文件和数据的方法，使得对数据的访问和查找变得容易。文件系统通常使用硬盘和光盘这样的存储设备，并维护文件在设备中的物理位置。但是，实际上文件系统也可能仅仅是一种访问数据的界面而已，实际的数据是通过网络协议

（如 NFS、SMB、9P 等）提供的或者内存上的，甚至可能根本没有对应的文件（如 proc 文件系统）。

文件系统是一种用于向用户提供底层数据访问的机制。它将设备中的空间划分为特定大小的块（扇区），一般每块 512 字节。数据存储在这些块中，大小被修正为占用整数个块。由文件系统软件来负责将这些块组织为文件和目录，并记录哪些块被分配给了哪个文件，以及哪些块没有被使用。不过文件系统并不一定只在特定存储设备上出现。它是数据的组织者和提供者，至于它的底层，可以是磁盘，也可以是其他动态生成数据的设备（比如网络设备）。

不论文件系统底层是不是存储设备，文件系统都可以把数据组织为文件及目录的形式。文件系统一般会把文件名链接到某种文件分配表中（MS-DOS 的 FAT 文件系统），或者链接到一个文件链表的节点上（Unix-like 文件系统）。目录可以是平的结构，也可以是分层式结构，后者可以在目录中创建子目录。有的文件系统中，文件名是结构化的，带有文件名扩展信息及版本号等；而另一些文件系统里，文件名只是一个简单的字符串，每个文件的属性信息保存在其他地方。

Windows 中使用的文件系统主要有 FAT、FAT32、NTFS 三种类型（这里主要指的是硬盘分区的文件系统）。Windows 2000 以上的操作系统建议使用 NTFS 文件系统，在文件的存储和安全性方面会有更出色的性能。

4.1.2 FAT 与 FAT32 文件系统

文件配置表（File Allocation Table）是一种由微软发明带有部分专利的文件系统，供 MS-DOS 使用，也是非 NT 内核的微软窗口使用的文件系统。

FAT 文件系统是最初用于小型磁盘和简单文件结构的简单文件系统。像基于 MS-DOS，Win 95 等系统都采用了 FAT16 文件系统。从这里也可以看出，FAT 用在比较古老的操作系统中。随着计算机硬件和应用的不断提高，FAT16 文件系统已不能很好地适应系统的要求。

FAT32 文件系统提供了比 FAT 文件系统更为先进的文件管理特性，采用了 32 位的文件分配表，磁盘的管理能力大大增强，突破了 FAT16 的 2GB 分区容量的限制。运用 FAT32 的分区格式后，可以将一个大硬盘定义成一个分区，这大大方便了对磁盘的管理。Windows 2000 以后的系统都能很好地支持 FAT32 文件系统。由于这种格式的文件系统增加了在系统重新启动时计算机引导卷中闲置空间的时间，因此，在 Windows Server 2008 中不支持用户使用格式化程序来创建超过 32GB 的 FAT32 卷。

4.1.3 NTFS 文件系统

NTFS 是 Windows NT 以及之后的 Windows 2000/XP、Windows Server 2003/2008、Windows Vista 和 Windows 7 的标准文件系统。NTFS 对 FAT 和 HPFS（高性能文件系统）做了若干改进，例如，支持元数据，并且使用了高级数据结构，以便于改善性能、可靠性和磁盘空间利用率，并提供了若干附加扩展功能，如访问控制列表（ACL）和文件系统日志。

Windows Server 2008 推荐使用 NTFS 文件系统，并且其系统安装盘必须使用 NTFS 文件系统，Windows Server 2008 提供了 FAT 和 FAT32 文件系统所没有的、全面的性能，以及可靠性和兼容性。NTFS 提供大存储媒体、长文件名、数据保护和恢复功能，并通过目录和文件许可实现安全性。NTFS 支持在大硬盘和在多个硬盘上存储文件（称为卷）。例如，一个大公司的数据库可能大得必须跨越不同的硬盘。NTFS 提供内置安全性特征，它控制文件的隶属关系和访问。从DOS或其他操作系统上不能直接访问NTFS分区上的文件。如果要在DOS下读写NTFS分区文件则可以借助第三方软件。如今Linux系统上已可以使用NTFS-3G对NTFS分区进行完美读写，不必担心数据丢失。

例如图4—1和图4—2所示，查看文件系统分别为FAT32和NTFS的两个分区的属性，会发现两者有明显不同。在NTFS分区的属性窗口中，有更多的选项卡提供了更为全面的管理功能，例如"安全"、"卷影副本"、"配额"等选项卡，表明这些功能是FAT32分区无法实现的。图4—2的下方还显示了NTFS分区具备压缩和建立索引的功能，也是FAT32不具备的。

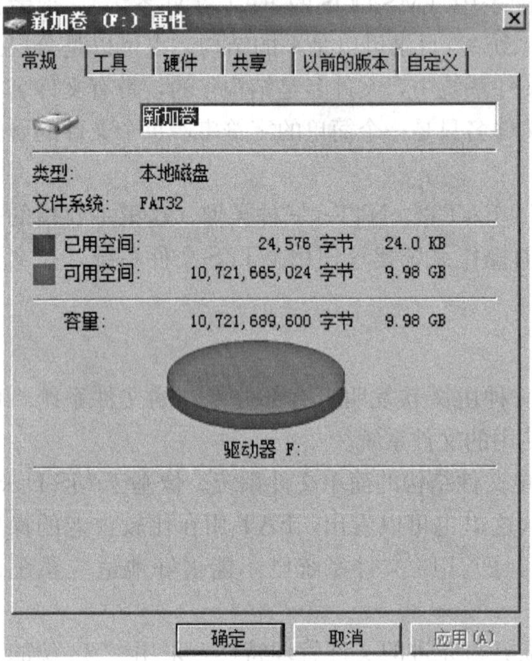

图4—1 使用FAT32文件系统的分区属性

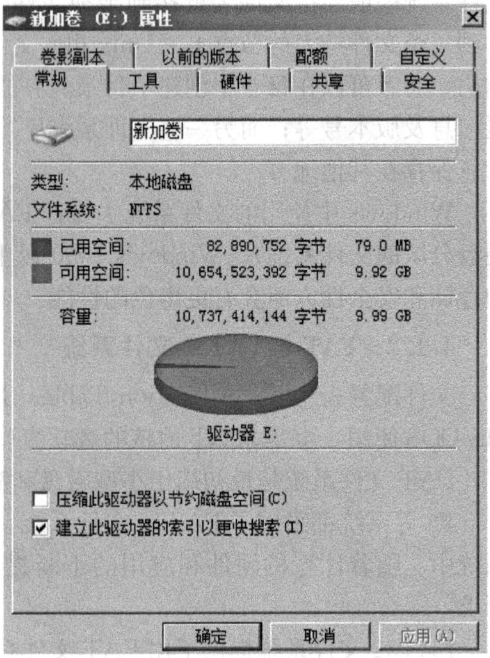

图4—2 使用NTFS文件系统的分区属性

在一个NTFS分区下建立一个文本文档，其中包含了"123456"这几个简单字符。操作完成后查看该文档的属性，如图4—3所示，该文件的实际大小为6字节，而其占用的空间为4KB，这反映出文件存储的一些特点：类似于FAT文件系统，NTFS文件系统使用簇作为磁盘分配的基本单元，默认的簇大小取决于卷的大小。在执行格式化操作时，可以手工指定簇的大小，但一般选择系统的默认设置即可。

NTFS文件系统是一个基于安全性的文件系统，是建立在保护文件和目录数据基础上，同时照顾节省存储资源、减少磁盘占用量的一种先进的文件系统。NTFS有五个正式发布的版本，Windows Server 2008采用的是NTFS 5.0，其特点主要体现在以下几个方面：

(1) NTFS可以支持的分区（如果采用动态磁盘则称为卷）大小可以达到2TB。而FAT32支持分区的大小最大为32GB。

(2) NTFS是一个可恢复的文件系统。在NTFS分区上用户很少需要运行磁盘修复程序。NTFS通过使用标准的事物处理日志和恢复技术来保证分区的一致性。发生系统失败事件时，NTFS使用日志文件和检查点信息自动恢复文件系统的一致性。

(3) NTFS支持对分区、文件夹和文件的压缩。任何基于Windows的应用程序对

NTFS 分区上的压缩文件进行读写时不需要事先由其他程序进行解压缩，当对文件进行读取时，文件将自动进行解压缩；文件关闭或保存时会自动对文件进行压缩。压缩或解压的过程对用户是透明的，系统采取了“用时间换空间”的做法。

（4）NTFS 采用了更小的簇，可以更有效率地管理磁盘空间。在 FAT32 文件系统情况下，分区大小为 2～8GB 时簇的大小为 4KB；分区大小为 8～16GB 时簇的大小为 8KB；分区大小为 16～32GB 时，簇的大小则达到了 16KB。而 NTFS 文件系统，当分区的大小在 2GB 以下时，簇的大小都比相应的 FAT32 簇小；当分区的大小在 2GB 以上时（2GB～2TB），簇的大小都为 4KB。相比之下，NTFS 可以比 FAT32 更有效地管理磁盘空间，最大限度地避免了磁盘空间的浪费。

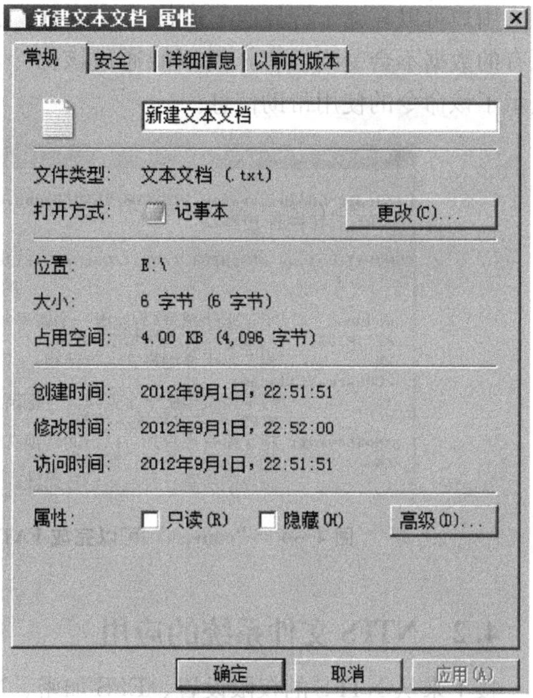

图 4—3　NTFS 文件系统使用簇作为磁盘分配的基本单元

（5）在 NTFS 分区上，可以为共享资源、文件夹以及文件设置访问许可权限。许可的设置包括两方面的内容：一是允许哪些组或用户对文件夹、文件和共享资源进行访问；二是获得访问许可的组或用户可以进行什么级别的访问。访问许可权限的设置不但适用于本地计算机的用户，同样也应用于通过网络的共享文件夹对文件进行访问的网络用户。与 FAT32 文件系统下对文件夹或文件进行访问相比，安全性要高得多。另外，在采用 NTFS 格式的分区中，应用审核策略可以对文件夹、文件以及活动目录对象进行审核，审核结果记录在安全日志中，通过安全日志就可以查看哪些组或用户对文件夹、文件或活动目录对象进行了什么级别的操作，从而发现系统可能面临的非法访问，通过采取相应的措施，将这种安全隐患减到最低。这些在 FAT32 文件系统下，是不能实现的。

（6）在 NTFS 文件系统下可以进行磁盘配额管理。磁盘配额就是管理员可以为用户所能使用的磁盘空间进行配额限制，每一用户只能使用最大配额范围内的磁盘空间。设置磁盘配额后，可以对每一个用户的磁盘使用情况进行跟踪和控制，通过监测可以标识出超过配额报警阈值和配额限制的用户，从而采取相应的措施。磁盘配额管理功能的提供，使得管理员可以方便合理地为用户分配存储资源，避免由于磁盘空间使用的失控可能造成的系统崩溃，提高了系统的安全性。

（7）NTFS 使用一个“变更”日志来跟踪记录文件所发生的变更。

NTFS 的不足是它只能被 Windows NT/2000/XP、Windows Server 2003/2008、Windows Vista 以及 Windows 7 所识别。其他操作系统或者无法识别，或者需要通过第三方软件实现访问。因此如果使用双重启动配置，则可能无法从计算机上的另一个操作系统访问 NTFS 分区上的文件。如果要使用双重启动配置，FAT32 或者 FAT 文件系统将是更适合的选择。

用户可以在命令行界面下运行“convert”命令，将FAT32分区转换为NTFS分区，且原有的数据不会受到损害，但不能通过该命令将NTFS分区转换为FAT32格式。图4—4显示了该命令的使用帮助信息。

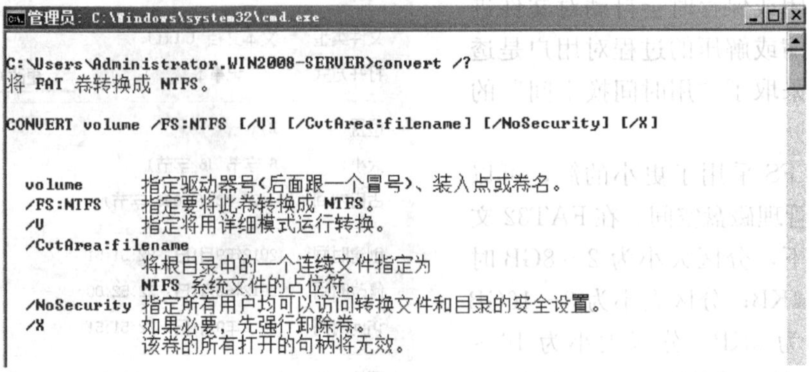

图4—4　“convert”可以完成FAT32格式到NTFS格式的无损转换

4.2　NTFS文件系统的应用

接下来从NTFS的权限设置、EFS加密、NTFS压缩、磁盘配额四个方面，介绍NTFS文件系统在日常文件管理中的典型应用。

4.2.1　NTFS的权限设置

网络中不同的用户可能在现实的工作环境中有着不同的职位等级和工作部门，对于网络中某些对象的访问也可能需要受到不同程度的限制，这就需要管理员合理设置用户的访问权限（Permission）。权限是就被访问的对象而言的，网络和计算机中存在很多对象，这里以文件和文件夹为例来介绍权限的设置。

只有NTFS分区上的文件和文件夹才可以设置NTFS权限，FAT和FAT32分区上的文件和文件夹没有办法设置访问权限。当用户在文件（夹）所在的本地主机访问时，就会受到设置的本地访问权限的限制。如果一个文件夹共享于网络，那么该文件夹就具有了共享权限。当用户从网络中访问位于NTFS分区上的文件夹时，NTFS权限和共享权限中最苛刻的限制累积在一起就是用户得到的最终访问权限。这一点，在实现网络资源共享时需要注意。

NTFS分区上的每一个文件和文件夹都有一个列表，称为ACL（Access Control List，访问控制列表），该列表记录了每一用户和组对该资源的访问权限。如图4—5所示，查看分区E下名为“新建文本文档”属性对话框中的“安全”标签，可以看到系统中用户和组对该文件的访问权限。进行NTFS权限设置实际上就是设置“谁”有“什么权限”，图4—5的上端窗口和按钮用于选取用户和组账户，解决“谁”的问题；下端窗口和按钮用于为被选中的用户或组设置相应权限，解决“什么权限”的问题。

标准的NTFS文件权限有以下几种：

（1）读取：读取文件中的数据，查看文件属性（只读、隐藏、存档等）、文件所有者及文件权限等。

（2）写入：更改文件中的数据，更改文件属性，查看文件的所有者及文件权限等。

（3）读取和执行：在“读取”权限的基础上添加了运行应用程序的权限，包括脚本。

（4）修改：在上述三种权限的基础上增加了删除文件、修改文件属性等权限。

（5）完全控制：除上述各权限外，增加了更改权限和取得所有权的权限，从而具备了所有的 NTFS 权限。

标准的 NTFS 文件夹权限有以下几种：

（1）读取：查看该文件夹内的子文件夹名和文件名，查看文件夹属性、所有权和权限等。

（2）写入：在文件夹内添加子文件夹或文件，更改文件夹属性，查看文件夹的所有权及权限等。

（3）列出文件夹目录：在读取权限的基础上增加了遍历子文件夹权限，以便进入子文件夹。

（4）读取和执行：与“列出文件夹目录”权限基本相同，但在向下继承权限时有所不同，列出文件夹目录权限只能被子文件夹继承，而读取和运行既可以被子文件夹继承，也可以被文件继承。

（5）修改：在上述权限的基础上增加了删除子文件夹的权限。

（6）完全控制：除上述各权限外，增加了更改权限和取得所有权的权限，从而具备了所有的 NTFS 权限。

通常，上述的标准权限可以满足日常的管理需要。如果需要进行更为细致的权限设置，可以通过图 4—5 下端的“高级”按钮，进入特殊 NTFS 权限设置。

要想设置用户或组对文件或文件夹的访问权限，修改相应的 ACL 即可。单击图 4—5 窗口上端的“编辑”按钮，在弹出的图 4—6 所示的窗口中单击“添加”按钮，可添加用户和用户对文件的访问权限。

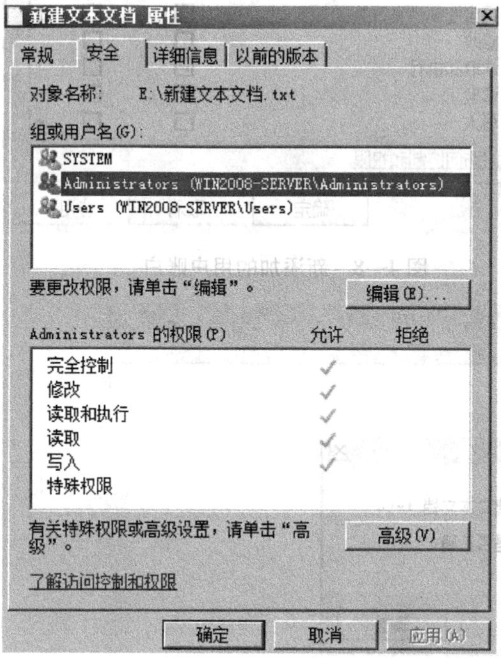

图 4—5 文件的访问控制列表

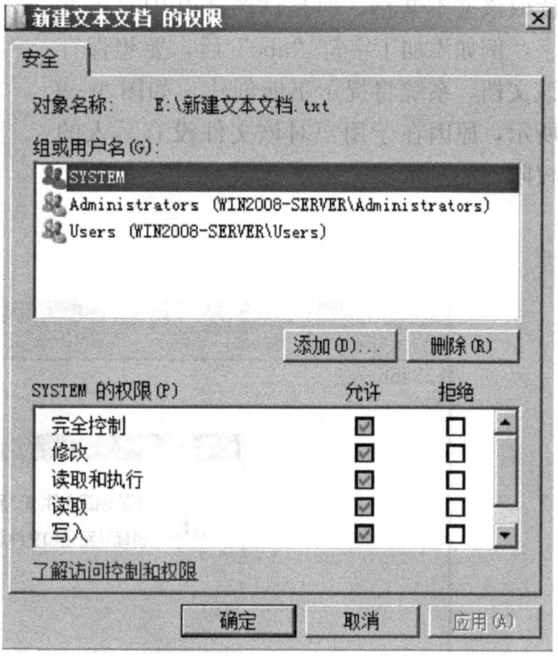

图 4—6 修改文件的 ACL

单击“添加”按钮后，出现图 4—7 所示对话框，这里可以直接输入用户账户名称，也可以点击“高级”按钮，通过查找的方式来添加用户或组。

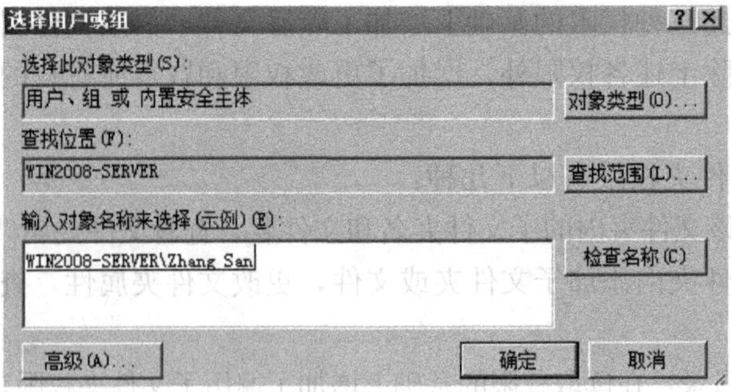

图 4—7　添加用户或组

上述操作完成后，在“安全”选项卡就能看到刚刚添加的账户，如图 4—8 所示，这里添加了名为“Zhang San”的用户，且该用户对文件的最终访问权限为允许“读取和执行”。

当使用名为“Zhang San”的用户账户登录系统时，根据其权限设置，用户可以读取该文本文档，但是试图往其中写入文字，例如添加了字符“abc”后，要想保存该文档，系统将提示不能创建，如图 4—9 所示，原因在于用户对该文件没有写入的权限。

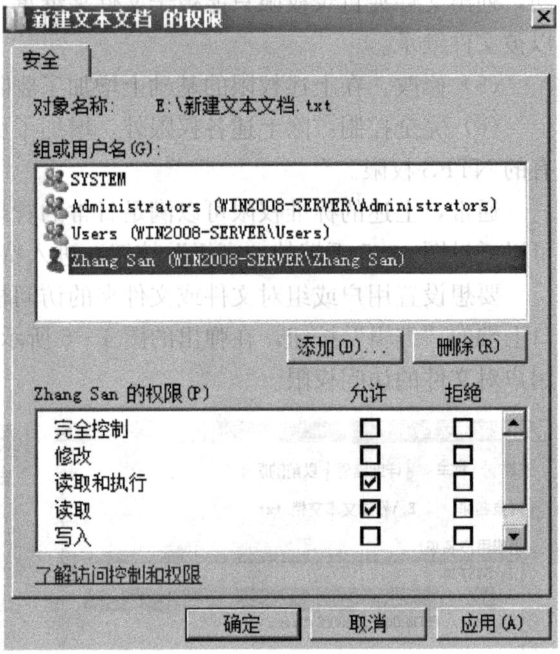

图 4—8　新添加的用户账户

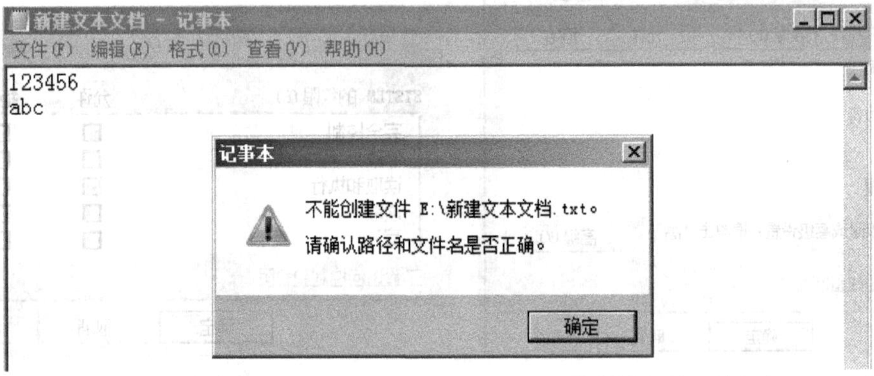

图 4—9　用户只能在规定的权限内操作

NTFS 权限在应用时，还有一些规则需要遵守。

(1) 权限的组合。用户对某个对象的 NTFS 权限追求最大化原则，所有可获得权限的累加是其最后权限。

例如上面的例子中，将用户“Zhang San”加入到“网络中心”组。如图 4—10 所示。

现设置文件的访问权限：为网络中心组设置允许写入的权限，如图 4—11 所示。

经过上述操作，用户“Zhang San”现在对文件具备了“读取”和“写入”的累加权限，可以往文件中添加数据并保存文件。

(2) 拒绝权最大。用户属于多个组时，该用户会得到各个组的累加权限，但如果存在拒绝权限，则拒绝权限将覆盖其他的相应权限。例如设置用户“Zhang San”对文件的访问权限为拒绝“读取”，如图 4—12 所示。设置完成单击“确定”后，将出现图 4—13 所示的对话框，单击“是”。操作完成后，虽然“Zhang San”所在的网络中心组对文件有写入权限，但是由于拒绝优先，因此无法打开该文件，更谈不上写入操作，如图 4—14 所示。

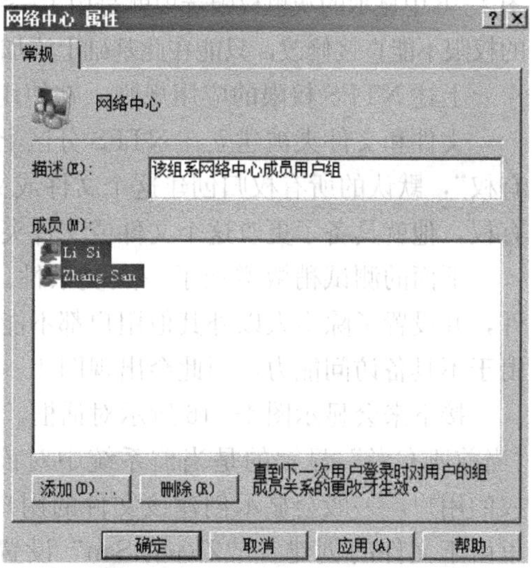

图 4—10　用户是某个组的成员

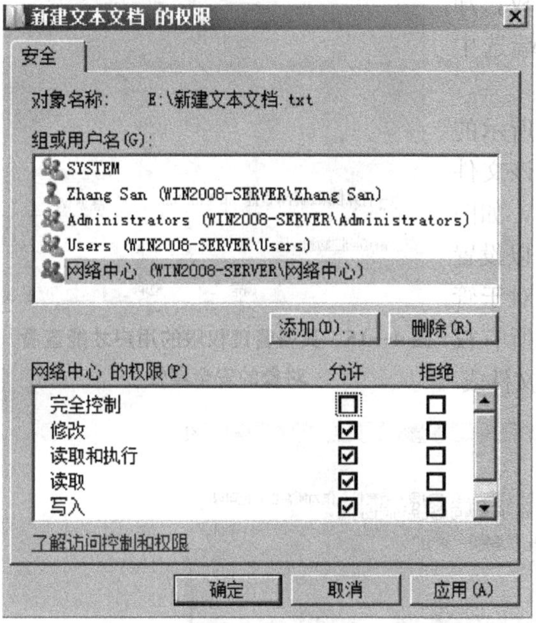

图 4—11　设置用户组对文件的访问权限

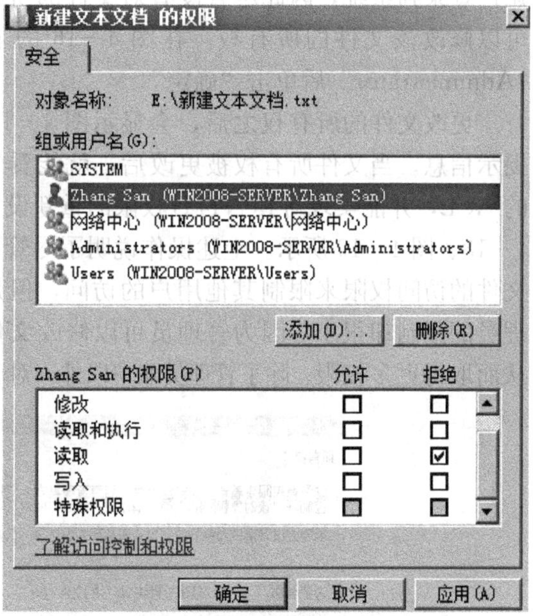

图 4—12　设置用户拒绝读取的权限

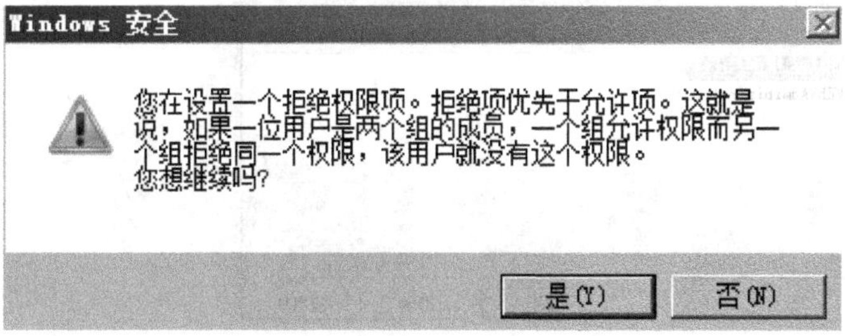

图 4—13　拒绝权限高于一切

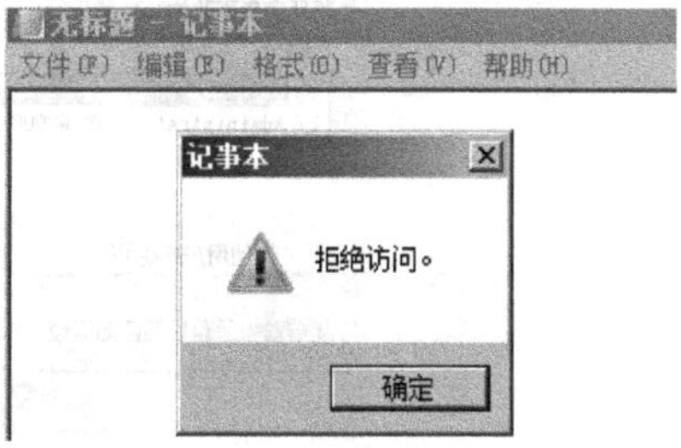

图 4—14　用户无法读取文件

(3) 权限的继承。新建的文件或文件夹会自动继承上一级目录或驱动器的 NTFS 权限，例如图 4—6 中显示的灰色权限选项就是由上一级文件夹继承而来的 NTFS 权限。从上一级继承下来的权限不能直接修改，只能在此基础上添加其他权限。管理员可以设置是否使用这种继承关系。

上述 NTFS 权限的应用规则，在使用中应当注意，否则可能会引起不恰当的权限设置。

文件和文件夹被建立在 NTFS 分区上的时候，就具有了所有权属性，被称作“NTFS 所有权”，默认的所有权归创建这个文件或文件夹的用户。当用户对某个文件或文件夹具有所有权，他就具备了更改这个文件或文件夹权限设置的能力。

下面的测试稍微增加了一点复杂性。用户“Zhang San”在 E 盘下建立了一个文本文件，并设置了除本人以外其他用户都不能访问。现在以管理员身份登录系统，打开该文件，由于不具备访问能力，因此会出现图 4—15 所示的对话框。单击“继续”按钮。

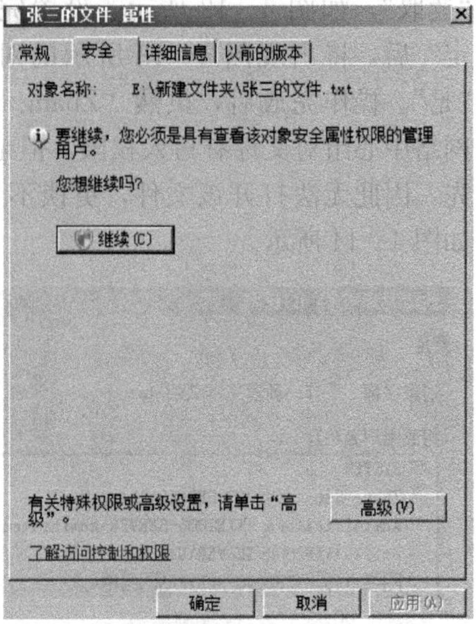

图 4—15　具备管理权限的用户才能查看对象的安全属性

接下来会显示图 4—16 所示对话框。该对话框中，“当前所有者”显示的是当前系统中对该文件有所有权的用户，一般会显示创建该文件的用户账户名。这里由于文件的创建者“Zhang San”设置了除自己以外其他人均不能访问该文件，因此会显示“无法显示当前所有者”。应当注意的是：现在采用的是管理员账户登录到系统，因此尽管没有对文件的所有权，却可以修改该文件的所有权。在图 4—16 的下端选中“Administrator”后单击“确定”。

更改文件的所有权之后，会显示图 4—17 所示的提示信息。当文件所有权被更改后，就能看到该文件的 ACL，并能实现对其 NTFS 权限的重新设置，如图 4—18、图 4—19 所示。上述操作说明了尽管可以设置文件的访问权限来限制其他用户的访问，但是对于管理员的限制却很小，因为管理员可以修改文件所有权从而取得更多权限。除了管理员账户以外，对于文件或

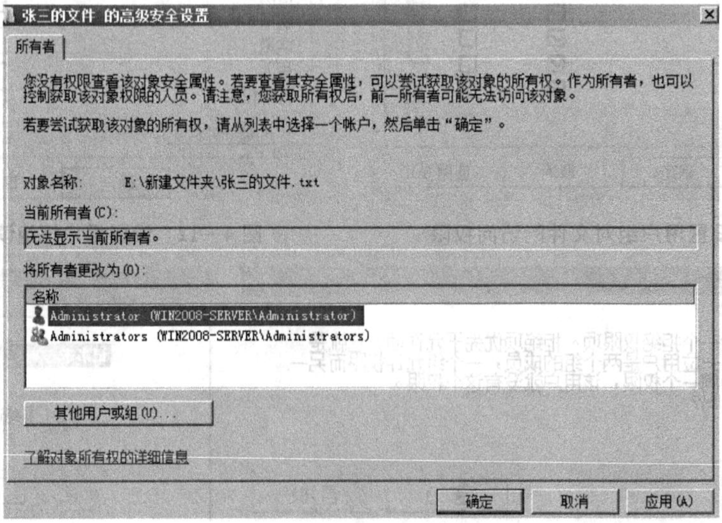

图 4—16　查看文件或文件夹的所有权

文件夹具备完全控制标准权限的用户具备“取得所有权”的权限；对于某个文件夹具备“读取”和“更改”这两个特殊权限的用户，也具备获得“取得所有权”这个特殊权限的能力。

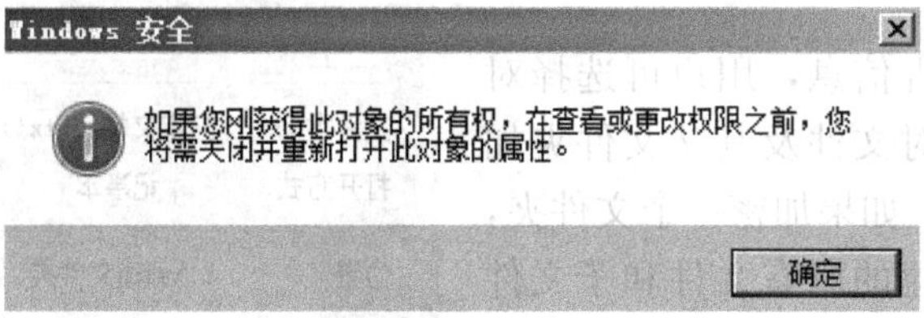

图 4—17　所有权更改后的提示信息

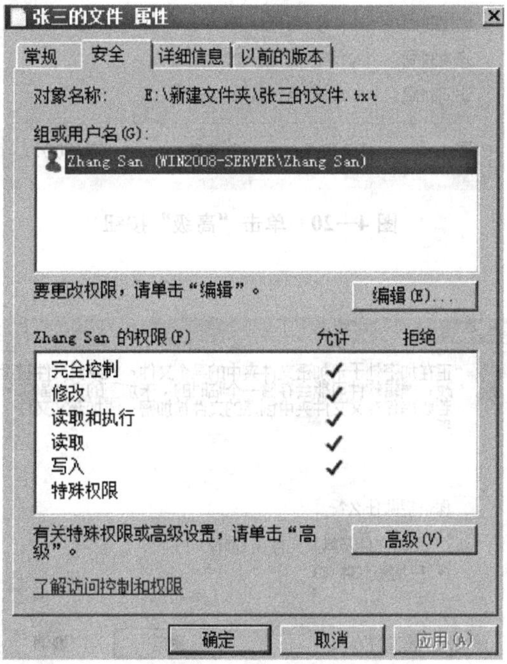

图 4—18　具有所有权的用户能查看文件的 ACL

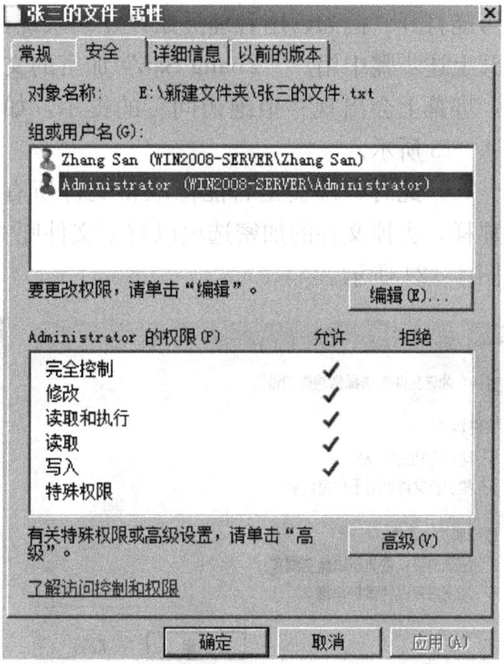

图 4—19　取得所有权后能重新设置 ACL

4.2.2　NTFS 的加密应用

在 NTFS 分区上，还可以利用“加密文件系统（Encrypting File System，EFS)”对文件或文件夹进行加密，只有对其进行加密操作的用户或被授权的用户可以访问，从而提高安全性。EFS 是 NTFS 的一个组件。通过 EFS 实现透明的文件加密和解密，即对于加密者而言，打开一个经过加密的文件与打开普通的、未加密的文件在形式上没有任何不同，加密/解密过程由系统完成。任何不拥有合适密钥的个人或程序都不能读取加密数据。

使用 EFS 类似于使用文件和文件夹上的权限，这两种方法都可以限制用户对数据的访问。未经许可对加密的文件或文件夹进行访问的用户将无法阅读文件和文件夹中的内容。即使是管理员，如果未经授权，也不能访问其他用户的加密文件、不能对文件或文件夹做解密操作。

（1）右击文件，在属性窗口的“常规”标签下，单击下方的“高级”按钮，如图 4—20 所示。

（2）在弹出的“高级属性”窗口中选中“加密内容以便保护数据”复选框，单击“确定”，如图 4—21 所示。

（3）屏幕显示警告信息，用户可选择对文件进行加密，或是对文件及其父文件夹加密，如图 4—22 所示。如果加密一个文件夹，则在加密文件夹中创建的所有文件和子文件夹都自动加密。

（4）此时，用其他账户登录，观察文件是否能打开。例如，用管理员账户登录系统，打开上述步骤中用户“Zhang San”加密的文件，屏幕上会出现“拒绝访问”的提示，如图 4—23 所示。

（5）此时管理员是否能像取得文件所有权那样，去掉文件的加密选项以解密文件呢？如图 4—24 所示。

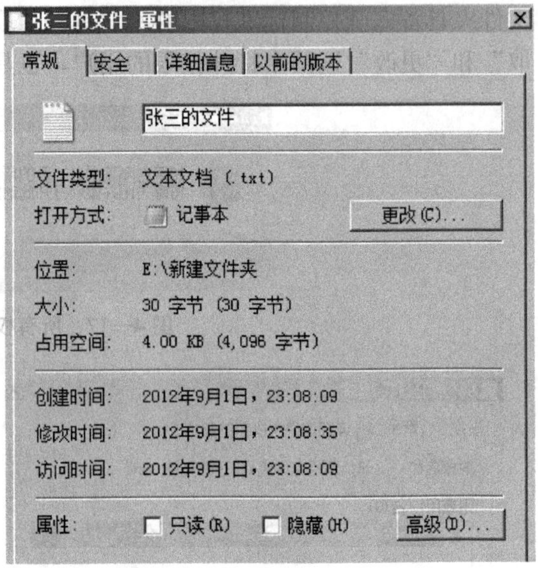

图 4—20　单击“高级”按钮

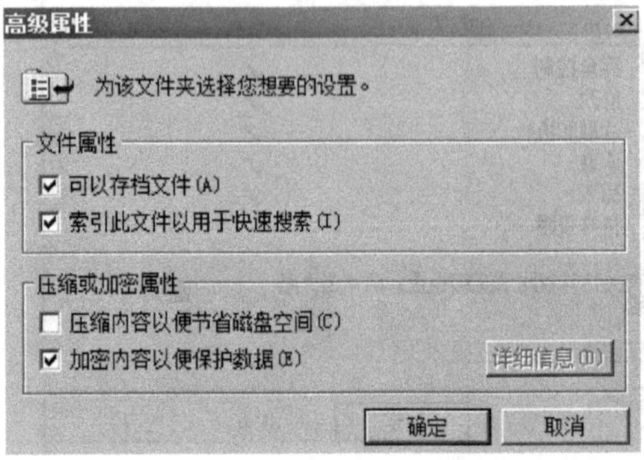

图 4—21　选中执行加密操作的复选框

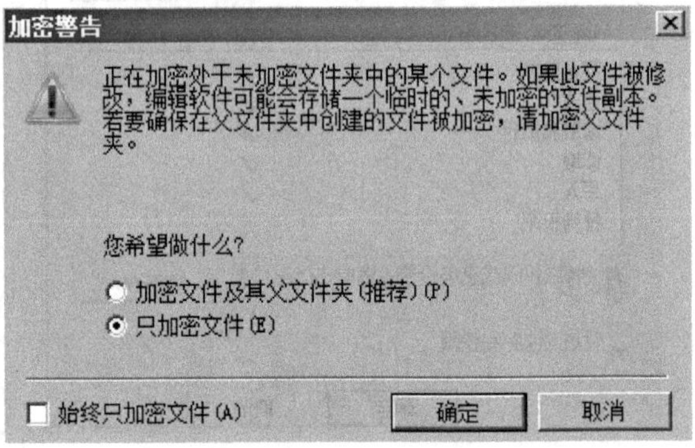

图 4—22　选择加密文件或是文件夹

图 4—23　未经授权的用户不能访问

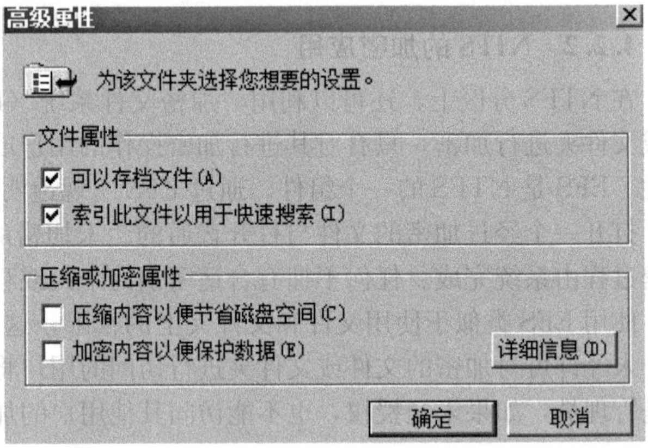

图 4—24　非授权用户试图对文件做解密操作

（6）点击“确定”后，屏幕将提示“拒绝访问”，即管理员无法对其他用户加密的文件进行解密，也就无法对其访问。如图 4—25 所示。

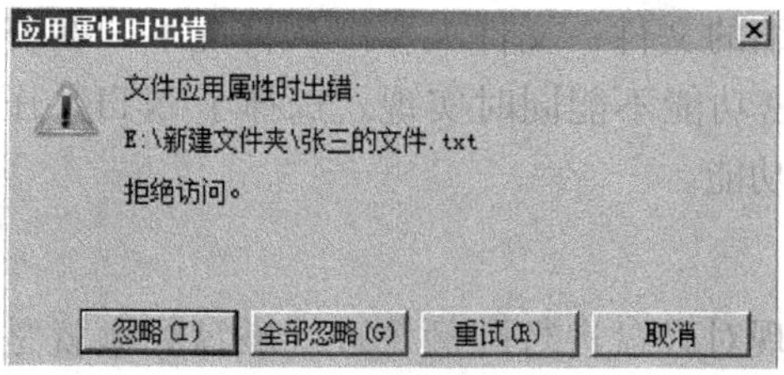

图 4—25 非授权用户无法修改文件的加密属性

NTFS 权限设置和 EFS 加密各有优点。加密文件或文件夹不能防止删除或列出文件及目录。具有合适权限的人员可以删除或列出已加密的文件或文件夹，因此建议结合 NTFS 权限使用 EFS。同时，无法加密标记为“系统”属性的文件，位于“%systemroot%”目录结构中的文件也无法加密。

在命令行界面下，用户可以通过“cipher”命令进行加解密操作，更加方便快捷，适合高级用户使用。

4.2.3 NTFS 压缩

对数据进行压缩，可以节省一定的硬盘使用空间。与使用 WinRAR 等第三方软件进行压缩不同，Windows Server 2008 的数据压缩功能是 NTFS 文件系统的内置功能，该功能可以对单个文件、整个目录或卷上的整个目录树进行压缩。压缩或解压过程对用户是透明的，由操作系统自动在后台完成。

选择某个磁盘分区或卷后右击，在其属性窗口中，选择“压缩此驱动器以节约磁盘空间”选项，即可实现 NTFS 的压缩功能。如图 4—26 所示。

对文件或文件夹进行 NTFS 压缩，可以右击要压缩的文件或文件夹，在“属性”对话框中的“常规”标签下点击“高级”按钮，在图 4—27 所示对话框中选择“压缩内容以便节省磁盘空间”，然后单击“确定”即可。

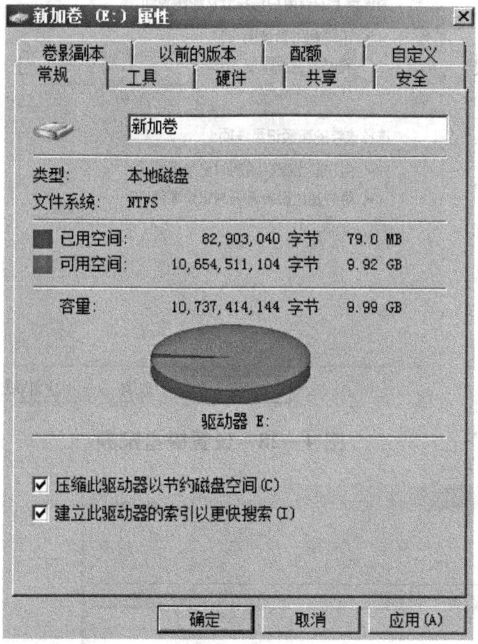

图 4—26 对磁盘分区或卷进行压缩

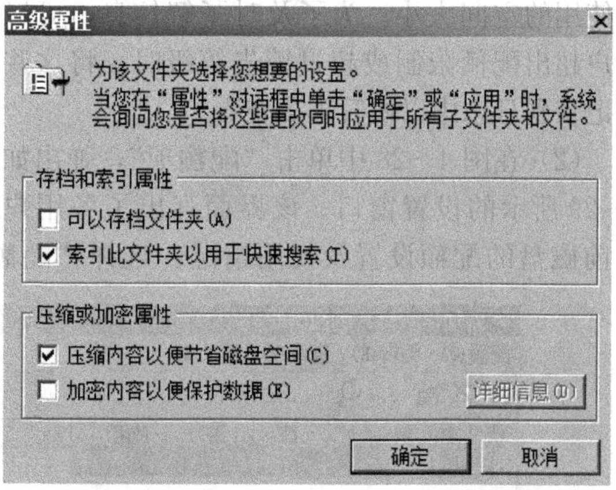

图 4—27 对文件或文件夹进行压缩

经过 NTFS 加密或压缩的文件、文件夹在默认情况下，在资源管理器中会以彩色显示其图标。另外，压缩和加密功能不能同时实现。选择了 NTFS 压缩文件或文件夹，就不能同时对其实现 NTFS 加密功能。

4.2.4　磁盘配额

利用 NTFS 还可以实现对磁盘进行配额管理。磁盘配额就是管理员可以为用户所能使用的磁盘空间进行配额限制，每一用户只能使用最大配额范围内的磁盘空间。设置磁盘配额后，可以对每一个用户的磁盘使用情况进行跟踪和控制，通过监测可以标识出超过配额报警阈值和配额限制的用户，从而采取相应的措施。

磁盘配额管理功能的提供，使得管理员可以方便合理地为用户分配存储资源，可以限制指定账户能够使用的磁盘空间，这样可以避免因某个用户过度使用磁盘空间，造成其他用户无法正常工作甚至影响系统运行，避免由于磁盘空间使用的失控可能造成的系统崩溃，提高了系统的安全性。

通过磁盘配额设置，可以监视甚至限定每一位用户在指定分区内存储文件的空间大小，在对用户文件大小进行统计时，是根据文件和文件夹的所有权来确定的，且不考虑文件压缩的影响，也就是说会以文件压缩之前的大小进行统计。磁盘配额的设置是以分区为参照的，同一用户在不同分区上可以设定不同的配额大小，唯一例外的是系统管理员用户，他不受磁盘配额限制。

（1）在资源管理器中，右击某一 NTFS 磁盘分区，查看其属性，并在属性对话框中选择“配额”标签，如图 4—28 所示。只有当“启用配额管理”被选中的情况下，其余选项才处于可用状态。启用配额管理后，将对用户的磁盘使用情况进行监控，但并不限制用户使用磁盘的大小。只有将“拒绝将磁盘空间给超过配额限制的用户”选中，才能对用户所使用磁盘空间的大小加以限制。此外，还可以对卷上的新用户设置默认的配额限制，选择“不限制磁盘使用”或是分别设置磁盘空间限制和警告等级，以便进一步限定用户可使用的空间大小。为了及时了解信息，可以将用户超出配额限制或超过警告等级时，将这些事件记录到日志中以便管理员查看。

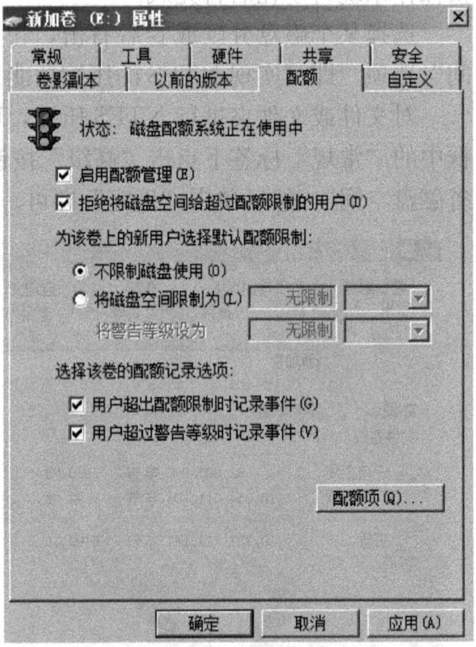

图 4—28　设置磁盘配额

（2）在图 4—28 中单击“配额项”，弹出如图 4—29 所示的设置窗口。该界面列出了各用户对当前磁盘的配额设置及使用情况。选择“配额”

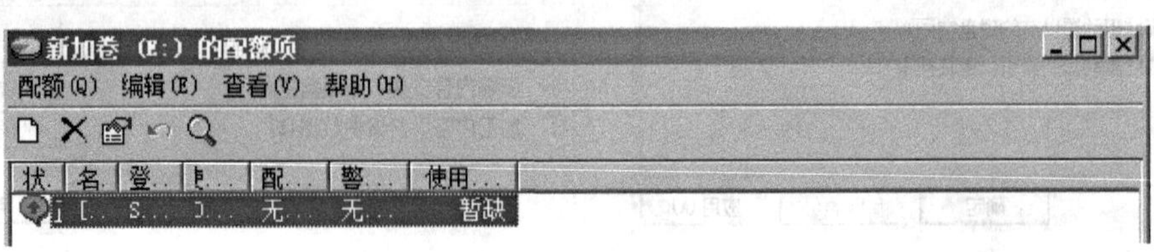

图 4—29　配额项设置窗口

菜单下的“新建配额项”命令，在随后出现的对话框中指定用户账户（见图 4—30）。

（3）在弹出的图 4—31 所示的窗口中，设置具体的配额，根据实际合理设置。设置完成后单击“确定”，在配额项界面中即增加了新设置的磁盘配额，如图 4—32 所示。

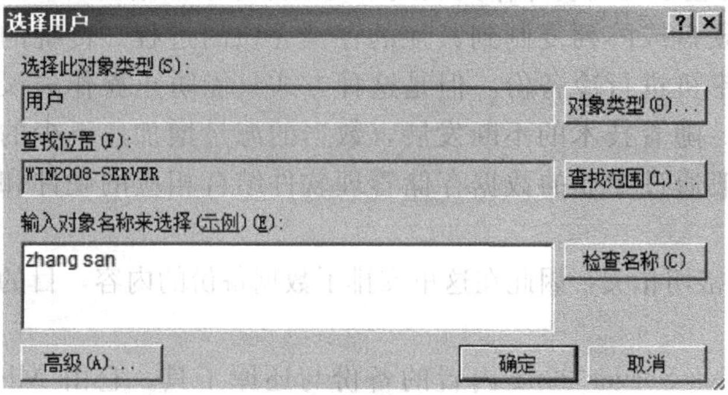

图 4—30　选择要设置磁盘配额的用户

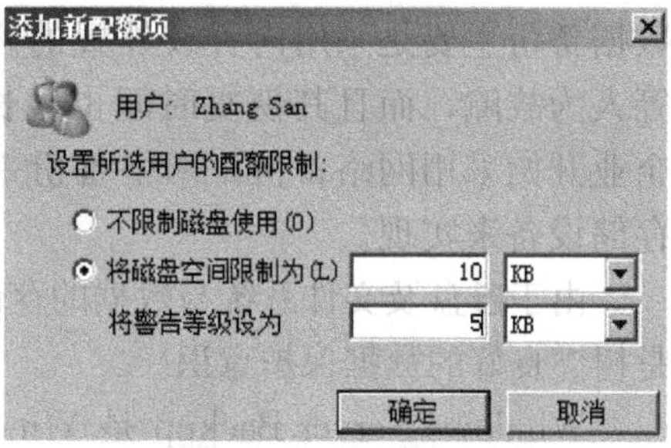

图 4—31　设置磁盘空间限制和警告等级

图 4—32　增加了新内容的配额项界面

（4）所有设置均完成后，返回磁盘分区属性的窗口，单击“确定”后屏幕将显示警告信息，单击“确定”即可，如图 4—33 所示。

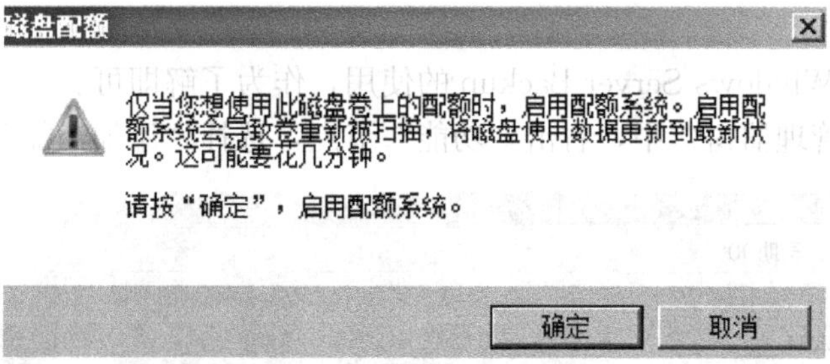

图 4—33　确定启用配额系统

（5）当设置了配额限制的用户使用磁盘时，如果要使用的空间超出了配额，屏幕将显示空间不足的提示信息，如图 4—34 所示。

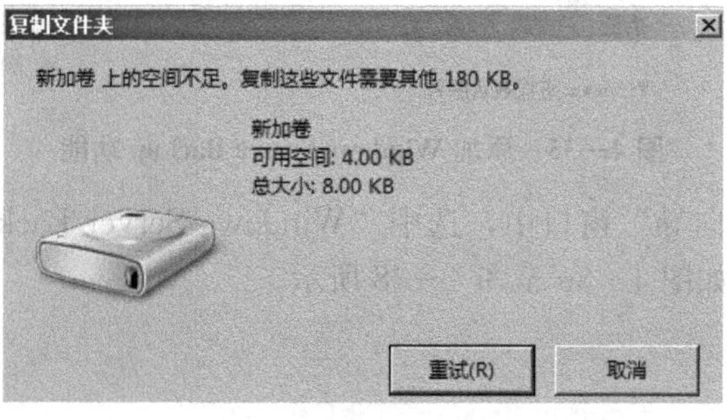

图 4—34　提示超出用户在磁盘上的可用空间

4.3 数据备份

数据备份是容灾的基础，是指为防止系统出现操作失误或系统故障导致数据丢失，而将全部或部分数据集合从应用主机的硬盘或阵列复制到其他的存储介质的过程。传统的数据备份主要是采用内置或外置的磁带机进行冷备份。但是这种方式只能防止操作失误等人为故障，而且其恢复时间也很长。随着技术的不断发展，数据的海量增加，不少的企业开始采用网络备份。网络备份一般通过专业的数据存储管理软件结合相应的硬件和存储设备来实现。

由于磁盘及文件系统与数据的存储密切相关，因此在这里安排了数据备份的内容，目的是树立良好的数据保护意识。

Windows Server Backup 是 Windows Server 2008 内置的备份与还原工具。它由 Microsoft 管理控制台（MMC）管理单元、命令行工具和 Windows PowerShell cmdlet 组成，可为日常备份和恢复需求提供完整的解决方案。可以使用 Windows Server Backup 备份整个服务器（所有卷）、选定卷、系统状态或者特定的文件或文件夹，并且可以创建用于进行裸机恢复的备份。可以恢复卷、文件夹、文件、某些应用程序和系统状态。此外，在发生诸如硬盘故障之类的灾难时，可以执行裸机恢复。（若要执行此操作，需要整个服务器的备份或者只需包含操作系统文件的卷的备份以及 Windows 恢复环境，这会将完整的系统还原到旧系统中或新的硬盘上。）

Windows Server Backup 适用于需要基本备份解决方案的任何用户（从小型企业到大型企业），甚至适用于小型组织或非 IT 专业人士的个人。可以使用 Windows Server Backup 创建和管理本地计算机或远程计算机的备份。同时，还可以计划自动运行备份。

下面简要介绍 Windows Server Backup 的使用，作为了解即可。

（1）在服务器管理器窗口中，右击“功能”节点，选择“添加功能”，如图 4—35 所示。

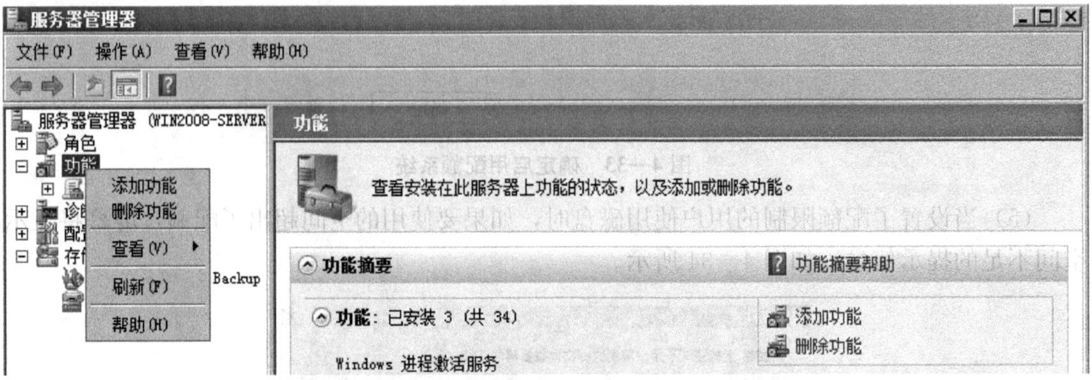

图 4—35 添加 Windows Server Backup 功能

（2）在“添加功能向导”窗口中，选中“Windows Server Backup 功能”，执行该功能的安装过程直至结束，如图 4—36 至图 4—38 所示。

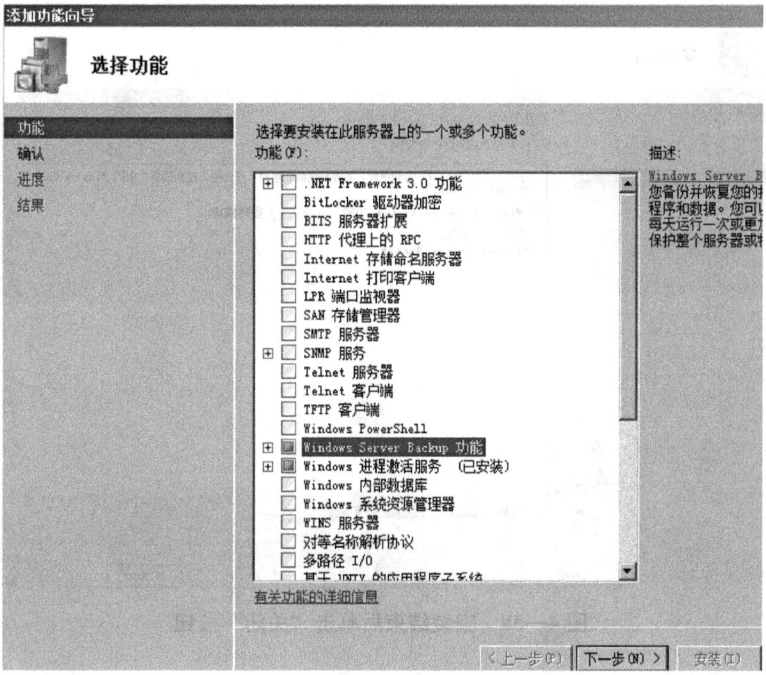

图 4—36　选中 Windows Server Backup 功能

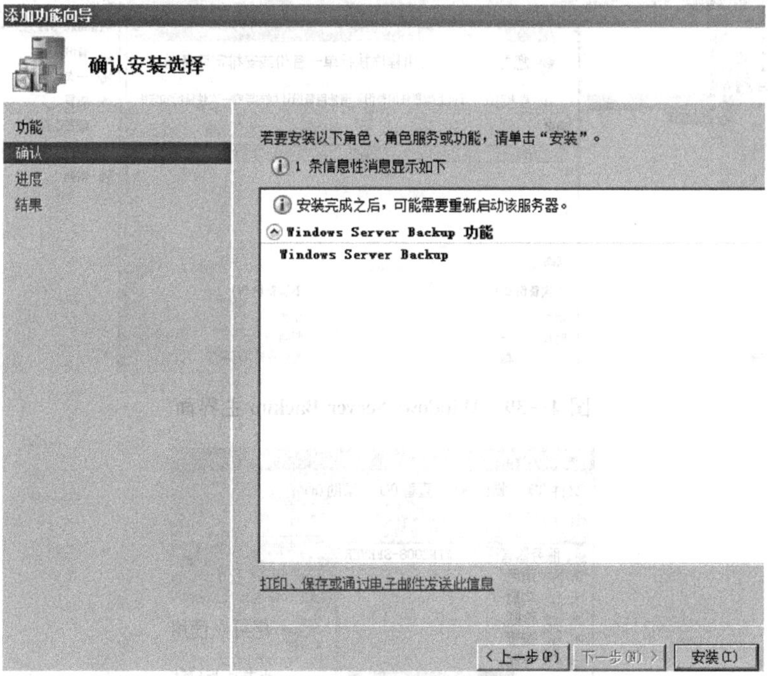

图 4—37　单击“安装”开始安装过程

（3）新添加的 Windows Server Backup 功能主界面如图 4—39 所示。

（4）右击窗口左侧的“Windows Server Backup”，在快捷菜单中，根据备份任务的需要，选择合理的备份方式，如图 4—40 所示。这里选择了“一次性备份”。

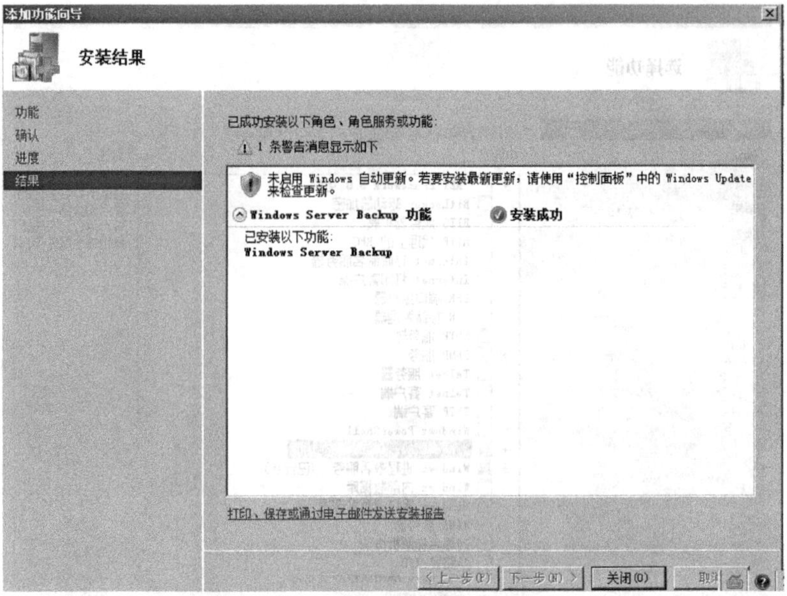

图 4—38　安装结束后单击“关闭”按钮

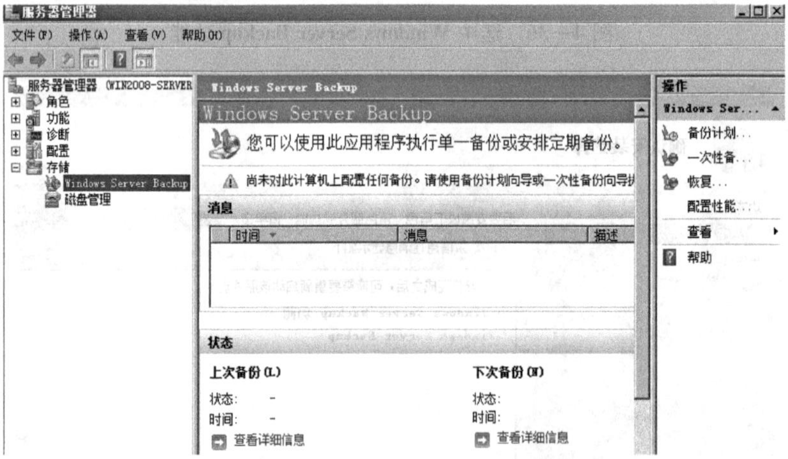

图 4—39　Windows Server Backup 主界面

图 4—40　选择备份操作

（5）接下来将弹出“一次性备份向导”，如图 4—41 所示，单击“下一步”。

（6）选择备份整个服务器上的所有数据，或是自行选择备份内容，如图 4—42 所示。

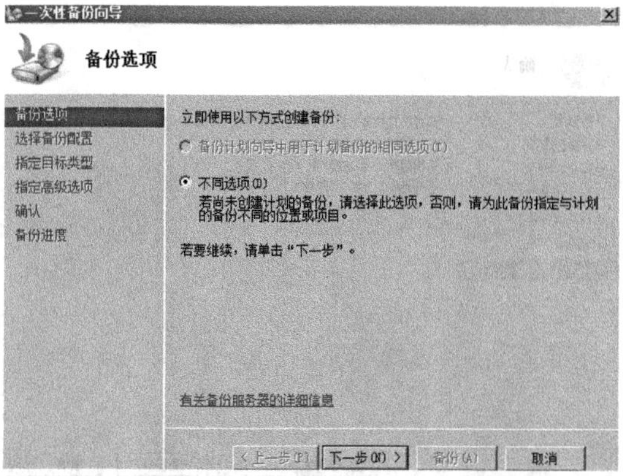

图 4—41　一次性备份向导

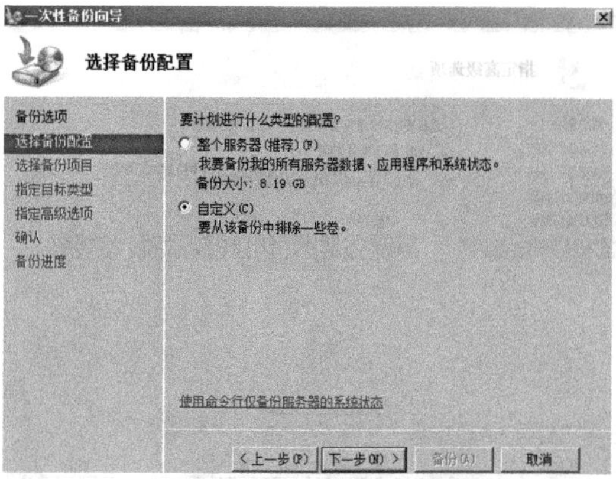

图 4—42　选择备份配置

（7）选择要备份的卷。如果选择了“启用系统恢复”选项，将自动包含所有含有系统恢复的操作系统组件的卷，也可以不选择该项。如图 4—43、图 4—44 所示。

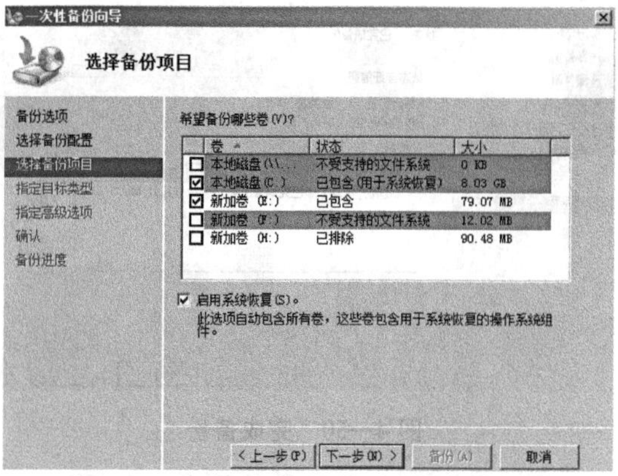

图 4—43　选择备份项目（含有启动恢复数据）

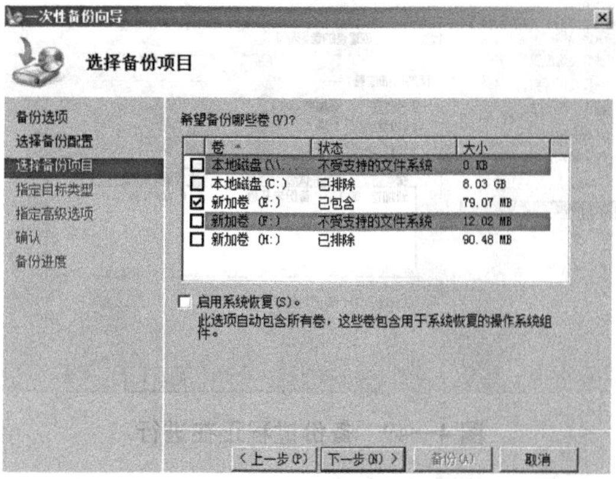

图 4—44　选择备份项目（不含启动恢复数据）

（8）指定备份存储的类型。可以将数据备份到其他磁盘或其他卷上，也可以保存到其他主机上。如图 4—45 所示。此处将备份数据保存到本地的其他驱动器，例如 H 盘（见图 4—46）。

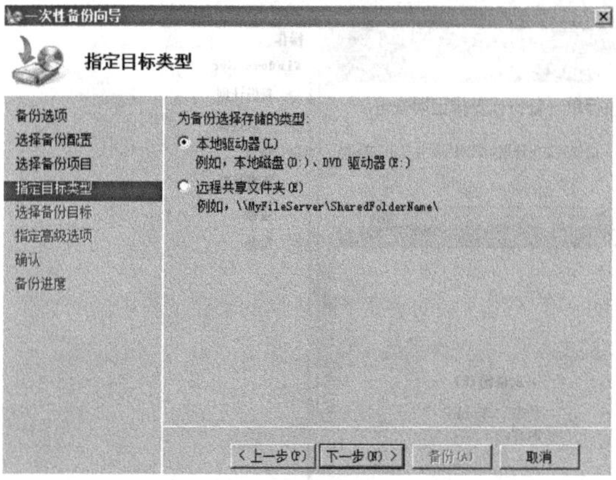

图 4—45　为备份选择存储的类型

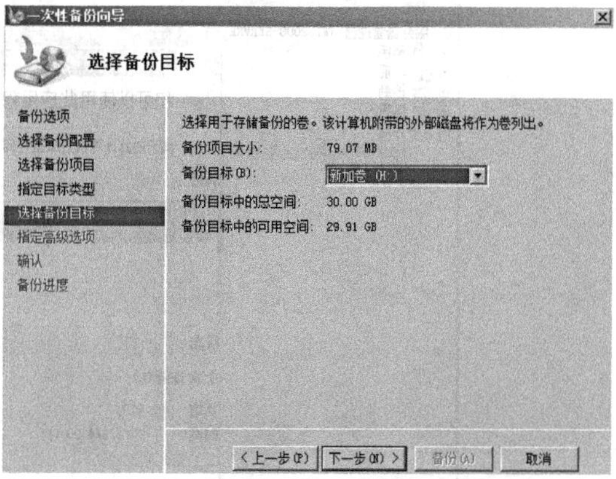

图 4—46　备份目标设置为本地驱动器

（9）根据实际选择 VSS 备份类型，如图 4—47 所示。

（10）确认无误后开始备份操作，直至过程结束，如图 4—48 至图 4—50 所示。

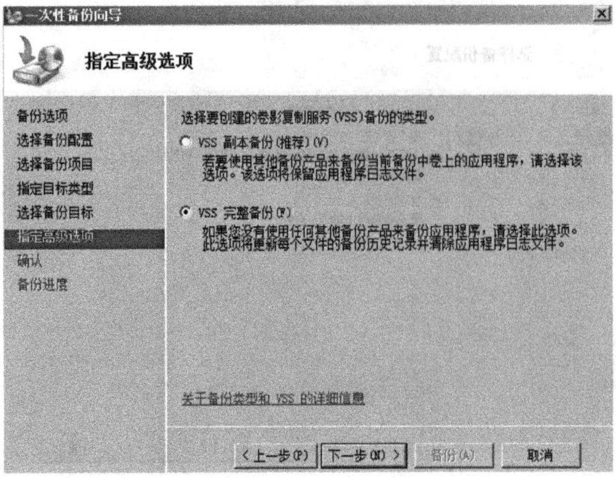

图 4—47　选择 VSS 备份类型

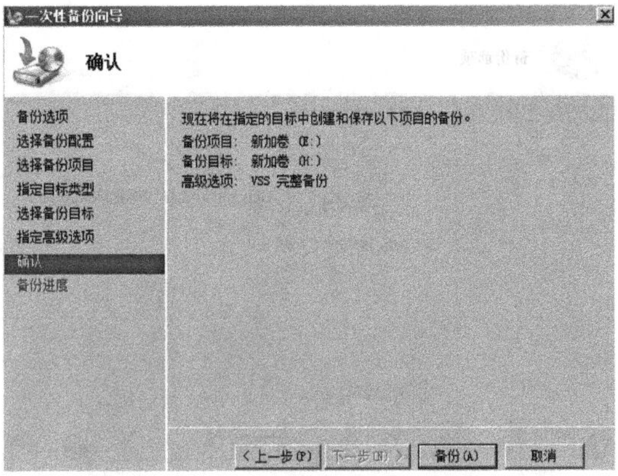

图 4—48　单击“备份”开始备份过程

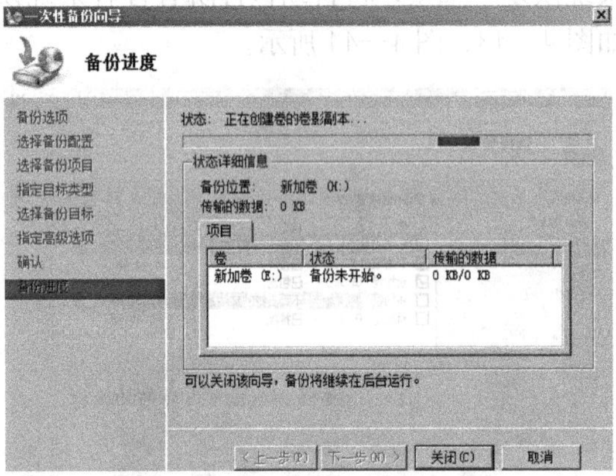

图 4—49　备份过程正在进行

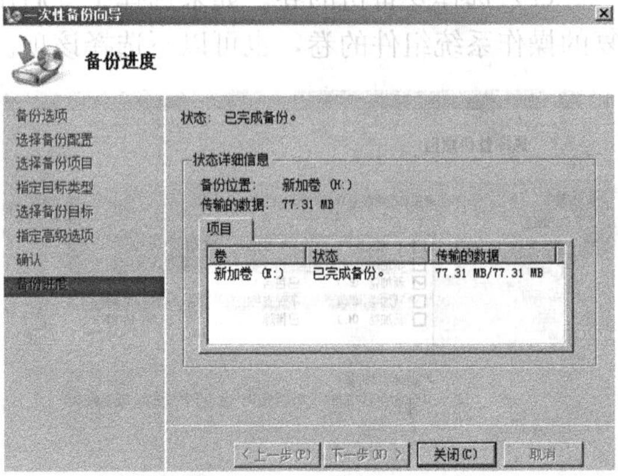

图 4—50　完成备份

（11）备份结束后，Windows Server Backup 主界面将显示备份操作的信息，如图 4—51 所示。在备份中设定的目标位置下也将显示备份后的数据，如图 4—52、图 4—53 所示。

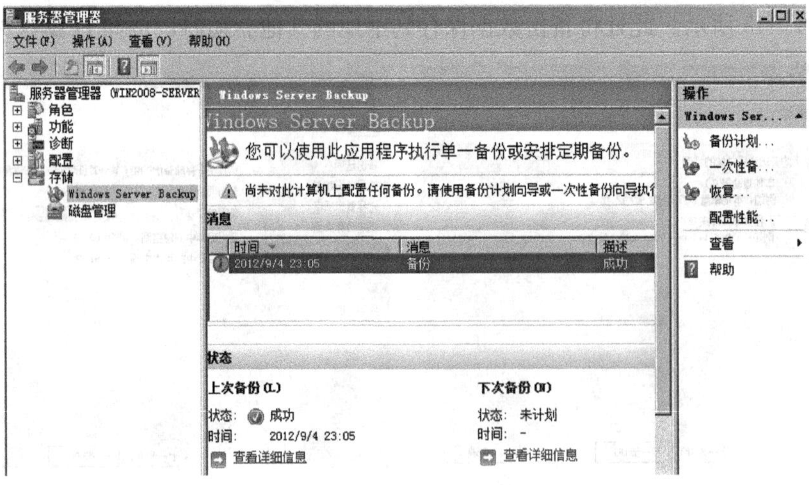

图 4—51　Windows Server Backup 显示备份操作信息

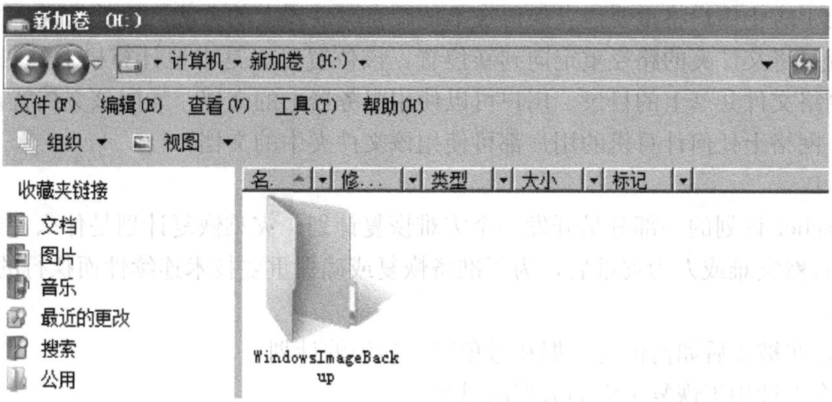

图 4—52　备份目标下保存了备份文件

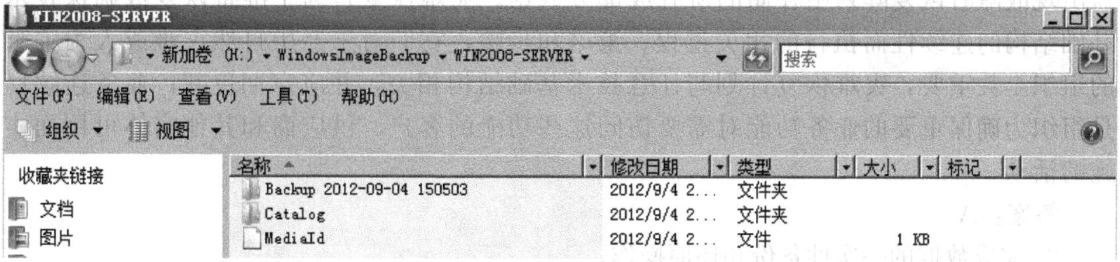

图 4—53　备份文件中包含的具体内容

如果数据出现损坏或丢失，可以通过 Windows Server Backup 和原先备份的数据，进行还原操作，从而促进数据的安全性。

4.4　能力拓展：MTA 认证考试练习

1. 场景：Rachel Valdes 正在为 Northwinds Traders 公司开发一项战略信息技术。该计划的重点在于通过确保重要的业务功能保证客户和业务合作伙伴业务的连续性。她的计划必须确保在发生无法预料的技术问题或自然/人为灾难时，Northwinds 的客户、供应商、监管人员与员工的需求和重要活动能够得到满足。她需要规划数据冗余性与灾难恢复。

(1) Northwinds Traders 的核心基础结构运行 Microsoft Windows Server 2008 R2。他们可以使用哪种固有的应用程序来实现其战略计划的数据冗余性部分？(　　)

A. Windows Server Backup

B. Active Directory 还原模式

C. NTBackup. exe

答案：A

(2) 文件夹重定向可提供哪些优势？(　　)

A. 支持管理员通过定向文件夹来执行数据备份和迁移

B. 允许用户和管理员将文件夹的路径重定向至可提供网络共享备份的新位置

C. 将文件夹从一个文件系统转换至另一个

分析：文件夹重定向是一种通过将信息重定向至可进行备份以实现数据冗余性的另一个

位置，有助于防止用户将重要信息保留在本地硬盘驱动器上的方法。也就是说，文件夹重定向允许管理员将文件夹的路径重定向到新位置，该位置可以是本地计算机上的一个文件夹，也可以是网络文件共享上的目录。用户可以使用服务器上的文档，如同该文档就在本地驱动器上一样。网络上任何计算机的用户都可使用该文件夹中的文档。

答案：B

(3) Rachel 计划的一部分是开发一个灾难恢复计划。灾难恢复计划是什么？（　　）

A. 在自然灾难或人为灾难后，为了准备恢复或确保重要技术连续性而执行的相关过程、策略和步骤

B. 规定在被盗后如何恢复数据和避免财务损失的计划

C. 完全设计用于恢复丢失的数据的过程

分析：数据冗余性是一些提供容错性的磁盘阵列所具备的属性，利用这种属性可在磁盘出现故障时恢复阵列中存储的所有或部分数据；灾难恢复是为了准备恢复或确保技术基础结构的连续性而执行的相关过程、策略和步骤，它们对于经历自然灾难或人为灾难的组织至关重要，灾难恢复计划与任意技术基础结构相关，并应定期更新；业务连续性是组织为确保重要的业务功能对需要访问这些功能的客户、供应商和其他实体可用而实施的活动。

答案：A

2. 完成数据的一次性备份和还原操作。

(1) 利用记事本创建一个文件，其中键入“Hello World!!”，并保存到本地磁盘“c：\”，名称为“helloworld.txt”。

(2) 利用 Windows Server Backup 备份该文件至本地其他驱动器上。

(3) 查看备份操作创建的文件夹“WindowsImageBackup”中的内容。

(4) 浏览到本地磁盘“c”并删除文件“helloworld.txt”。利用 Windows Server Backup 和原先备份过的数据还原该文件，并验证文件“helloworld.txt”是否已恢复。

本章小结

通过本章的知识学习和技能练习，对文件系统的作用、几种典型的文件系统的特点应有所了解；对 NTFS 文件系统权限设置、加密、压缩等特性的使用应当掌握。在服务器运行期间，应做好对数据的保护。

练习题

1. 完成 NTFS 文件系统和 FAT 文件系统的相互转化。

2. 在系统中建立用户 User1 和 User2，创建用户对应的文件夹。通过设置 NTFS 权限，使得 User1 在对 User2 的文件夹有完全控制权限的情况下，却不能读取文件夹中的文件。

3. 在命令提示符下，完成对指定文件的加密、解密操作。

4. 设置 NTFS 磁盘配额，使得指定用户使用磁盘空间不能超过 1000KB，并将超过配额的事件记录到日志中。

第5章　设置共享的网络资源

实现远程通信和资源共享是计算机网络应用的主要目标。在众多的资源对象中，文件夹的共享最为普遍。

通过本章的学习，理解共享资源的概念，掌握如何创建共享文件夹和共享打印机，并能通过网络访问到这些共享资源。在实现资源共享时注意结合NTFS权限对其进行有效管理。

知识点：

◆ 资源共享的概念

◆ 共享权限与NTFS权限

技能点：

◆ 能够创建共享的文件夹和打印机

◆ 能够结合NTFS权限管理共享资源

◆ 能够通过不同方式访问共享资源

5.1　文件夹的共享与访问

网络环境中，用户除了会使用本地资源，例如本地的磁盘、文件、打印机等外，还可以使用其他计算机提供的各类资源。对于用户而言，并不需要知道其他资源所在的具体位置；对于资源本身而言，也不需要知道用户所在的具体位置，双方对彼此都是透明的。用户只要了解到网络中有自己需要的资源并具备使用权限，就可以使用该资源。因此，同一个资源可以被多个用户使用，即“资源共享”。

资源有很多种类型，例如硬件资源、软件资源。通过共享文件夹进行共享的资源主要指软件资源，例如安装的程序、建立的数据库、创建的文件等。文件不能直接设置成共享，只能将其置于文件夹中，然后对文件夹进行共享的操作。具备文件夹共享的用户必须是Administrators、Server Operators或Power Users等内置组的成员，如果该文件夹置于NTFS分区，那么用户必须对文件夹具备“读取”的NTFS权限。

5.1.1　创建共享的文件夹

下面介绍创建共享文件夹的方法。文件夹的共享和管理有多种方法可以使用，在应用中应注意不同方法之间的区别。

(1) 设置计算机的IP地址，如图5—1所示。网络中各种服务器，包括提供共享资源的文件服务器，应当使用固定的IP地址，这样便于客户机的访问。这里配置了文件服务器使用的IP地址为192.168.0.254和对应的默认子网掩码。

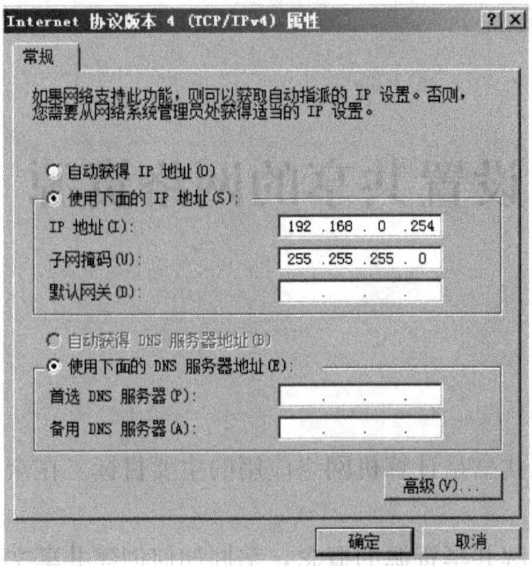

图 5—1 设置文件服务器的 IP 地址等参数

（2）在“网络和共享中心”窗口中查看“网络发现”和“文件共享”功能是否被启用，如未启用，则共享文件夹的操作不能顺利完成。如图 5—2 所示。

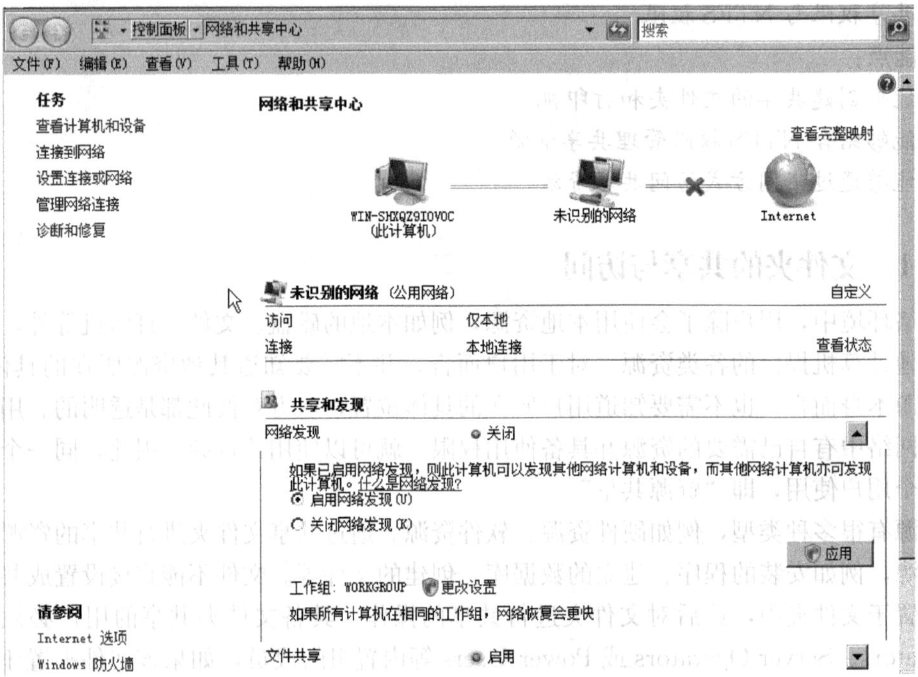

图 5—2 共享文件夹所必须的功能应当启用

（3）准备好被共享的文件夹。如图 5—3 所示，在卷 E 下建立了一个名为“共享文件夹”的文件夹，其下存放有名为“公司文件”的文本文档用于做客户端的访问测试。卷 E 的文件系统采用 NTFS。

（4）右击该文件夹，第一种方法，在快捷菜单中选择“共享”，如图 5—4 所示。

（5）屏幕上自动弹出“文件共享”的设置窗口。该窗口中，用户需要选择要与其共享的用户。单击图中的倒三角形按钮，就会显示用户列表，如图 5—5 所示。

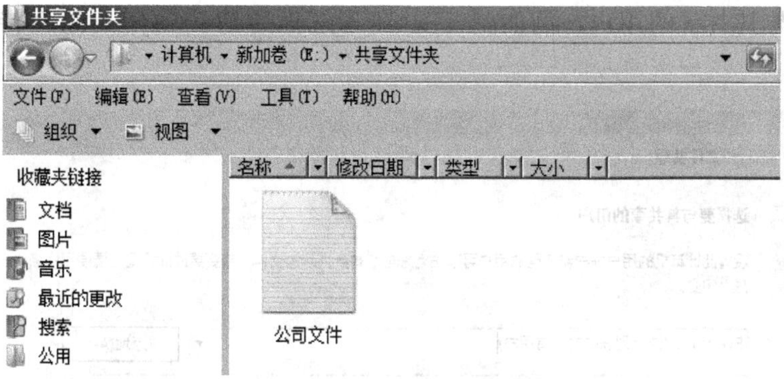

图 5—3　设置拟共享的文件夹

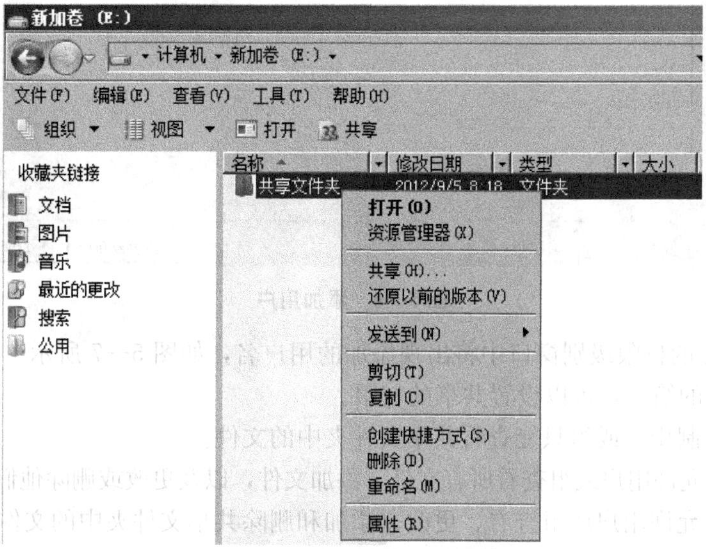

图 5—4　快捷菜单中选择“共享”

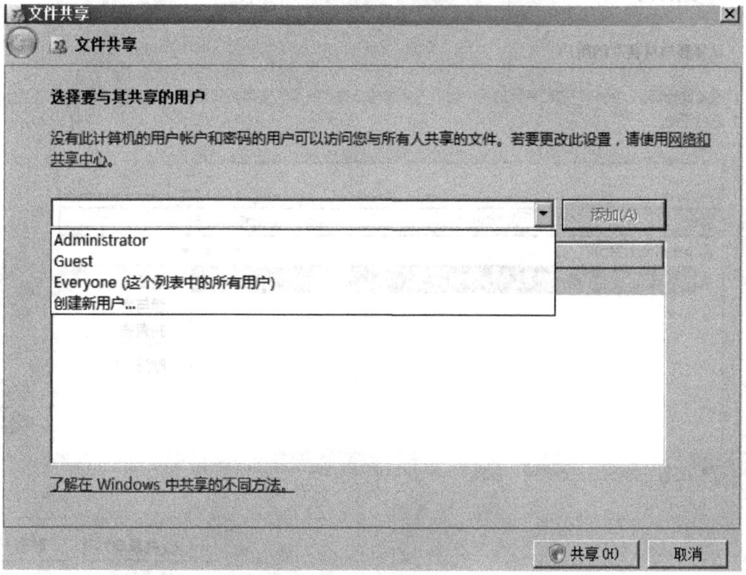

图 5—5　“文件共享”的用户设置

（6）选择与其共享的用户，例如图 5—6 所示选择的是 Everyone 这个特殊用户，单击“添加”。

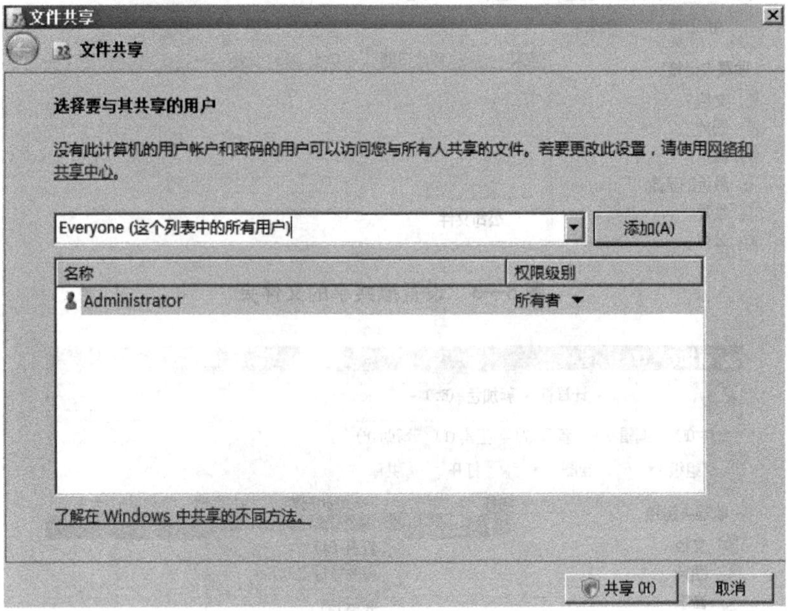

图 5—6　添加用户

（7）在下方的权限级别窗口中将出现添加的用户名，如图 5—7 所示。单击该用户或组的权限级别旁边的箭头，可以设置共享的权限。

- 读者：限制用户或组只能查看共享文件夹中的文件。
- 参与者：允许用户或组查看所有文件、添加文件，以及更改或删除他们所添加的文件。
- 共有者：允许用户或组查看、更改、添加和删除共享文件夹中的文件。

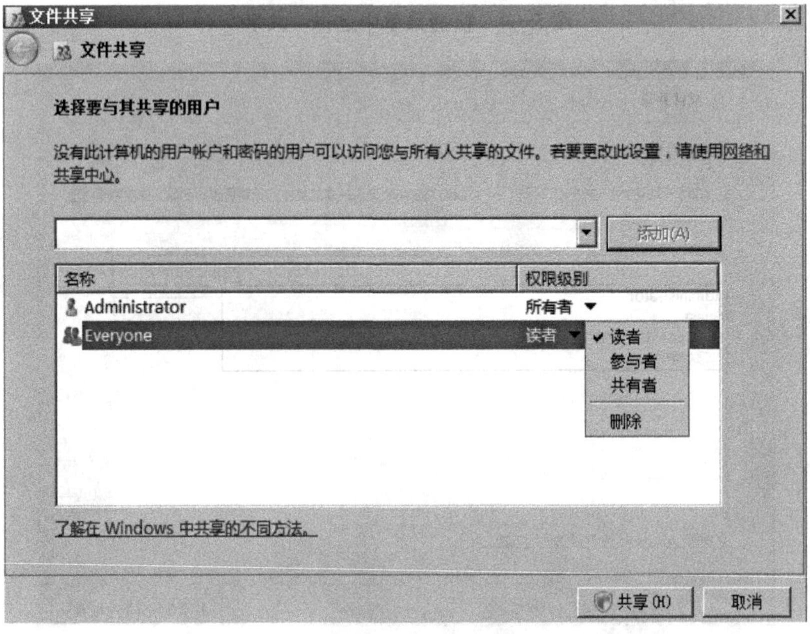

图 5—7　设置用户访问共享文件夹的权限

共享权限仅对网络访问有效。当用户从本机访问一个文件夹时，共享权限完全派不上用场；NTFS 权限对于网络访问和本地访问都有效，但是要求文件和文件夹必须在 NTFS 分区上，否则无法实现权限设置。

（8）选择好用户和权限后即可单击“共享”按钮完成共享。屏幕弹出图 5—8、图 5—9 所示的提示，根据网卡配置选择相应选项。

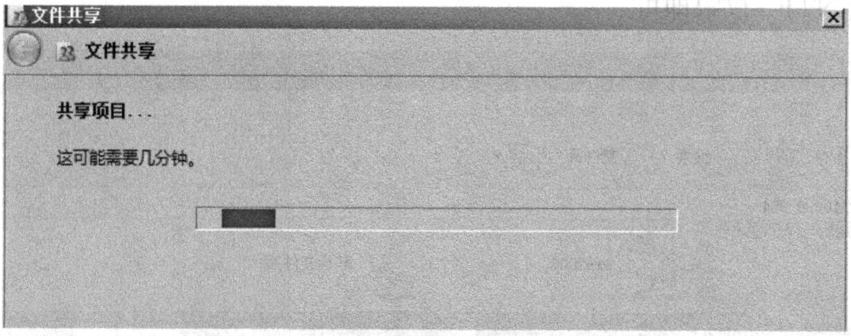

图 5—8　共享进程正在运行

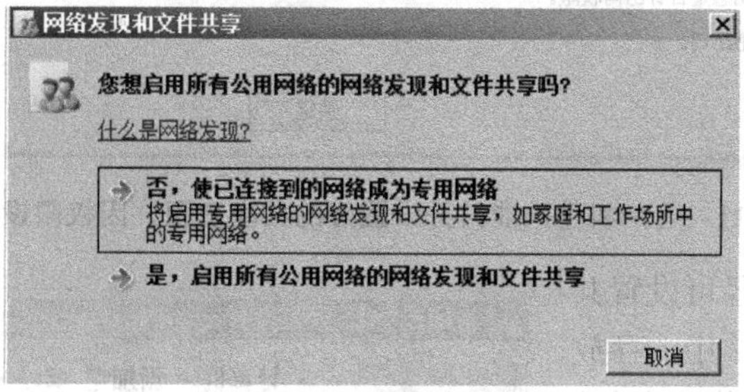

图 5—9　启用网络共享

（9）图 5—10 显示了文件夹共享已经成功完成。

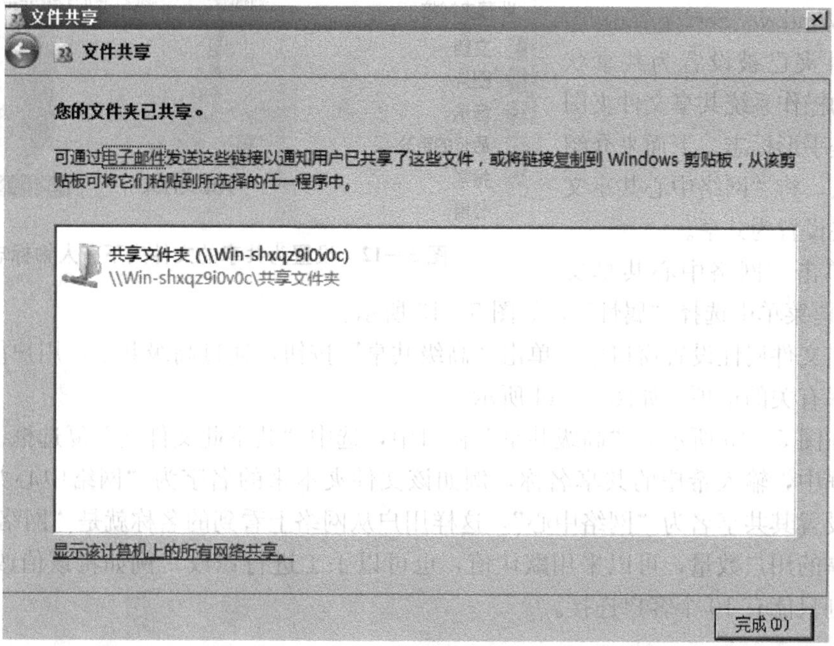

图 5—10　共享操作完成

当上述操作完成后，从客户机（选用的是 Windows XP 系统）进行访问测试时，发现并不能打开该共享的文件夹，如图 5—11 所示。原因在于：共享资源存放在 NTFS 分区上，上述共享过程虽然提供了共享权限，但是访问者还必须具备对文件夹的本地 NTFS 访问权限。只有两种权限都具备，才能对共享文件夹进行访问。

解决上述不能访问共享资源的问题并不难，只需在共享文件夹属性的“安全”标签下，赋予用户本地 NTFS 权限即可。

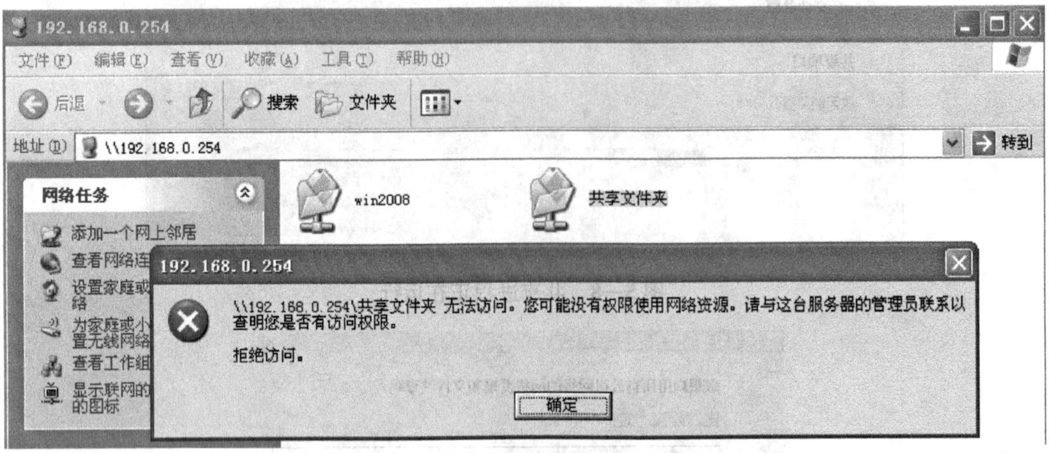

图 5—11 客户机上未能打开设置好的共享资源，因权限设置不当

当然还有其他的途径可设置共享资源。例如在图 5—12 中，存放了一个名为“网络中心共享文件”的文件夹。该图中，左边名为“共享文件夹”的图标上有两个人物图标，这在 Windows Server 2008 中表明该文件夹已被设置为共享状态。以前的操作系统共享文件夹图标显示的是手形标志。下面来介绍另一种方法，将“网络中心共享文件”文件夹设置为共享。

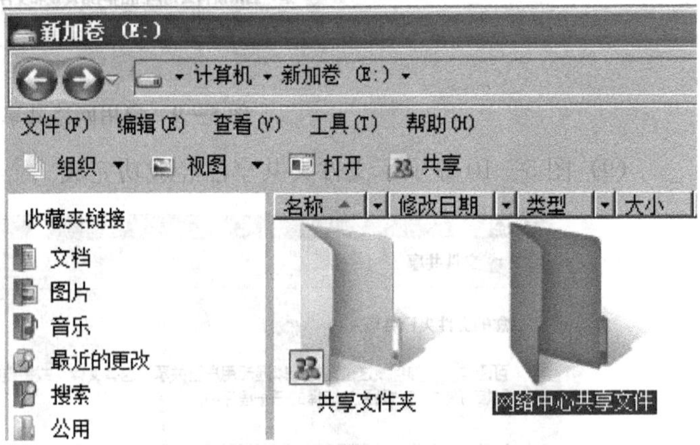

图 5—12 设置为共享的文件夹下有人物标志

（1）单击“网络中心共享文件”，在快捷菜单中选择“属性”，如图 5—13 所示。

（2）在文件属性设置窗口中，单击“高级共享”按钮，通过高级共享，用户能够设置更多的与共享有关的选项。如图 5—14 所示。

（3）在图 5—15 所示的“高级共享”窗口中，选中“共享此文件夹”复选框。“共享名”下的文本框中，输入希望的共享名称，例如该文件夹本来的名字为“网络中心共享文件”，但是可以设置其共享名为“网络中心”，这样用户从网络上看到的名称就是“网络中心”。设置同时共享的用户数量，可以采用默认值，也可以手工进行修改，例如将该值改为 10，表明同一时刻只能有 10 个客户连接。

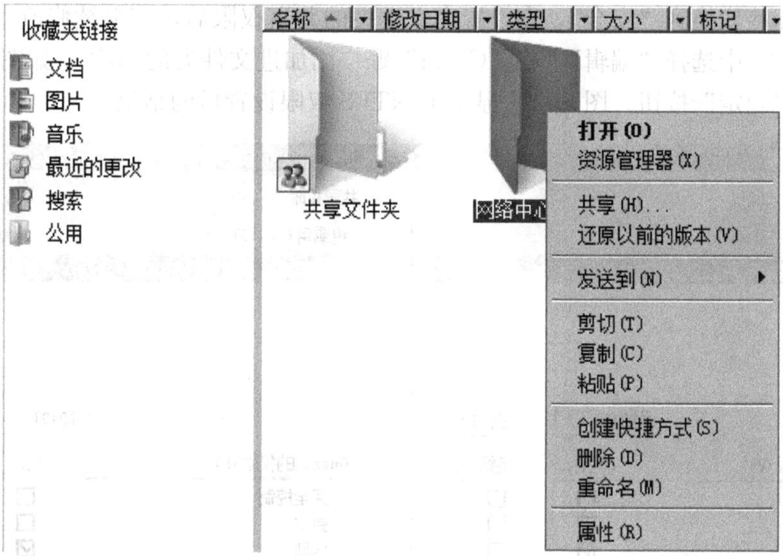

图 5—13　在快捷菜单中选择“属性”

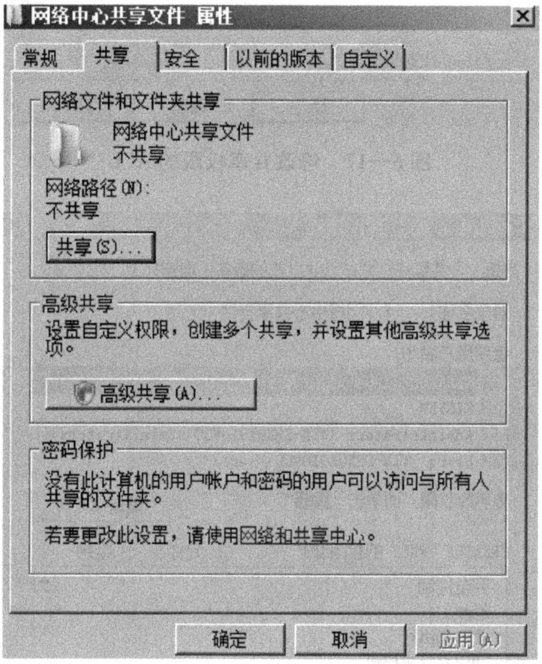

图 5—14　单击“高级共享”

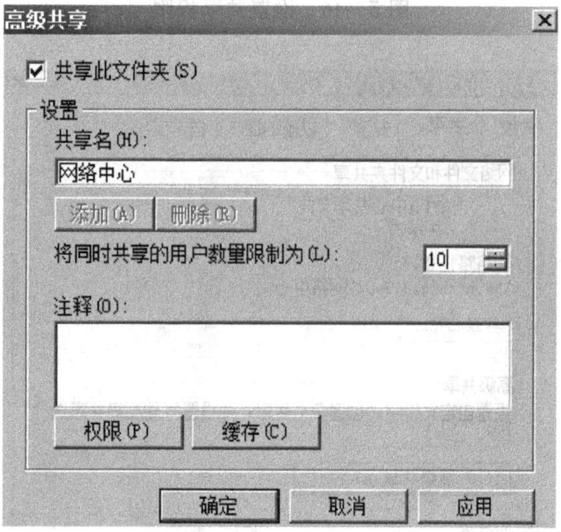

图 5—15　高级共享窗口

(4) 设置完共享名和用户数量后，点击图 5—15 下端的“权限”按钮，弹出图 6—16 所示界面，设置文件夹的共享权限。可以单击“添加”或“删除”按钮，增加或减少用户和组账户，并调整账户对文件夹的访问权限。例如，将原有的“Everyone”账户删除，添加上“Guest”账户，并将访问权限设置为允许“读取”。这样，当用户从网络访问该文件夹时，相当于本地主机上的“Guest”账户对文件夹访问，并只有“读取”的权限。当然“Guest”账户应处于启用状态。设置结果如图 5—17 所示。

(5) 返回文件夹属性设置界面，此时已显示该文件夹为共享式，如图 5—18 所示。

（6）将标签切换到“安全”，在设置完文件夹的共享权限后，应继续修改本地 NTFS 权限。在图 5—19 中选择“编辑”，将“Guest”账户添加进文件夹的 ACL，如图 5—20 所示，添加后单击“确定”按钮。图 5—21 显示了 NTFS 权限设置后的结果。

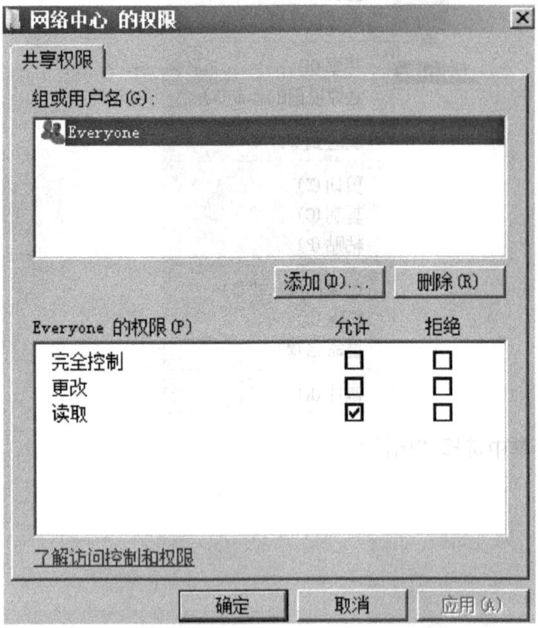

图 5—16　设置共享权限

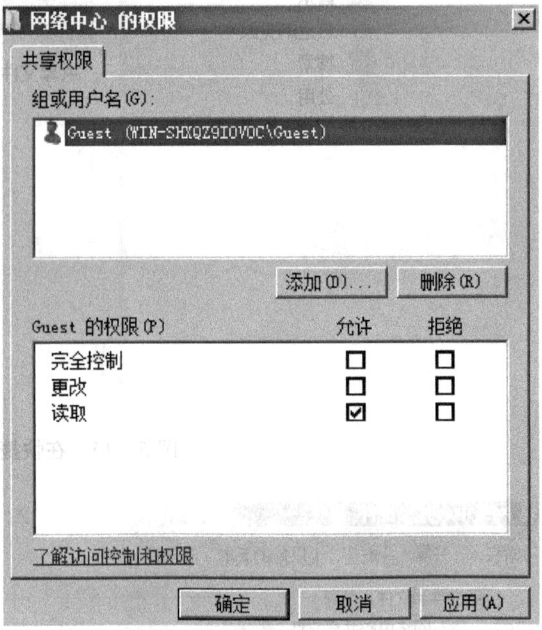

图 5—17　修改共享权限的 ACL

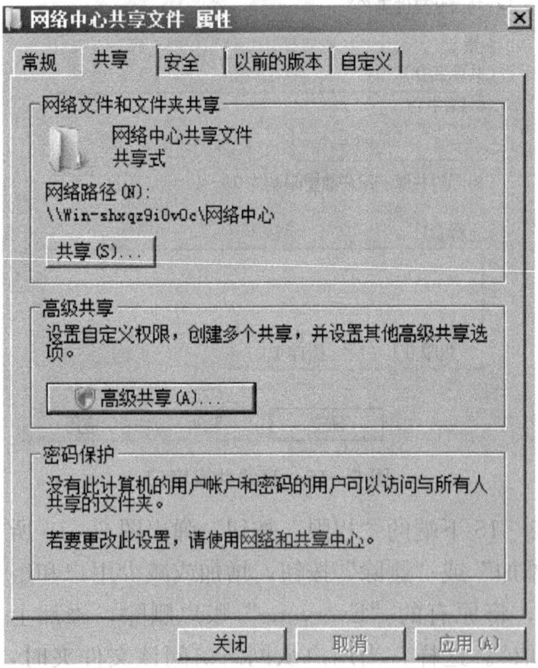

图 5—18　设置共享后的文件夹状态

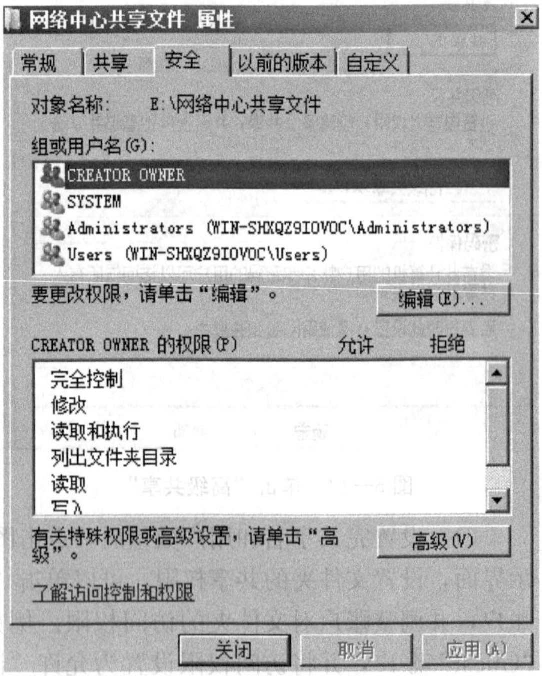

图 5—19　“安全”标签下修改 NTFS 权限

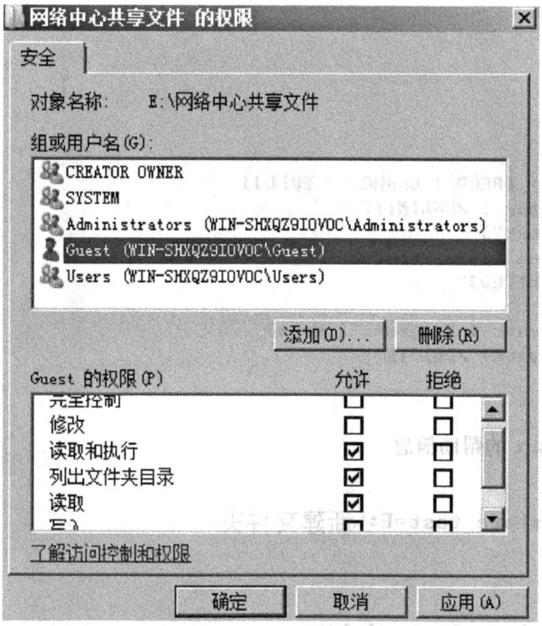

图 5—20 NTFS 权限列表中也需要有共享权限列表中的用户账户

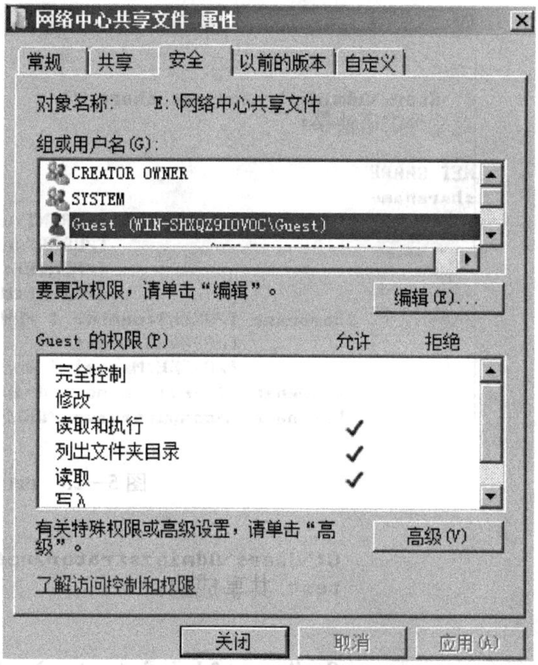

图 5—21 修改后的 NTFS 权限

（7）此时再从客户机进行访问测试，就能顺利打开并查看该共享的文件夹中的资源了，如图 5—22 所示。

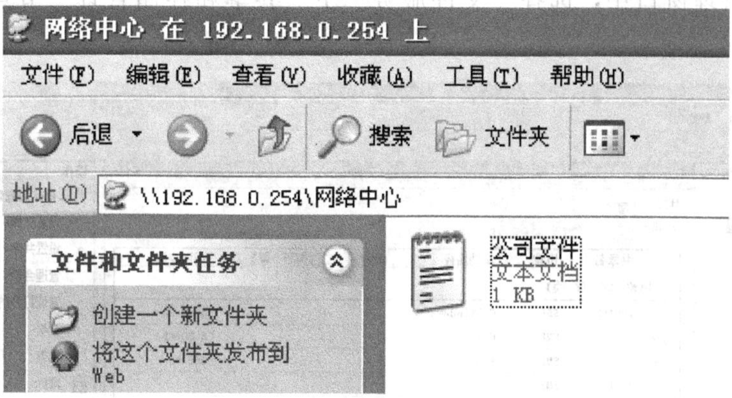

图 5—22 从客户机访问共享文件夹

还有其他设置共享文件夹的方法，不再一一介绍。Windows Server 2008 中还提供了设置和管理共享资源的命令“net share”（注意中间有一空格）。通过该命令可以查看系统中已有的共享资源，或是添加、删除、修改共享资源。其帮助信息与一般用法如图 5—23 至图 5—24 所示。

有时一个文件夹需要共享于网络中，但是出于安全方面考虑，又不希望这个文件夹被人们从网络中看到，这就需要以隐藏方式共享文件夹。方法是在每个共享资源的共享名中添加“$”作为结束符号。只有知道这些资源具体的存放位置及名称，用户才会访问到该资源。

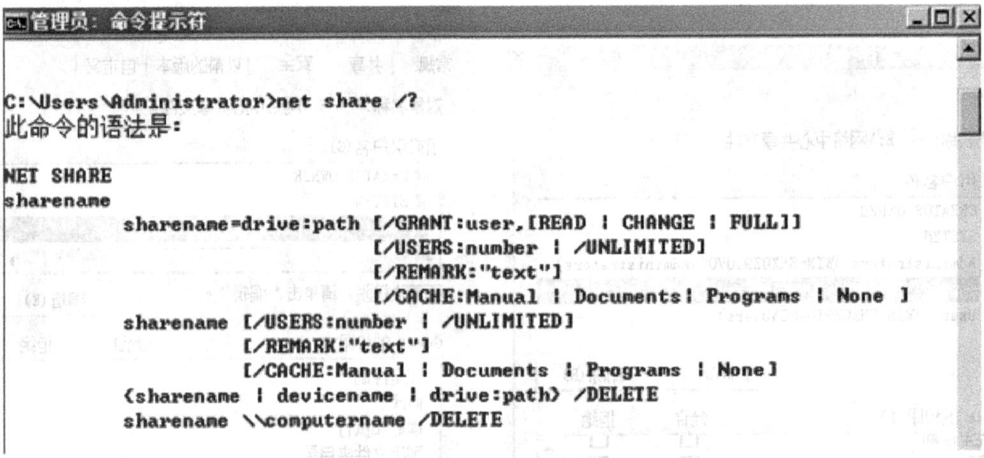

图 5—23　net share 的帮助信息

```
C:\Users\Administrator>net share test=E:\新建文件夹
test 共享成功。

C:\Users\Administrator>net share test /delete
test 已经删除。
```

图 5—24　利用 net share 添加或删除共享资源

5.1.2　管理共享的文件夹

在服务器管理窗口中，选择“文件服务”下“共享和存储管理”节点，如图 5—25 所示。

图 5—25　共享和存储管理

“共享和存储管理”提供了统一的共享资源的管理界面，用户可以通过它来增加、删除共享资源，或是修改某些共享资源的属性。例如在图 5—26 中，右击某一共享资源，在快捷菜单中选择“停止共享”，即可从网络上删除该共享资源。选择“属性”，即可修改该共享资源的某些属性值。

在共享资源的属性窗口中，“共享”标签下显示了该资源的常规信息，例如名称、路径等，用户可以为该资源添加描述信息，如图 5—27 所示。

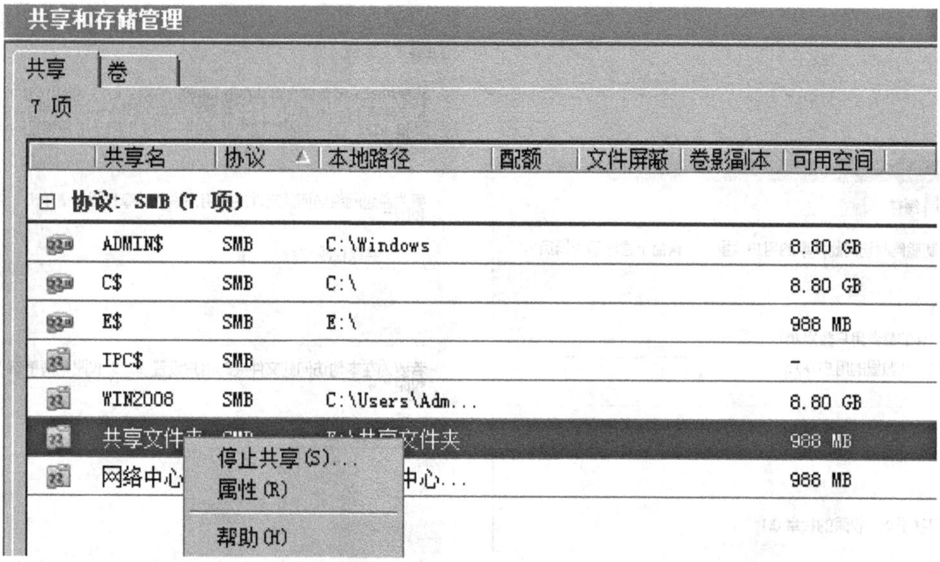

图 5—26　共享文件管理

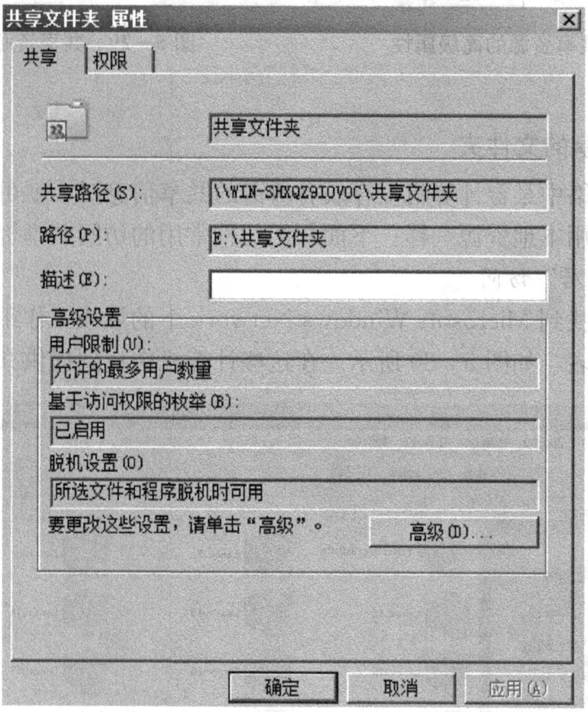

图 5—27　查看共享资源的属性

在图 5—27 中，单击下端的“高级”按钮，可进一步修改共享资源的属性，例如允许同时访问共享资源的用户数量，如图 5—28 所示。

切换图 5—27 中的标签到“权限”下，如图 5—29 所示，则可查看和修改共享资源的共享权限与 NTFS 权限。

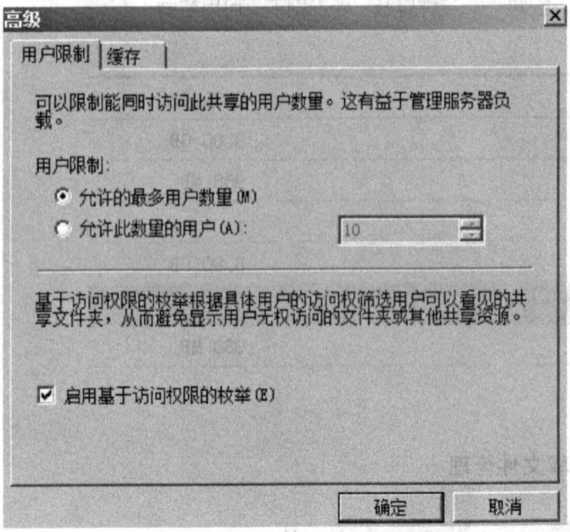

图 5—28　修改共享资源的高级属性

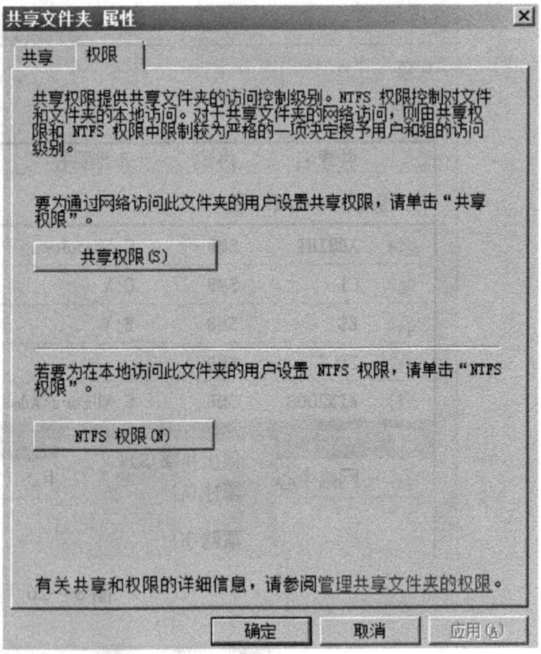

图 5—29　共享资源的权限设置界面

5.1.3　访问共享的文件夹

当用户了解到网络中某台计算机上存放有所需的共享信息时，就可以在自己的计算机上使用这些资源，与使用本地资源一样。下面介绍几种常用的访问共享资源的方法。

1. 通过“网上邻居”访问

在网上邻居窗口找到 Microsoft Windows Network 下的域或工作组，里面显示了当前局域网计算机的主机列表，如图 5—30 所示。在这些计算机中找到提供共享资源的主机，双击

图 5—30　通过网上邻居访问共享资源

计算机名称，打开后即可访问。

这种方式在共享资源位置比较分散、网络中主机数量较多时，用户不太容易查找。

2. 通过搜索计算机

用户可以直接通过系统的搜索功能，将提供资源的主机名或 IP 地址作为参数进行搜索，如图 5—31 所示，能快速找到目标主机。当然，前提是用户需要知道该主机的名称或地址。找到主机后，双击即可打开并看到该机器提供的共享资源。

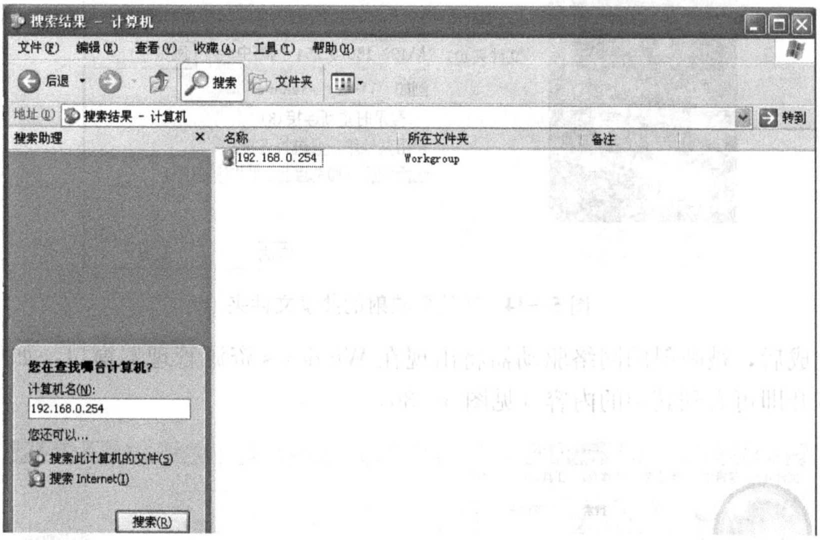

图 5—31 搜索目标主机

3. 通过“运行”命令

在“运行”对话框中直接输入共享文件夹的 UNC 路径，如图 5—32 所示。注意该路径中斜杠的方向。UNC（Universal Naming Convention）指的是通用命名规则，也叫通用命名规范、通用命名约定，符合“\ servername \ sharename”格式，其中 servername 是服务器名，sharename 是共享资源的名称。目录或文件的 UNC 名称可以包括共享名称下的目录路径，格式为：\ servername \ sharename \ directory \ filename。

4. 通过驱动器映射

对于经常访问的文件夹，每次都通过上述方法去访问比较麻烦，可以将其映射为一个网络驱动器从而方便以后访问。

在 Windows 桌面上右击“计算机”或“我的电脑”图标，在快捷菜单中选择“映射网络驱动器”，如图 5—33 所示。

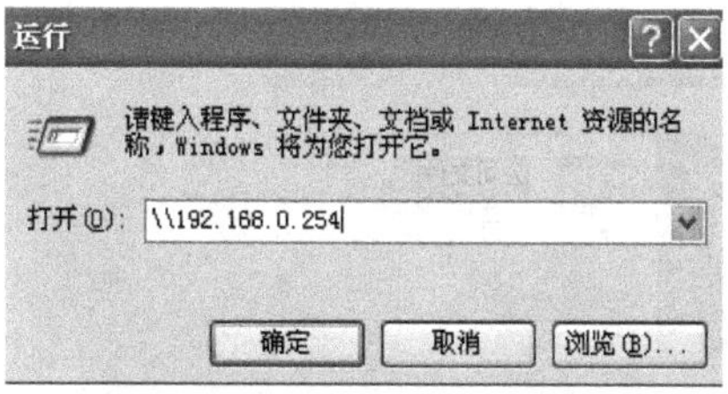

图 5—32 通过 UNC 路径访问

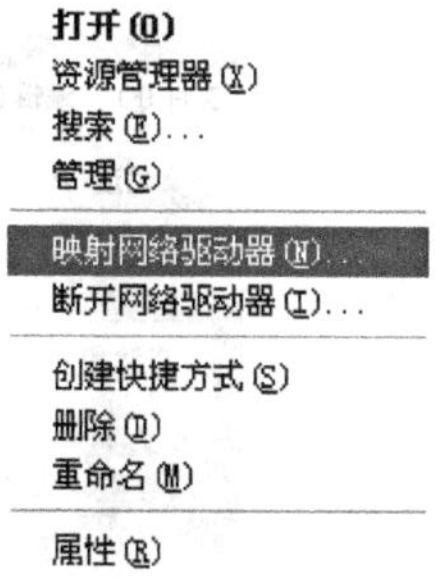

图 5—33 选择映射网络驱动器

为驱动器指定盘符，并输入共享文件夹的 UNC 路径。如果不清楚 UNC 路径，可以通过“浏览”按钮，逐步查找进行定位。如图 5—34 所示。

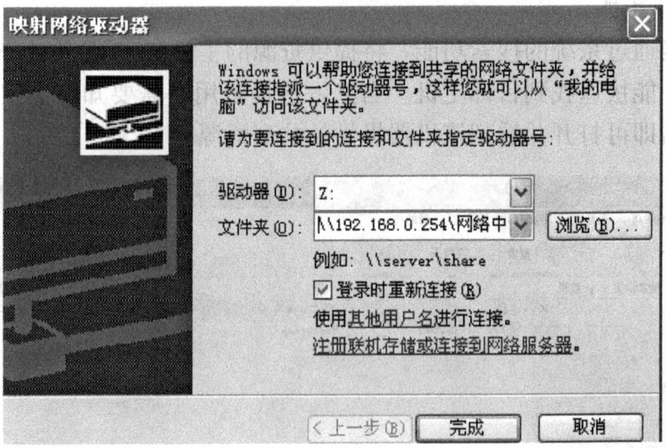

图 5—34　定位要映射的共享文件夹

操作完成后，被映射的网络驱动器将出现在 Windows 资源管理器窗口，如图 5—35 所示。双击打开即可看到其中的内容（见图 5—36）。

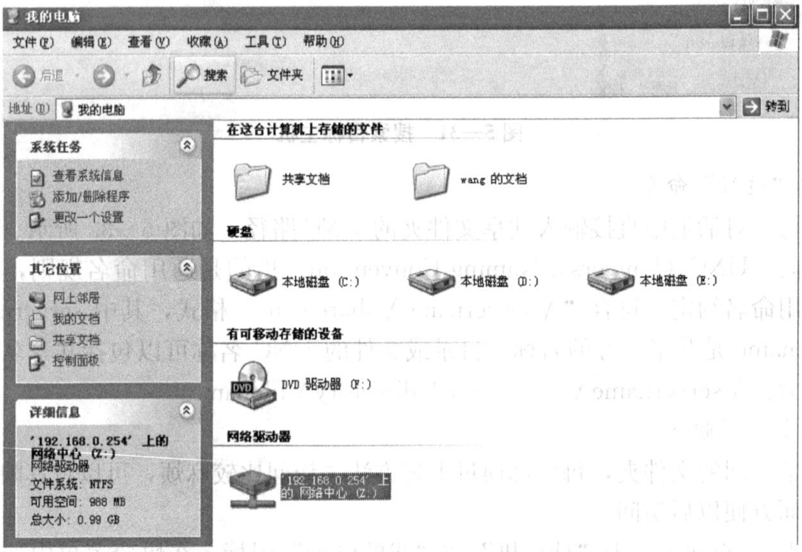

图 5—35　映射的网络驱动器

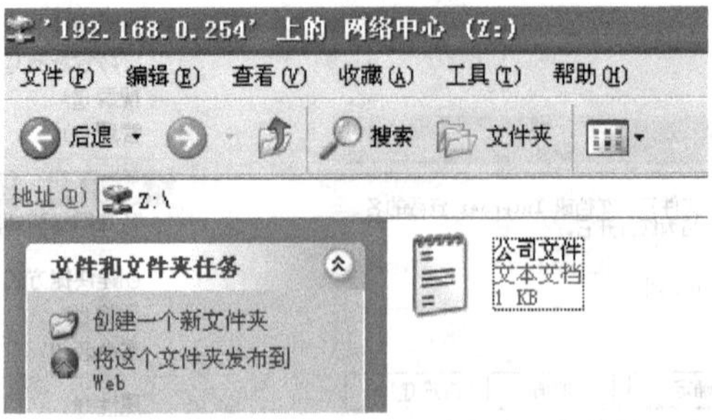

图 5—36　窗口网络驱动器中的内容

5.2 打印机的共享与访问

打印机是网络中常见的硬件资源，也是常被共享的对象。Windows Server 2008 提供了打印服务角色，帮助用户在网络上共享打印机。打印服务角色包含三个角色服务：

● 打印服务器：是“打印服务”角色一项必需的角色服务。该服务将打印服务角色添加到服务器管理器中，并安装打印管理单元。“打印管理”用于管理多个打印机或打印服务器，并从其他 Windows 打印服务器迁移打印机或向这些打印服务器迁移打印机。共享了打印机之后，Windows 将在具有高级安全性的防火墙中启用“文件和打印机共享”例外。

● LPD（Line Printer Daemon）服务：该服务安装并启动 TCP/IP 打印服务器（LPDSVC）服务，使得基于 UNIX 的打印机或其他使用 LPR（Line Printer Remote）服务的计算机可以通过此服务器上的共享打印机进行打印。此服务不必进行任何配置，但是如果停止或重启“打印后台程序”服务，则“TCP/IP 打印服务器”服务也将停止，且不会自动重新启动。

● Internet 打印：该服务创建一个由 Internet 信息服务 IIS 托管的网站。

下面再介绍与打印服务有关的几个术语。

（1）打印机：实际的打印设备。打印机可以直接与打印服务器的物理端口相连，生成用户提交的、需要打印的文档。

（2）打印服务器：安装本地打印机并将其共享的计算机，接收并处理来自客户端的文档。一台普通的计算机就可以充当打印服务器，例如安装 Windows Server 2003/2008 的计算机。使用了 Windows XP、Windows 7 的计算机也可以作为打印服务器使用，只是其限制相对 Windows Server 2003/2008 而言会多很多，例如同时连接到打印机的客户数量、可接受服务的计算机操作系统等。

（3）打印机驱动程序：包含有 Windows Server 2008 将打印命令转换为像 PostScript 这样特定的打印机语言所需要的信息，这样使得打印设备打印文档称为可能。每一种型号的打印设备都具有特定的打印机驱动程序。

（4）打印机端口：打印机和计算机连接所使用的接口，可能是 LPT（并行端口）、COM（串行端口）、USB 端口等。

（5）打印队列：当多份文档被送至打印机时，不可能同时打印这些文档，打印工作将被暂时存放在一个指定位置，排好队依次打印，即打印队列。

（6）网络接口打印机：通常所说的打印机都需要安装在计算机上才可以被使用，但是网络接口打印机（Network Interface Printer）则可以直接接上网线，连接到网络中，成为一台网络打印机。

5.2.1 创建共享的打印机

将安装有 Windows Server 2008 的计算机设置为打印服务器，首先需要安装本地打印机并将其共享于网络，客户端在安装时会自动从共享的打印服务器上下载所需要的驱动程序。

（1）在服务器管理器窗口中单击“添加角色”链接，如图 5—37 所示。

（2）按提示进行下一步。在选择“服务器角色”窗口中，选择“打印服务”，单击“下一步”。如图 5—38 所示。

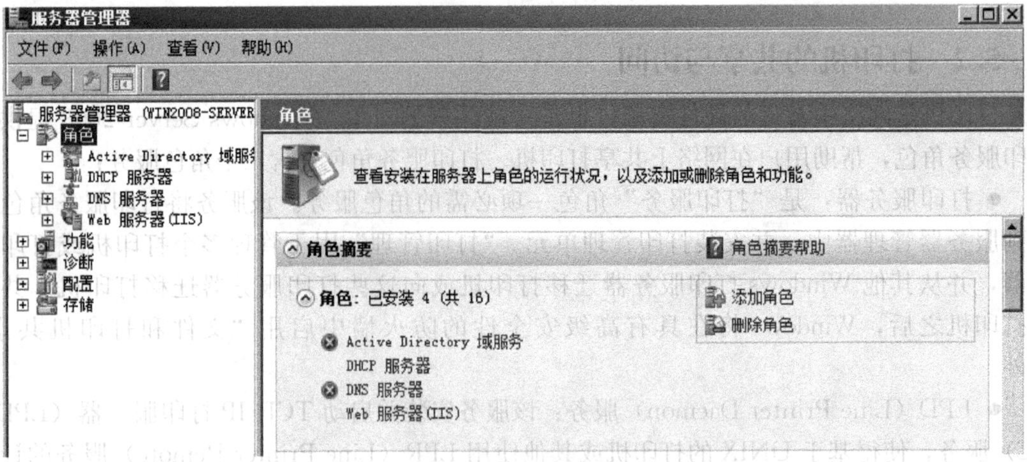

图 5—37 添加角色

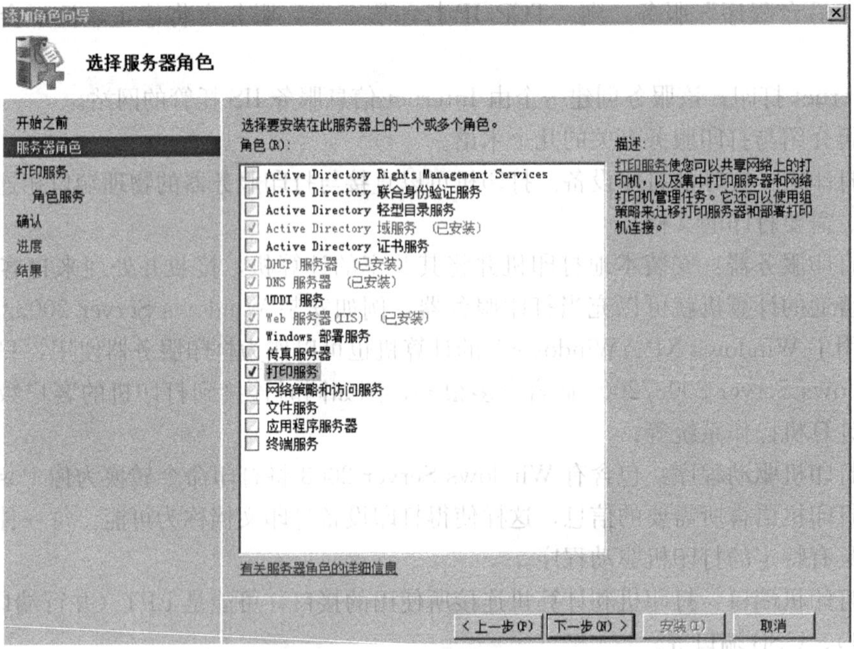

图 5—38 选中“打印服务”复选框

（3）“打印服务”窗口显示了对该服务的简介信息，如图 5—39 所示。单击“下一步”继续操作。

（4）根据需要选择角色服务，选择后单击“下一步”开始执行安装过程，如图 5—40、图 5—41 所示。

（5）安装完成后的画面如图 5—42 所示。在“开始”菜单的“管理工具”中，将能看到打印管理命令，如图 5—43 所示。

（6）单击“打印管理”命令将显示打印管理控制台，在控制台中右击计算机名下的“打印机”节点，如图 5—44 所示，选择“添加打印机”。

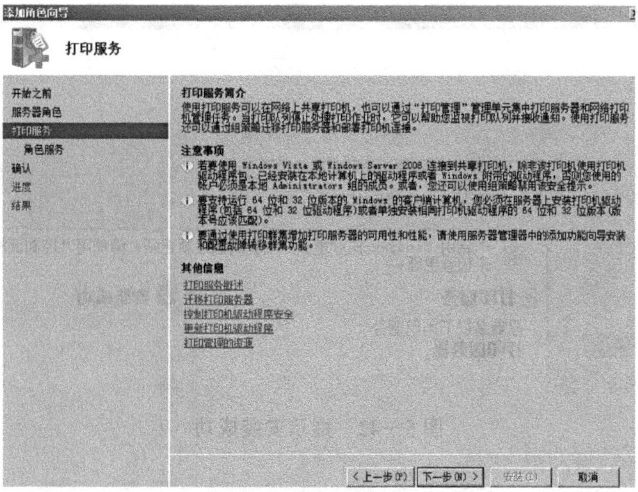

图 5—39　显示打印服务简介

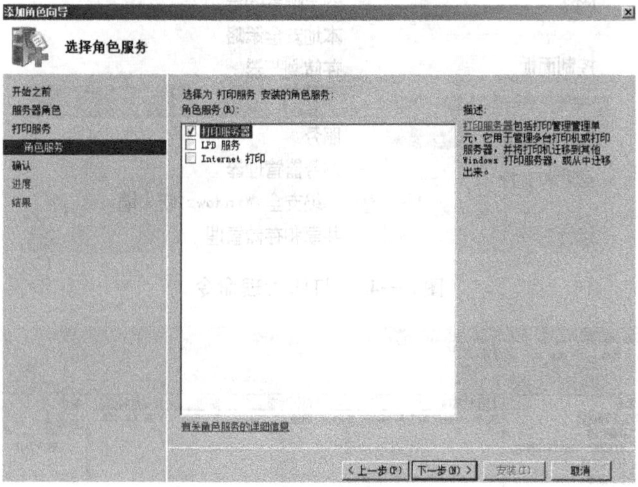

图 5—40　选择角色服务

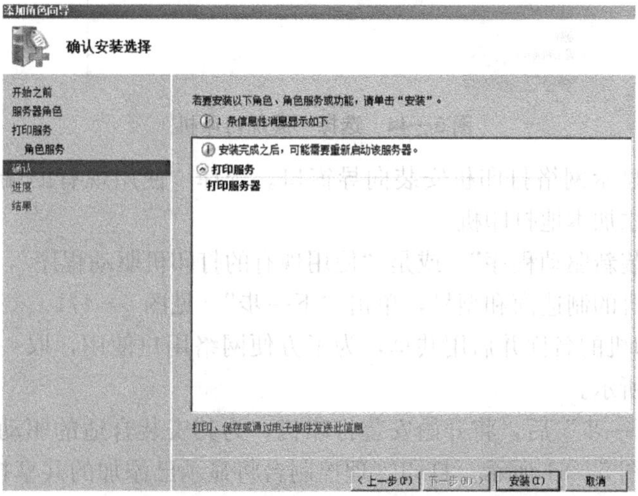

图 5—41　单击“安装”开始安装服务角色

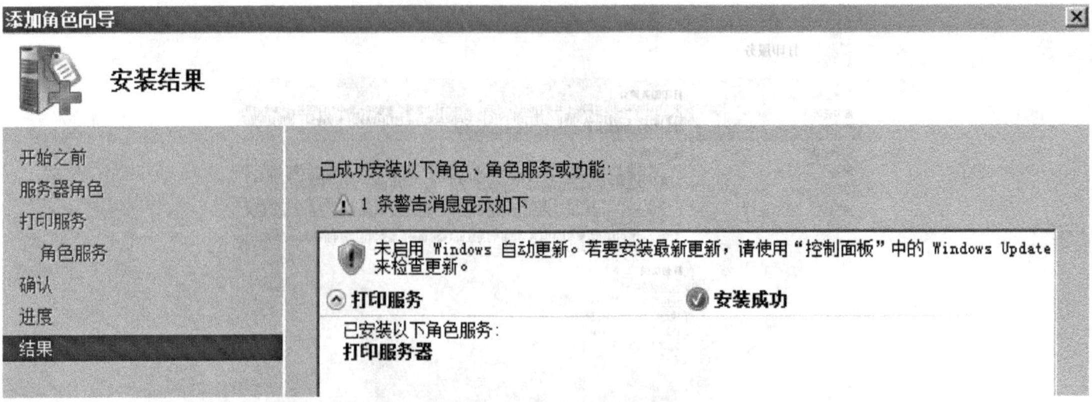

图 5—42　提示安装成功

图 5—43　打印管理命令

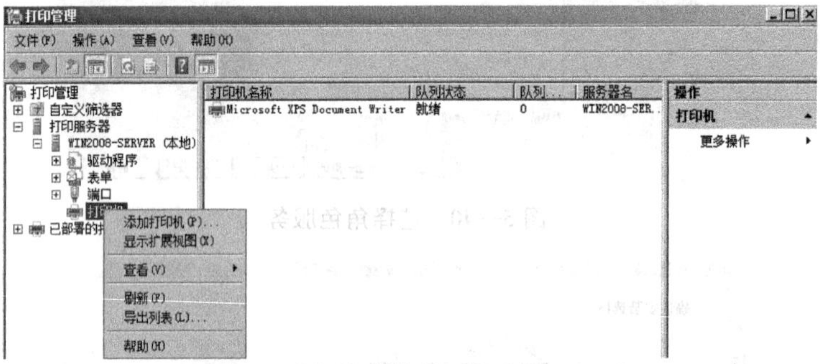

图 5—44　选择“添加打印机”

(7) 接下来将显示网络打印机安装向导窗口。选择“使用现有的端口添加新打印机”，如图 5—45 所示，添加本地打印机。

(8) 选择“安装新驱动程序”，或是“使用现有的打印机驱动程序”，如图 5—46 所示。

(9) 选择打印机的制造商和型号，单击“下一步”(见图 5—47)。

(10) 设置打印机的名称并启用共享，为了方便网络用户使用，取一个容易识别的共享名称，如图 5—48 所示。

(11) 单击“下一步”后，将开始安装打印机，为其安装合适的驱动程序，直至过程结束，如图 5—49 至图 5—51 所示。打印管理控制台将显示已添加的共享打印机，如图 5—52 所示。

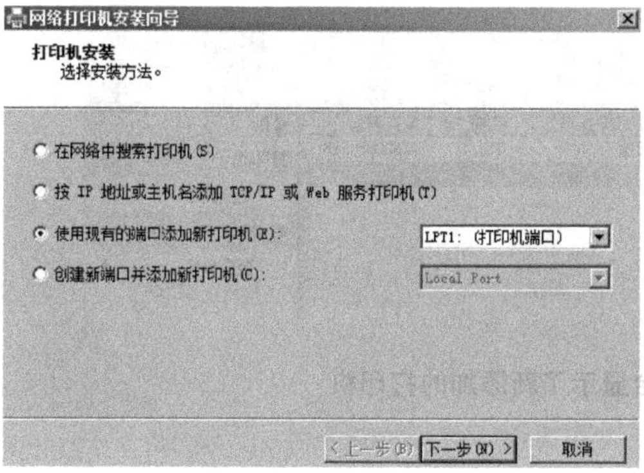

图 5—45　使用现有端口添加打印机

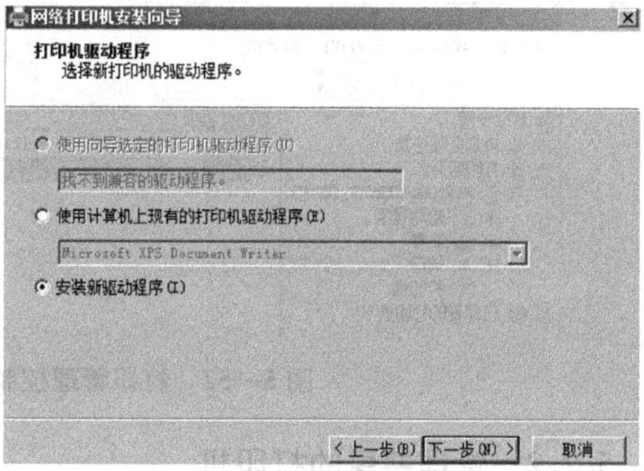

图 5—46　选择合适的驱动程序

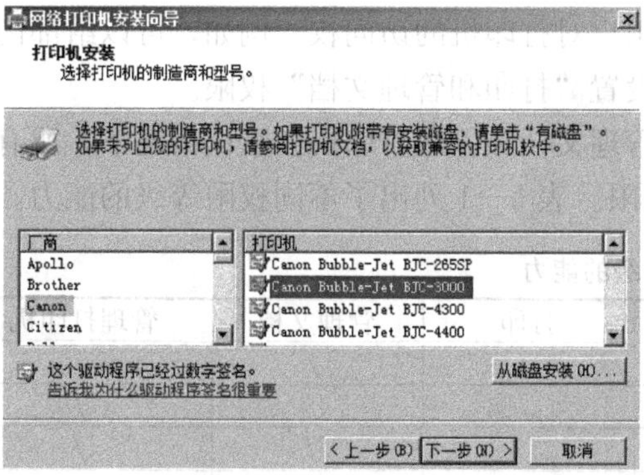

图 5—47　根据实际选择打印机的制造商和型号

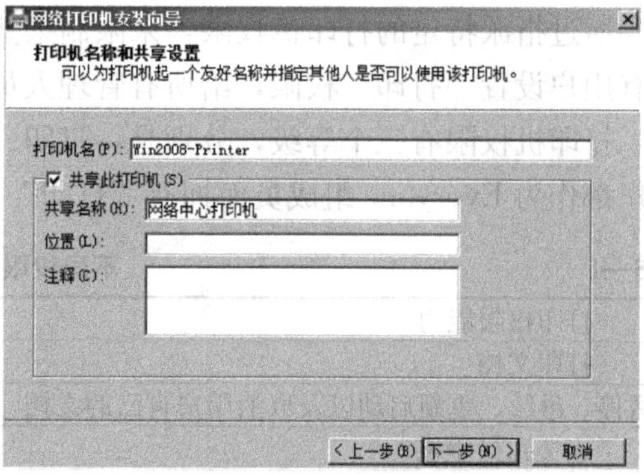

图 5—48　设置打印机名称和共享

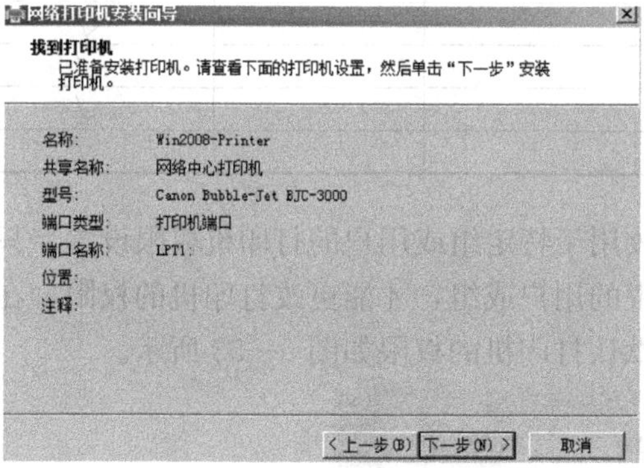

图 5—49　准备安装打印机

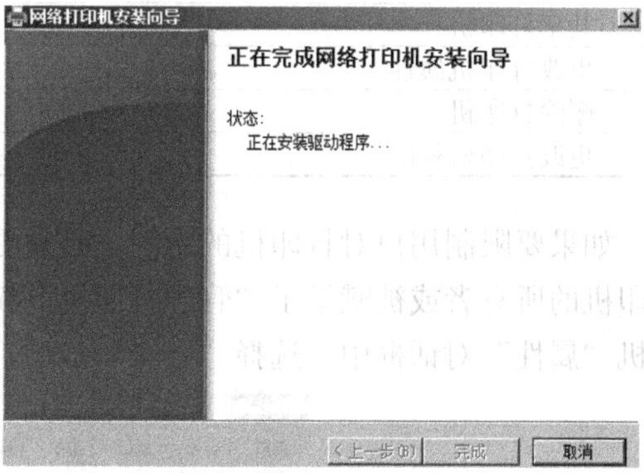

图 5—50　正在完成安装向导

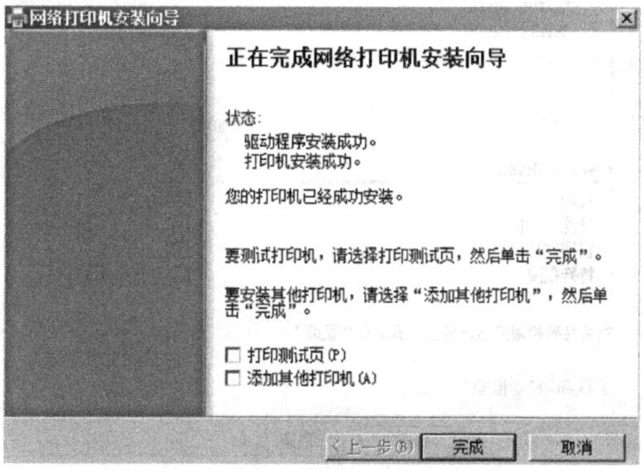

图 5—51　打印机成功安装

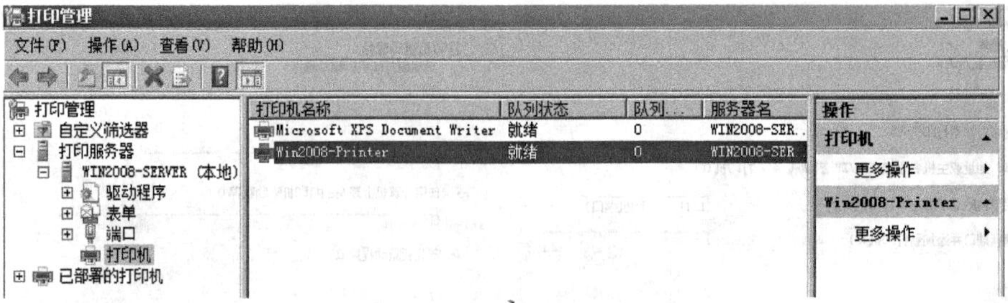

图 5—52　打印管理控制台显示了新添加的打印机

5.2.2　管理共享的打印机

打印机安装在网络上后，系统将会为它指派默认的打印机权限。出于安全方面的考虑，需要通过指派特定的打印机权限，来限制某些用户对打印机的访问权。例如，可以给部门中所有用户设置“打印”权限，给所有管理人员设置“打印和管理文档”权限。

打印机权限有三个等级，分别是：打印、管理文档和管理打印机。默认情况下，所有的用户都作为 Everyone 组成员而拥有“打印”权限。表 5—1 列出了不同权限等级的能力。

表 5—1　　不同权限等级的能力

打印权限能力	打印	管理文档	管理打印机
打印文档	√	√	√
暂停、继续、重新启动以及取消用户自己的文档	√	√	√
连接到打印机	√	√	√
控制所有文档的打印作业设置		√	√
暂停、重新启动以及删除全部文档		√	√
共享打印机			√
更改打印机属性			√
删除打印机			√
更改打印机权限			√

如果要限制用户对打印机的访问，必须更改用于特定组或用户的打印机权限设置。只有打印机的所有者或被赋予了“管理打印机”权限的用户或组，才能更改打印机的权限，在打印机“属性”对话框中，选择“安全”选项，默认打印机的权限如图 5—53 所示。

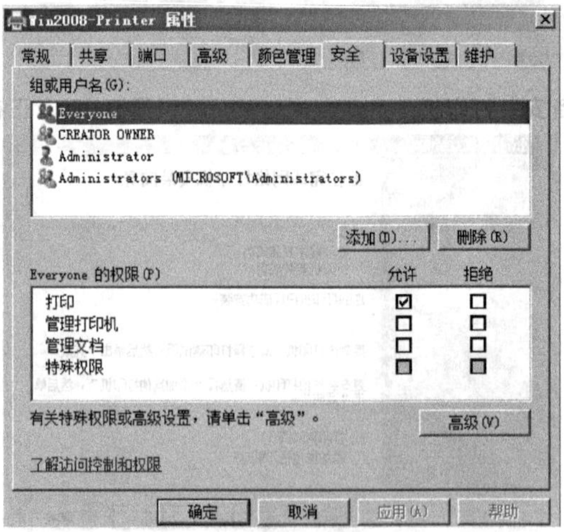

图 5—53　“安全”标签显示了打印机的 ACL

通过打印机属性的其他标签，还可以对打印机做进一步的管理，例如设置共享状态、修改打印端口等。还可以设置打印机之间的优先级，使得几组文档都打印到同一个打印设备时，可以区分它们的优先次序，如图5—54所示。指向同一个打印设备的多个打印机允许用户将重要的文档发送给高优先级的打印机，而将次要文档发送给低优先级的打印机。发送到高优先级打印机的文档会先被打印。打印机的优先级别从最低级1至最高级99。

5.2.3 访问共享的打印机

在Windows Server 2008打印服务器上添加了打印机后，需要设置访问该打印服务器的客户计算机。具体的设置取决于客户机所使用的操作系统。但是当在打印服务器上为所有操作系统提供驱动程序后，在安装网络打印机时，客户端是不需要再为欲安装的打印机提供驱动程序的，而是在安装时自动从打印服务器上下载。

下面以Windows 7系统为例，介绍在客户机上添加共享打印机的方法。

(1) 在“开始”菜单中选择“设备和打印机”选项，如图5—55所示。

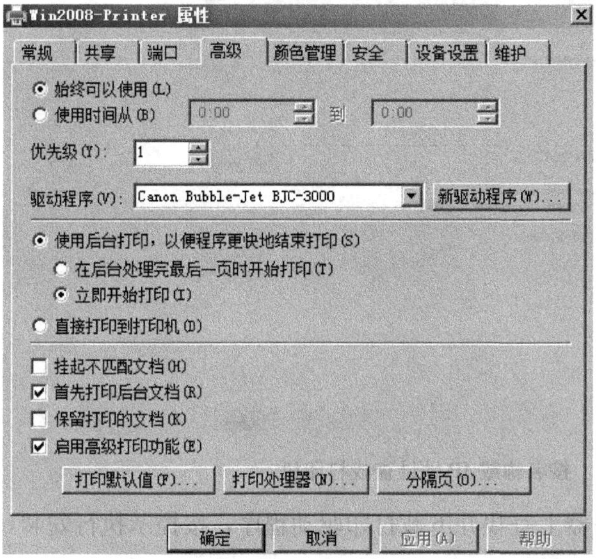

图5—54 打印机属性的高级设置

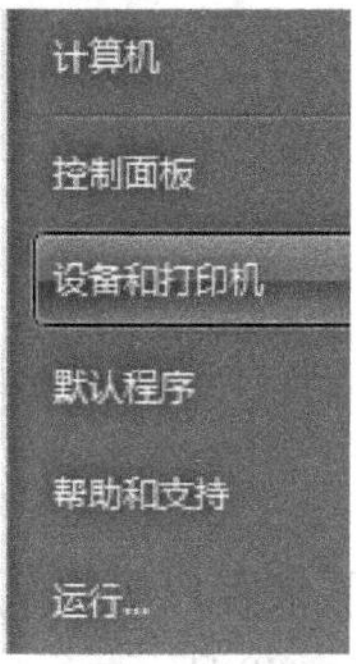

图5—55 选择“设备和打印机”

(2) 在“设备和打印机”窗口中，单击“添加打印机”以启动添加打印机向导（见图5—56）。

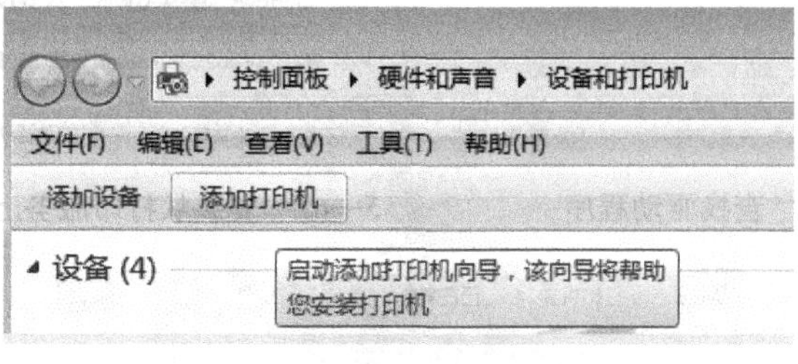

图5—56 添加打印机

(3) 选择打印机的类型，如图5—57所示，单击“添加网络、无线或Bluetooth打印机”。接下来将搜索网络中可用的打印机（见图5—58）。

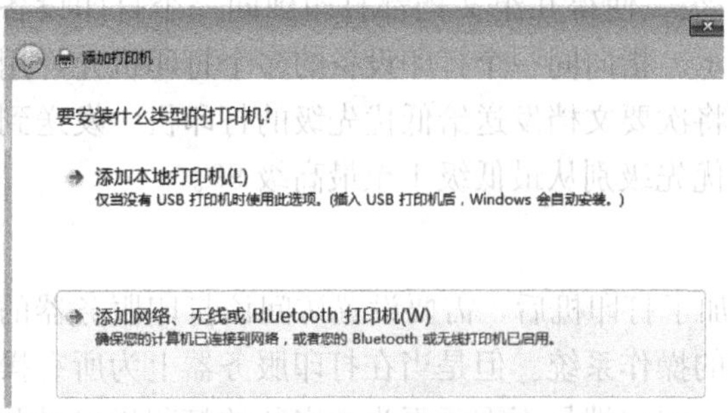

图 5—57　选择打印机的安装类型

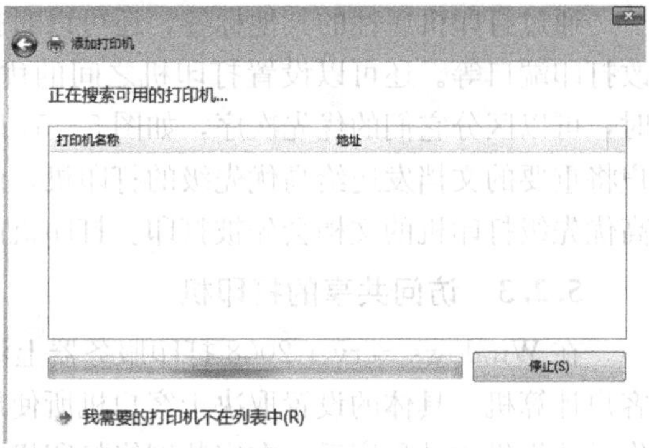

图 5—58　搜索可用的打印机

(4) 用户可以单击“我需要的打印机不在列表中”选项，将计算机的自动搜索改为手动搜索，直接通过名称或 IP 地址定位打印机，如图 5—59 所示。

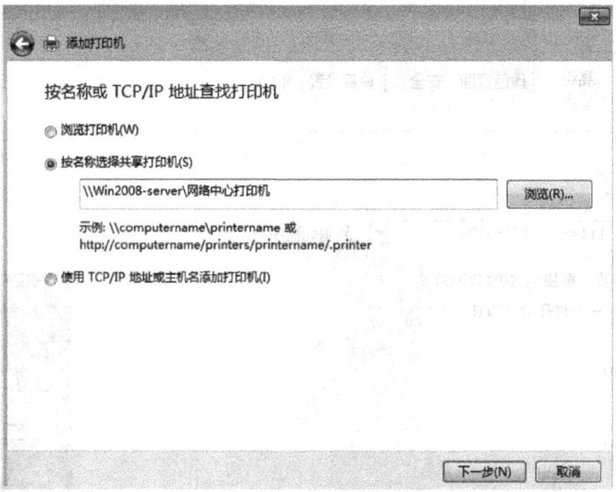

图 5—59　按名称或 IP 地址查找打印机

(5) 接下来客户机将从打印服务器上查找并下载打印驱动程序，按提示执行安装，如图 5—60 至图 5—62 所示。

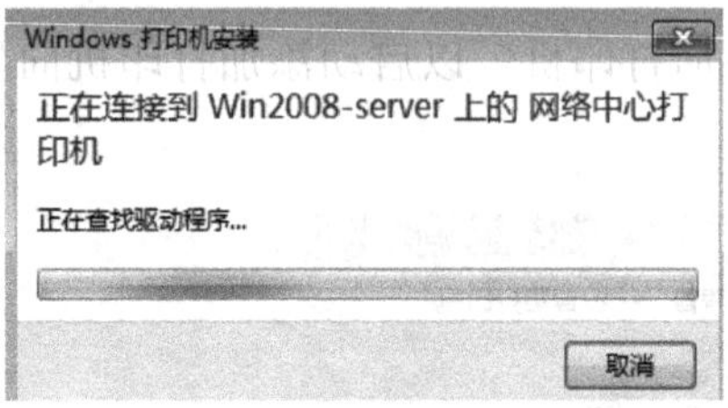

图 5—60　查找驱动程序

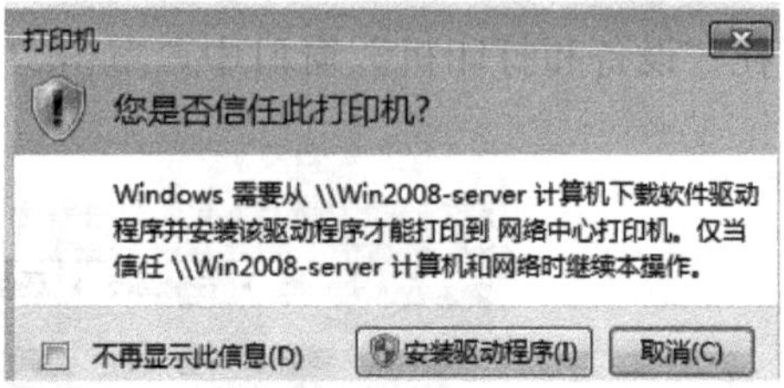

5—61　安装从打印服务上下载的驱动程序

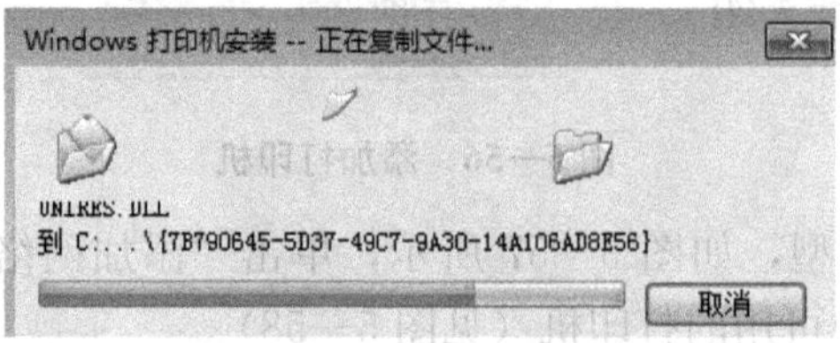

图 5—62　正在安装驱动程序

（6）上述操作完成后，就能顺利在客户机上添加网络打印机，该打印机由打印服务器负责管理，客户机可以直接使用，如图 5—63 至图 5—65 所示。

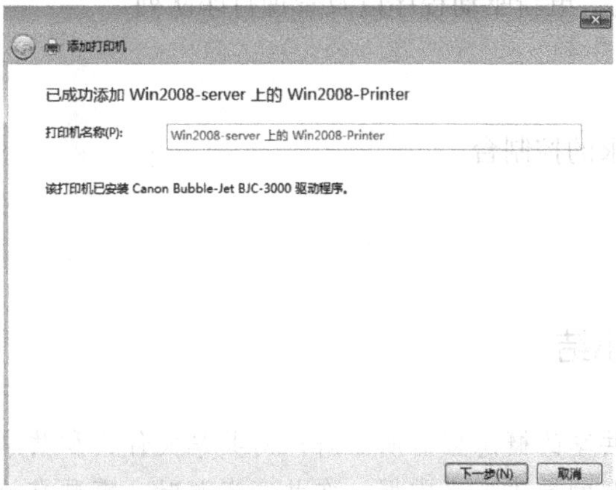

图 5—63　成功添加网络打印机

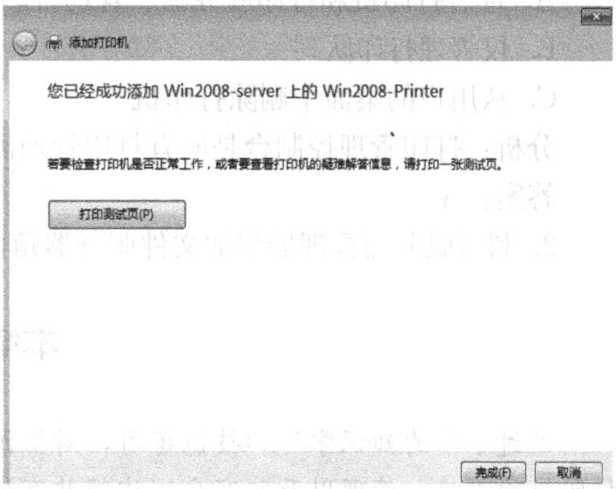

图 5—64　完成添加打印机向导

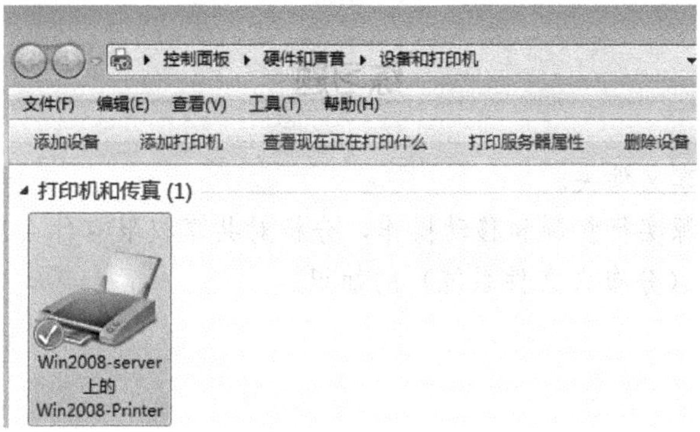

图 5—65　已添加的打印机，客户端可通过它打印文档

5.3　能力拓展：MTA 认证考试练习

1. 场景：Kern Sutton 是 Wingtip Toys 的区域系统管理员。公司要求 Kern 将现有的文件服务器升级至 Microsoft Windows Server 2008 R2。他们还希望 Kern 将新服务器配置为支持打印共享。Kern 非常热切地接受了这项挑战，因为他对使用新的操作系统感到非常兴奋。Kern 必须使用适当的权限来保护共享和文件夹。Kern 发现它与早期的 Windows Server 具有很大区别！

（1）Kern 需要使用什么角色来完成此任务？（　　）

A. Microsoft 文件和打印机共享

B. 文件服务角色与打印和文档服务角色

C. MacIntosh 文件服务

答案：B

（2）是否有安装文件服务角色的替代方法？（　　）

A. 没有，该角色必须通过“添加角色向导”安装

B. 有，当 Kern 开始共享文件夹时，该角色会自动添加

C. 有，可通过从 Microsoft 单独下载安装

答案：B

（3）通过打印管理控制台可完成哪些任务？（　）

A. 部署打印机和打印服务器、管理打印机、更新驱动程序以及管理打印队列

B. 仅管理打印队列

C. 从用户的桌面中删除打印机

分析：打印管理控制台是所有打印管理需求的控制台。

答案：A

2. 利用服务器管理器添加文件服务器角色。

本章小结

通过本章的知识学习和技能练习，对资源共享的概念应有所了解；对共享文件夹和共享打印机的创建、管理以及从客户端访问共享资源的操作应当掌握。在共享资源时，需要有效结合 NTFS 权限与共享权限，才能实现对资源的良好管理。

练习题

1. 设置隐藏的共享文件夹。
2. 通过对共享资源实行复制和移动操作，分析对共享权限有什么影响。
3. 收集有关 DFS（分布式文件系统）的知识。

第6章 服务器性能监视与故障检测

随着网络上用户和计算机的数量、服务对象及应用的增多，Windows Server 2008 的处理能力可能会降低，此时需要通过一些管理工具来对服务器进行监控和维护，以保证系统和网络能正常、高效地运行。

通过本章的学习，认识主要的服务器硬件组件，理解影响硬件运行的关键因素和指标，掌握如何通过管理工具监测、分析系统性能，并能对系统的升级和优化提供参考意见。

知识点：

- 主要的服务器硬件组件
- 性能监测与分析工具
- 日志与警报

技能点：

- 能够判断硬件系统的性能是否在正常范围内
- 能够创建性能日志和警报
- 能够通过事件查看器查看和分析系统运行状态
- 能够使用任务管理器有效管理进程

6.1 主要的服务器硬件组件

服务器由于其重要性，要求在网络中能够长期无中断运行，因此服务器硬件的可靠性(可靠性是系统按照配置和预期操作运行的频率的度量）和耐用性极其重要。通常，服务器中包含用于制冷的大量计算机风扇和水冷系统，而且具有硬件冗余，例如电源、风扇、硬盘驱动器等。

塔式服务器应该是见得最多，也最容易理解的一种服务器结构类型，它的外形以及结构都跟平时使用的立式 PC 差不多，当然，由于服务器的主板扩展性较强，插槽也多出一堆，所以个头比普通主板大一些，因此塔式服务器的主机机箱也比标准的 ATX 机箱要大，一般都会预留足够的内部空间以便日后进行硬盘和电源的冗余扩展。通常用于具有不超过两台服务器的小型企业。

机架安装的服务器通常用于具有超过两台服务器的企业，多为功能型服务器。它的外形看起来不像计算机而像交换机，有 1U（1U=1.75 英寸)、2U、4U 等规格。机架式服务器安装在标准的 19 英寸机柜里面的滑轨上，可以堆放在一起并通过滑轨系统使用，类似于抽屉式机柜。

无论是哪种形式的服务器，主要的硬件组件都包括以下方面，即用户需要在系统运行期间予以关注的。

（1）服务器处理器。管理员或用户需要根据服务器功能与安装的服务器操作系统来选择处理器，例如 Windows Server 2008 有 32 位和 64 位版本；Windows Server 2008 R2 则需要 64 位处理器。多核处理器技术使得一个芯片包含多个微处理器核心，性能根据核心数量倍增（性能是计算机完成应用程序和系统的速度的度量，整体系统性能可能会受物理硬盘访问速度、可用于所有正在运行的进程的内存量、处理器最高速度或网络接口最大吞吐量的限制）。服务器操作系统因为承担的管理任务繁重，服务的对象数量很多，因此设计必须能够支持和识别多个核心或处理器。

（2）网络组件。网络适配器，又称网卡或网络接口卡（Network Interface Card，NIC）。平常所说的网卡就是将 PC 机和 LAN 连接的网络适配器。NIC 在 OSI 参考模型的物理层和数据链路层运行。NIC 的传输速率因类型不同而不同。当今的服务器通常采用具有至少两个 10/100/1000Mbps 适配器的配置。多个服务器 NIC 可以组合在一起作为一个使用，从而提供更高的吞吐量。

（3）存储选项。这里的存储主要是指外存。可采用直接访问存储器（DAS）以及存储区域网络（SAN）设备来配置硬盘服务器。DAS 由通过主机总线适配器（HBA）直接连接到计算机的数据存储设备构成，例如硬盘驱动器和磁带驱动器，采用串行连接 SCSI（SAS）在计算机存储设备之间传输数据。SAN 是将远程计算机存储设备连接到服务器，从而使这些设备在操作系统中显示为本地连接的体系结构，通常采用 SCSI 协议连接，从而在服务器与磁盘驱动器设备之间进行通信。

（4）内存。它只是指计算机的主内存，即直接连接到处理器的快速半导体存储器（RAM）。

（5）服务器冷却。据统计，2010 年，服务器的能耗占美国能耗总量的 2.5%。用于冷却服务器的冷却系统占用了美国能耗总量的另外 2.5%，因此服务器冷却也是应当注意的对象。服务器冷却的范畴不仅仅包括内部风扇，数据中心组件产生的热量必须移除，否则就会引发故障。空调用于控制数据中心的温度和湿度，而不间断电源（UPS）则应为任何服务器机架或数据中心的标准组件，UPS 并非用于维持电源，而是用于适当地关闭所有组件或切换到备用电源。

（6）服务器端口。在有关可用的不同端口选项方面，服务器具有与台式机相同的特征。标准服务器端口包括：通用串行主线（USB）、SVGA、并行、串行、PS/2、SCSI。可选的服务器端口可能包括光纤信道或 Firewire。

6.2 性能日志与警报

管理员应做好预先配置，使得如果网络中的一个系统运行速度缓慢，能及时针对这一情况生成关于网络运行的性能报告，并能高速访问所生成的显示页面文件。此时需要借助 Windows Server 2008 操作系统所提供的一些性能监视和管理工具。

6.2.1 设置系统性能监视

性能监视方法是通过实时查看或收集日志数据供以后分析的方式，用于检查运行的程序对计算机性能的影响。管理员可使用能合并到数据收集器中的性能计数器、事件跟踪数据以及配置信息对系统性能做出监测和分析。其中，性能计数器用于测量系统状态或活动，事件跟踪数据是从跟踪提供程序中收集的数据（跟踪提供程序是用于报告操作或事件的操作系统组件或单独的应用程序），配置信息则从 Windows 注册表键值中收集。Windows 性能监视器可以按指定的时间或时间间隔记录注册表键值，作为日志文件的一部分

1. 性能监视的四个主要对象

（1）处理器：高处理器活动频率指示一些问题，包括处理器不适当、病毒或开发不良的应用程序。

（2）磁盘 I/O：磁盘活动会影响系统性能。

（3）网络：网络性能监视可以确定可能存在瓶颈的位置以及发现广播流量。

（4）内存：持续访问页面文件则意味着系统没有足够的内存（RAM）。

2. 系统可靠性和性能监视器

Windows Server 2008 的系统可靠性和性能监视器组合了以前独立工具的功能，包括性能日志和警报（PLA）、服务器性能审查程序（SPA）和系统监视器。它提供了自定义数据收集器集和事件跟踪会话的图表界面。

Windows 可靠性和性能监视器包括三个监视工具：资源视图、性能监视器和可靠性监视器。数据收集和日志记录是使用数据收集器集来执行的。

（1）资源视图。

1）选择“开始”菜单中的“管理工具”下的“可靠性和性能监视器”选项，或者在“运行”对话框中输入“perfmon”，即可打开 Windows 性能诊断控制台，如图 6—1 所示。

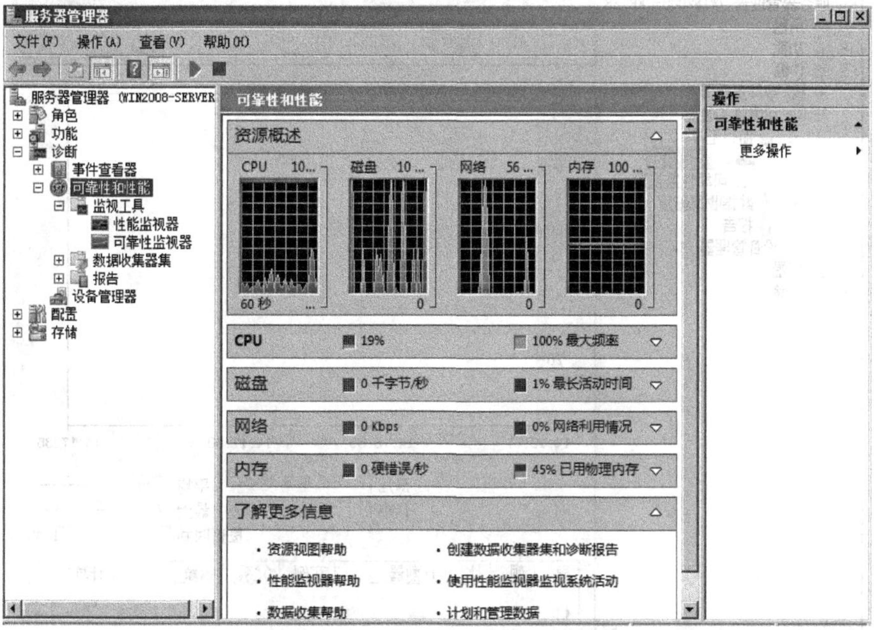

图 6—1 Windows 性能诊断控制台

2）在图 6—1 中，“资源概述”窗口显示了四个滚动表，对应了本地主机上 CPU、磁盘、网络和内存的实时使用情况。每个图表下的四个可展开的区域中包含了每个资源的进程及详细信息。例如单击图中“CPU”资源，则显示如图 6—2 所示的关于 CPU 当前使用情况的信息。

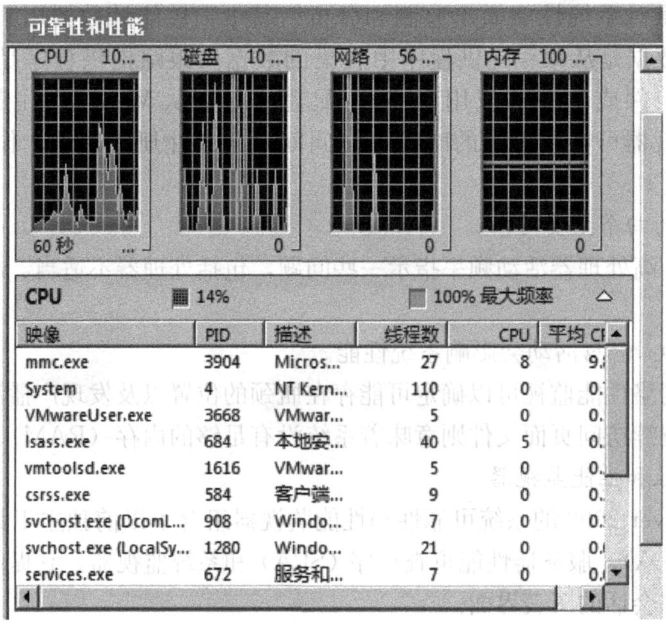

图 6—2　CPU 的进程及详细信息

（2）性能监视器。

1）在“可靠性和性能”节点下选择“性能监视器”，可得到如图 6—3 所示的性能监视界面。

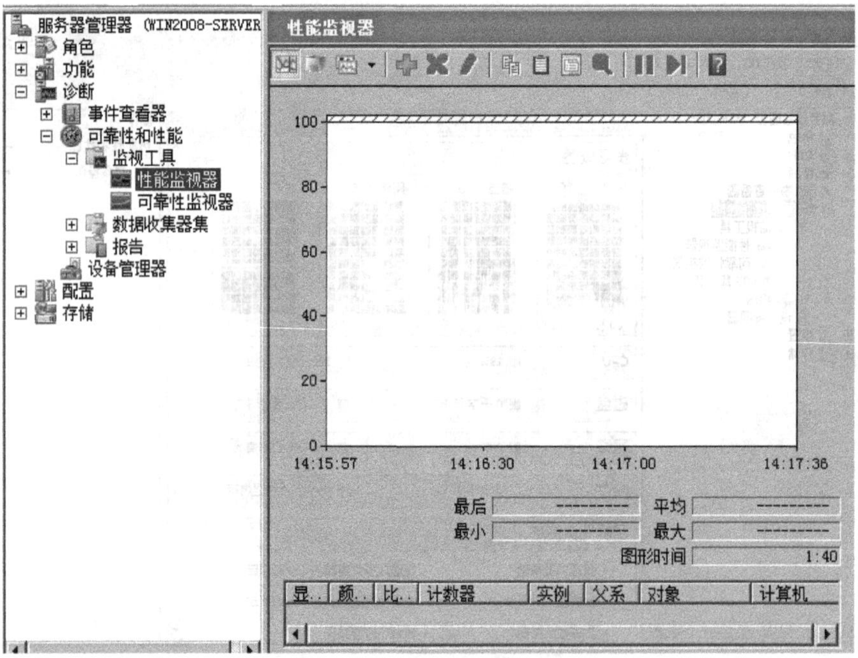

图 6—3　性能监视界面

对于各种性能数据，管理员可以切换查看方式，通过线条、直方图条或报告等多种形式显示数据。如图 6—4 所示。

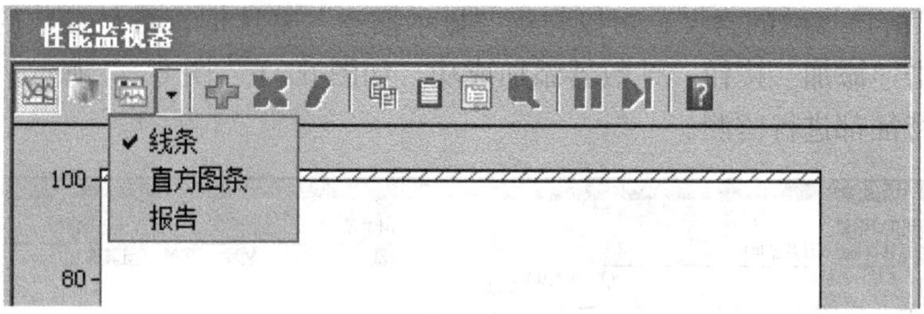

图 6—4　调整数据查看方式

“线条”以时间为横坐标、监视值为纵坐标的坐标系，用相应曲线的变化来反映实时资源的运行情况，在同时监视多个不同的参数时，可以使用不同的颜色分别表示；“直方图条”适合于同类型监视值的对比显示，通常使用不同颜色的矩形在单位时间内面积的大小来反映监视值的变化；“报告”相对比较简洁，可以直观地看到监视值随时间的变化情况。

2）设置监视配置是评估系统性能的关键步骤。监视 Windows Server 2008 操作系统的各种性能指标，将数据以合理的方式显示，或收集日志文件中的数据以供其他应用程序分析，选择合适的更新时间间隔等，都是配置系统性能监视器的基本设置。

就监视方法而言，图形对于本地或远程计算机的短期实时监视最为有效；日志对于保留记录和延长监视（尤其是远程计算机）非常有用，也是监视多台计算机最实用的方法。

就监视频率而言，对于常规监视，通常可以用超过 15 分钟的间隔来记录活动。如果要监视特定的问题，则必须改变时间间隔。如果要在特定时间内监视特定进程的活动，可以设置较短的更新时间间隔；反之，若要监视慢速显示的问题（如内存溢出），则使用较长的间隔。选择时间间隔时，还要考虑要监视的总时间长度。如果监视不超过 4 个小时，则每 15 秒更新一次比较合理；如果要监视系统 8 个小时或更长时间，则设置的间隔不要少于 300 秒。注意：监视大量的对象和计数器将会生成大量的数据并消耗磁盘的空间，此时应该调整监视的对象数目和采样频率之间的平衡，以保持日志文件大小在可管理的限度内。

“性能监视器”能够将日志性能数据记录到 SQL 数据库中。如果将记录的数据保留在数据库中，可以查询这些信息并将其包含在报告中。使用数据库分析工具可以查询结果并使用各种参数详细检查结果，甚至可以显示出图形的界面。

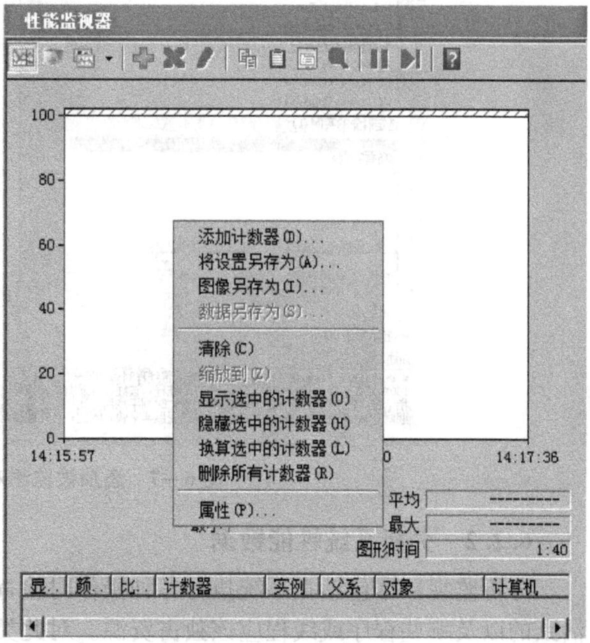

图 6—5　添加计数器

右击图 6—3 所示界面的空白处，在弹出的菜单中选中“添加计数器”（见图 6—5），也可以在快捷工具栏上，单击“+”按钮，直接打开添加计数器对话框。

3）在“添加计数器”窗口左侧，选择要监视的对象，例如“Processor”，选中后可以继续选择监视该对象的某一个特征参数，例如“% Processor

Time”，如不了解该参数的含义，可以勾选“显示描述”复选框查看该参数的意思与计算方法。确定后单击“添加”按钮，计数器添加成功，如图 6—6、图 6—7 所示。也可以针对某个对象的所有特征都进行监测。

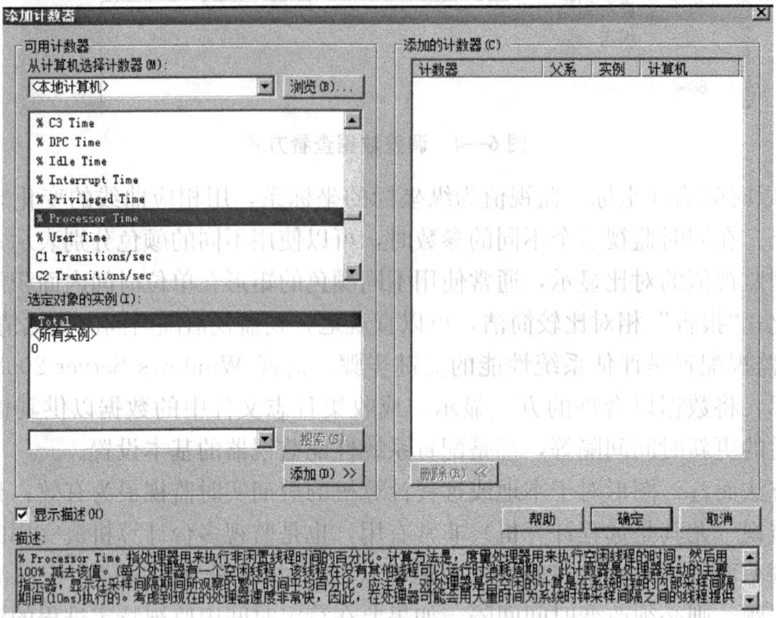

图 6—6　选定被监测对象的特征参数

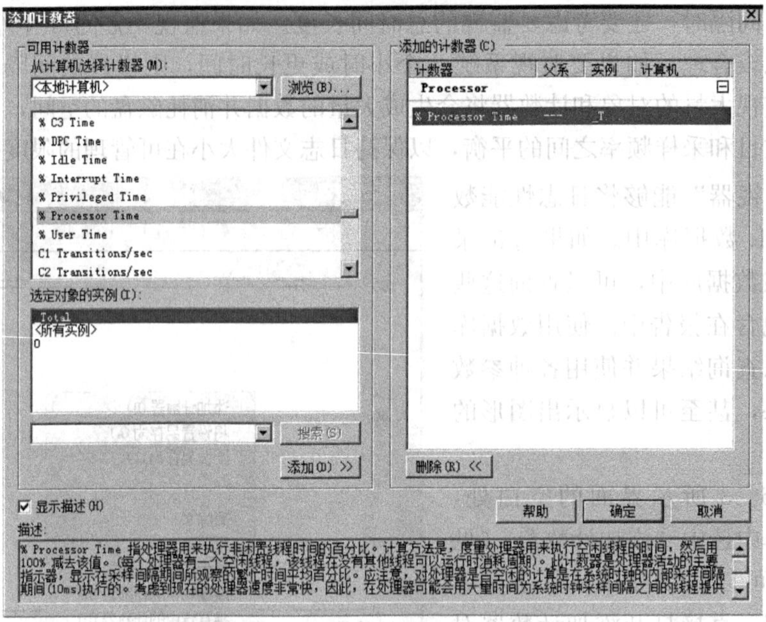

图 6—7　添加被监测对象的计数器

6.2.2　分析系统性能数据

分析监视数据包括在系统执行各种操作时检查报告的计数器值，应当确定哪些进程是最活跃的以及哪些程序或线程应该独占资源。对此类性能进行数据分析，可以了解系统响应工作负载需求的方式。

根据监控数据的分析结果，可能发现系统执行情况有时并不令人满意。根据这些偏差的原因和差异程度，可以选择采取纠正操作或者接受这些偏差。可以接受的系统性能级别的基准是：系统处理典型的负载并运行所有必要的服务时的性能。这些基准性能是管理员根据工作环境确定的一种主观标准。基准性能可以与计数器值的范围对应，包括一些暂时无法接受的值，但是通常在管理员特定的条件下所获得的最佳性能。基准是用来设置用户性能标准的度量标准。

通常，决定性能是否可以接受是一种主观判断，随用户环境变化而变化。Microsoft 提供了一些特定计数器的阈值，可以帮助管理员决定系统报告的值是否表示出现了问题。如表 6—1 所示。

表 6—1　　　　特定计数器的主要参考阈值

资源	计数器	建议阈值	说明
磁盘	Physical Disk/%Free Space Logical Disk/% Free Space	15%	系统的磁盘空闲空间不低于建议值
磁盘	Physical Disk/Disk Reasi/aec. Physical Disk/Disk Writes/sec	取决于制造商的规格	检查磁盘的指定传送速度，以验证此速度是否超出规格，通常，Ultra Wide SCSI 磁盘每秒可以处理 50 到 70 次 I/O 操作
内存	Memory/Available Bytes	大于 4MB	考察内存使用情况并在需要时添加内容，内存研究页交换活动 注意：进入具有页面文件的磁盘的 I/O 数量
页面文件	Paging File/%Usage	70%以上	将该值与 Available Bytes 和 Pages/aec 一起复查，了解计算机的页交换活动
CPU	Processor/%Processor Time Processor/Interrupts/sec	85% 取决于处理器；大于 1 000次/秒	查找占用处理器时间高百分比的进程，升级到更快的处理器或安装其他处理器 此计数器的值明显增加，而系统活动没有相应地增加则表明存在硬件问题，确定引起中断的网络适配器、磁盘或其他硬件
服务器	Server/Work Item Shortages	3	若值达到该阈值，则将“Init WorkItems”或“Max WorkItems”添加到注册表（under KEY _ LOCAL _ MACHINE \ SYSTEM \ Current ControlSet \ LanmanServer \ Parameters) “InitWorkItems”的范围为 1～512，同时“Max WorkItems”的范围可以是 1～65 535 以“Max WorkItems”的值 4 096 开始，并不断加倍这些值，直到 Server/WorkItem Shortages 阈值低于 3

如果“性能监视器”连续报告这些值，则系统可能存在瓶颈，应及时采取措施进行调整，或是升级受影响的资源。与即时计数器的平均值相比，显示一段时间内使用比例的计数器是一种可以提供更多信息的衡量标准。

6.3　可靠性监视器

可靠性监视器快速显示系统稳定性历史记录，并使用户可以查看每天影响可靠性的事件的详细信息。它由“系统稳定性图表”和“系统稳定性报告”组成。

在“可靠性和性能”节点中选择“可靠性监视器”，打开图6—8所示的性能监视界面。

系统稳定性图表的上半部分显示了稳定性指数的图表。在该图表的下半部分，分成五行来跟踪可靠性事件（见图6—9），该事件将有助于系统的稳定性测量，或者提供有关软件安装和删除的相关信息。当检测到每种类型的一个或多个可靠性事件时，在该日期的列中会显示一个图标。

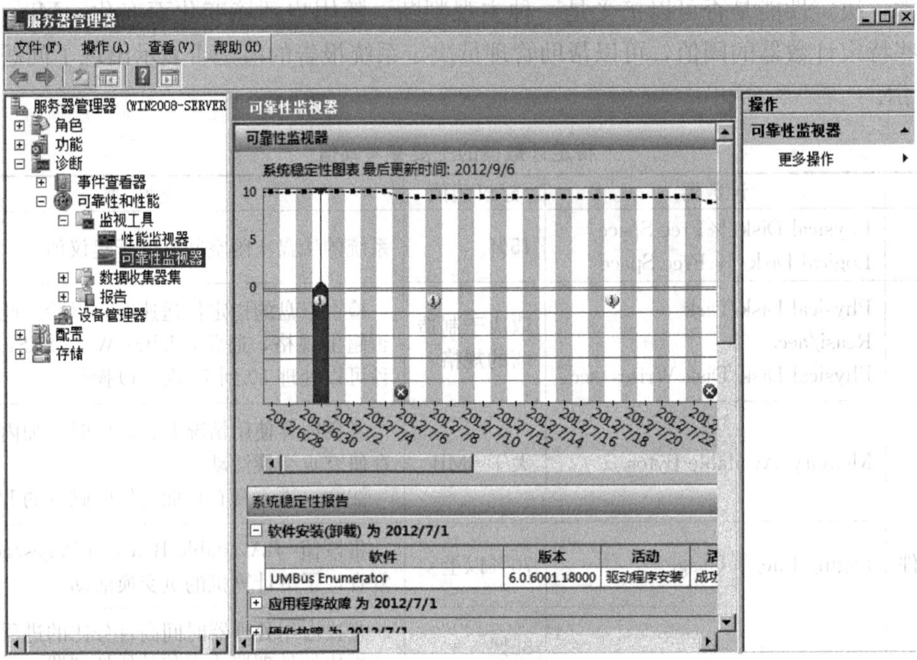

图6—8 可靠性监视器

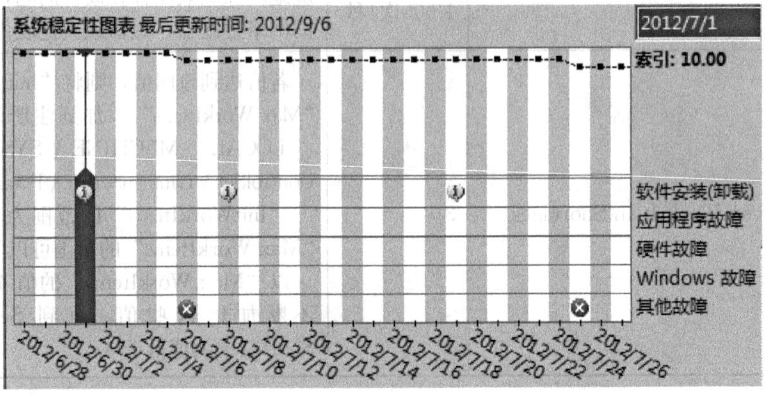

图6—9 系统稳定性图表分成上下两个部分

对于软件安装或卸载，会出现一个表明该类型成功事件的“信息”图标，或表明该类型失败的“警告”图标。对于所有其他可靠性事件类型，会出现表明该类型失败的“错误”图标。如图6—10所示。

默认情况下，可靠性监视器显示最近日期的数据。如要查看特定日期的数据，单击系统稳定性图表中该日期的列，或单击下拉日期菜单以选择日期即可，如图6—11所示。

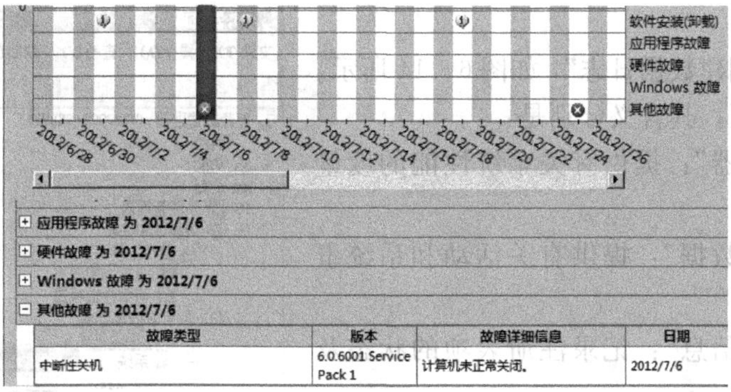

图 6—10 “计算机未正常关闭”事件显示为“错误”图标

系统稳定性报告帮助用户通过识别可靠性事件来确定造成稳定性降低的更改。在每个可靠性事件类别的标题栏中单击加号，可以查看事件。

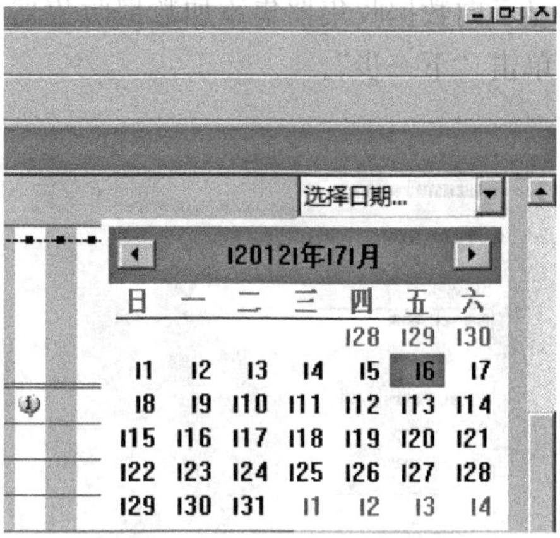

图 6—11 选择特定日期

可靠性事件主要包括：软件安装（卸载）、应用程序故障、硬件故障、Windows 故障和其他故障。

- 软件安装（卸载）：跟踪软件安装和删除，包括操作系统组件、Windows Update、驱动程序和应用程序。
- 应用程序故障：跟踪应用程序故障，包括非响应应用程序的终止或已停止工作的应用程序。
- 硬件故障：跟踪磁盘和内存故障。
- Windows 故障：跟踪操作系统和启动故障。
- 其他故障：跟踪影响稳定性且未纳入上述类别的故障，包括操作系统意外关闭。

6.4 数据收集器集

数据收集器集是 Windows 可靠性和性能监视器中性能监视和报告的功能块。它将多个数据收集点组织成可用于查看或记录性能的单个组件。

数据收集器集包含了以下类型的数据收集器：

- 性能计数器；
- 事件跟踪数据；
- 系统配置信息（注册表项值）。

管理员可以创建数据收集器集，然后执行下列操作：

逐个记录，与其他数据收集器集组合而且并入到日志中，在性能监视器中查看，配置为达到阈值时生成警报，或者由其他非 Microsoft 应用程序使用。可以将其与在特定时间收集数据的计划规则关联起来。可将 Windows Management Interface (WMI) 任务配置为在数据收集器集收集完成之后运行。

(1) 展开“可靠性和性能”节点，选择“数据收集器集”下的“用户定义”，右击后在弹出的快捷菜单中单击“新建”下的“数据收集器集”，如图 6—12 所示，启动创建新数据收集器集向导。

(2) 输入数据收集器集的名称，选择“手动创建”，并单击“下一步”，如图 6—13

所示。

(3) 选择“创建数据日志”，如图 6—14 所示。此处有三个复选框，其含义分别是：

- “性能计数器”：提供有关系统性能的度量数据。
- “事件跟踪数据”：提供有关活动和系统事件的信息。
- “系统配置信息”：记录注册表项的状态及对其进行的更改。

根据需要选择数据收集器集的类型，系统会显示向数据收集器集添加数据收集器集的对话框。单击“下一步”。

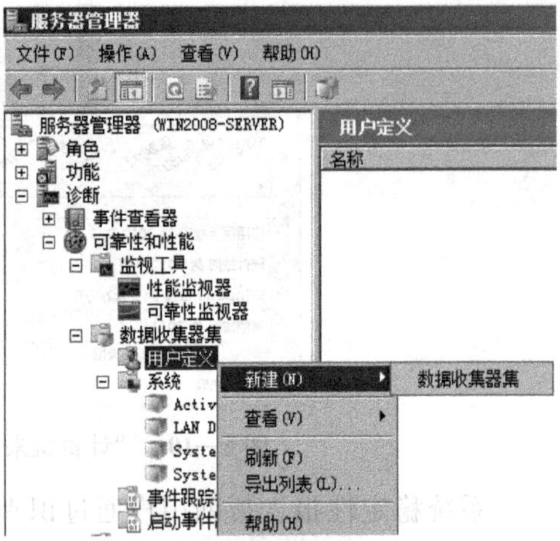

图 6—12　新建数据收集器集

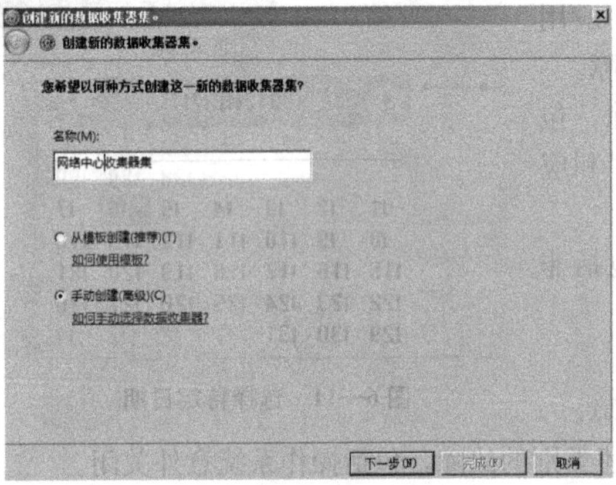

图 6—13　手动创建数据收集器集

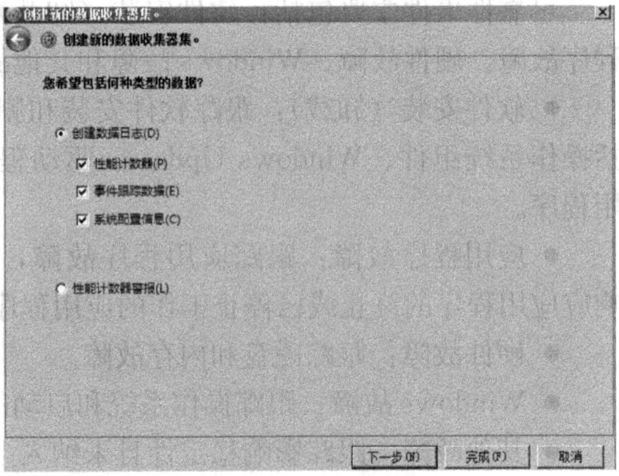

图 6—14　选择数据类型

(4) 单击图 6—15 中的“添加”，打开“添加计数器”对话框，添加计数器，如图 6—16 至图 6—17 所示。

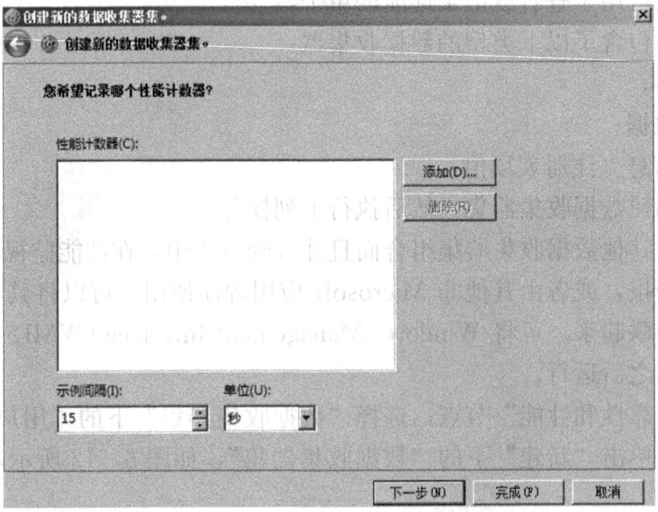

图 6—15　单击“添加”按钮添加计数器

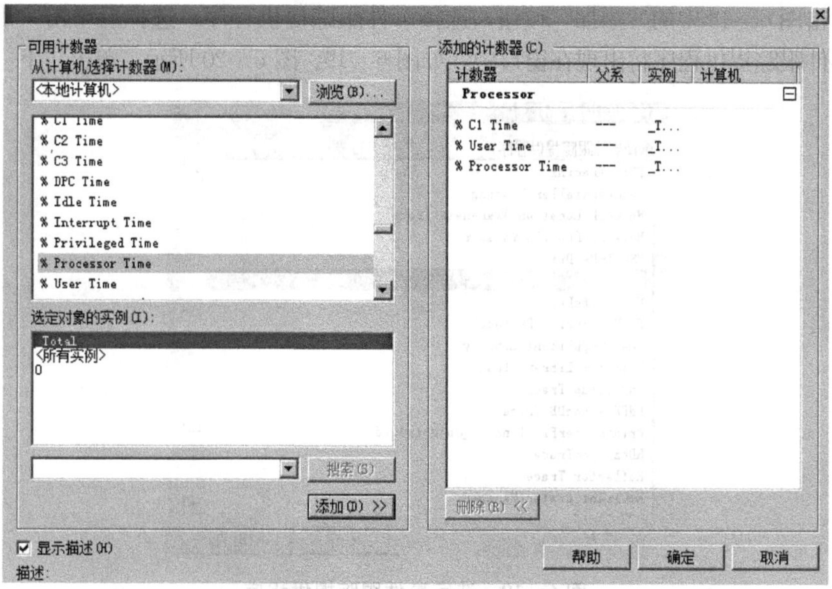

图 6—16　确定添加的计数器

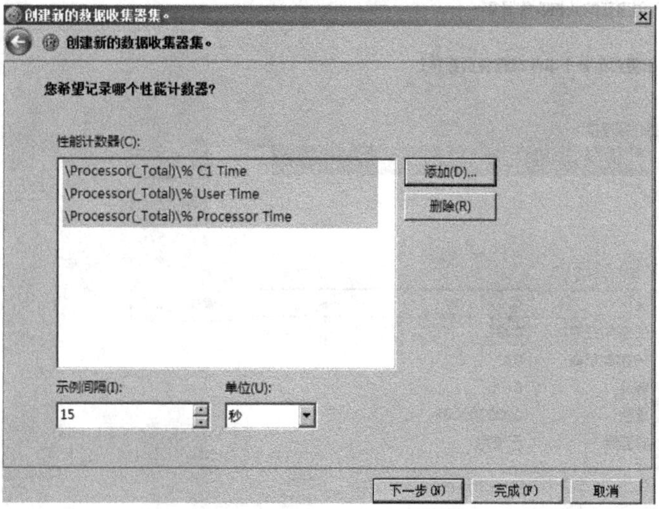

图 6—17　设置完成的性能计数器

(5) 单击“完成”可结束操作。也可单击“下一步”设置其他数据收集器。如图 6—18 所示。

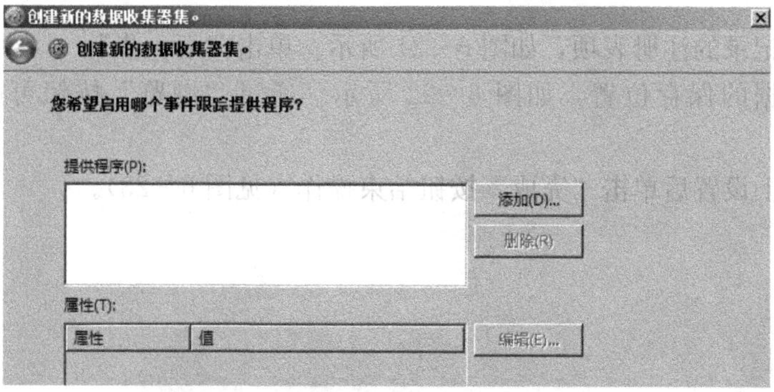

图 6—18　添加事件跟踪提供程序

(6) 单击图 6—18 中的"添加"按钮，选择事件跟踪提供程序，选择后单击"确定"按钮，被选定的事件跟踪提供程序将出现在窗口中，如图 6—19、图 6—20 所示，单击"下一步"。

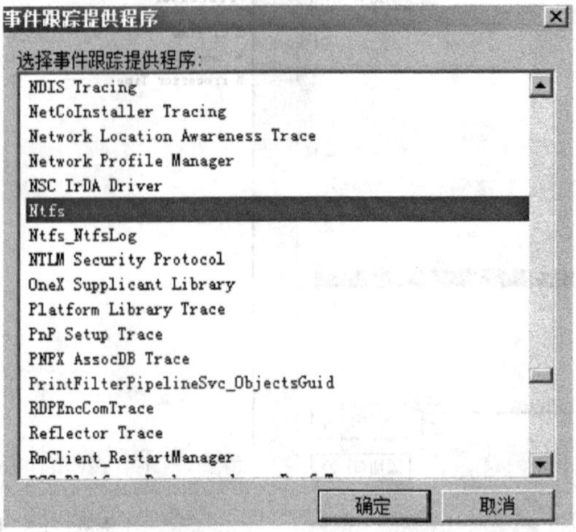

图 6—19　选定事件跟踪提供程序

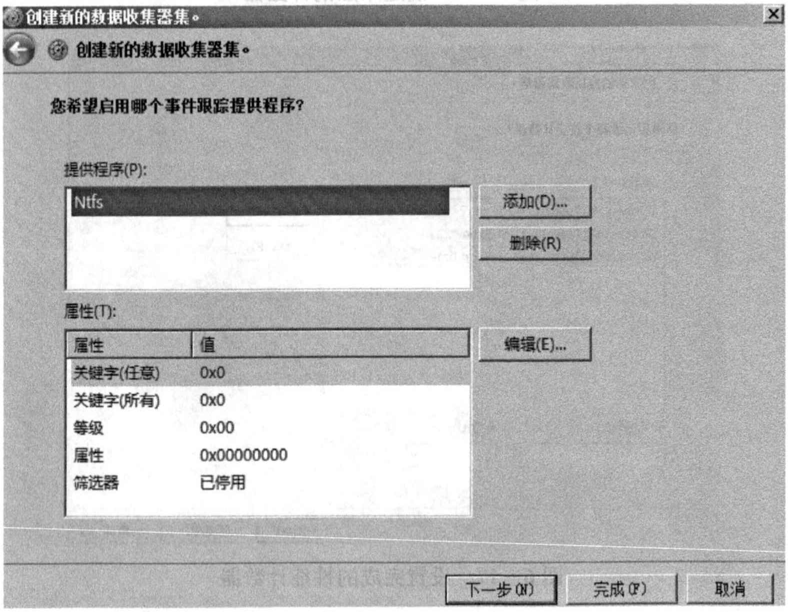

图 6—20　事件跟踪提供程序列表

(7) 添加要记录的注册表项，如图 6—21 所示。单击"下一步"。

(8) 选择数据的保存位置，如图 6—22 所示。通过"浏览"按钮可改变默认的保存位置。

(9) 保存以上设置后单击"完成"按钮结束操作（见图 6—23）。

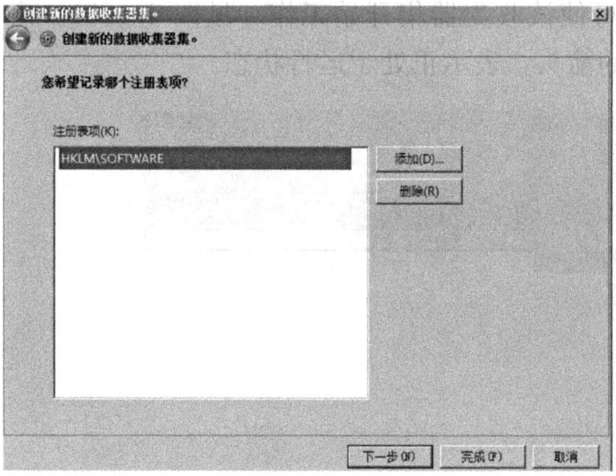

图 6—21　添加要记录的注册表项

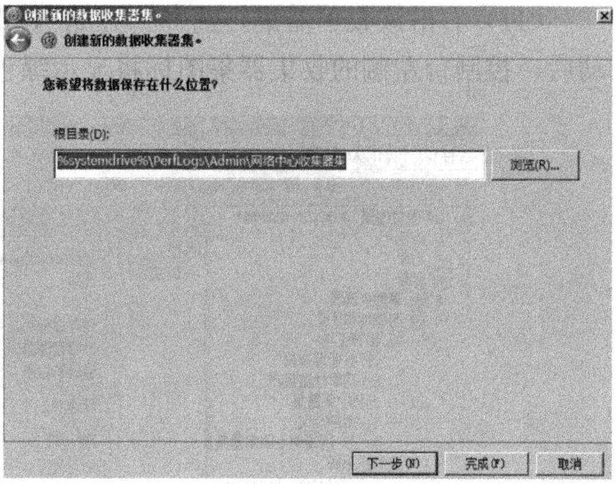

图 6—22　选择数据的保存位置

(10) 在控制台中将显示刚刚添加的用户自定义的数据收集器集，默认状态下，处于停止状态，如图 6—24 所示。

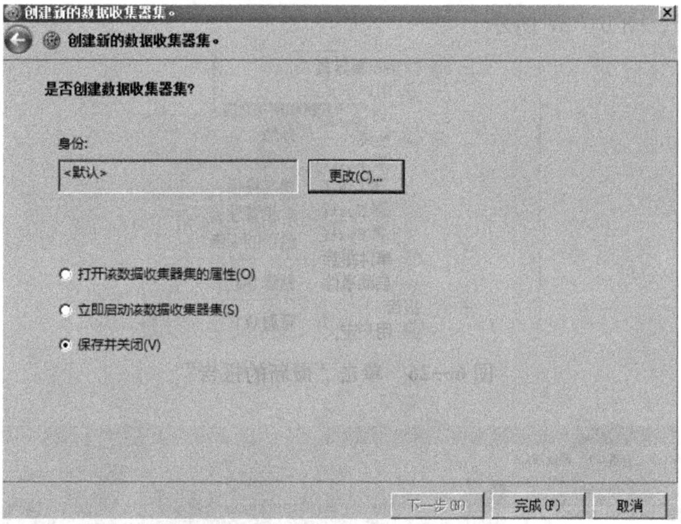

图 6—23　保存设置并关闭对话框

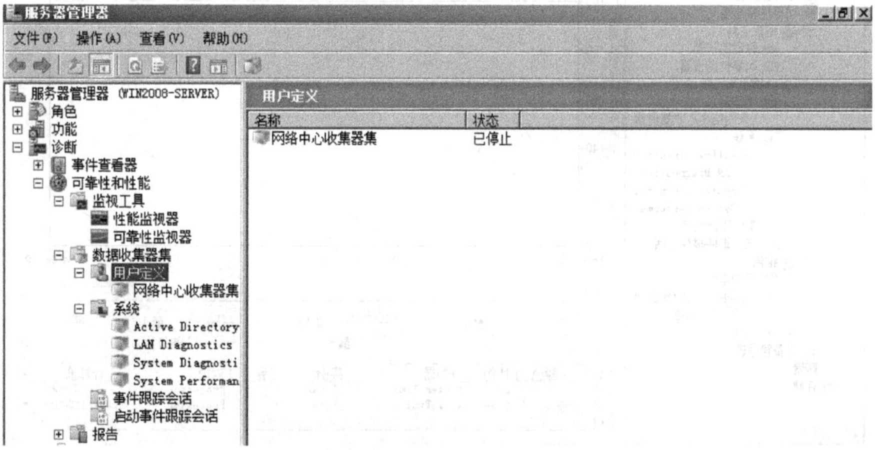

图 6—24　用户自定义的数据收集器集默认处于停止状态

（11）右击该收集器集，选择“开始”，即可使该收集器集开始工作（见图 6—25）。启动后，控制台左侧的收集器集图标将显示绿色的箭头，表示正处于运行状态。

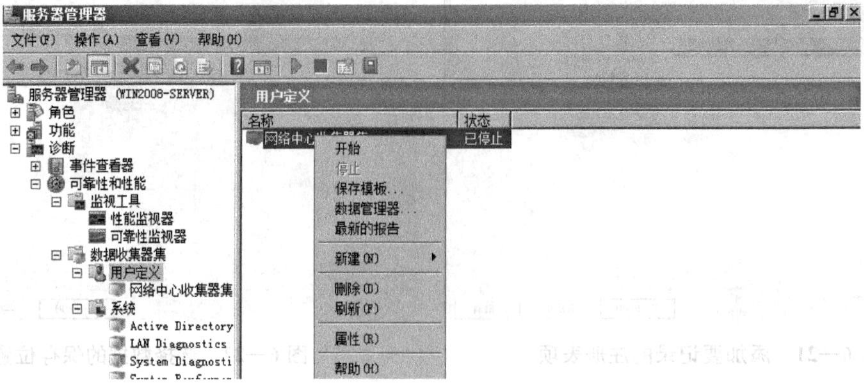

图 6—25　启动收集器集

（12）停止收集器集的工作，在右键快捷菜单中单击“最新的报告”，即可查看收集到的数据，如图 6—26、图 6—27 所示。

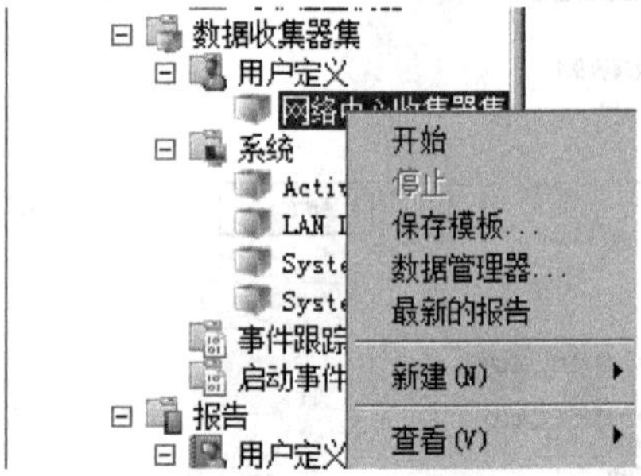

图 6—26　单击“最新的报告”

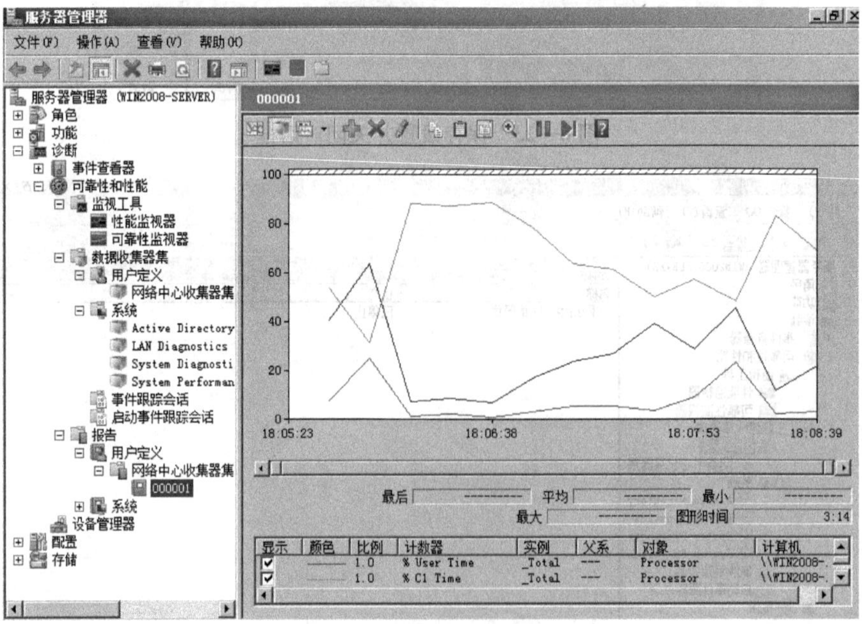

图 6—27　收集到的一段时间内的数据

6.5 事件查看器的应用

Windows 系统的事件查看器可用于浏览和管理事件日志。它是用于监视系统的运行状况以及在出现问题时解决问题的必不可少的工具。

事件日志是记录计算机上重要事件的特殊文件，例如用户登录到该计算机时或者程序遇到错误时，一旦发生这些类型的事件，都会将事件记录到事件日志中，用户可以使用事件查看器查看。当对 Windows 和其他程序的问题进行疑难解答时，高级用户可以在事件日志中查找有用的详细信息。

6.5.1 事件的类型

使用事件查看器可以执行以下任务：

(1) 查看来自多个事件日志的事件：使用事件查看器解决问题时，需要查找与问题相关的事件，无论其出现在哪个事件日志中。使用事件查看器可以跨多个日志筛选特定的事件。这样可以更容易地显示所有可能与正在调查的问题相关的事件。若要指定跨多个日志的筛选器，则需要创建自定义视图。

(2) 将有用的事件筛选器另存为可以重新使用的自定义视图：使用事件日志时，主要的难题是将一组事件缩减为只是用户感兴趣的那些事件。有时这很容易，但在其他时候，这要做出许多努力；而如果没有方法保存如此努力工作所创建的日志的视图，则这些努力就会化为泡影。事件查看器支持自定义视图的概念。以自己的方式仅对要分析的事件进行查询和排序后，就可以将该工作另存为命名视图，而此视图以后可供重新使用。甚至可以导出视图，并在其他计算机上使用它或将其与他人共享。

(3) 计划要运行以响应事件的任务：使用事件查看器可以轻松地对事件作出响应。事件查看器与任务计划程序集成在一起，从而右键单击大多数事件就可以开始计划在未来记录该事件时要运行的任务。

(4) 创建和管理事件订阅：通过指定事件订阅，可以从远程计算机收集事件并将其保存在本地。

事件查看器跟踪几个不同日志中的信息，包括 Windows 日志、应用程序和服务日志，如图 6—28 所示。

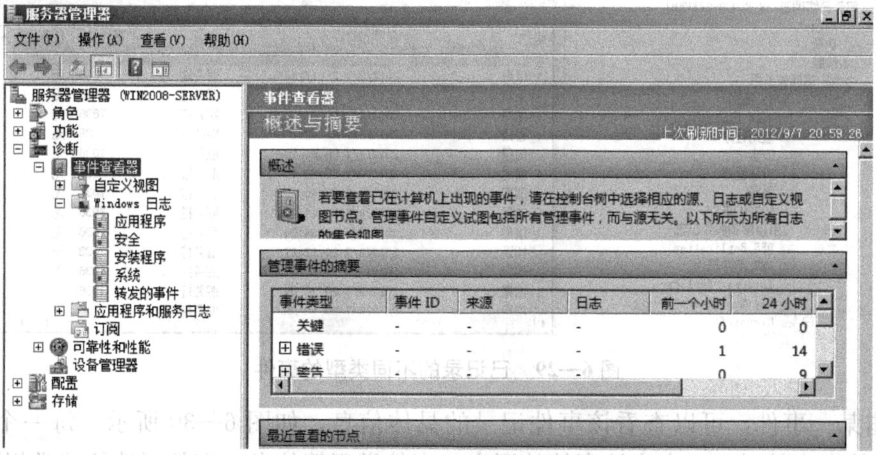

图 6—28 事件查看器跟踪的日志

1. Windows 日志

用来存储来自旧版应用程序的事件以及适用于整个系统的事件。

（1）应用程序事件：由应用程序记录的事件，描述程序、驱动程序或服务的操作状态。程序开发人员决定记录哪些事件。

（2）与安全相关的事件：这些事件称为“审核”，根据事件描述为成功或失败，如用户登录的尝试是否成功，以及与资源使用相关的事件。管理员可以指定在安全日志中记录什么事件。

（3）安装程序事件：包含与应用程序安装时有关的事件。

（4）系统事件：由 Windows 和系统服务记录，事件类型由 Windows 预先确定。

（5）转发的事件：这些事件通过其他计算机转发到此日志。若要从远程计算机收集事件，必须创建事件订阅。

2. 应用程序和服务日志

这是一种新类别的事件日志，存储来自单个应用程序或组件的事件，而非可能影响到整个系统的事件。

6.5.2 管理事件日志

根据事件的严重程度对事件进行了分类：“错误”、“警告”、“信息”。三种事件类型如图 6—29 所示。

（1）错误：是很重要的问题，如数据丢失或功能丧失。

（2）警告：是不一定很重要，但是将来有可能导致问题的事件。例如磁盘空间不足时，将会记录警告。

（3）信息：描述了应用程序、驱动程序或服务的成功操作的事件，如网络驱动程序加载成功，会记录一个信息事件。

安全日志记录的事件比较特殊，分为成功审核和失败审核两大类。建立审核跟踪是安全性的重要内容，监视对象的创建或修改可以追踪潜在的安全性问题，通过监视对象可以帮助管理员确保用户账户的可用性，并在可能出现安全性破坏事件时提供证据。例如，用户试图访问网络驱动器并失败了，则该尝试将会作为“失败审核”事件记录下来。审核功能是否启用需要由管理员手动设置。

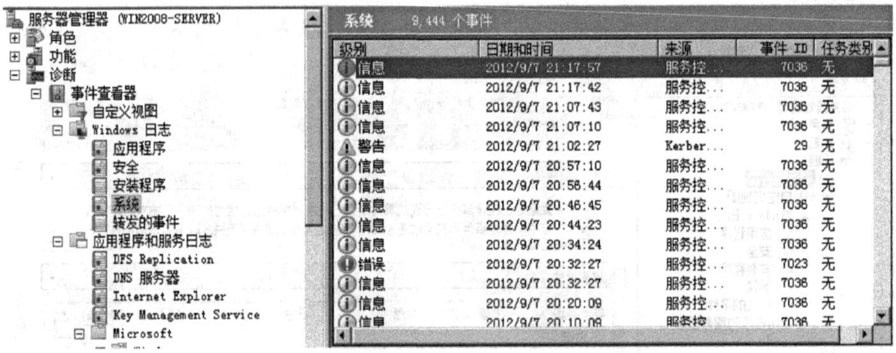

图 6—29 已记录的不同类型的事件

双击某一事件，可以查看该事件记录的具体信息，如图 6—30 所示。每一个事件中，包含有事件发生的时间、产生该事件的用户、事件类型等信息，事件属性的“常规”标签下显示了信息的更多内容，管理员大致可以知道系统产生的各类警告信息和错误信息的描述，由此进一步分析故障产生的原因，帮助解决各类故障。

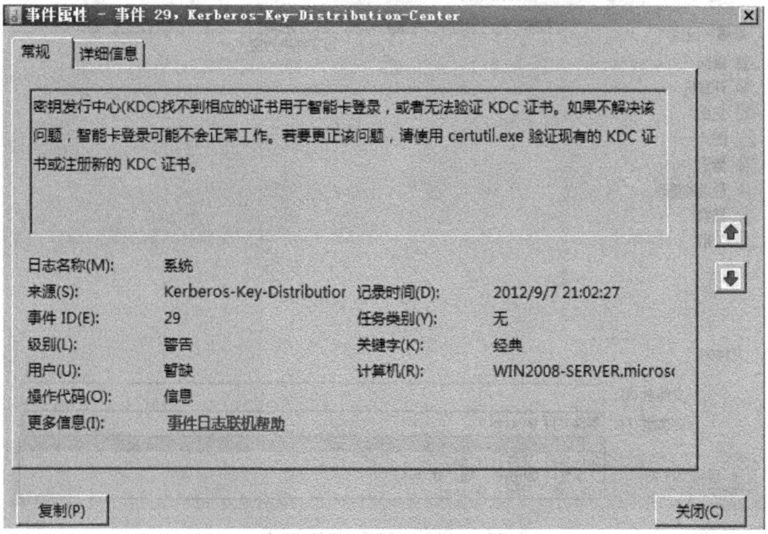

图 6—30　查看事件的具体内容

当记录的事件过多时，不利于管理员的查看，此时可以清除日志。右击某一类型的日志，在快捷菜单中选择“清除日志”，如图 6—31 所示，可以保存已记录的日志再清除，也可以选择不保存，如图 6—32 所示。在保存日志时，可将保存类型设置为默认的 . evtx 格式（见图 6—33），也可以保存为 . csv、. xml 等其他格式，这样就能与数据库进行互操作。

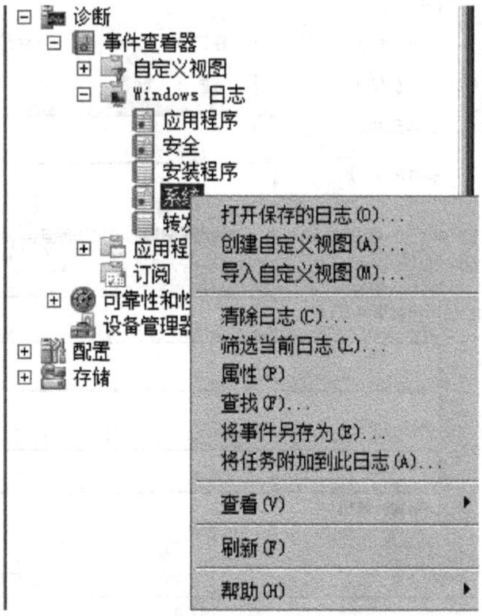

图 6—31　清除日志

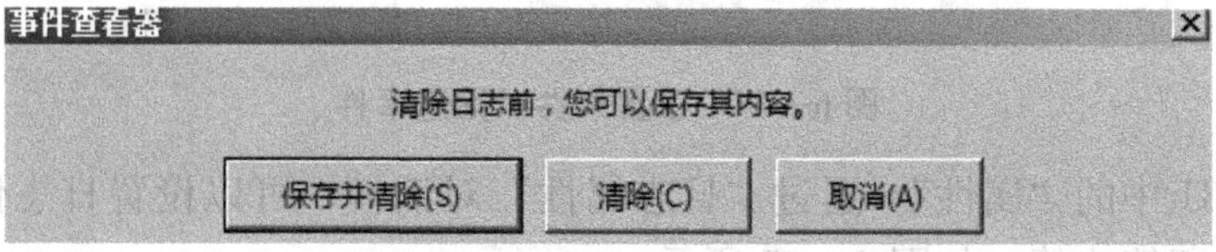

图 6—32　选择是否保存日志

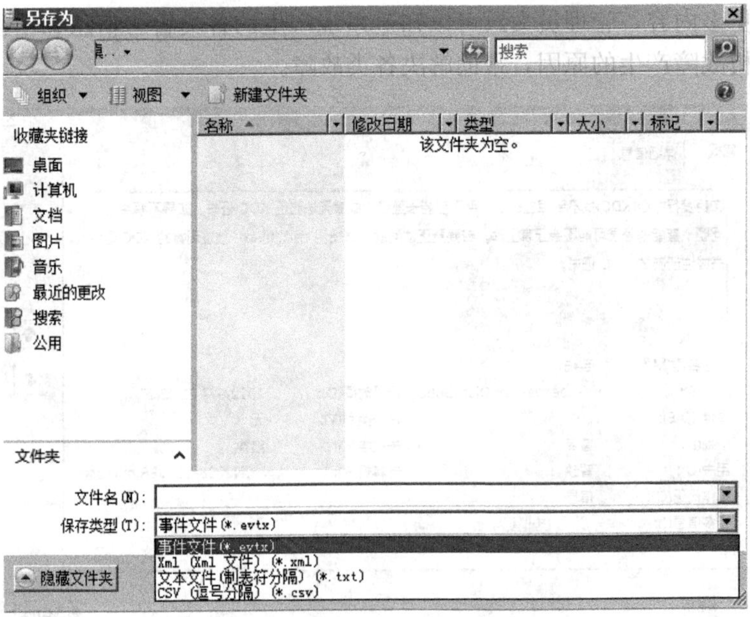

图 6—33　保存事件日志

管理员还可以选择图 6—31 中的“筛选当前日志”，启用日志的筛选功能，通过设置筛选器，在众多信息中查找自己所需要的，如图 6—34 所示。

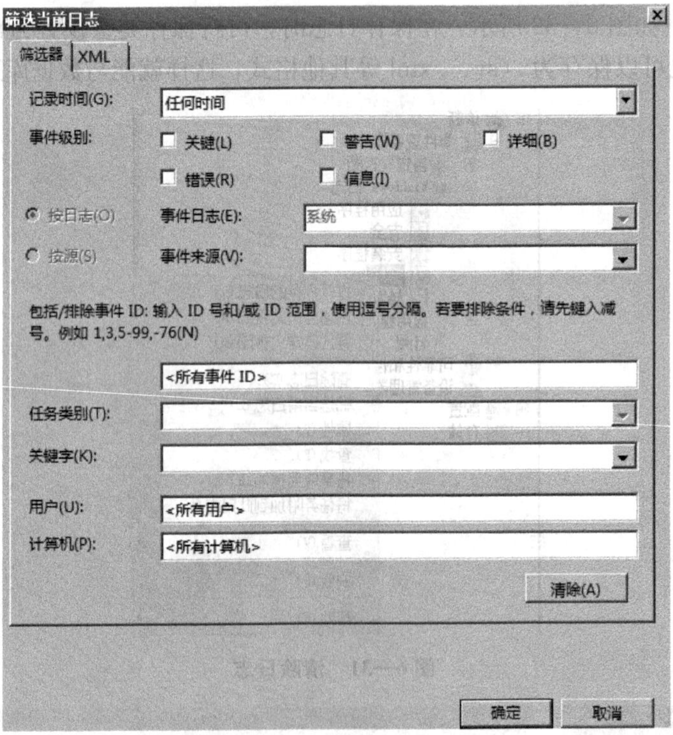

图 6—34　设置条件以筛选事件

选择图 6—31 中的“属性”，通过“日志属性”对话框，可以设置日志保存的路径、日志大小及日志保留策略等，如图 6—35 所示。

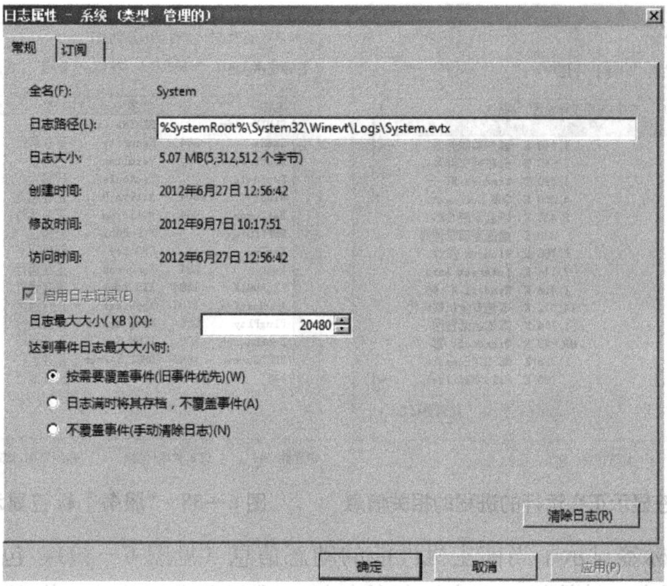

图 6—35　设置日志属性

6.6　任务管理器的使用

任务管理器是系统提供的一个用于监控系统中运行的程序和进程的相关信息的工具。

使用任务管理器可以监视计算机性能的关键指标。例如，可以查看正在运行的程序的状态，并终止已停止响应的程序。还可以使用多达 15 个参数评估正在运行的进程的活动情况，查看反映 CPU 和内存使用情况的图形和数据等。此外，如果与网络连接，则可以查看网络状态，了解网络的运行情况。如果有多个用户连接到该计算机，则可以看到谁在连接、在做什么，甚至还可以给他们发送消息。

使用“Ctrl＋Alt＋Del”组合键，或是在任务栏右键菜单中选择“任务管理器”，都可以打开任务管理器窗口，如图 6—36 所示。

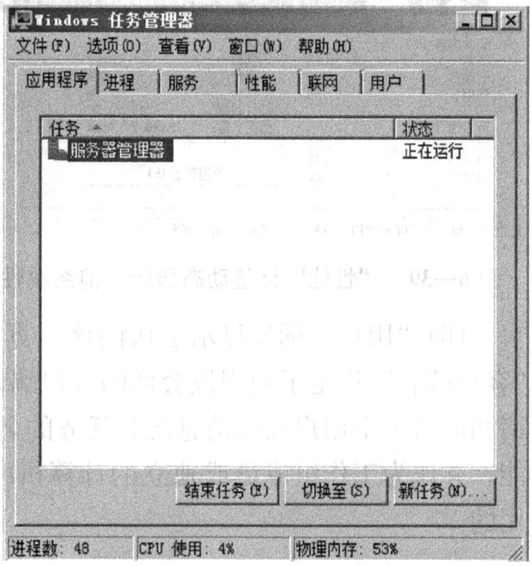

图 6—36　任务管理器窗口

（1）“应用程序”标签显示了当前主机上正在运行的程序名和程序的运行状态，通过该标签可以直接终止、切换或启动程序。

（2）“进程”标签显示了当前主机上正在运行的进程的相关信息（见图 6—37），例如 CPU 和内存的使用情况。在某些应用程序无法通过“应用程序”标签结束任务时，可以在“进程”标签下结束某些程序所对应的进程。

（3）“服务”标签显示了当前主机上的服务及其运行状态的相关信息（见图 6—38）。服务与进程是对应的，每一个服务都能在系统中找到与之对应的进程。

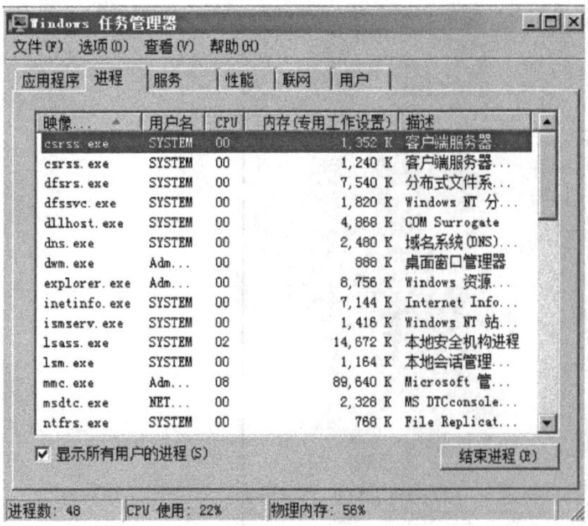

6—37 “进程”标签显示正在运行的进程的相关信息

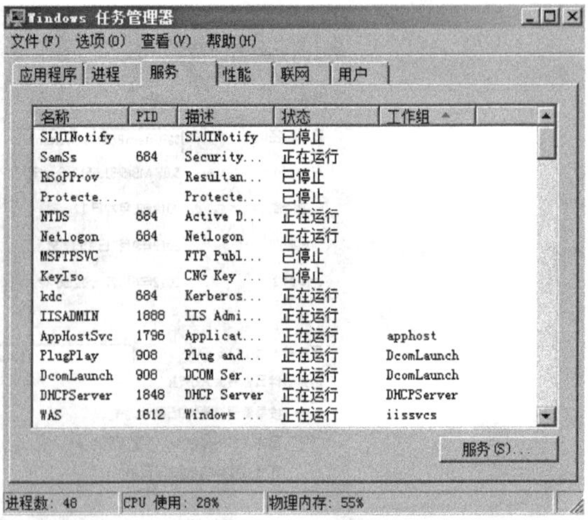

图 6—38 “服务”标签显示服务状态信息

(4)“性能”标签显示了当前主机性能的动态信息(见图 6—39),包括 CPU 和内存的使用情况的动态图表,计算机上正在运行的句柄、线程和进程总数,物理内存、核心内存和提交内存的总数。

(5)“联网”标签显示了网络性能的图形化表示(见图 6—40),通过简单、定性的指示器显示正在计算机上运行的网络状态。只有当网卡存在时,才会显示“联网”标签。

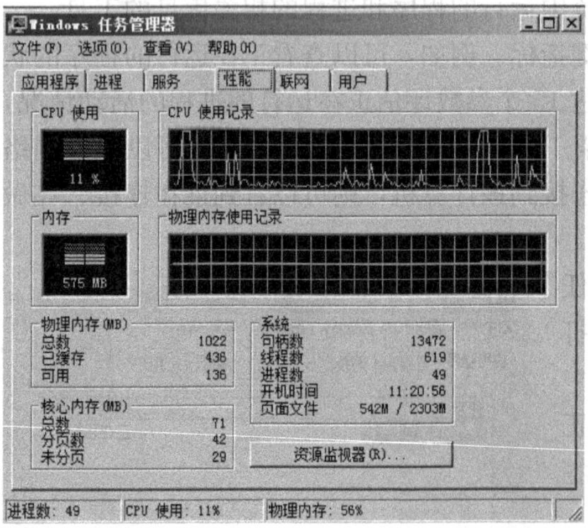

图 6—39 “性能”标签动态显示当前系统性能

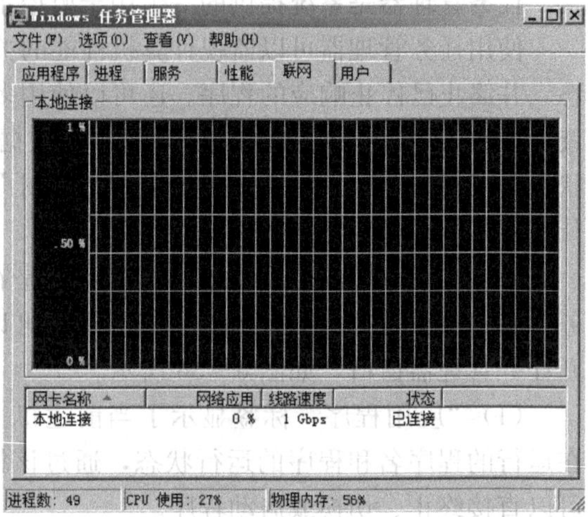

图 6—40 图形化显示网络性能

(6)“用户”标签显示了访问该计算机的用户(见图 6—41),以及会话的状态与名称。“客户端名”指定了使用该会话的客户端计算机的名称;“会话”为管理员提供一个用来执行诸如向另一个用户发送消息之类任务的名称。只有所用的计算机启用了“快速用户切换”功能,并作为工作组成员或独立的计算机时,才会显示该标签。域中的计算机该标签是不可用的。

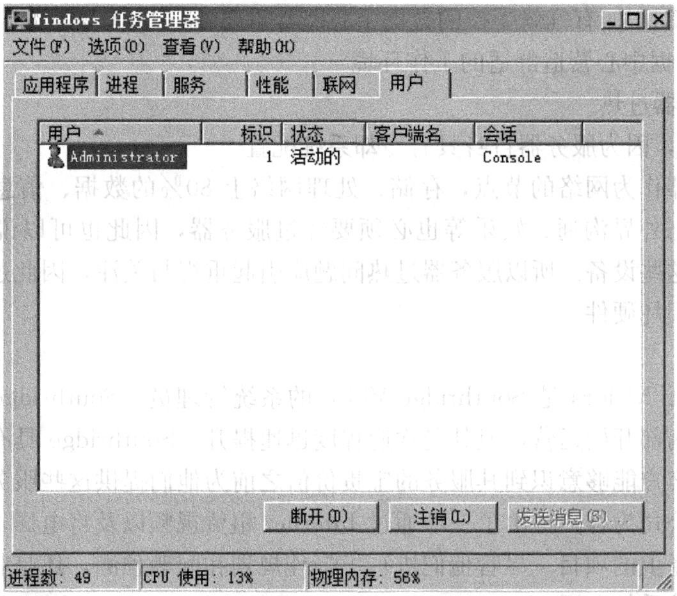

图 6—41 "用户"标签显示了访问该计算机的用户及会话的状态

6.7 能力拓展：MTA 认证考试练习

1. 场景：Proseware Inc. 最近购买了土地来扩展其业务中心。必须按照 Proseware 的业务规模的技术需求，基于大量观点和研究进行规划。

Cari 多年来一直担任 Proseware 的服务器管理员，对与服务器组件有关的技术需求具有深入的认识。Proseware 要求 Cari 提交一份能够确保数据冗余性和服务器可用性的数据中心重新设计计划。总体业务计划取决于可靠的数据系统。

(1) Cari 可采用哪一项技术来支持在服务器运行时更换服务器组件？（　　）

A. 不存在这种技术

B. 组件实时交换

C. 热交换/插拔

分析：热插拔（Hot-Plugging 或 Hot Swap）即带电插拔，允许用户在不关闭系统，不切断电源的情况下取出和更换损坏的硬盘、电源或板卡等部件，从而提高了系统对灾难的及时恢复能力、扩展性和灵活性等，例如一些面向高端应用的磁盘镜像系统都可以提供磁盘的热插拔功能。

答案：C

(2) Cari 可采用哪一项技术来避免在停电时服务器断电并支持适当地关闭系统？（　　）

A. 不间断电源（UPS）

B. 用于在数据中心停电时关闭服务器的脚本

C. 服务器的一些电涌抑制器

分析：UPS 仅用于在停电时防止断电，并支持适当地关闭系统。电涌抑制器可防护电击，电源浪涌以及其他常见的对 DIN 轨组件的电压干扰。而脚本技术则属于软件，无法实现要求的功能。

答案：A

(3) 为什么 Cari 拥有气候受控的数据中心非常重要？(　　)

A. 为了在数据中心营造舒适的工作环境

B. 防止服务器过热

C. 这不相干，因为服务器自身具有冷却系统配置

分析：服务器作为网络的节点，存储、处理网络上 80%的数据、信息。网络终端的设备在获取资讯、与外界沟通、娱乐等也必须要经过服务器，因此也可以说是服务器在“组织”和“领导”这些设备。所以服务器过热问题应引起重视与关注，因此过热问题可能发生宕机现象甚至是损坏硬件。

答案：B

2. 场景：Cliff Majors 是 Southridge Video 的系统管理员。Southridge Video 仅仅几年前才在佐治亚州南部开始运营，但其受欢迎程度迅速提升。Southridge 具有预测客户需求的独特能力，并在客户能够意识到其服务的宝贵价值之前为他们提供这些服务。

不久前，该公司为客户推出了一项通过 Internet 租赁视频以及将电影下载到计算机或支持 Internet 的设备上的项目。尽管他们进行了最佳规划和问题预测，还是收到了客户抱怨视频质量差、无法接受的电话。

(1) Cliff 尝试在其中的一台视频服务器上关闭一个程序，但是该程序没有响应。他可以打开哪个应用程序来关闭该进程？(　　)

A. 文件管理器　　B. 任务管理器　　C. 命令提示符

分析：“任务管理器”窗口的“进程”标签可以解决此问题。如果采用命令提示符，则还需要在命令提示符下输入“taskkill”命令来结束进程，命令提示符本身并不能关闭进程。

答案：B

(2) Cliff 希望比较他最初部署视频服务器时创建的性能报告。他需要启动哪个应用程序来创建比较报告？(　　)

A. 网络监视器　　B. netstat　　C. 性能监视器

分析：部署系统时使用性能监视器创建基准性能报告非常重要。这使管理员具有一个可用于比较的报告。报告可在性能监视器中重叠显示，以进行视觉比较。网络监视器程序可以捕获和查看网络的通信模式和问题，“netstat”命令是在内核中访问网络及相关信息的程序，能提供 TCP 连接，TCP 和 UDP 监听进程内存管理的相关报告。

答案：C

(3) Cliff 正在分析性能监视器，并添加了用于跟踪页面文件/使用情况和命中次数的计数器。Cliff 注意到页面文件被持续访问。Cliff 应如何解决这一问题？(　　)

A. 添加更多 RAM

B. 增加页面文件的大小

C. 将页面文件从另一个物理驱动器移动到系统中

分析：页面文件是操作系统（例如 Windows、Mac OS X 和 UNIX）用于保留不适用于内存的程序与数据文件部分的硬盘中的文件。页面文件和物理内存（或称为 RAM）构成了虚拟内存。根据需要，数据从页面文件传输到内存，并从内存传输到页面文件从而为内存中的新数据腾出空间。当物理内存过小时，会引起页面文件频繁换进换出的现象，导致系统变慢。

答案：A

3. 场景：Walter Felhofer 是 Graphic Design Institute 的网络管理员。他已监视该网络几个月的时间，以更好地了解流量变化情况。网络性能的变化看起来非常大。Walter 怀疑造成这个问题的原因非常多，从使用时间到符合特殊提示的事件以及周期性事件。Walter 保留这些与系统性能有关的历史数据。他会定期查看和比较这些数据，因为他知道其中包含决定未来技术采购和创建业务计划非常有价值的详细信息。

（1）通过维护系统性能的历史记录，Walter 能够获得哪些优势？（　　）

A. 使用该数据来决定未来升级以及识别一年中的性能趋势

B. 如果主管要求，可提供性能文档

C. 保留系统性能的历史记录不会带来任何优势，因为技术变化非常频繁

答案：A

（2）Walter 的工作非常繁忙，他无法整天查看性能日志和数据。Walter 如何才能执行他的其他日常工作并且不会错过任何主要的性能问题？（　　）

A. 租赁实习生来观察性能监视器并在出现问题时随时呼叫他

B. 创建一个性能警报，可在满足特定条件时发送网络消息、编写事件日志或运行程序

C. 无论如何繁忙，都要定期远程登录系统查看性能日志

分析：通过数据收集器可以创建性能计数器警报，如图 6—42 所示。

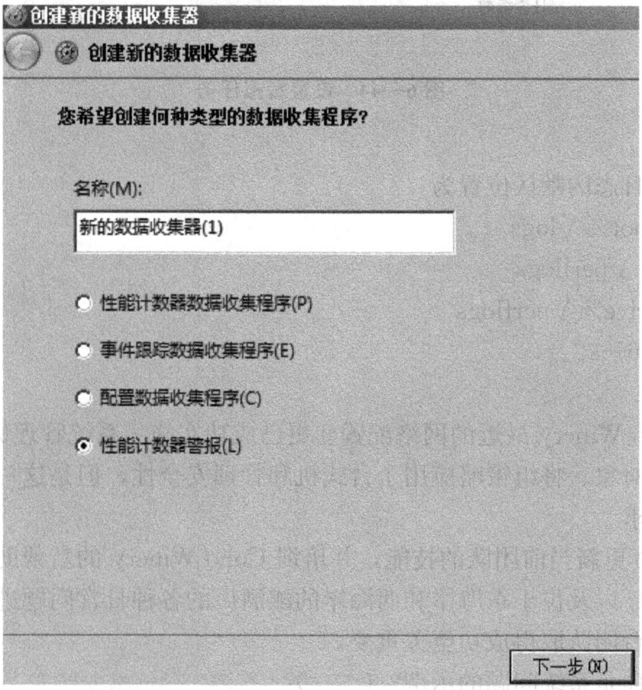

图 6—42　创建性能计数器警报

在新建的数据收集器的属性设置中，“警告操作”选项卡用以选择满足警报条件时是否向应用程序事件日志写入条目。满足警报条件时还可以启动数据收集器集。“警报任务”选项卡用以选择满足警报条件时要运行的 Windows Management Interface（WMI）任务和参数。如图 6—43、图 6—44 所示。

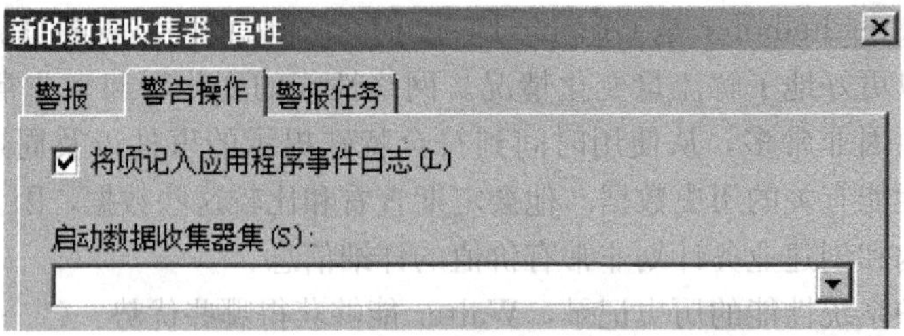

图 6—43　指定警告操作和启动数据收集器集

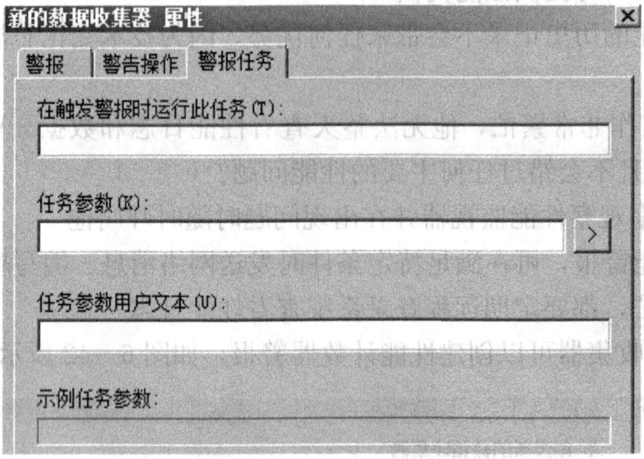

图 6—44　设置警报任务

答案：B

(3) 系统性能日志的默认位置为（　　）。

A. %systemroot% \ logs

B. #system# \ perflogs

C. %systemdrive% \ perflogs

分析：参照图 6—22。

答案：C

4. 场景：Coho Winery 最近的网络配置变更已成功实施。系统管理员 Andrew Ma 非常高兴能够组织网络对象、将组策略应用于台式机和管理安全性，但是这一变更引发了更新帮助台团队技术的需求。

Jeff Wang 负责更新当前团队的技能，并培训 Coho Winery 的新帮助台员工。帮助台团队负责对本地酿酒厂以及位于东海岸和西海岸的酿酒厂的各种日常问题进行疑难解答。疑难解答方法对于帮助台团队取得成功至关重要。

(1) 下面哪一项是系统问题的示例？（　　）

A. 用户计算机硬盘故障

B. 蠕虫病毒在整个网络中传播

C. 用户的显示器无法打开

分析：答案 A 和 C 是特定于单个系统的问题，而非系统性的。

答案：B

(2) 在 Microsoft 环境中用于确定特定系统可能具有的问题的时间和类型的第一项工具是什么？（　　）

A. 资源监视器　　　　B. 任务管理器　　　　C. 事件查看器

分析：资源监视器是一项用于实时查看与硬件（CPU、内存、磁盘和网络）和软件（文件句柄和模块）资源的使用相关的信息的系统工具。任务管理器提供的也是一些实时信息。事件查看器维护用户计算机上有关程序、安全性和系统事件的日志，可以记录一段时间的系统或程序运行情况。

答案：C

（3）哪一个应用程序使您可以查看所有进程，然后有选择性地结束单个进程或整个进程树？（　　）

A. 资源监视器　　　　B. 任务管理器　　　　C. msconfig. exe

分析：Windows 资源监视器是一个系统工具，用于实时查看有关硬件（CPU、内存、磁盘和网络）和软件（文件句柄和模块）资源使用情况的信息。可以按照要监视的特定进程或服务来筛选结果。此外，还可以使用资源监视器启动、停止、挂起和恢复进程和服务，并在应用程序没有按预期效果响应时进行故障排除。图 6—45 显示了资源监视器的操作界面。

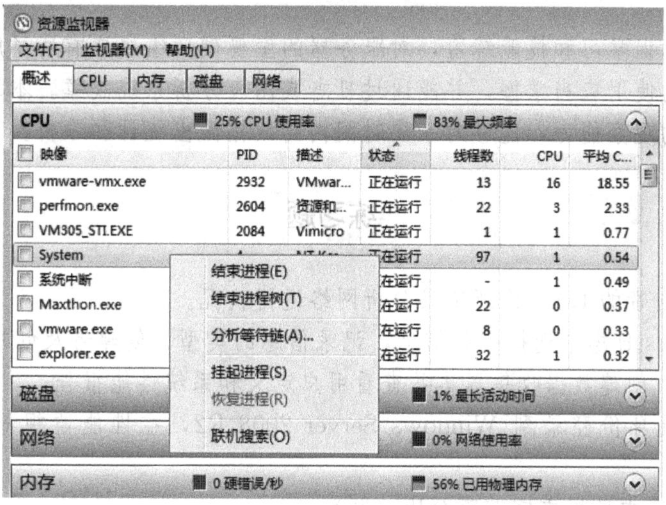

图 6—45　资源监视器界面

答案：A

5. 场景：管理员需要购买一个机架外壳来存储下列各项：

（1）四台 1U 刀片式服务器；

（2）一台 2U 不间断电源；

（3）一个 1U 键盘/鼠标—显示器；

（4）一台 3U 服务器；

（5）一台 1U 48 端口交换机。

那么需要安装在机架中的模块的总高度是多少？

分析：1U=1.75 英寸，不难算出 11×1.75=19.25 英寸。

答案：19.25 英寸。

6. 运行安装了 Exchange Server 2010 的 Windows Server 2008 R2 的服务器具有哪些服务器处理器要求？

答案：Windows Server 2008 R2 和 Exchange Server 2010 均要求使用 64 位体系结构，

因此必须选用 64 位处理器。核心与处理器的数量取决于组织的规模。

7. 部署气候受控的数据中心的主要原因是什么?

答案：主要原因在于降低由于服务器过热而发生故障导致停机的几率。

8. 网络接口卡在 OSI 参考模型的哪个级别上运行?

答案：NIC 在物理层以及数据链路层运行。

9. 列出提供冗余性的 3 个不同的服务器组件。

答案：硬盘、电源、风扇。其他可接受的答案包括 NIC、整个服务器等。

10. 不间断电源的主要用途是什么?

答案：UPS 的主要用途是提供时间使您可以关闭所有的组件或模块，或者为交换机提供足够的电源来切换到备用电源。UPS 并非用于在主电源恢复供电之前提供电源。根据连接到电源的组件，UPS 通常可提供 5~15 分钟的供电时间。

本章小结

通过本章的知识学习和技能练习，对服务器的主要硬件组成应有所了解；对几种性能和资源的监视工具的使用应当掌握，并能通过日志或图表分析系统故障。本章内容帮助用户和管理员形成良好的观察能力，能够对一段时间内的数据做出统计和分析。

练习题

1. 利用系统自带的 LAN 诊断工具分析网络运行状况。

2. 从 Windows 日志中选择一条信息，记录信息的类型、创建者及创建日期。

3. 完成操作：创建数据收集器集并查看用户定义和系统性能报告。

(1) 以管理员身份登录到 Windows Server 2008 R2，在性能监视器图中添加如下计数器：

1) 内存：使用中已提交字节百分比 (%)

2) 内存：页面错误/秒

3) 物理磁盘：磁盘读取字节数/秒

4) 物理磁盘：磁盘读取数/秒

5) 物理磁盘：磁盘写入字节数/秒

6) 物理磁盘：磁盘写入数/秒

7) 处理器:% 空闲时间

8) 处理器：中断/秒

9) 系统：线程数

接下来的操作中保持这些计数器处于活动状态。

(2) 右键单击性能监视器图标，选择“新建”，然后单击“数据收集器集”，创建数据收集器集命名为“MyData”，根目录将包含数据收集器集收集的数据。完成后保存当前设置并退出。启动 MyData 收集数据。

(3) 在性能监视器的导航树中，展开“数据收集器集”和“系统”。右击“系统性能”并单击“开始”。在导航树中，展开“报告”、“系统”和“系统性能”，然后单击当前日期/

报告。数据收集和报告生成完成后，系统性能报告会显示在控制台窗格中。记下“资源概述”的详细信息：

1) CPU________________

2) 网络________________

3) 磁盘________________

4) 内存________________

(4) 停止 MyData，展开“报告”、“用户定义”和“MyData”，然后单击“系统监视器 . blg”。

4. 完成操作：在完成第 3 题后继续完成操作：在性能监视器中比较多个日志文件。

(1) 以管理员身份登录到 Windows Server 2008 R2，在“开始”菜单下“搜索程序和文件”框中单击并输入“perfmon /sys /comp”，然后按回车键。性能监视器将在独立模式下打开，并启用了比较。（注意：仅当性能监视器在独立模式下打开并启用了比较时可使用覆盖。）

(2) 打开第 3 题中创建的日志或数据源，将这些日志或数据源中的计数器添加到性能监视器显示页面。

(3) 完成创建基本视图后，重复第 (1) 步，打开在独立模式下打开性能监视器并启用了比较的另一个实例。

(4) 为创建一个用于与基本视图进行比较的视图，打开日志或数据源，并将这些日志或数据源中的计数器添加到第二个性能监视器显示页面。

(5) 在您希望与基本视图进行比较的“性能监视器”窗口中，指向“比较”菜单中的“设置透明度”并选择 70% 的透明度或 40% 的透明度。

(6) 在您希望与基本视图进行比较的“性能监视器”窗口中，单击“比较”菜单中的“对齐比较”。活动的“性能监视器”窗口将自动与另一个“性能监视器”窗口对齐。上述完成后由教师检查日志比较情况。

5. 完成操作：创建数据收集器集来监视性能计数器并配置警报。

(1) 以管理员身份登录到 Windows Server 2008 R2，启动“性能监视器”。

(2) 在“Windows 性能监视器”导航窗格中，展开“数据收集器集”，右键单击“用户定义”，指向“新建”，然后单击“数据收集器集”。“创建新的数据收集器集”向导启动。

(3) 为数据收集器集输入一个名称（称为 MyAlerts）。选择“手动创建”选项，单击“下一步”后选择“性能计数器警报”选项并单击“下一步”，根据您选择的性能计数器的值，定义警报。

(4) 在一列性能计数器中，选择用于监视和触发警报的计数器。单击“添加”，打开“添加计数器”对话框。添加“Memory \ Pages/sec”计数器。添加计数器完成后，单击“确定”返回向导并单击“下一步”，在“警报条件”下拉菜单中，选择当性能计数器值大于或小于限值 2 时是否发出警报（在“限值”框中，输入阈值 2）。

(5) 完成定义警报后，单击“下一步”继续配置。可以将数据收集器集配置为以特定用户身份运行。单击“更改”按钮，并输入默认列出的用户以外的用户的用户名和密码。完成后返回 Windows 性能监视器。

(6) 要立即启动数据收集器集，右键单击“MyAlerts”并选择“立即启动该数据收集器集”。

(7) 单击前6步配置的具有性能计数器警报的数据收集器集名称“MyAlerts”。在控制台右侧窗格中，右键单击类型为“警报”的数据收集器集的名称，并单击“属性”。在“数据收集器属性”页面中，单击“警报”选项卡，已配置的数据收集器警报应显示。

(8) 单击“警告操作”选项卡，并在满足警报条件时选择将一个条目写入事件日志。也可以在满足警报条件时启动数据收集器集。

(9) 单击“警报任务”选项卡，选择在满足警报条件时将运行的 Windows Management Interface (WMI) 任务和参数。创建警报后，由教师进行检查。

6. 完成操作：在事件查看器中创建一个自定义筛选器。

(1) 在“事件查看器”中，右键单击“自定义视图”并选择“创建自定义视图”。

(2) 在“事件级别”部分中，选择“关键”和“错误”。选中“按日志”单选按钮，单击“事件日志”下拉列表，在展开的“Windows 日志”中选择“系统”，然后单击“确定”。

(3) 在弹出的“将筛选器保存到自定义视图”屏幕上，提供名称 MyCriticalandErrorSystemEvents 并单击“确定”。

(4) 双击一个“错误”级别的事件，列出与该错误相关的信息（答案各不相同）：

1) 日志名称：____________

2) 源：____________

3) 事件 ID：____________

4) 级别：____________

5) 记录时间：____________

6) 用户：____________

利用此信息，使用互联网执行对这些项的搜索来查找合理的解决方案。您应重点关注的项为：

1) 源；

2) 事件 ID。

完成后，由教师检查您的搜索。如果您的结果是相关的，请继续使用这些结果所提供的建议来纠正此错误。

7. 完成操作：使用 Windows 资源监视器来分析进程。

(1) 以管理员身份在 Windows Server 2008 R2 上进行身份验证。在“开始”菜单中的“搜索程序和文件”框中单击并输入 resmon. exe，然后按回车键执行此命令。

(2) 在“概述”选项卡中右键单击“映像”列下的任意进程并选择“分析等待链...”，如果各组件均正常运行，记录分析结果的画面。

(3) 单击“CPU”选项卡，在“进程”部分单击 CPU 列来按照 CPU 资源占用量进行排序。

(4) 单击“CPU”选项卡。单击一个映像的复选框，例如 perfmon. exe，进行筛选。单击“关联的句柄”的标题栏，展开此表，结果应显示选定的进程打开的所有文件。完成后由教师进行检查。

第7章　DHCP服务器的配置与管理

在前面的章节里，我们主要学习了针对服务器系统本身的管理和维护操作。Windows Server 2008在保证高度稳定可靠的同时，还能为网络中的其他主机和用户提供众多的服务，例如可提供配置基础网络的DHCP、DNS服务，提供网络互连互通的路由、NAT服务，提供网站构建、文件传输等应用的IIS服务，等等。本书接下来的章节，将围绕常见的网络服务，讲解在Windows Server 2008系统中的安装、配置与管理。

通过本章的学习，掌握如何在网络中部署DHCP服务，并理解DHCP服务的工作原理和重要概念。在学习中要学会举一反三，形成配置和管理网络服务的一般思路。

知识点：

◆ DHCP服务的功能与应用场合

◆ DHCP服务的工作原理

◆ 作用域、地址池、租约等重要概念

技能点：

◆ 能够正确添加服务角色

◆ 能够配置DHCP服务的作用域、选项、保留

◆ 能够通过客户端验证DHCP服务是否正常

◆ 能够开展DHCP服务的基本维护

7.1　Windows Server 2008的网络服务功能

Windows Server 2008凭借高度的稳定性和灵活性，为企业应用提供了全面可靠的服务器平台和网络基础结构。相对于以前的操作系统，Windows Server 2008在网络服务的配置和管理方面提供了更为集中和统一的平台，管理员可以使用“开始”菜单中的“服务器管理器”管理控制台，完成各种网络服务的安装与卸载。

32位的Windows Server 2008（标准版）内置的网络服务主要包括以下16种：

● DHCP服务：通过在网络中部署DHCP服务，可以集中配置、管理和提供客户端计算机的临时IP地址和其他相关信息，例如客户机所使用的默认网关地址、DNS服务器地址等。

● DNS服务：通过在网络中部署DNS服务，为TCP/IP网络提供名称解析。简单地说，就是方便用户识别和记忆的、形象的计算机名称，与计算机能识别和应用的、数字化的IP地址之间，需要通过DNS服务器这个桥梁来完成相互的转换。

● Active Directory 域服务：通过在网络中部署 Active Directory 域服务，存储有关网络上对象的信息并使此信息可用于用户和网络管理员。Active Directory 域服务是微软操作系统管理和应用中非常重要的一环，也是微软推荐的网络管理模型。

● Active Directory 证书服务：通过在网络中部署 Active Directory 证书服务，创建证书颁发机构和相关的角色服务，使得管理员可以颁发和管理在各种应用程序中所使用的证书。例如，在网络通信中，可以通过使用证书来对自己发送的邮件或传输的 Office 文档进行加密或者签名，以防止其他恶意用户窃取或篡改传输内容，而整个过程中所用的证书由谁持有、有哪些作用、何时过期等信息，就能通过证书服务器进行管理。

● Active Directory 联合身份验证服务：通过在网络中部署 Active Directory 联合身份验证服务，提供简单、安全的标识联合身份验证和 Web 单一登录（SSO，即 Single Sign On）功能。该服务包含一个启用基于浏览器的 Web SSO 的联合身份验证服务，一个用于自定义客户端访问体验和保护内部资源的联合身份验证服务代理，以及用于为联合用户提供对内部承载的应用程序的访问的 Web 代理。

● Active Directory 轻型目录服务：通过在网络中部署 Active Directory 轻型目录服务，为应用程序特定的数据和目录启用的应用程序（不需要 Active Directory 域服务基础结构）提供存储。启用目录的应用程序使用目录来保存其数据，而不是使用数据库、平面文件或其他数据存储结构来保存数据。

● Active Directory 权限管理服务：通过在网络中部署 Active Directory 权限管理服务，有助于防止信息被未授权使用。该服务可以建立用户标识，并为授权的用户提供受保护信息的许可证。

● UDDI 服务：通过在网络中部署 UDDI 服务，提供在组织的 Intranet（内联网）内或在 Extranet（外联网）上的业务合作伙伴之间共享 Web 服务信息的通用描述、发现和集成（UDDI）功能。

● 文件服务：通过在网络中部署文件服务，提供有助于管理存储、启用文件复制、管理共享文件夹、确保快速搜索文件，以及启用对 UNIX 客户端计算机进行访问的技术。本书前面所述的文件夹的共享、打印机的共享即由文件服务提供和管理。

● 打印服务：通过在网络中部署打印服务，可以共享网络上的打印机，以及集中打印服务器和网络打印机管理任务，并可以通过使用组策略来迁移打印服务器和部署打印机连接。

● 传真服务：通过在网络中部署传真服务，可以发送和接收传真，并使得管理员能够管理传真资源，例如该计算机或网络上的作业、设置、报告和传真设备。

● Web 服务（IIS）：通过在网络中部署 Web 服务，提供可靠、可管理、可扩展的 Web 应用程序基础结构。Windows Server 2008 内置的 IIS 7.0（版本），支持在 Internet、Intranet、或 Extranet 上共享信息，是一个集成了 IIS 7.0、ASP.NET 和 Windows Communication Foundation 的统一的 Web 平台，并具有安全性增强、诊断简单和委派管理的特点。

● 应用程序服务器：通过在网络中部署应用程序服务器，提供高性能分布式业务应用程序（如使用 Enterprise Services 和 .NET Framework 3.0 构建的应用程序）的集中管理和承载。

● 终端服务：通过在网络中部署终端服务，提供使用户能够访问终端服务器上安装的基于 Windows 的程序或访问整个 Windows 桌面的技术。使用终端服务，用户可以从公司网络或 Internet 访问终端服务器。相对于 Windows Server 2003，Windows Server 2008 内置的终端服务功能更为强大，是新亮点之一。

● 网络策略和访问服务：通过在网络中部署网络策略和访问服务，提供网络策略服务器(NPS)、路由和远程访问服务、健康注册颁发机构（HRA）和主机凭据授权协议(HCAP)，这些将有助于网络的健康和安全。

● Windows 部署服务：利用 Windows 部署服务，可以通过网络提供简化、安全的方法将 Windows 操作系统快速地远程部署到计算机，即远程安装配置 Windows 操作系统。这对于需要在大量计算机上安装操作系统是非常方便和高效的。

如同本节前言部分所述，Windows Server 2008 中的“服务器管理器”已取代较早的管理控制台，例如 Windows Server 2003 中的“配置您的服务器”和“管理您的服务器”。通过使用“服务器管理器”，来安装被称为角色、角色服务和功能的逻辑软件程序包，在网络中部署上述各种服务。

角色是 Windows Server 2008 采用的一个新概念。通过角色描述计算机的主要功能、用途。每个服务器角色可以包含一个或多个角色服务。角色服务是提供角色所描述功能的软件程序，相当于服务器组件。功能是描述服务器的辅助或支持功能，也是一些软件程序，往往是为了增强服务器整体或某些系统服务的性能，相当于系统组件。管理员在安装角色时，“服务器管理器”会提示安装该角色所需的任何其他角色、角色服务或功能，而在删除角色、角色服务或功能时，“服务器管理器”也将提示其他程序是否需要同时删除。上述三个概念，在安装和配置网络服务的过程中，要注意观察和分辨。

7.2 DHCP 概述

7.2.1 DHCP 的功能与应用场合

1. 什么是 DHCP

DHCP 是 Dynamic Host Configuration Protocol 的缩写，即动态主机配置协议，是一种简化计算机 IP 地址等网络参数分配管理的 TCP/IP 标准协议。

每一台接入网络的计算机，都需要有一个唯一的 IP 地址，作为区分自身与其他计算机的标识。也就是说，在同一个网络中，不允许出现两台主机使用相同 IP 地址的情况。在一个小型网络中，计算机的数量相对较少，分布的位置相对集中，管理员可以手工为每台主机逐个分配 IP 地址。但是一旦需要管理的网络的规模较大，例如一个包含有 1 000 台主机的网络，如果仍旧以手工的方式逐台配置，那么将耗费大量的时间和气力，并且未必能保证每台主机所用 IP 地址的唯一性。此时通过在网络中部署 DHCP 服务器，将大大减少管理员的工作量，而且不易出错。需要注意的是，通过 DHCP 服务器不仅能自动地为客户机设置 IP 地址、子网掩码等基本参数，还可以设置默认网关、DNS 服务器、域名等其他信息，因此，该协议强调了“配置”，而不仅仅是 IP 地址的“分配”。这一点，务必要注意。

概括地说，DHCP 服务主要有以下优势：

(1) 便于配置和管理客户端。每台连入网络的计算机，都可以通过预先部署好的 DHCP 服务器自动获取 IP 地址、子网掩码等基本参数，还可以通过 DHCP 服务的选项配置获取 DNS 服务器、网关等其他信息。整个过程不需要管理员干预。如果网络所使用的网络地址发生变化，例如更改了网段，则只需要修改 DHCP 服务器提供的 IP 地址池即可，并不需要逐个修改客户端计算机的网络设置。

(2) 配置和管理安全可靠。如果通过管理员手工地为每台主机指定 IP 地址等网络参数，不仅劳动量大，更重要的是可能会因误操作引发 IP 地址冲突之类的错误配置，从而影响网络和主机运行。通过部署 DHCP 服务，将网络中使用的地址等参数交由 DHCP 服务器管理，有助于防止由于在网络上配置新的计算机时，因重复使用已指派的 IP 地址而引起的地址冲突。

（3）实现 IP 地址的合理使用。DHCP 服务器采取“租用”的方式向客户机提供 IP 地址，即只有当 DHCP 客户端提出请求时才向其提供 IP 地址，而且该地址的使用有一定的时间限制。到达约定的时间后，如果客户端没有继续使用该地址的请求，则服务器将收回该地址并可将该地址提供给其他有需要的客户机。这样，如果网络中主机数量较多，而 IP 地址数量较少，在主机不同时开机的情况下，也能很好地满足应用需求。

当然，如果 DHCP 服务在网络中部署不当，也会给应用带来一些问题。例如在网络中如果只有一台 DHCP 服务器，就容易造成单点故障，一旦该服务器出问题，则会影响整个网络中客户机的正常工作；如果在网络中有多台 DHCP 服务器，但因为地址池的划分没有统一协调，也容易造成客户端地址冲突的局面；而要想在跨网段的环境中使用 DHCP，则需要在每个网段都部署 DHCP 服务，或在网段之间采用具有跨网段广播功能的路由器（路由器需支持 RFC1542)。上述的几种情形，意在提醒我们在网络中部署 DHCP 服务时，需要预先做好网络的整体规划，这样才能尽量避免配置和应用上的错误。

2. DHCP 的主要应用场合

通过在网络中部署 DHCP 服务，为 DHCP 客户端自动分配 IP 地址等参数。一旦有客户端连入网络，需要使用 IP 地址时，DHCP 服务器即从可用的 IP 地址池中选择一个地址，临时分配给客户端使用。当客户端退出网络时，DHCP 服务器可回收该 IP 地址并将其分配给其他有需要的客户机。因此，通过这种“租用”的方式，使得网络配置灵活、高效。一般而言，以下应用需要部署 DHCP 服务。

（1）需要配置和管理的客户端数量较多。如果在网络中有大量的客户机需要使用 IP 地址，通过在网络中部署 DHCP 服务，可以省时省力，并且能减少发生 IP 地址故障的可能。

（2）网络中有移动客户端。例如用户使用的是笔记本电脑，在连入网络时需要有 IP 地址，退出网络时可将 IP 地址归还。这个过程通过 DHCP 服务器来管理，避免了用户对网络管理员的依赖。

7.2.2 DHCP 服务工作原理

有一个很通俗的例子能帮助大家理解 DHCP 服务器的工作过程。想象你（客户机）进入一家餐馆（目标网络）后，首先会寻求服务员（DHCP 服务器）提供菜单（IP 地址等网络参数）。由于饭店里存在其他顾客（其他客户机），你也许很难及时找到服务员，因此采取的方式往往是大喊一声“服务员”（广播方式），虽然大家都能听到，但是只有饭店服务员才会对你的呼喊做出响应并迅速来到你面前。值得注意的是，对你做出响应的服务员可能不止一个，但是由于你只需一份菜单即可，因此最先来到你面前的服务员为你提供菜单后，你的要求即可得到满足，此时其他服务员将停止对你的响应并转而服务其他客户。有了菜单，你便可以很顺利地完成后续的用餐过程。在用餐过程中，可能会因加菜等原因继续要求服务员提供相关的服务，在用餐结束后，服务员会迅速清理你所用过的餐桌，以便接待下一位顾客。

尽管上面的例子不是十分贴切，但是通过对比记忆有助于我们理解 DHCP 的工作过程。对于首次接入网络的客户机而言，其通过 DHCP 服务获取 TCP/IP 参数的过程如下：

（1）客户机发出 IP 租用请求（DHCPDISCOVER)。

DHCP 客户机在初始化 TCP/IP 连接时，例如系统启动、新增网卡等，由于此时客户机并没有 IP 地址，也不知道 DHCP 服务器的 IP 地址，因此会向整个网络广播发送一个名为 DHCPDISCOVER 的消息以请求租用 IP 地址等参数。该消息的源 IP 地址为 0.0.0.0，并包含了客户机的硬件地址和主机名等其他内容。

在发出 DHCPDISCOVER 消息后，客户机如果等待 1 秒未得到任何 DHCP 服务器的响应，则继续以 2 秒、4 秒、8 秒、16 秒的时间间隔重新广播发送 4 次相同的 DHCPDISCOVER 消息。如果仍旧没有服务器响应，依照客户端所安装的操作系统不同，客户端可能会失去 TCP/IP 连接而无法进行正常通信，或是采用备用的 TCP/IP 配置，或是采用自动专用地址（范围为 169.254.0.1～169.254.255.254）作为暂时的 IP 地址使用。

（2）DHCP 服务器提供 IP 租用（DHCPOFFER）。

任何接收到 DHCPDISCOVER 消息并且能够提供网络参数的 DHCP 服务器，都会通过广播方式给客户机回应一个 DHCPOFFER 消息。该消息的源 IP 地址为 DCHP 服务器的 IP 地址，目标 IP 地址为 255.255.255.255（仍然是广播地址的形式，想想为什么），并包含了提供给客户机的 IP 地址、子网掩码及 IP 地址的租用时间等信息。

（3）客户机选择 IP 租用（DHCPREQUEST）。

在客户机发出 IP 租用请求后，由于网络中可能不止有一台服务器在提供 IP 租用，此时客户机在接收到的众多 IP 租用中选择第一个收到的 DHCPOFFER 消息，从中获取 IP 地址，并向网络中广播一个 DHCPREQUEST 消息，告知自己已接受了一个 DHCP 服务器提供的 IP 地址，同时继续等待被选择服务器发来的确认消息。DHCPREQUEST 消息中包含源 IP 地址 0.0.0.0（客户机此时依旧没有 IP 地址）、目标 IP 地址 255.255.255.255。

（4）DHCP 服务器确认 IP 租用（DHCPACK）。

所有曾发出 DHCPOFFER 消息的服务器都将收到 DHCP 客户端发出的 DHCPREQUEST 消息。未被选择的 DHCP 服务器将回收它们曾提供的 IP 地址；被选择的 DHCP 服务器则会广播返回给客户机一个 DHCPACK 消息，正式告知客户机可以使用其所提供的 IP 地址等参数。该消息的源 IP 地址为被选择的 DCHP 服务器的 IP 地址，目标 IP 地址为 255.255.255.255，并包含了提供给客户机的 IP 地址等信息。

客户机在收到 DHCPACK 消息后，会使用该消息中的信息来配置自己的网卡，客户机首次接入网络获得 IP 租用的过程完成，可以在网络中通信。要注意的是：客户机通过上述过程获取的 IP 地址一般都有时间限制，到期后 DHCP 服务器将收回出租的 IP 地址。此时客户机必须更新其 IP 租约才能延长其使用时间。按照规定，当租用时间达到预期的 50%和 87.5%时，客户机必须发出 DHCPREQUEST 消息，用于向服务器请求更新租约。客户机将根据服务器的响应情况，继续使用原先的 IP 租约，或是重新请求 IP 租用。

7.2.3 DHCP 服务中的重要概念

为了更好地部署 DHCP 服务，下面介绍几个常用概念。

- 作用域：用于网络的可能的 IP 地址的完整连续范围。作用域通常定义为接受 DHCP 服务的网络上的单个物理子网。作用域还为服务器提供管理 IP 地址等网络参数的主要方法。
- 排除范围：作用域内从 DHCP 服务中排除的有限 IP 地址序列。排除范围确保服务器不会将这些范围中的任何地址提供给网络上的 DHCP 客户机。
- 地址池：在定义了 DHCP 作用域并应用排除范围之后，剩余的地址在作用域内形成可用的“地址池”。服务器可将池内地址动态地指派给网络上的 DHCP 客户端。
- 租约：由 DHCP 服务器指定的一段时间，在此时间内客户机可使用指派的 IP 地址。

● 保留：通过使用“保留”创建 DHCP 服务器指派的永久地址租约。“保留”可确保子网上指定的硬件设备始终可使用相同的 IP 地址。

● 选项类型：DHCP 服务器在向 DHCP 客户端提供租约时可指派的其他网络配置参数。例如，用于默认网关（路由器）、WINS 服务器和 DNS 服务器的 IP 地址。在与其他网络连接的环境中，通常需要为每个作用域启用并配置这些选项类型。

以上概念需熟练掌握。注意：在默认情况下，一个物理子网中的 DHCP 服务器无法为其他物理子网中的客户机分配 IP 地址，此时可通过在多个子网中配置 DHCP 服务器或采用 DHCP 中继代理解决。

7.3 DHCP 服务安装与配置

一般而言，各种网络服务的应用流程由“安装服务角色、配置服务功能、测试服务运行结果”三个环节组成。不仅本章所学的 DHCP 服务，对于后续章节提及的其他服务，也可以按照这个思路来进行学习。

有些服务在安装的同时，即可进行配置，但不推荐这样做。作为初学者，把服务的安装和配置过程分开学习和实验，有助于对服务配置流程的理解。待操作熟练后，可将多个环节进行合并和简化。网络服务的配置，关键是对提供了该服务的服务器的配置。因此，在配置每台服务器之前，对诸如确保网络的连通性、完善服务器需具备的条件等前期基础工作应预先做好。

7.3.1 添加 DHCP 服务器角色

网络中部署的 DHCP 服务器，应安装有 Windows Server 2008，并设置了静态的 IP 地址、子网掩码等网络参数，如图 7—1、图 7—2 所示，即 DHCP 服务器本身不能采用自动获取的方式来获得 IP 地址。这一点需特别注意。

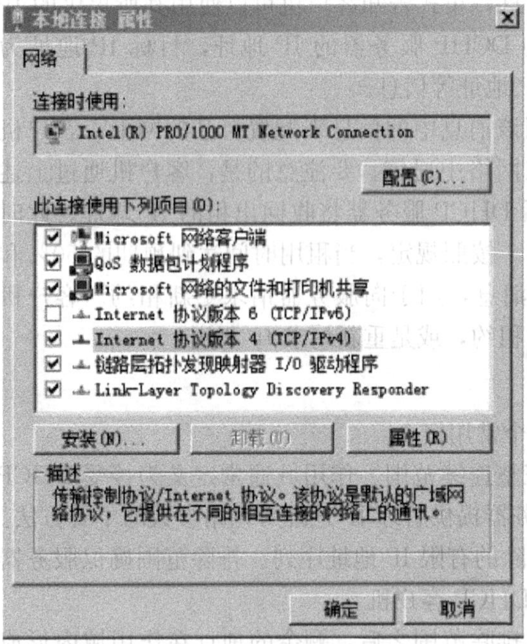

图 7—1 建议去除 TCP/IPv6

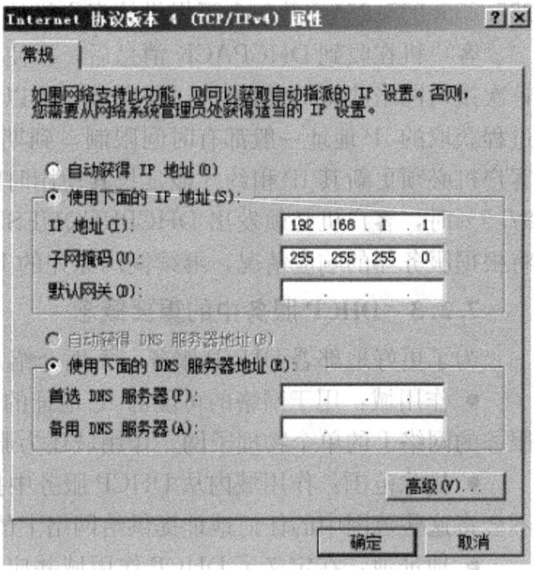

图 7—2 服务器需使用静态地址

在图 7—1 中，系统默认会选中“Internet 协议版本 6（TPC/IPv6）”复选框，这里建议把它去除。因为 Windows Server 2008 优先采用 TCP/IPv6，只有在 TCP/IPv6 未检测到的情况下，才会使用 TCP/IPv4 的配置，选中此选项可能会对服务的配置造成一定的影响，不利于初学者的学习。

在 Windows Server 2008 上添加 DHCP 服务器角色的步骤如下：

（1）以具备管理员权限的账号登录到计算机，通过“开始”菜单打开“服务器管理器”窗口。在“服务器管理器”窗口中，能完成对服务器的一系列配置和管理操作。例如添加/删除角色或功能、诊断系统运行情况、配置账户和服务等。起始页面显示了当前服务器的概况，如图 7—3 所示。

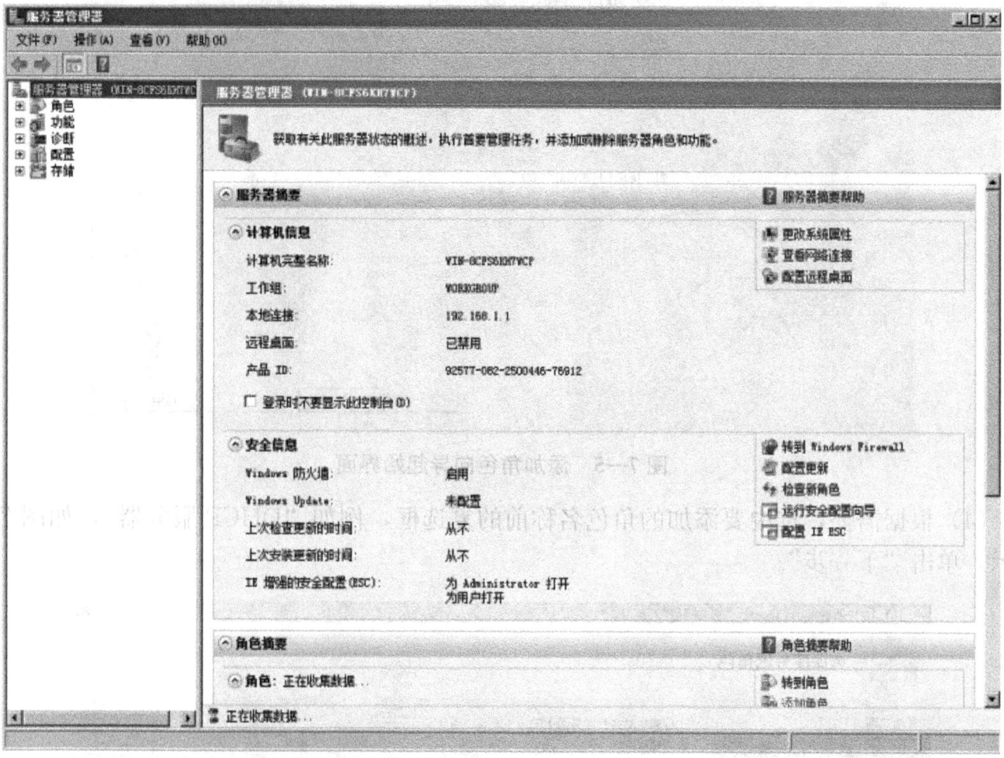

图 7—3　“服务器管理器”起始页

（2）单击“角色”节点，在主窗口中可看到当前系统已经添加的角色，并可进行角色的添加和删除操作，如图 7—4 所示，“已安装 0（共 16）”表明当前服务器尚未添加任何角色，而一共可以在该服务器上添加的角色达到 16 个。

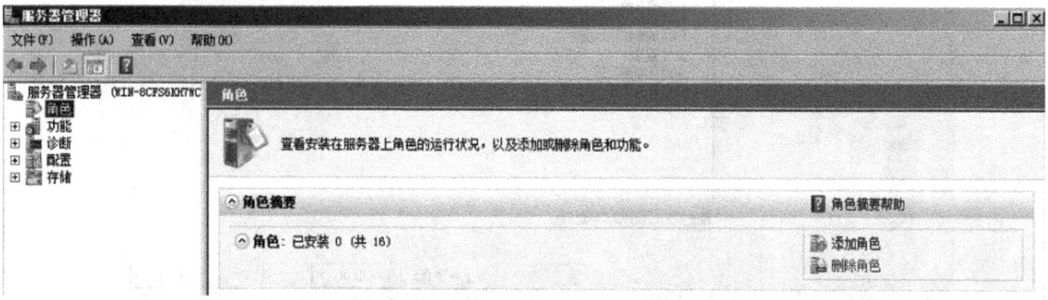

图 7—4　服务器当前的角色安装情况

（3）在控制台中单击“添加角色”按钮，打开“添加角色向导”窗口，如图7—5所示，其中显示了一些注意事项，例如管理员账户应设置强密码、计算机已设置静态IP地址等信息。这个窗口是添加角色的起始界面，可以选中“默认情况下将跳过此页”复选框。

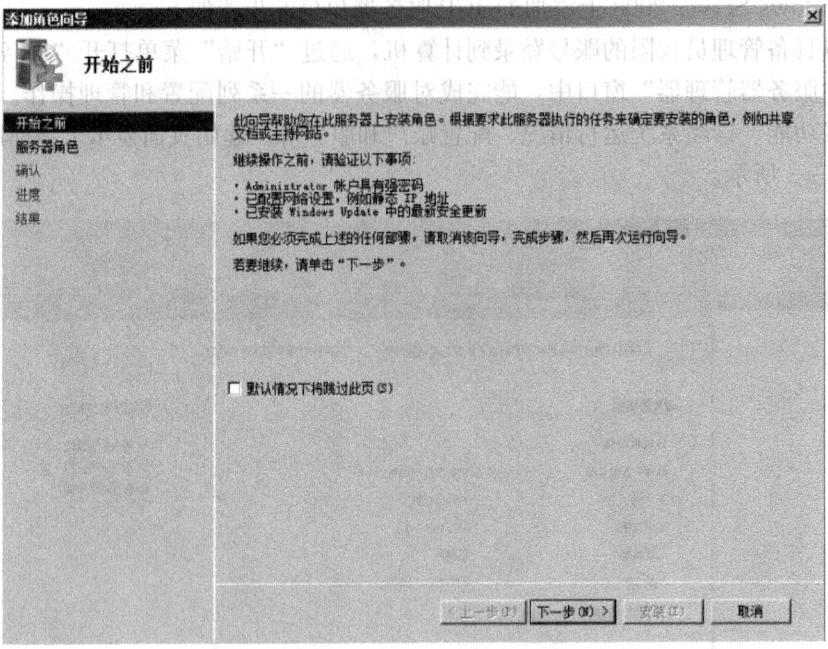

图7—5　添加角色向导起始界面

（4）根据需要，选中要添加的角色名称前的复选框，例如“DHCP服务器”，如图7—6所示，单击“下一步”。

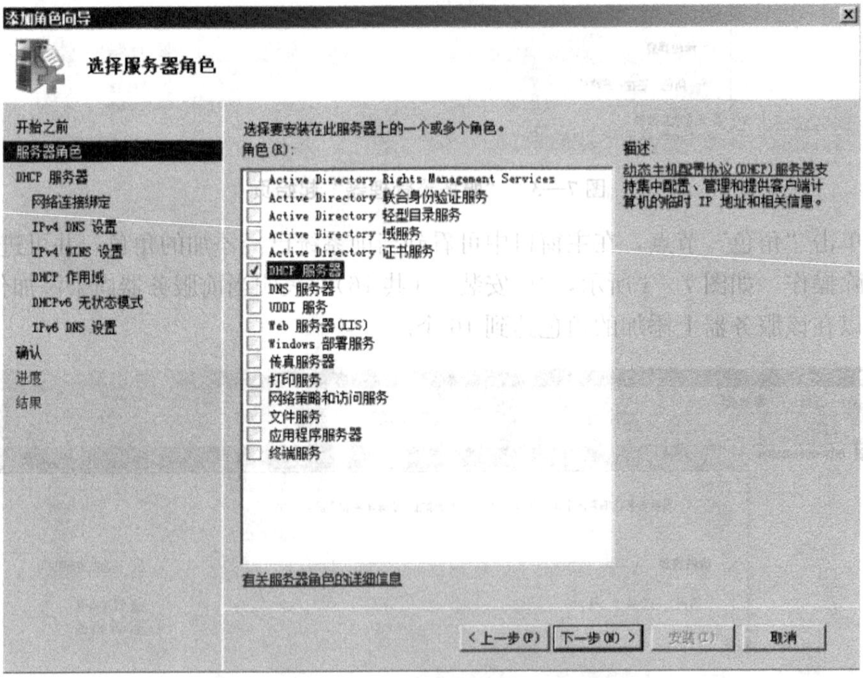

图7—6　选择服务器角色

（5）在出现的对话框中将显示 DHCP 服务器的简介和注意事项，对于 Windows 提供的向导，建议在学习过程中留意查看其提供的参考信息，这是一个比较好的入门教程，例如图 7—7 中，“注意事项”部分就列举了配置 DHCP 服务之前应满足的条件。单击“下一步”。

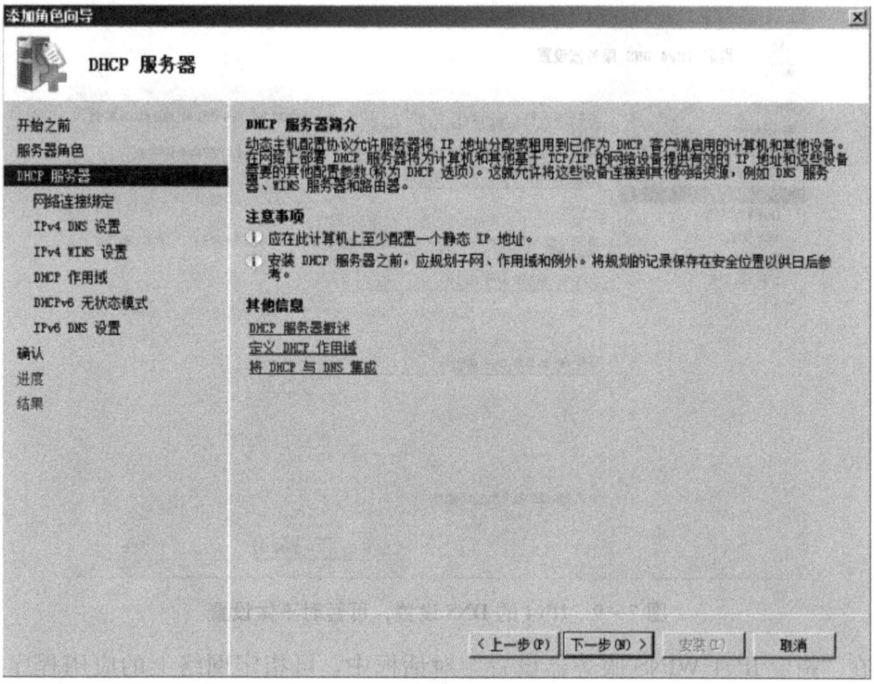

图 7—7　DHCP 服务器简介

（6）出现“选择网络连接绑定”对话框，如图 7—8 所示。默认将绑定到为使用中的每个网络连接静态配置的第一个 IP 地址。如果未设置静态 IP 地址，将出现提示。

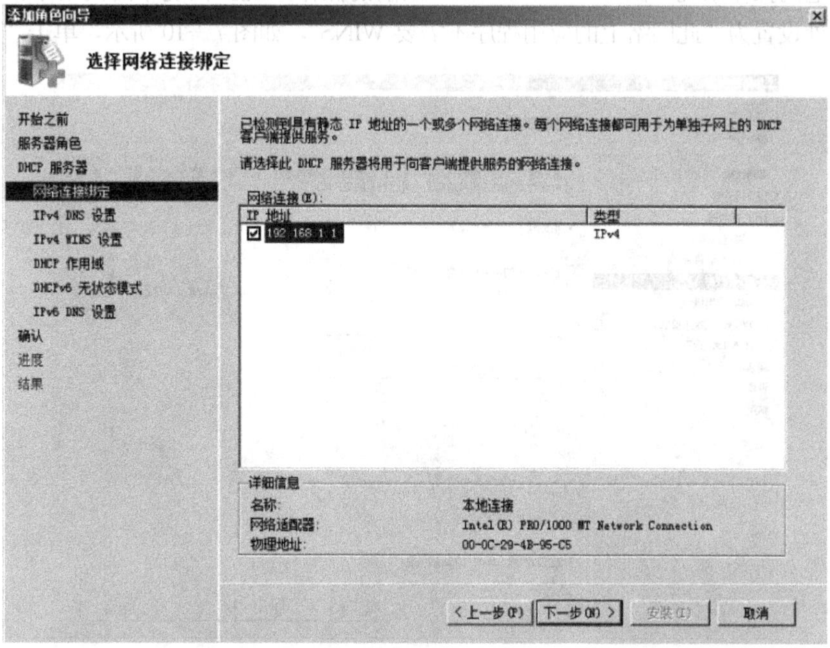

图 7—8　设置网卡的绑定，如网卡未设置静态 IP 地址，将出现提示信息

（7）单击“下一步”后，将出现“指定IPv4 DNS服务器设置”对话框，可设置父域的名称、为IPv4客户机配置的首选DNS服务器地址和备用的DNS服务器地址。此处也可以留空，待DHCP服务安装好后再通过选项做具体设置，如图7—9所示，单击“下一步”。

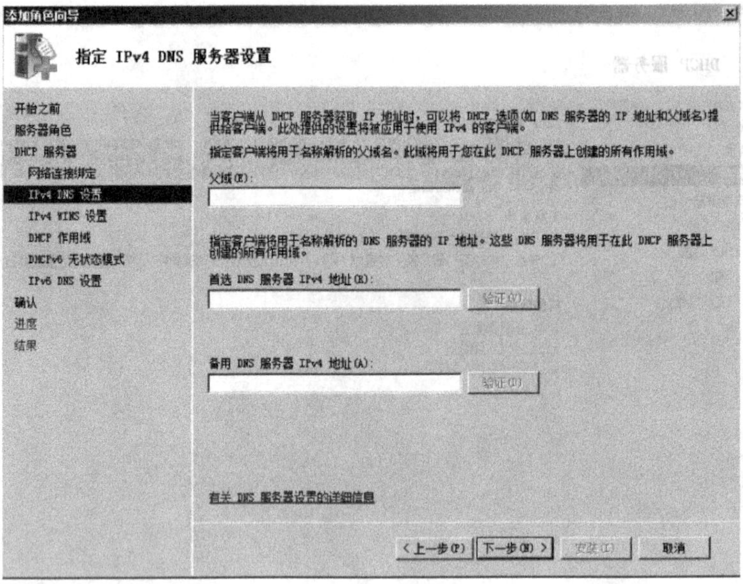

图7—9　IPv4的DNS设置，可暂时不做设置

（8）在“指定IPv4 WINS服务器设置”对话框中，可指定网络上的应用程序是否需要WINS服务器。WINS的全称是Windows Internet Naming Server，即Windows Internet命名服务，提供一个分布式数据库，能在路由网络的环境中动态地对IP地址和NetBIOS名的映射进行注册与查询。WINS用来登记NetBIOS计算机名，并在需要时将它解析成为IP地址。该服务主要针对较老的操作系统，例如Windows 2000以前的操作系统。在现今的网络中，该服务并不常用。在此处设置为“此网络上的应用程序不需要WINS”，如图7—10所示，单击“下一步”。

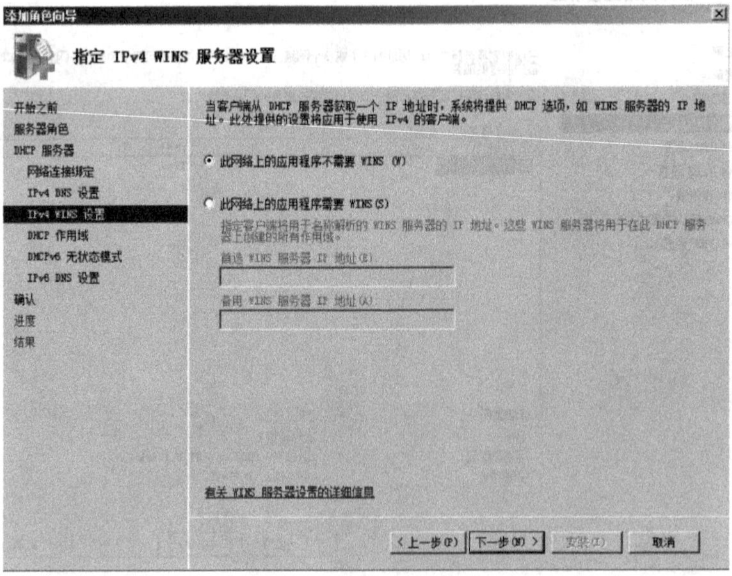

图7—10　WINS服务器设置

（9）在“添加或编辑 DHCP 作用域”对话框中，可以添加或编辑作用域，只有在添加作用域后，DHCP 服务器才可以将 IP 地址分配给客户端使用。因此对作用域的配置非常重要。作用域可以在 DHCP 服务器角色安装完成之后再添加，此处不需要添加作用域，单击“下一步”，如图 7—11 所示。

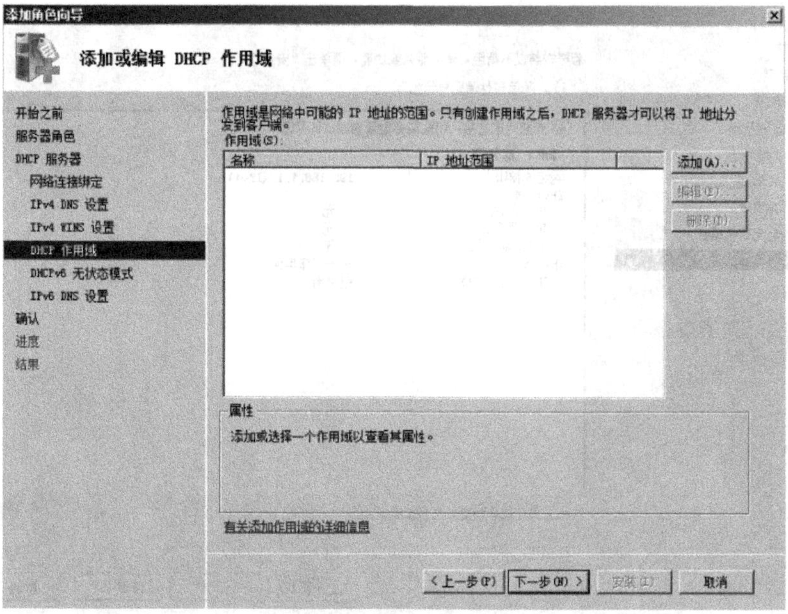

图 7—11　IPv4 的作用域设置，可在角色安装完成后添加

（10）在“配置 DHCPv6 无状态模式”对话框中，设置是否对服务器启用 DHCPv6 无状态模式配置。如果在网络中有使用 IPv6 的客户端，可启用该设置。这里选择“对此服务器禁用 DHCPv6 无状态模式”，并单击“下一步”，如图 7—12 所示。

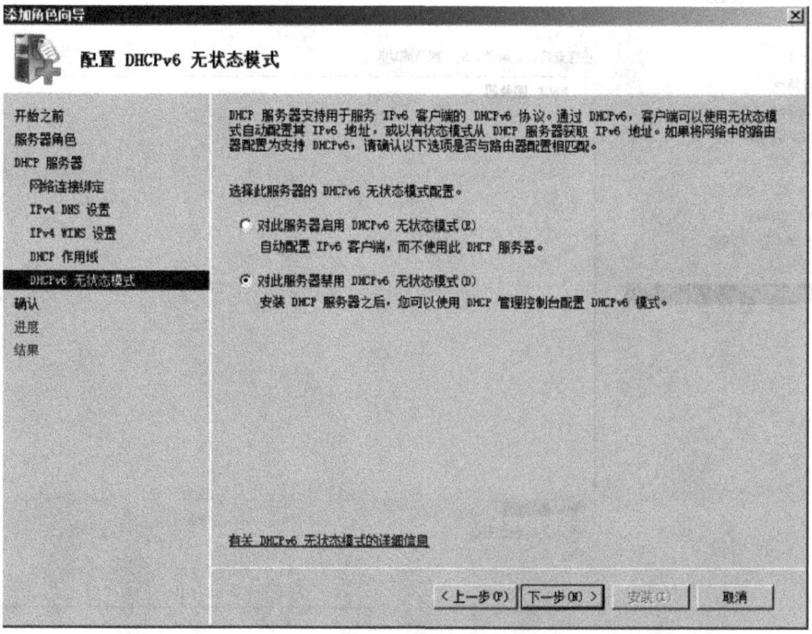

图 7—12　配置 DHCPv6 无状态模式

（11）上述操作完成后，出现“确认安装选择”对话框，单击“安装”按钮开始安装过程，如图 7—13 所示。

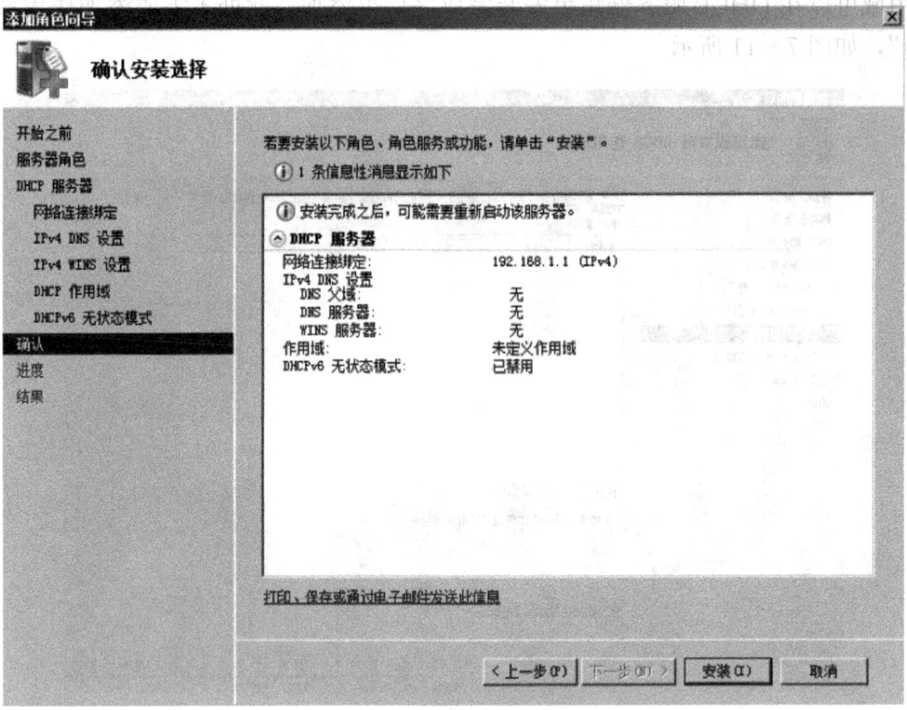

图 7—13　确认选择后安装

（12）服务器执行 DHCP 服务角色的安装，如图 7—14 所示。

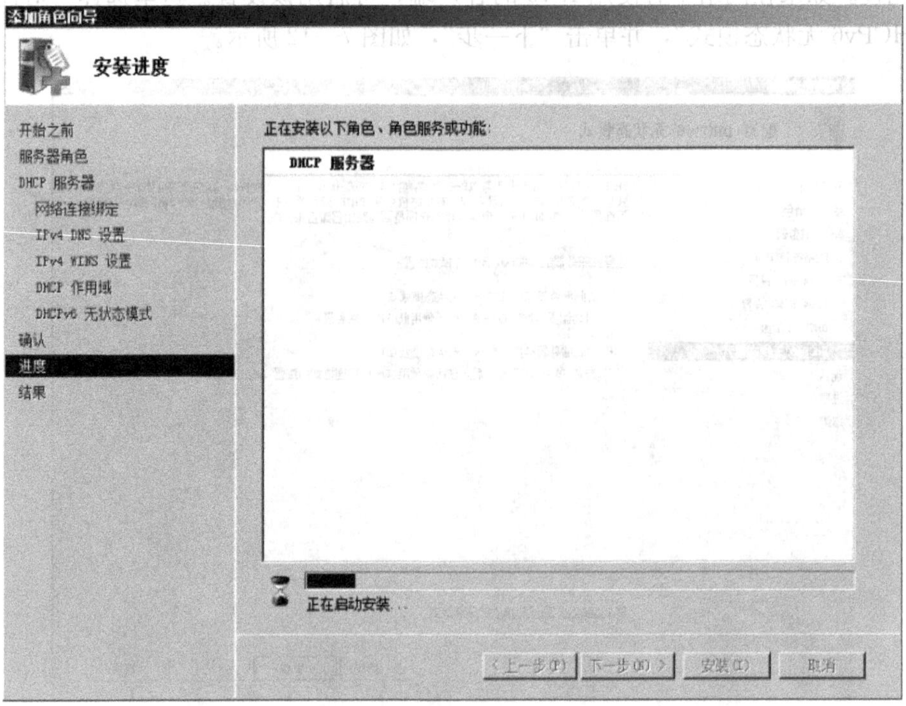

图 7—14　执行 DHCP 服务角色安装过程

（13）DHCP 服务角色安装完成后，将出现“安装成功”的提示，如图 7—15 所示。

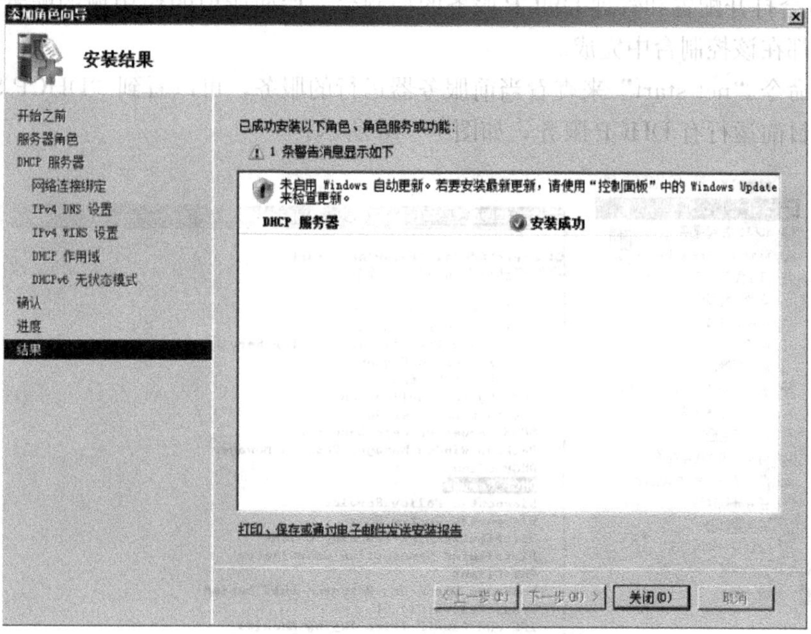

图 7—15　显示 DHCP 服务器安装成功

服务器在某种角色安装完成后，相对于角色安装前会有一些变化。作为管理员，应当注意到这些变化的发生，例如在系统中是否多出了某些文件夹、启动了某些服务等。了解这些内容，有助于在网络服务出现故障时进行排错。

DHCP 服务器角色正确安装后，在“服务器管理器”控制台中，单击“角色”前面的加号，将能看到已安装的 DHCP 服务器角色。在控制台右边的窗口中，还显示了 DHCP 服务的运行状态和已发生的事件等信息，如图 7—16 所示。

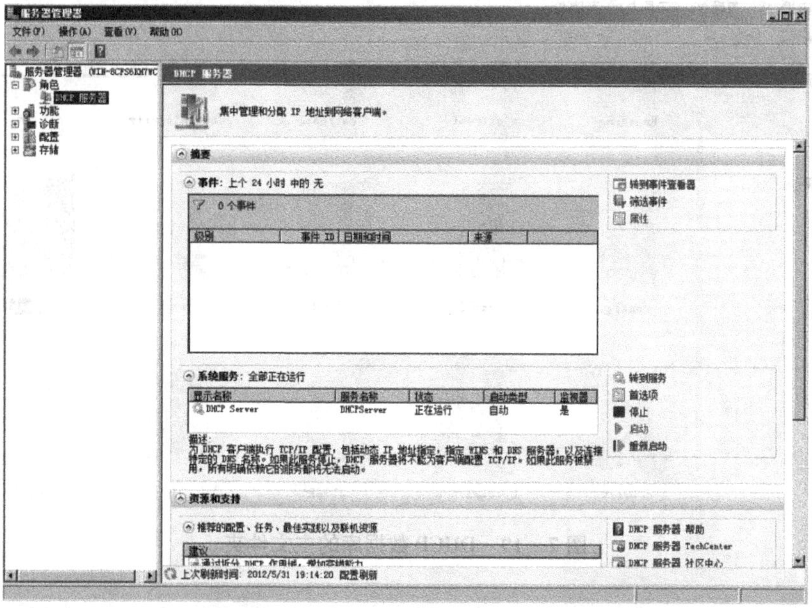

图 7—16　添加了 DHCP 服务角色后的服务器管理器控制台

在服务器“开始”菜单的“管理工具”中，也能看到DHCP，如图7—17所示。单击“DHCP”将会打开配置和管理DHCP服务的控制台，后面所说的作用域的配置、选项的配置等操作，都在该控制台中完成。

用系统命令“net start”来查看当前服务器运行的服务，可以看到“DHCP Server”，表明服务器中目前运行有DHCP服务，如图7—18所示。

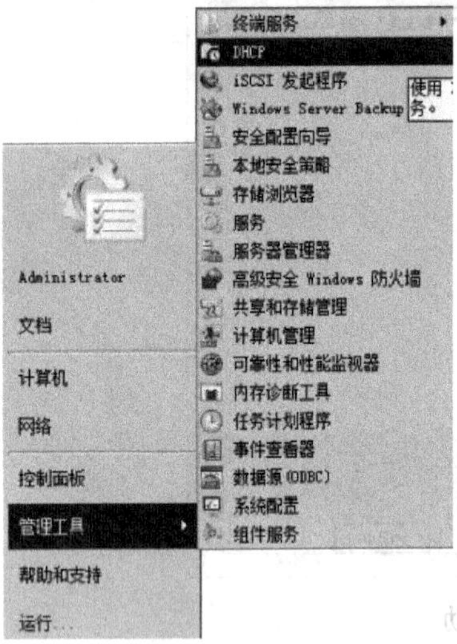

图7—17　安装了DHCP服务后的管理工具菜单

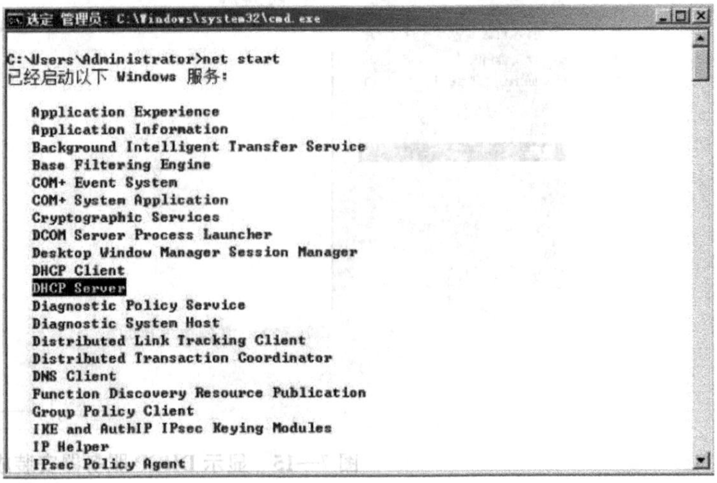

图7—18　运行中的DHCP服务进程

DHCP服务工作时所需的数据，存放在系统文件夹system32中，如图7—19、图7—20所示。

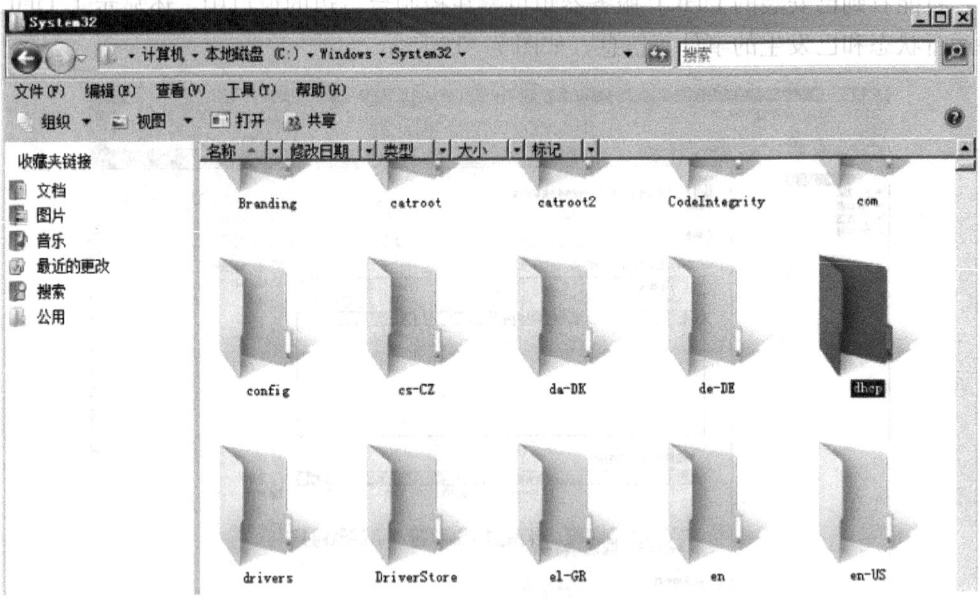

图7—19　DHCP数据库的主文件夹

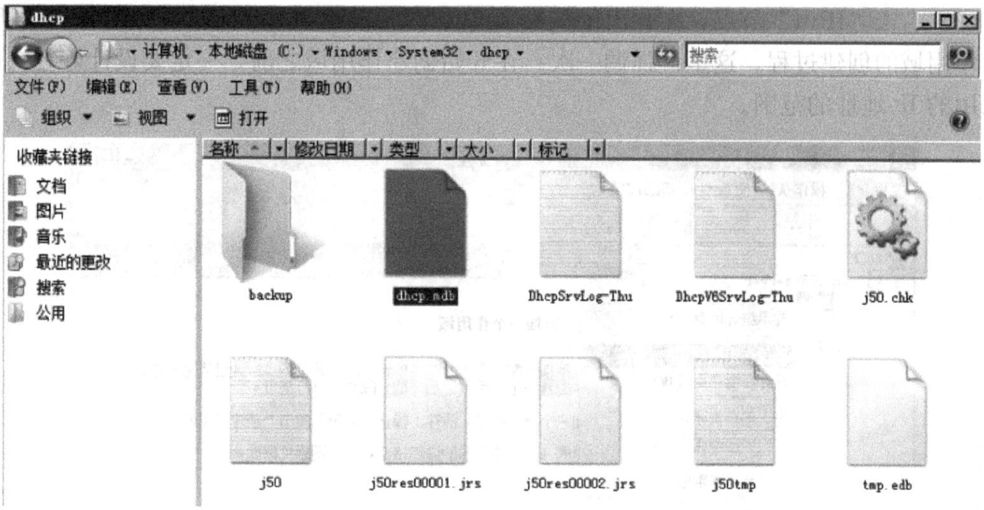

图 7—20　DHCP 数据库的主文件

7.3.2　创建并激活 DHCP 作用域

在服务器上添加了 DHCP 服务角色，并确保 DHCP 正常运行之后，接下来就可以开始配置 DHCP 服务了。当然，作为管理员，还需要规划好合理的 IP 地址范围，用于出租或分配给客户机使用。在工作组网络中配置 DHCP 服务比较简单，主要包括创建和激活作用域两个操作；在域网络中（域的概念在本书第 9 章提及）部署 DHCP 服务，需要对 DHCP 服务器进行授权。

下面以在工作组网络中部署 DHCP 服务为例，介绍作用域的配置过程。

（1）单击图 7—17 所示的"DHCP"，打开 DHCP 服务管理控制台（见图 7—21）。控制台中默认显示的是当前服务器的名称，单击该名称前的"+"，可以看到 DHCP 的设置情况（见图 7—22）。

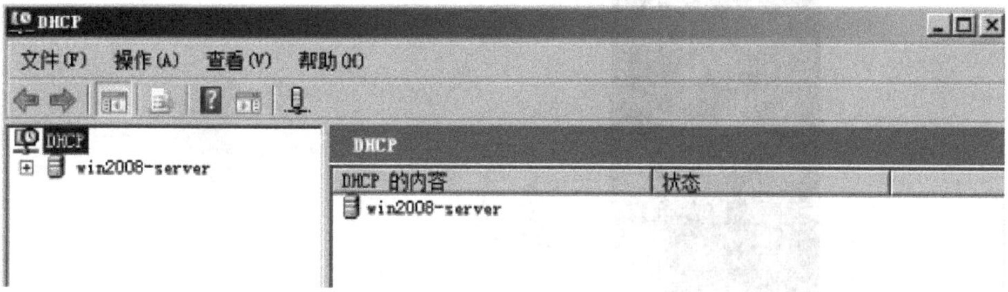

图 7—21　DHCP 服务管理控制台

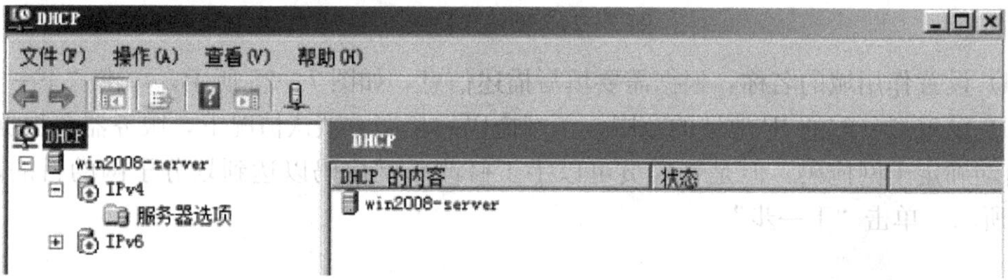

图 7—22　当前 DHCP 服务的设置

（2）右击“IPv4”节点，在弹出的快捷菜单中选择“新建作用域”，如图 7—23 所示，开始作用域的创建过程。这里再强调一次：在开始创建作用域之前，一定要设计好客户机可能采用的 IP 地址的范围。

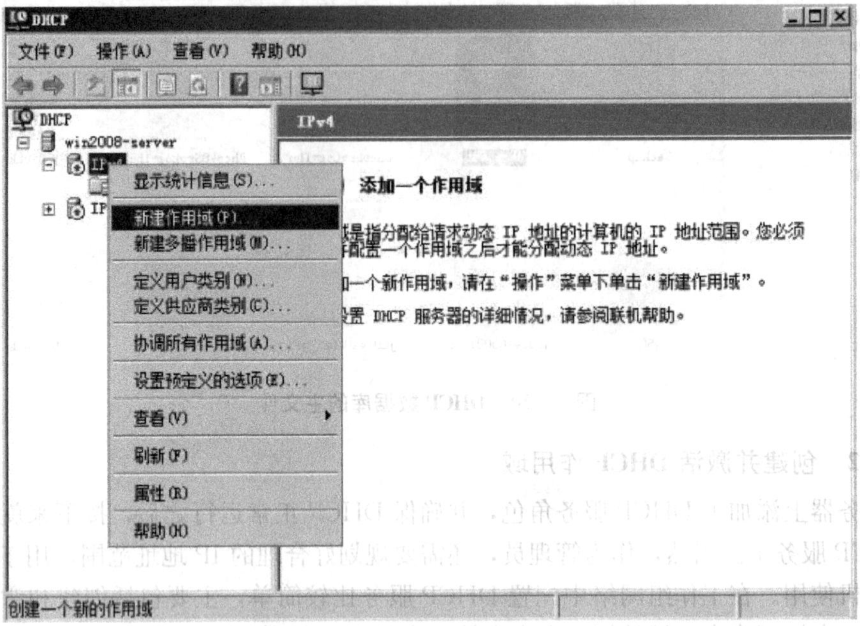

图 7—23　新建作用域

（3）在弹出的“新建作用域向导”对话框中，单击“下一步”，如图 7—24 所示。

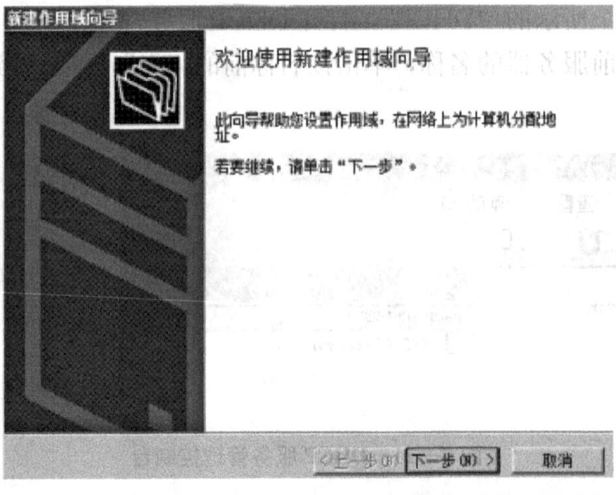

图 7—24　新建作用域向导

（4）设置作用域的名称，根据需要填写描述信息，如图 7—25 所示，单击“下一步”。

（5）设置拟分配的 IP 地址的范围、子网掩码的长度。默认情况下，服务器会根据 IP 地址段自动确定子网掩码，但是管理员可以手工修改子网掩码以达到划分子网的目的，如图 7—26 所示。单击“下一步”。

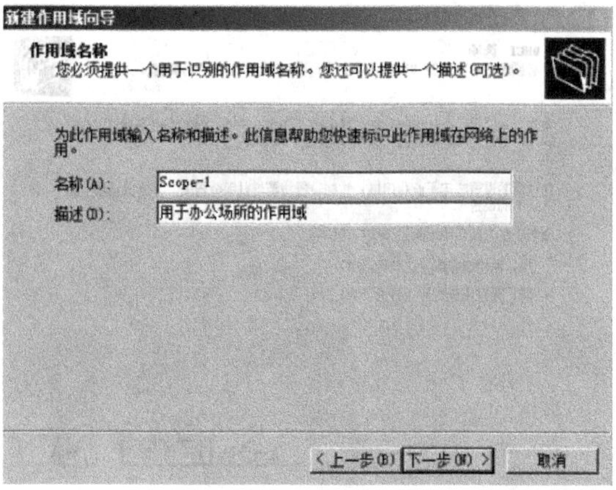

图 7—25 设置作用域名称和描述信息

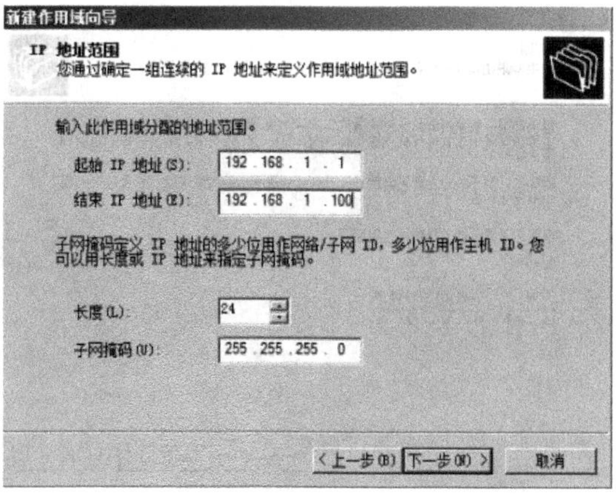

图 7—26 设置 IP 地址范围与子网掩码

(6) 在“添加排除”对话框中，可以设置不分配给客户机使用的 IP 地址。在网络中有时需要将某些地址固定地用于某些服务器或计算机，那么这些地址就不能作为可用地址分配给 DHCP 客户机，必须将它们从作用域中排除。可以把一个或一组地址作为排除范围。如果要排除某个 IP 地址，只需在起始和结束 IP 地址的方框中都填入该地址即可，如图 7—27 所示。添加完地址后，需要单击“添加”按钮，让设置的 IP 地址处于被排除的状态，如图 7—28 所示。单击“下一步”。

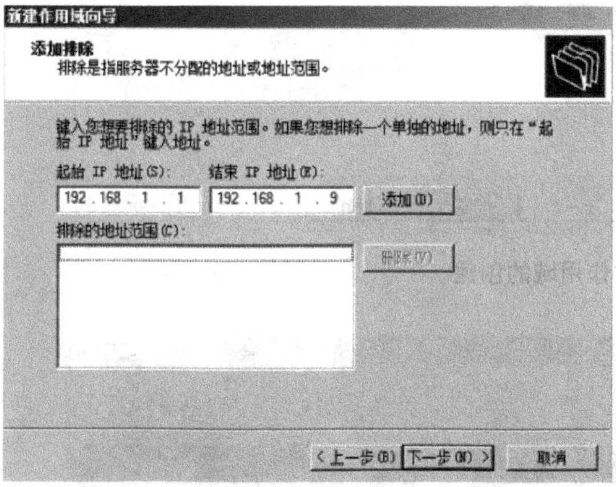

图 7—27 设置被排除 IP 地址的起止范围

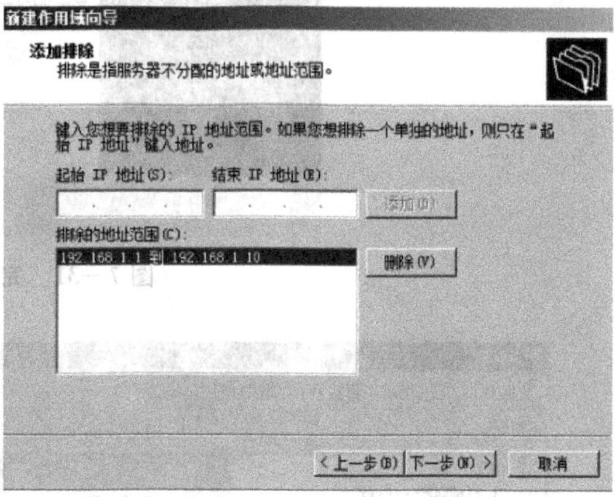

图 7—28 添加排除

(7) 在“租用期限”对话框中，设置 DHCP 客户机可使用 IP 地址的时间，默认为 8 天（见图 7—29），可根据可用 IP 地址的数量和实际客户机的数量调整该期限。单击“下一步”。

(8) 在“配置 DHCP 选项”对话框中，可暂时不做设置，选择“否，我想稍后配置这些选项”(见图 7—30)。单击“下一步”。

(9) 上述操作完成后，将会显示完成的对话框（见图 7—31），提示接下来需要激活作用域。单击“完成”。

回到 DHCP 管理控制台，能看到已创建的作用域。此时在作用域名称处，有一个红色的按钮，如图 7—32 所示，表示该作用域并未激活。未激活的作用域是不能提供 IP 地址给客户机使用的。

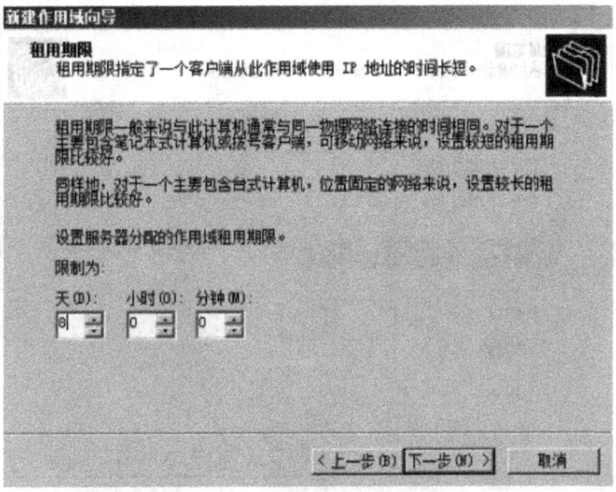

图 7—29　设置 IP 地址租用期限

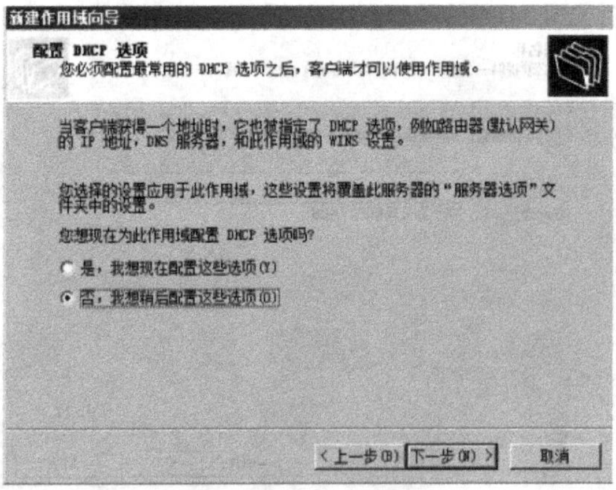

图 7—30　选项配置

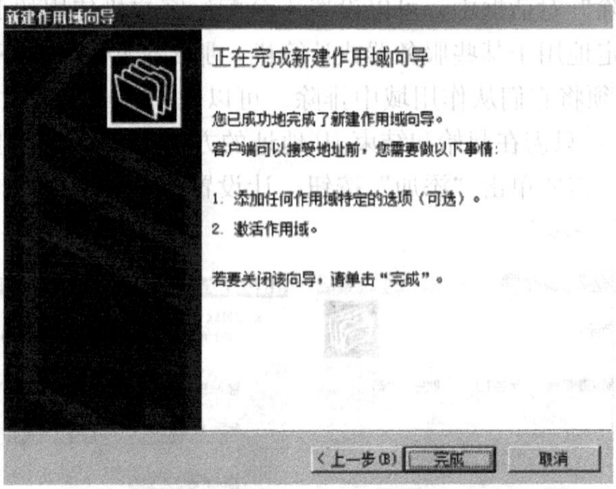

图 7—31　完成作用域的创建

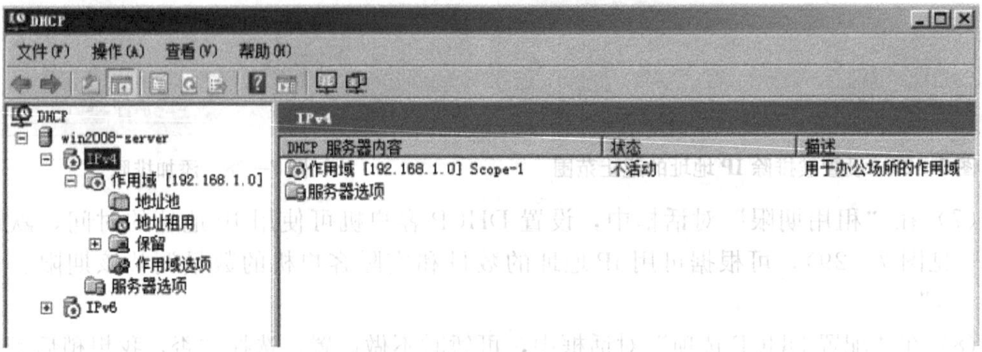

图 7—32　未激活的作用域名称处有一个红色按钮

用鼠标右击作用域名称，在出现的快捷菜单中选择“激活”。激活后的作用域名称上的按钮将由红色变为绿色，此时该作用域即可为客户机提供 IP 地址的分配和管理服务了，如图 7—33、图 7—34 所示。

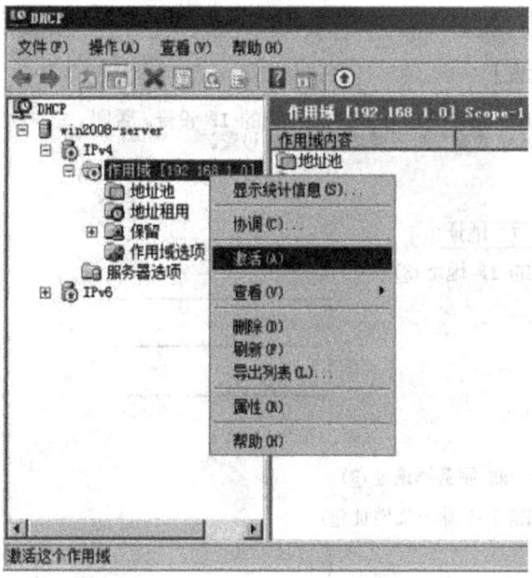

图 7—33　激活作用域

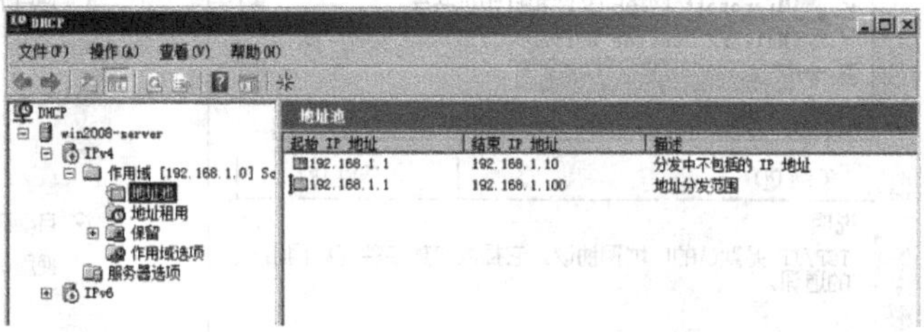

图 7—34　激活后的作用域

7.3.3　DHCP 客户端的设置与测试

相对于前述 DHCP 服务器的安装和配置，对自动从服务器获取 IP 地址的 DHCP 客户端的设置要简单得多，只需对客户端的 TCP/IP 属性做一下设置。下面以 Windows XP 为例进行说明。

(1) 右击“网上邻居”选择“属性”，在打开的“网络连接”窗口中，右击“本地连接”，选择“属性”，如图 7—35 所示。

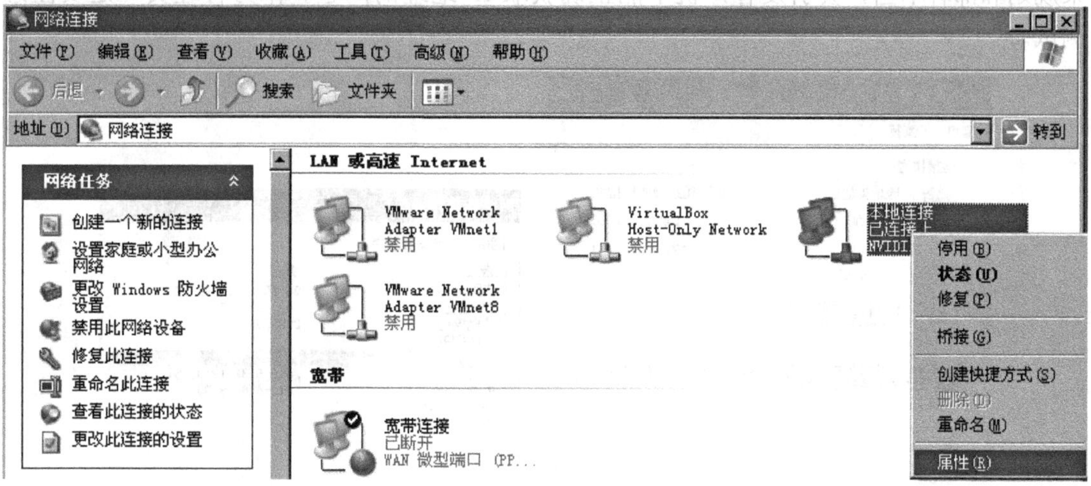

图 7—35　选择本地连接的属性

(2) 在打开的“本地连接 属性”对话框中，选择“Internet 协议（TCP/IP）”，双击后打开“Internet 协议（TCP/IP）属性”对话框（见图 7—36）。在该对话框中设置为“自动获得 IP 地址”，如图 7—37 所示。

(3) 客户端在做完上述配置后，即可通过 DHCP 服务器获得 IP 地址等网络参数。要想查看客户端的网络配置，通过单击图 7—35 所示的“状态”，即可打开 DHCP 客户端的“本地连接 状态”对话框。在该对话框中，单击“支持”标签，即可看到客户端的连接状态信息，如图 7—38 所示。在该图中，可以看到客户机获取地址的方式为“通过 DHCP 指派”，还可看到已获取的 IP 地址和子网掩码。通过单击“详细信息”按钮，可以打开“网络连接

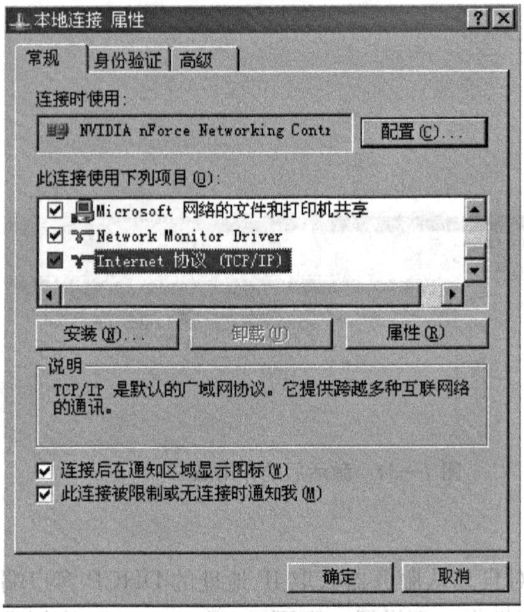

图 7—36　设置本地连接的属性

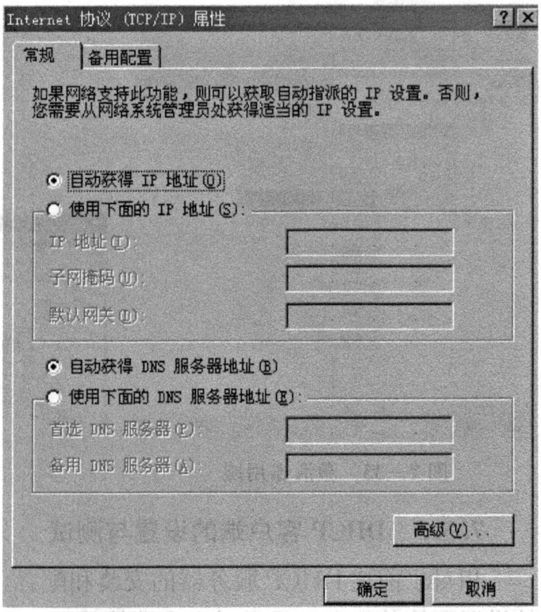

图 7—37　设置为自动获得 IP 地址

详细信息”对话框，在该对话框中可以进一步确定客户端所获取的网络参数是否真正来自于已规划的 DHCP 服务器，如图 7—39 所示。因为在网络中可能存在多台 DHCP 服务器，如果规划和部署不当，会引发客户机不能正确获取 IP 地址的问题。作为管理员一定要注意测试。

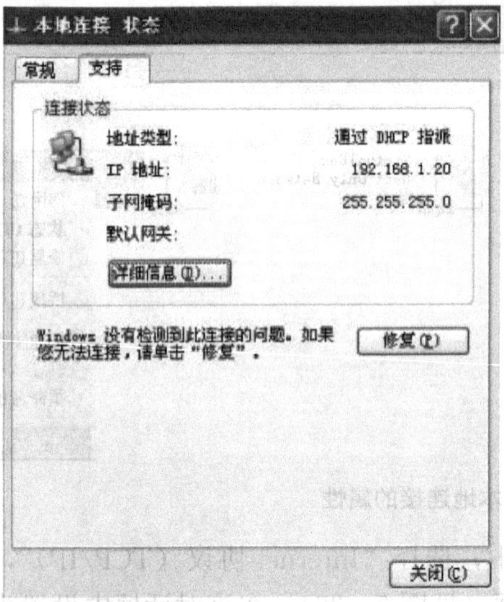

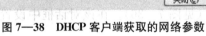

图 7—38　DHCP 客户端获取的网络参数

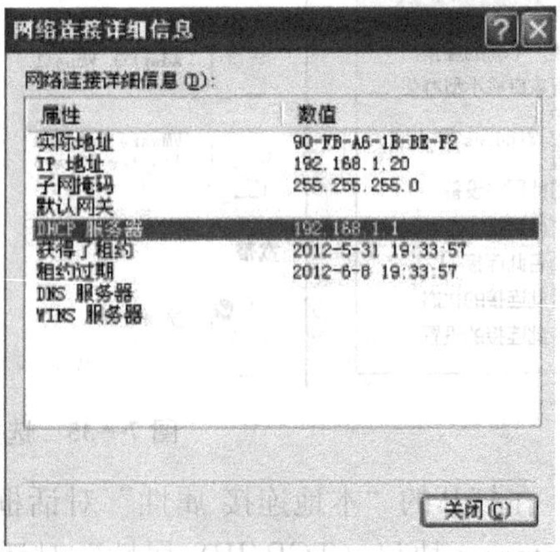

图 7—39　网络连接的详细信息

除了在上述图形界面下可以查看 DHCP 客户端的网络连接信息外，用户还可以通过在命令行窗口中运行“ipconfig”命令，查看连接信息，如图 7—40 所示。通过输入“ipconfig /all”查看当前客户端的网络连接的详细信息。这种方式比图形界面更为快捷。

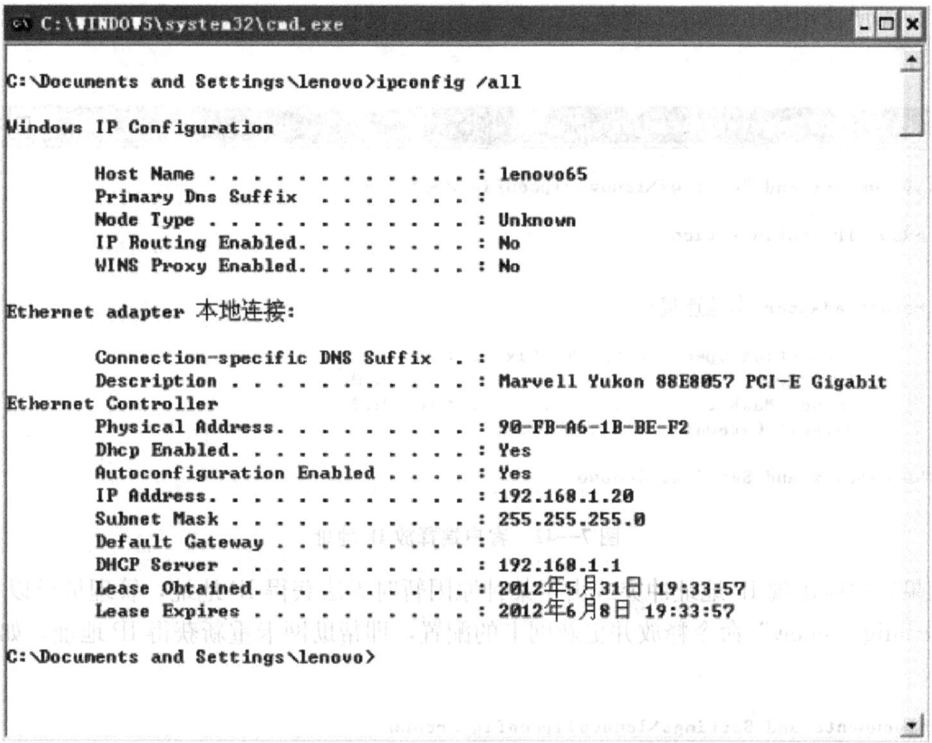

图 7—40　在 DHCP 客户端的命令行窗口中查看网络连接信息

当网络中的客户机从 DHCP 服务器获取 IP 地址后，管理员可以在 DHCP 服务的管理控制台中，查看当前的地址租用情况，如图 7—41 所示。单击“地址租用”，在控制台右边的窗口里将显示当前从该 DHCP 服务器获取 IP 地址的客户机的列表。

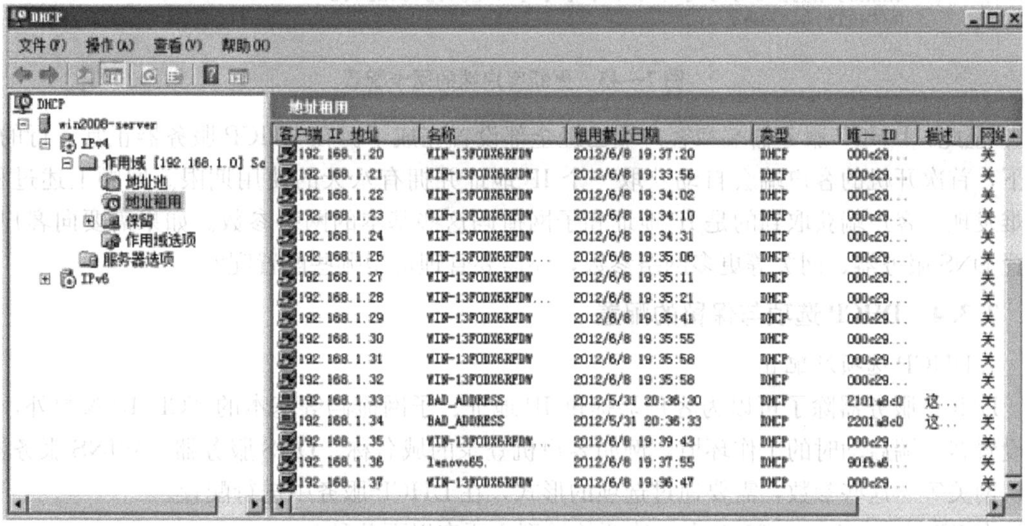

图 7—41　DHCP 服务管理控制台上显示的地址租用列表

IP 地址是以租用的方式提供给客户机，也就是说，客户机使用的 IP 地址有一定的时间期限，到达该期限前，客户机需要向 DHCP 服务器续约以延长使用时间，也可以提前向服务器主动归还 IP 地址。在客户端的命令行窗口中，运行“ipconfig /release”命令，可以释放掉客户端所使用的 IP 地址。释放后，IP 地址和子网掩码均显示为全 0 的形式，如图 7—42 所示。

```
C:\WINDOWS\system32\cmd.exe

C:\Documents and Settings\lenovo>ipconfig /release

Windows IP Configuration


Ethernet adapter 本地连接:

        Connection-specific DNS Suffix  . :
        IP Address. . . . . . . . . . . . : 0.0.0.0
        Subnet Mask . . . . . . . . . . . : 0.0.0.0
        Default Gateway . . . . . . . . . :

C:\Documents and Settings\lenovo>
```

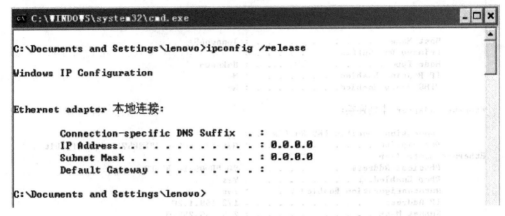

图 7—42　客户端释放 IP 地址

如果客户端出现 IP 地址冲突或由于某种原因暂时无法获得 IP 地址，管理员可以通过运行“ipconfig /renew”命令释放并更新网卡的配置，即帮助网卡重新获得 IP 地址，如图 7—43 所示。

```
C:\Documents and Settings\lenovo>ipconfig /renew

Windows IP Configuration

Ethernet adapter 本地连接:

        Connection-specific DNS Suffix  . :
        IP Address. . . . . . . . . . . . : 192.168.1.36
        Subnet Mask . . . . . . . . . . . : 255.255.255.0
        Default Gateway . . . . . . . . . :
```

图 7—43　更新客户端的网卡配置

至此，DHCP 服务器端和客户端已经全部设置完成了。在 DHCP 服务器正常运行的情况下，首次开机的客户端会自动获取一个 IP 地址并拥有八天的使用期限。回顾上述过程，不难发现，客户端获取到的是 IP 地址和子网掩码这些基本的网络参数。如果需要向客户机配置 DNS 服务器、网关等更多网络参数，还需要管理员做哪些配置呢?

7.3.4　DHCP 选项与保留的配置

1. DHCP 选项及配置

DHCP 服务器除了可以为客户端提供 IP 地址、子网掩码等基本的 TCP/IP 参数外，还可设置客户端启动时的工作环境，例如客户机登录的域名称、DNS 服务器、WINS 服务器、默认网关等。这些参数，需要通过选项的形式，在 DHCP 服务中进行配置。

在 Windows Server 2008 中，选项的类型主要有以下几种：

● 服务器选项：该选项在 DHCP 服务器安装后即存在，对该选项的配置默认应用于 DHCP 服务器中的所有作用域和客户端或由它们默认继承。此处配置的选项值可以被其他值覆盖，但前提是在下面提到的作用域、选项类别或保留客户端级别上设置这些值。

● 作用域选项：该选项在 DHCP 作用域创建后即存在，对该选项的配置应用于 DHCP

控制台树中选定的适当作用域中的客户端。此处配置的选项值可以被其他值覆盖，但前提是在选项类别或保留客户端级别上设置这些值。

● 保留选项：该选项为那些仅应用于特定的 DHCP 保留客户端赋值。要使用该级别的指派，必须首先通过 DHCP 服务器和作用域为该客户端添加保留。这些选项为作用域中使用地址保留配置的单独 DHCP 客户端而设置。只有在客户端上手动配置的属性才能替代在该级别指派的选项。

● 类别选项：使用任何选项配置对话框（“服务器选项”、“作用域选项”或“新建保留”）时，均可单击“高级”选项卡来配置和启用客户端的指派选项，这些客户端可以指定用户或供应商类别。

此外，还可以通过“预定义选项”来控制为 DHCP 服务器预定义哪些类型的选项，以便作为可用选项显示在任何一个通过 DHCP 控制台提供的选项配置对话框（如“服务器选项”、“作用域选项”或“保留选项”）中。可根据需要将选项添加到标准选项预定义列表中或从该列表中删除选项。

DHCP 客户端需要服务器通过选项设置才能提供的参数中，最常见的信息如表 7—1 所示。

表 7—1　　DHCP 常见选项的设置

选项	描述
003 路由器	DHCP 客户端所在子网上路由器的 IP 地址首选列表。客户端可根据需要与这些路由器联系以转发目标为远程主机的 IP 数据包。
006 DNS 服务器	可由 DHCP 客户端用于解析域主机名称查询的 DNS 名称服务器的 IP 地址。
015 DNS 域	指定 DHCP 客户端在 DNS 域名称解析期间解析不合格名称时应使用的域名。

下面以作用域选项的配置过程为例，介绍 DHCP 选项的配置。

（1）在 DHCP 服务管理控制台中，展开已建立的作用域，可以看到“作用域选项”，如图 7—44 所示，在窗口右侧，用户可以了解到作用域选项的功能。

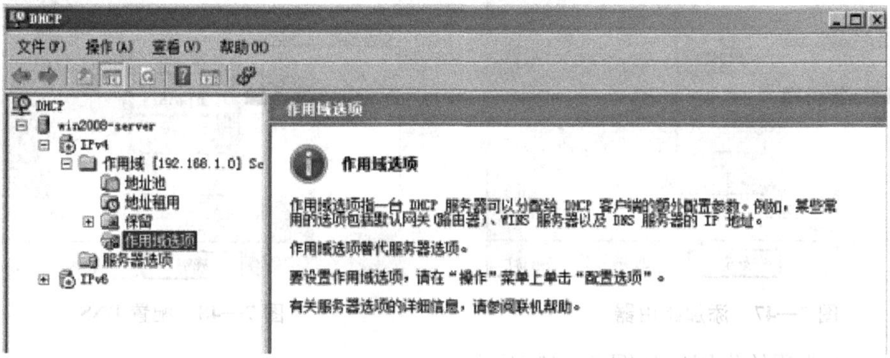

图 7—44　作用域选项设置窗口

（2）右击“作用域选项”，在快捷菜单中选择“配置选项”，如图 7—45 所示，将会打开“作用域选项”的设置对话框。

（3）根据网络的实际部署，填写相应的选项配置参数。例如，网络中设置的默认网关的地址是 192.168.1.1，则选中“003 路由器”，在“IP 地址”栏中填写该地址后单击“添加”按钮，如图 7—46、图 7—47 所示。

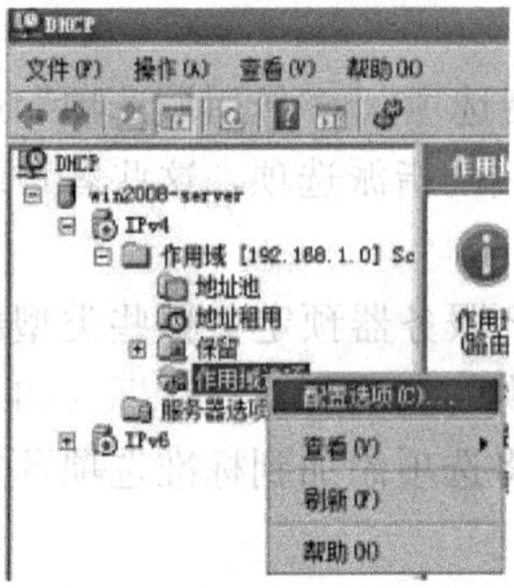

图 7—45　配置选项

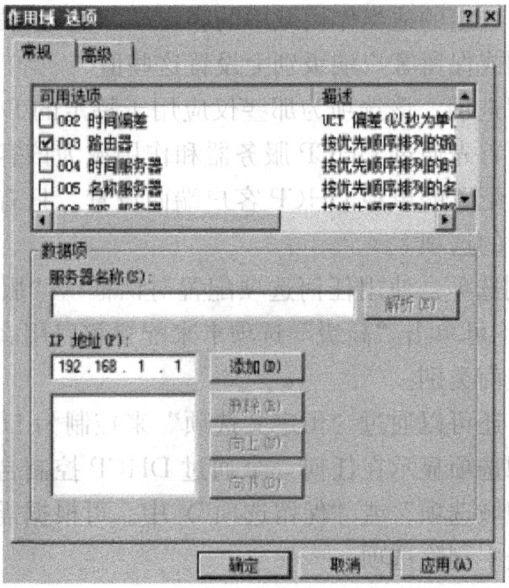

图 7—46　填写路由器地址

（4）参照上述步骤（3），还可以添加其他的网络参数。例如图 7—48 显示的是添加 DNS 服务器。

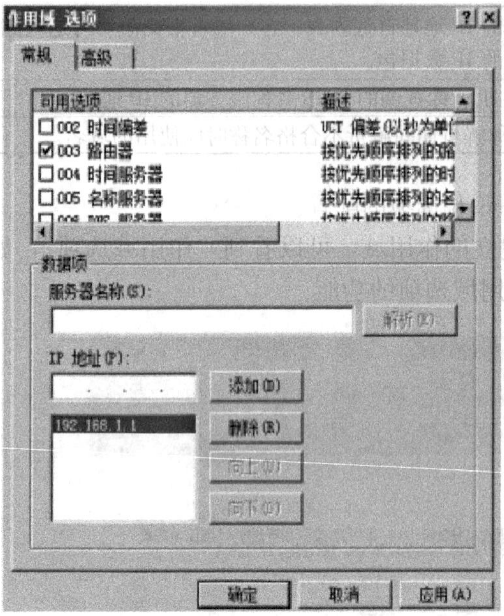

图 7—47　添加路由器

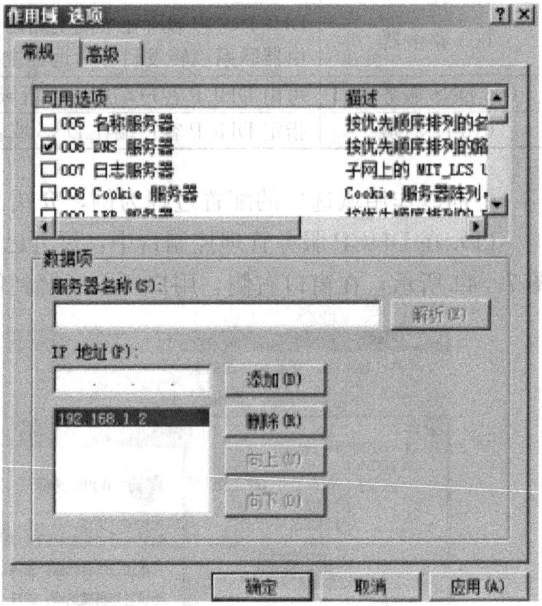

图 7—48　配置 DNS

（5）设置选项的作用域如图 7—49 所示。

（6）在 DHCP 客户端，通过查看网络连接的详细信息，可以看到除了基本的 IP 地址、子网掩码被获取以外，通过作用域选项配置的 DNS 服务器地址、默认网关地址等其他参数，也能被客户端获取，如图 7—50 所示。

其他选项的配置过程，例如服务器选项，和上述的作用域选项配置过程基本类似，可以参考上述步骤来进行。服务器选项的配置窗口如图 7—51 所示。

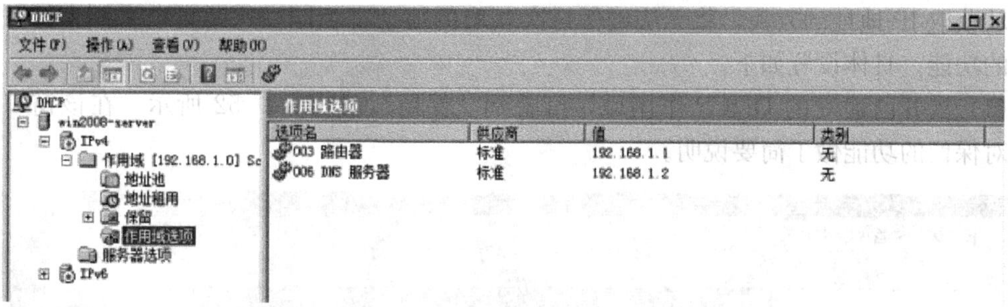

图 7—49　配置选项的作用域

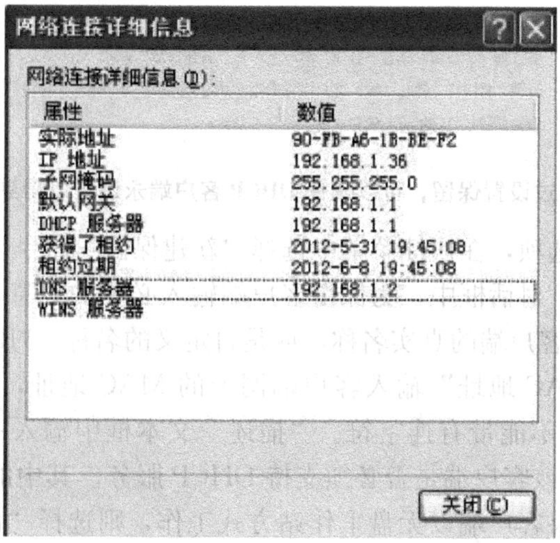

图 7—50　客户端获取的更多网络参数

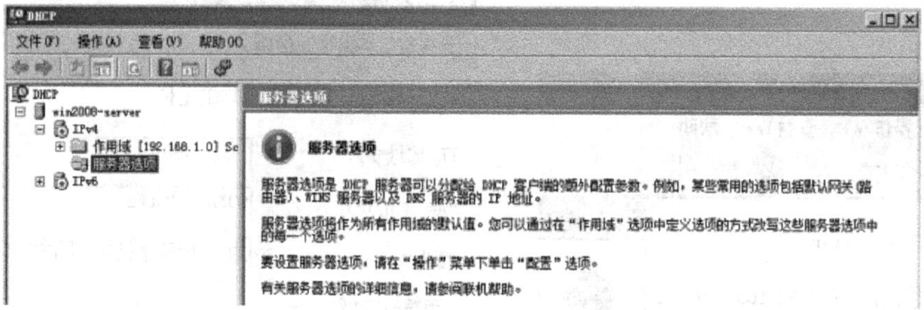

图 7—51　服务器选项的配置窗口

用户需要注意的是：如果在服务器选项与作用域选项中设置了相同的选项，则作用域的选项起作用，即在应用时作用域选项将覆盖服务器选项，同理类选项会覆盖作用域选项、保留客户选项覆盖以上三种选项，它们的优先级表示如下：

保留客户选项>类选项>作用域的选项>服务器选项（“>”表示优先于）

2. DHCP 保留及配置

DHCP 服务器提供的 IP 地址保留功能，可以将特定的 IP 地址与指定网卡的 MAC 地址绑定，建立一一对应的关系，从而使该 IP 地址为该网卡专用。通常，该功能可用于设置某些 DHCP 客户端获得固定的 IP 地址。例如，在网络中配置的 Web 服务器、FTP 服务器等，为了便于用户访问，都采用固定的 IP 地址。如果这些服务器原先设置的是通过 DHCP 服务器自动获取 IP 地址的方式，将无法确保每次获取的地址都相同。这时可以采用 DHCP“保留”的功能。具体设置如下。

(1) 展开已建立的 DHCP 作用域，可看到“保留”，如图 7—52 所示。在该窗口的右侧，对保留的功能做了简要说明。

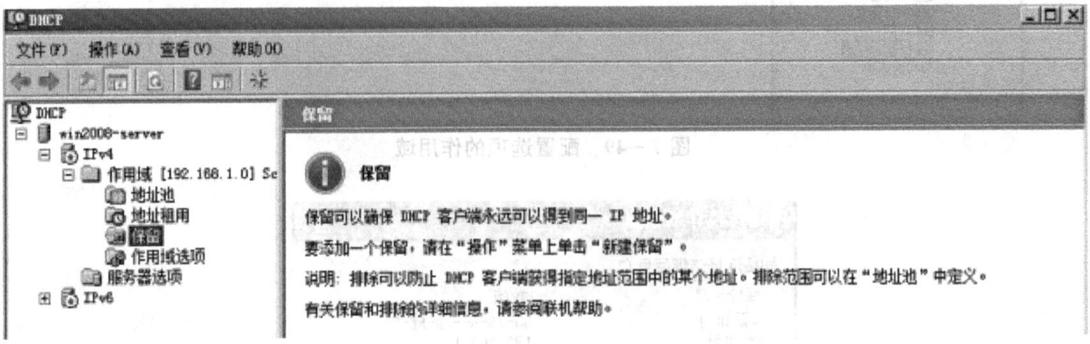

图 7—52　通过设置保留，可以确保 DHCP 客户端永远可以得到同一 IP 地址

(2) 右击“保留”选项，在快捷菜单中选择“新建保留”命令，如图 7—53 所示。

(3) 在“新建保留”对话框中，为保留客户端输入必要的信息，如图 7—54 所示。“保留名称”可填写 DHCP 客户端的真实名称，或是自定义的名称。“IP 地址”输入要保留给该客户端的 IP 地址。“MAC 地址”输入客户端网卡的 MAC 地址，特别要注意的是此处该 MAC 地址的写法，中间不能带有连字符。“描述”文本框中输入一些辅助性的说明文字。“支持的类型”用于设置该客户端是否必须支持 DHCP 服务。其中的 BOOTP 是针对早期的无盘工作站设计的，如果客户端以无盘工作站方式工作，则选择“仅 BOOTP”选项，也可以选择“两者”。

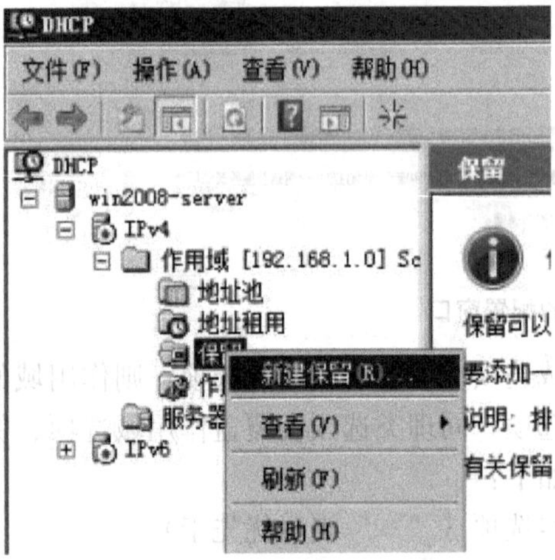

图 7—53　新建保留

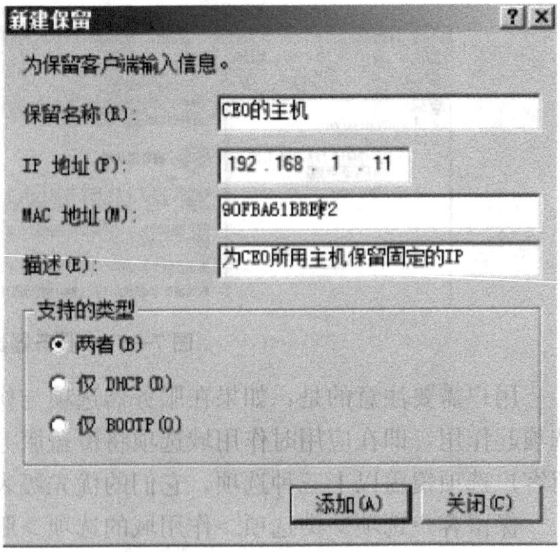

图 7—54　设置保留信息

(4) 在设置过保留后，通过客户端测试，可看到指定的 IP 地址被正确分配，如图 7—55 所示。同时，在 DHCP 服务管理控制台也能看到客户端的应用情况，如图 7—56 所示。

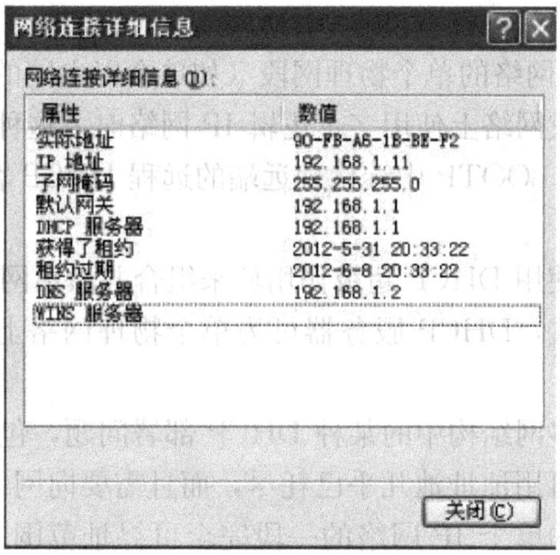

图 7—55　在客户端测试保留的 IP 地址

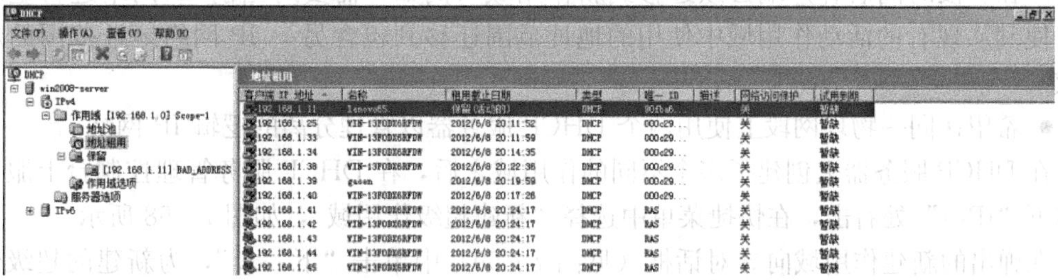

图 7—56　在 DHCP 服务管理控制台查看被保留地址的客户机

7.3.5　跨网段使用 DHCP

前面介绍了 DHCP 作用域的配置和应用。用户不妨考虑如图 7—57 所示的情况。在一台 DHCP 服务器上，创建了多个作用域，而每个作用域设置的地址范围有所不同，可能处于不同的网段。在这种情况下，DHCP 客户端又如何获得 IP 地址呢？

在默认情况下，DHCP 客户端会获取与服务器在同一网段的作用域内的 IP 地址。例如，DHCP 服务器的地址是 192.168.1.1，则在图 7—57 所示的三个作用域内，DHCP 客户机将从作用域 192.168.1.0 内获取 IP 地址。如果该作用域内可用地址均已被分配完毕，则客户机无地址可用，而不会向另外两个作用域发出地址请求信息。

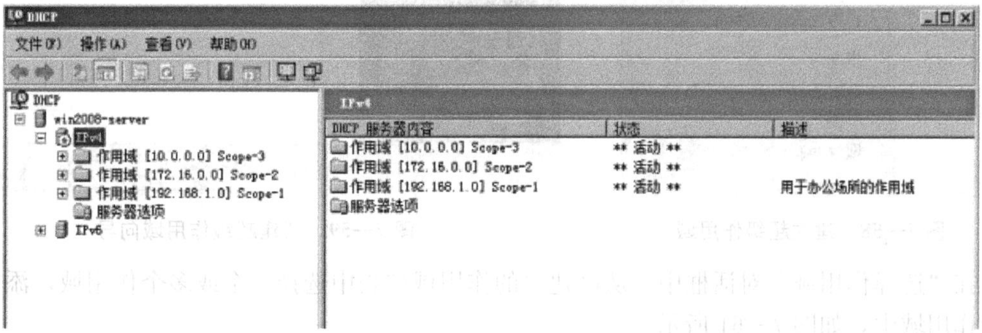

图 7—57　在同一台服务器上创建了多个作用域

通过使用超级作用域可以将多个作用域组合为单个管理实体。使用此功能，DHCP 服务器可以：

● 在使用多个逻辑 IP 网络的单个物理网段（如单个以太网的局域网段）上支持 DHCP 客户端。在每个物理子网或网络上使用多个逻辑 IP 网络时，这种配置通常被称为“多网”。

● 支持位于 DHCP 和 BOOTP 中继代理远端的远程 DHCP 客户端（而在中继代理远端上的网络使用多网配置）。

在多网配置中，可以使用 DHCP 超级作用域来组合并激活网络上使用的 IP 地址的单独作用域范围。通过这种方式，DHCP 服务器可为单个物理网络上的客户端激活并提供来自多个作用域的租约。

超级作用域可以解决多网结构中的某种 DHCP 部署问题，包括以下情形：

● 当前活动作用域的可用地址池几乎已耗尽，而且需要向网络添加更多的计算机。最初的作用域包括指定地址类的单个 IP 网络的一段完全可寻址范围。需要使用另一个 IP 网络地址范围以扩展同一物理网段的地址空间。

● 在一段时间后客户端必须迁移到新作用域（例如，需要对当前 IP 网络进行重新编号，使其从现有的活动作用域中使用的地址范围迁移到包含另一 IP 网络地址范围的新作用域）。

● 希望在同一物理网段上使用两个 DHCP 服务器以管理分离的逻辑 IP 网络。

在 DHCP 服务器上创建了多个不同的作用域之后，在 DHCP 服务管理控制台上服务器名称下“IPv4”处右击，在快捷菜单中选择“新建超级作用域”，如图 7—58 所示。

在弹出的新建作用域向导对话框（见图 7—59）中单击“下一步”，为新建的超级作用域输入一个方便识别的名称，如图 7—60 所示，输入完成后单击“下一步”。

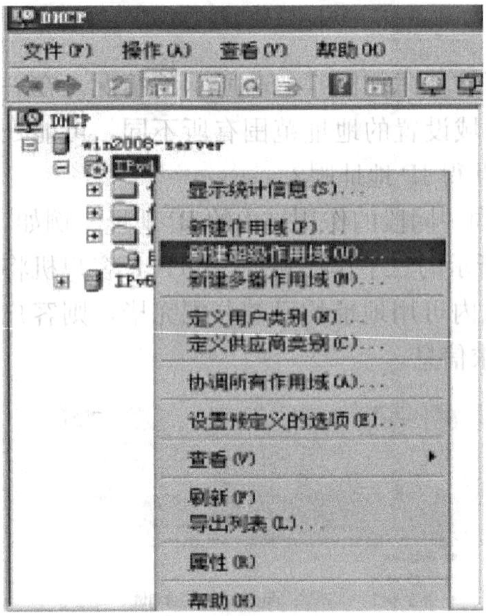

图 7—58　建立超级作用域

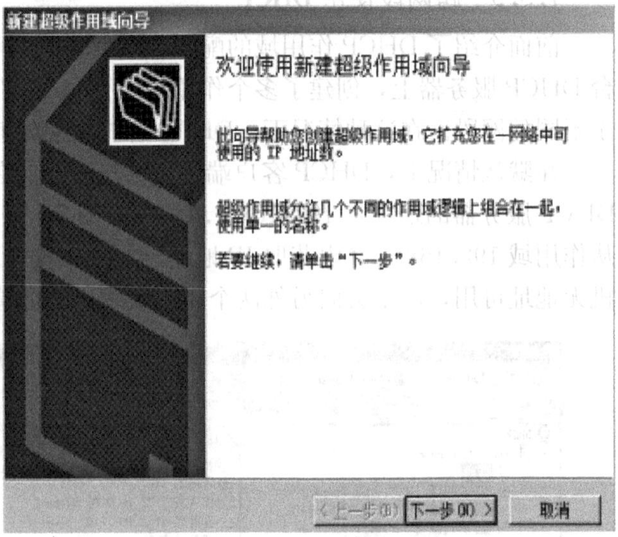

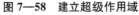

图 7—59　新建超级作用域向导

在“选择作用域”对话框中，从已建立的作用域列表中选择一个或多个作用域，添加到超级作用域中，如图 7—61 所示。

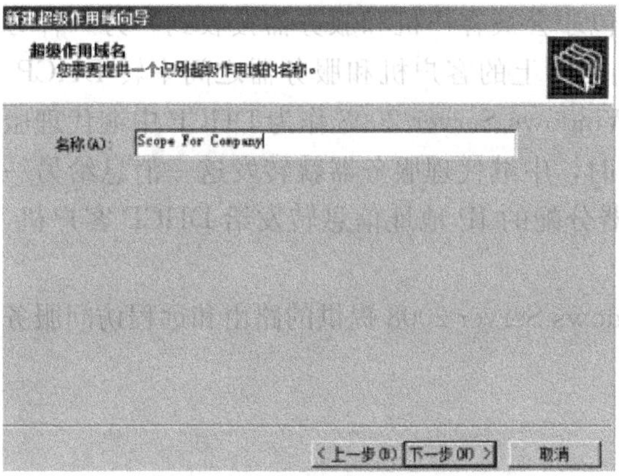

图 7—60　设置超级作用域名称

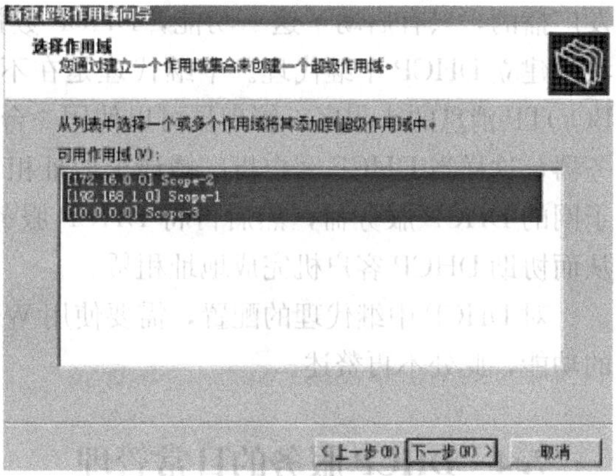

图 7—61　选择作用域添加到超级作用域

单击“下一步”后，将显示添加超级作用域后的摘要信息（见图 7—62），点击“完成”即可结束创建过程。创建好的超级作用域如图 7—63 所示。

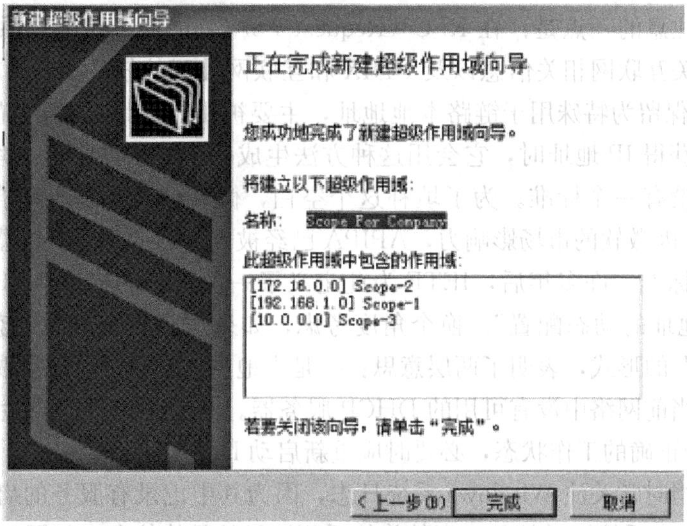

图 7—62　完成超级作用域的创建

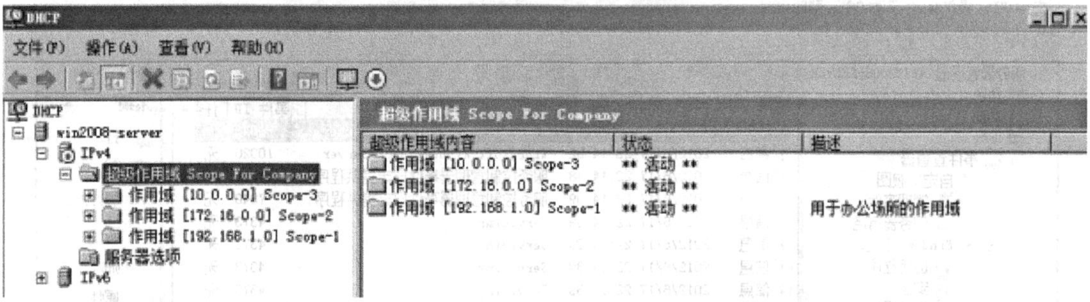

图 7—63　显示了超级作用域的管理控制台

如果需要在一台 DHCP 服务器上同时设置多个不同网段的作用域，达到为多个子网提供服务的目的，可以启动连接不同子网的路由器的 DHCP/BOOTP 转发功能，因为在 DHCP 客户端启动时，它会发出 DHCP 广播以请求 IP 地址租赁，而通常情况下路由器是不转发广播的，只有启动了这一功能，DHCP 数据包才会被客户机和服务器接收到。另一种方法是建立 DHCP 中继代理。中继代理是在不同子网上的客户机和服务器之间中转 DHCP/BOOTP 消息的小程序，管理员可以使用一台 Windows Server 2008 作为 DHCP 中继代理服务器，这样当 DHCP 客户机广播请求地址租赁时，中继代理服务器就转发这一消息给另一子网的 DHCP 服务器，然后再将 DHCP 服务器分配的 IP 地址信息转发给 DHCP 客户机，从而协助 DHCP 客户机完成地址租赁。

对 DHCP 中继代理的配置，需要使用 Windows Server 2008 提供的路由和远程访问服务的功能，此处不再赘述。

7.4 DHCP 服务的日常管理

7.4.1 监视 DHCP 服务的状态

在网络中部署 DHCP 服务后，管理员可以通过检查客户端获取的网络参数，来分析 DHCP 服务器工作是否正常，例如检查客户端获取的 IP 地址是否在预先设定的作用域内。网络管理员需要注意的一点是：在 RFC（Request For Comments，是一系列以编号排定的文件，收集了有关互联网相关信息以及 UNIX 和互联网社区的软件文件）5735 中将地址块 169.254.0.0/16 保留为特殊用于链路本地地址，主要被用于地址自动配置：当主机不能从 DHCP 服务器处获得 IP 地址时，它会用这种方法生成一个。当这个地址块最初被保留时，地址自动配置尚没有一个标准。为了填补这个空白，微软创建了一种叫自动专用 IP 寻址（APIPA）技术。因微软的市场影响力，APIPA 已经被部署到了几百万机器上，也因此成为了事实上的工业标准。许多年后，IETF 为此定义了一份正式的标准：RFC 3927，命名为“IPv4 链路本地地址的动态配置”。换个角度考虑，如果从客户机查看到获取的 IP 地址为“169.254.*.*”的形式，表明了两层意思：一是本地主机是通过自动获取的方式来设置网络参数的；二是当前网络中没有可用的 DHCP 服务器。此时管理员需要检查服务器上 DHCP 服务是否处于正确的工作状态，必要时应重新启动 DHCP 服务。

管理员还应当时常关注 Windows 系统日志，因为其中记录有服务的启动和关闭的事件（见图 7—64），双击系统记录的某一事件将能看到记录的具体信息，如图 7—65 所示。

图 7—64 Windows 系统日志记录有服务的启动和关闭的事件

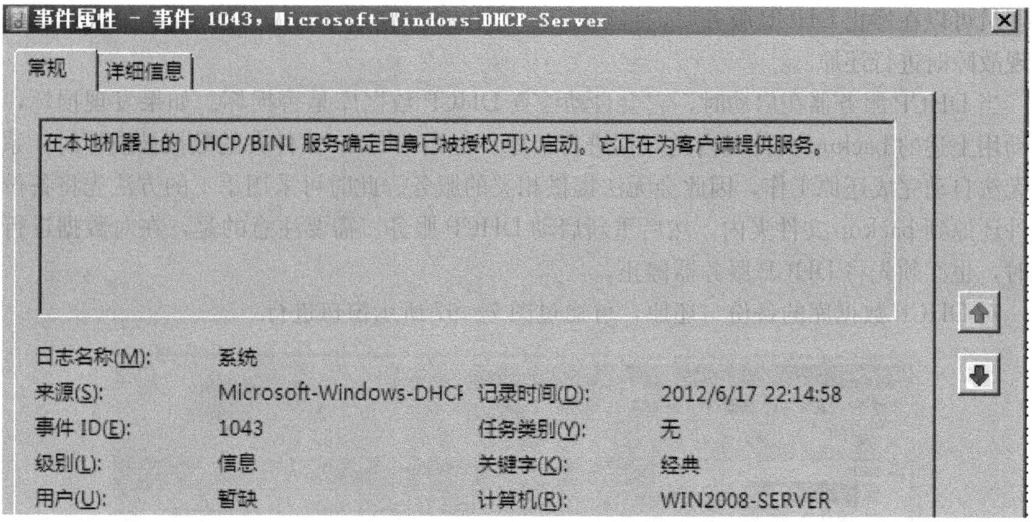

图 7—65　查看日志记录的详细信息

DHCP 服务本身也提供了日志功能。在本章关于添加 DHCP 服务角色的操作部分，介绍了在正确添加了该角色后，DHCP 的数据库文件将会存放在新产生的%Systemroot%\system32\dhcp 目录中。在启用了 DHCP 服务的日志功能后，DHCP 服务器就会在名称为 DhcpSrvLog-xxx. log（xxx 表示星期几的头三个英文字母）的文件内创建相关活动的细节，查看这些文件可以帮助分析解决 DHCP 服务器运行的某些错误，如图 7—66 所示。

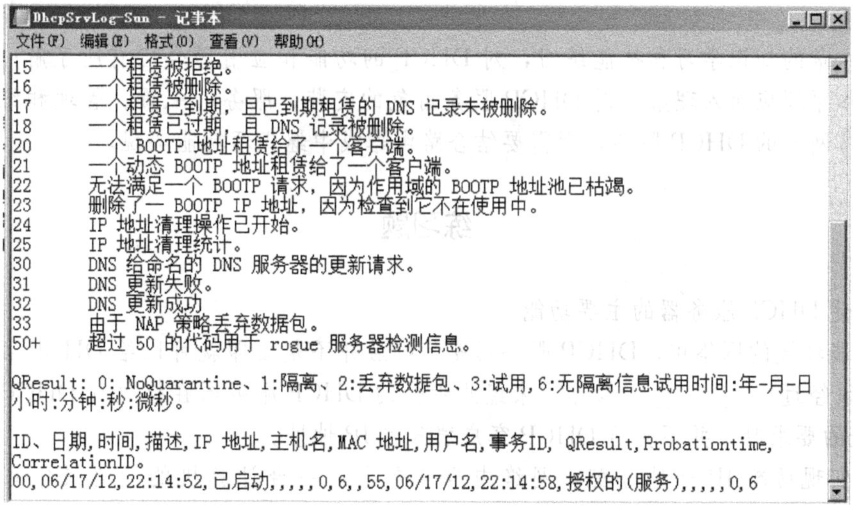

图 7—66　DHCP 服务日志记录的信息

7.4.2　管理 DHCP 数据库

查看%Systemroot%\system32\dhcp 目录，其中有名为 dhcp. mdb 的文件，该文件即为 DHCP 服务的主数据库。此外还有其他的一些辅助文件。这些文件对 DHCP 服务器的正常运行起到关键作用，不要随意修改或删除这些文件，否则极有可能引发 DHCP 服务运行不正常。通过对这些关键文件进行备份和还原，实现对 DHCP 数据库的管理。

在 dhcp 目录下有一个名为 backup 的子文件夹，其中保存有对 DHCP 数据库及相关文件的备份。DHCP 服务器每隔 60 分钟就会将该文件夹内的数据更新一次，完成一次备份。

管理员可以在停止 DHCP 服务后，将 backup 文件夹中的所有内容进行备份，在 DHCP 服务出现故障时进行还原。

当 DHCP 服务器在启动时，它会自动检查 DHCP 数据库是否损坏。如果发现损坏，将自动用上述的 backup 文件夹内的数据进行还原。但当 backup 文件夹的数据被损坏时，系统将无法自动完成还原工作，因此会无法提供相关的服务。此时可采用手工的方法先将备份的文件还原到 backup 文件夹内，然后重新启动 DHCP 服务。需要注意的是，在对数据进行还原时，也必须先将 DHCP 服务器停止。

对 DHCP 数据库的备份与还原，可通过图 7—67 所示窗口进行。

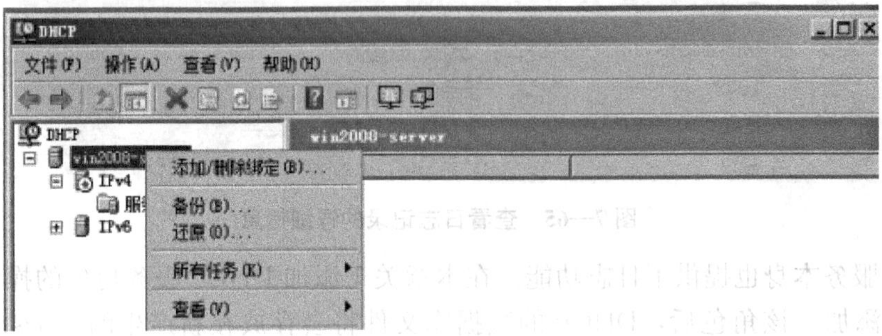

图 7—67　对 DHCP 服务的数据库文件进行备份或还原

本章小结

通过本章的知识学习和技能练习，对 DHCP 的功能和应用场合应有所了解；对 DHCP 服务的工作原理应深入理解；对 DHCP 服务角色的安装、服务的配置、管理和维护应当掌握。配置跨网段的 DHCP 服务，则需要结合路由器或中继代理功能实现。

练习题

1. 描述 DHCP 服务器的主要功能。

2. 在域环境的网络中，DHCP 服务器安装好后并不是立即就可以给 DHCP 客户端提供服务，必须经过__________操作。未经此步骤的 DHCP 服务器在接收到 DHCP 客户端索取 IP 地址的要求时，并不会给 DHCP 客户端分派 IP 地址。

3. 要实现动态 IP 地址分配，网络中至少要求有一台计算机的网络操作系统中安装__________服务，并且有一组规划好的__________。

4. 如何安装 DHCP 服务器？

5. 简述 DHCP 的工作过程。

第 8 章　DNS 服务器的配置与管理

基于 TCP/IP 协议的网络，大到全球范围的 Internet，小到企业内部组建的局域网，其中的主机都依靠 IP 地址来识别其他主机，进而完成数据通信。对于用户来说，准确地记住网络中每台主机的 IP 地址，是非常困难甚至是不现实的，但记忆有意义的计算机名称则简单得多。如何在便于用户记忆的主机名称和不易记忆的 IP 地址之间进行相互地转换呢？这就需要在网络中使用 DNS（Domain Name System，域名系统）。

通过本章的学习，掌握如何在网络中部署 DNS 服务，并理解 DNS 服务的工作原理和重要概念。学习中应对比第 7 章关于 DHCP 服务的配置方法，进一步理解配置和管理网络服务的一般思路与步骤。

知识点：

◆ DNS 服务的功能与应用场合

◆ DNS 服务的工作原理

◆ DNS 区域、记录等重要概念

技能点：

◆ 能够配置 DNS 正向、反向查找区域

◆ 能够建立主机记录、PTR 记录等常见类型的记录

◆ 能够通过客户端验证 DNS 服务是否正常

◆ 能够开展 DNS 服务的基本维护

8.1　DNS 概述

在计算机的%Systemroot%\System32\drivers\etc 文件夹下保存有多个文件，其中有一个名为“hosts”的文件。用记事本打开该文件，看到该文件的内容类似于一张表。每一行可看做是一条记录，每条记录分为两列，分别表示主机所用的 IP 地址和名称。例如可看到“127.0.0.1 localhost”这一条记录，其表达的意思是名为“localhost”的主机对应的 IP 地址为“127.0.0.1”，不难了解这个名称和地址实际都是指向本地主机的。也就是说，当用户使用了“localhost”这个名称时，计算机可以通过查看 hosts 文件，查询到该名称所对应的地址是“127.0.0.1”，进而通过该地址来完成通信。其他记录，如“102.54.94.97 rhino.acme.com”也是按这个思路分析。如此，通过 hosts 文件就能完成在用户便于记忆的主机名称和不易记忆的 IP 地址之间的转换。那么，DNS 又是在怎样的背景下出现的呢？

在互联网发展的早期，网络的规模有限，可以采用通过 hosts 文件解析主机名的方式。

在联网的每台主机上设置 hosts 文件，其中包含有每台联网主机的主机名和 IP 地址的对应关系。hosts 文件配置的映射是静态的，如果网络上的计算机更改了应及时更新 IP 地址，否则将不能访问。随着网络规模的扩大，这个文件里的内容将会越来越多，如何保证每台主机 hosts 文件的数据保持一致是一个困难的问题。其次，hosts 文件毕竟是一个文本文件，其容量有限，在数据量非常庞大时，打开该文件的速度将会非常慢，且该文件并没有提供快速查询的功能，查询数据的速度非常慢。再者，hosts 文件不能实现真正意义上的负载均衡，例如它会将 HTTP 请求平均地分配到后台的 Web 服务器上，而不考虑每个 Web 服务器当前的负载情况；如果后台的 Web 服务器的配置和处理能力不同，最慢的 Web 服务器将成为系统的瓶颈，处理能力强的服务器不能充分发挥作用，甚至后台的某台 Web 服务器出现故障，hosts 文件仍然会把名称解析的请求分配到这台故障服务器上，导致不能响应客户端。种种不足，促使人们必须找到一种更好的域名解析的方案。

8.1.1 DNS 的功能与应用场合

1. 什么是 DNS?

域名系统（DNS）是一种将 Internet 地址名称转换为数字地址（IP 地址）以便可以在 Internet 上查找该地址的技术。简单地说，DNS 是 Internet 上计算机的命名规范。DNS 服务器上保存有某些主机名称与其对应的 IP 地址的记录，DNS 客户通过查询这些记录，将要访问的主机名转换为对应的 IP 地址，或是将要访问的 IP 地址转换为主机名。DNS 服务器所提供的这种服务称作域名解析服务。例如，用户通过 Internet 访问微软的官方网站，通常使用该网站提供给用户的主机名，即用户需要知道 www.microsoft.com，而很少人使用该网站的 IP 地址去访问。当用户在浏览器中键入 www.microsoft.com 并按下回车键后，用户所使用的计算机必须要知道该网站所对应的 IP 地址，因为客户计算机和网站服务器之间的通信仍然是依靠 IP 地址来进行连接的。为了知道网站的 IP 地址，客户计算机首先会到 DNS 服务器上查询。存储有域名和 IP 地址并能接受客户查询的计算机，就是 DNS 服务器。

DNS 是因特网的一项核心服务，它作为可以将域名和 IP 地址相互映射的一个分布式数据库，能够使人更方便的访问互联网，而不用去记住能够被机器直接读取的 IP 数字串。DNS 最早于 1983 年由保罗·莫卡派乔斯（Paul Mockapetris）发明；原始的技术规范在 882 号因特网标准草案（RFC 882）中发布。1987 年发布的第 1034 和 1035 号草案修正了 DNS 技术规范，并废除了之前的第 882 和 883 号草案。在此之后对因特网标准草案的修改基本上没有涉及 DNS 技术规范部分的改动。

2. DNS 的域名结构

域名是与网络上的数字型 IP 地址相对应的字符型地址，更直接地说，就是企业、政府、非政府组织等机构或者个人在域名注册商上注册的名称，是互联网上企业或机构间相互联络的网络地址。以微软的网站为例，所使用的名称是 www.microsoft.com，与其对应的数字型 IP 地址是 64.4.11.20。显然，通过名称访问微软的网站要简单得多。

经常看到类似于 www.＊＊＊.com 形式的域名，这是一个完全合格的域名，称作 FQDN（Fully Qualified Domain Name）。FQDN 中最左边的部分是计算机的名称，也就是安装操作系统时为计算机起的名字，用于指定 Internet 或企业网络中的专用计算机。DNS 规定：域名中的标号都由英文字母和数字组成，每一个标号不超过 63 个字符，也不区分大小写字母。标号中除连字符（-）外不能使用其他的标点符号。级别最低的域名写在最左边，而级别最高的域名写在最右边。由多个标号组成的完整域名总共不超过 255 个字符。

DNS 域名空间结构采用一种层次化的树状结构，以便能快速定位网络中的主机。层次型的结构使得 Internet 上难以计算的计算机的 IP 及域名分别保存在不同的 DNS 服务器上，大大加快了 DNS 名称解析的速度。域名的层次结构从右到左分为根域、顶级域、各级子域、主机名，类似于一颗倒置的树，根域处在最上层，由 INIC（国际互联网络信息中心）负责管理，该机构把域名空间各部分的管理职责分配给连接到因特网的各个组织，如图 8—1 所示。

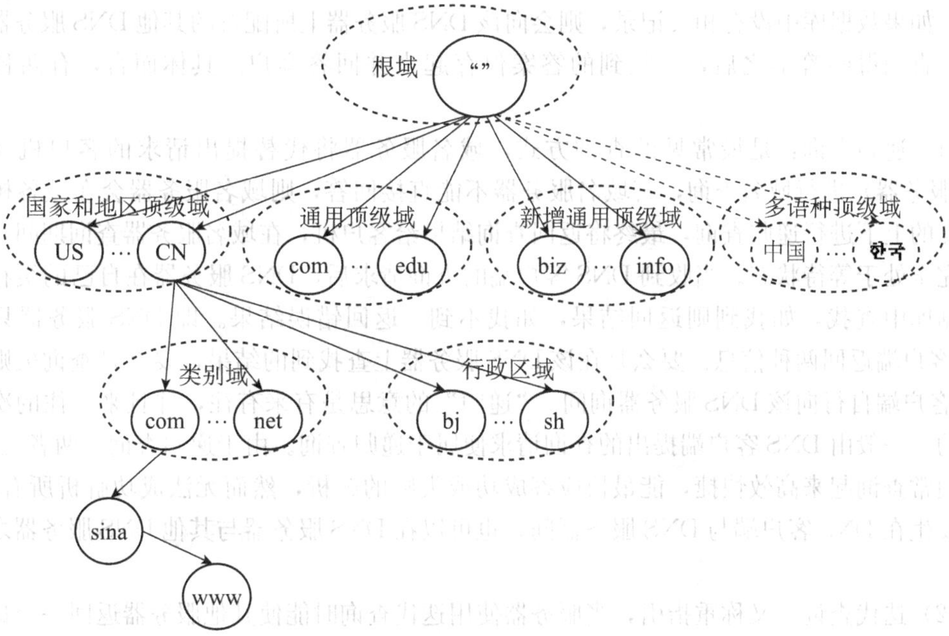

图 8—1　域名空间的层次结构

根域的下一级就是顶级域，常用的有两类形式：一类是采用 3 个字符表示的国际顶级域名，例如表示商业组织的 .com，表示网络提供商的 .net，包含组织的主要功能与活动；另一类是采用两个字符的国家或地区代号的国家顶级域名，例如中国是 .cn，美国是 .us。

比顶级域名层次低的，是二级域名。在国际顶级域名下，一般是域名注册人的网上名称，例如 microsoft、ibm 等；在国家顶级域名下，一般是注册企业类别的符号，例如 edu、com 等。在二级域名中，各公司或个人可根据自身实际进一步划分下级子域或主机，例如注册了 microsoft. com 后，可以在该二级子域下建立下级子域 technet. microsoft. com。

主机名位于 FQDN 的最左边，代表某一组织或公司内部的一台具体的计算机。

3. 应用场合

域名是为了方便记忆而专门建立的一套地址转换系统，要访问一台互联网上的服务器，最终还必须通过 IP 地址来实现，域名解析就是将域名重新转换为 IP 地址的过程。一个域名对应一个 IP 地址，一个 IP 地址也可以对应多个域名；所以多个域名可以同时被解析到一个 IP 地址。域名解析需要由专门的域名解析服务器（DNS）来完成。例如，现在需要访问 www. microsoft. com 网站，首先在域名注册商那里通过专门的 DNS 服务器查询到该 Web 服务器的固定 IP 地址为 64.4.11.20，然后通过浏览器程序来接收这个域名，把 www. microsoft. com 这个域名映射到它对应的 Web 服务器上，那么输入 www. microsoft. com 这个域名就可以实现访问网站内容了。

8.1.2 DNS服务工作原理

当客户机通过域名方式访问某台主机时，必须先查询DNS服务器解决域名到IP地址转换的问题。由于DNS域名空间是一个层次型结构，因此可能需要DNS服务器同网络上其他DNS服务器一起完成一个域名的查找过程。

DNS采用典型的C/S模式工作。若DNS客户端需要了解某个域名对应的IP地址，会向DNS服务器发起询问，DNS服务器为了回应客户端，首先会在自己的数据库中查询相关记录。如果数据库中没有相关记录，则会向该DNS服务器上所配置的其他DNS服务器发起询问，直到得到答案之后，将收到的答案保存起来并回答客户。具体而言，有两种查询模式。

（1）递归查询：是最常见的查询方式，域名服务器将代替提出请求的客户机（下级DNS服务器）进行域名查询，若域名服务器不能直接回答，则域名服务器会在域各树中的各分支的上下进行递归查询，最终将返回查询结果给客户机，在域名服务器查询期间，客户机将完全处于等待状态。当收到DNS客户端的查询请求后，DNS服务器在自己的缓存或区域数据库中查找，如找到则返回结果，如找不到，返回错误结果。即DNS服务器只会向DNS客户端返回两种信息：要么是在该DNS服务器上查找到的结果，要么是查询失败。该DNS客户端自行向该DNS服务器询问。“递归”的意思是有来有往，并且来、往的次数是一致的。一般由DNS客户端提出的查询请求便属于递归查询。由于递归查询是两者之间的，所以通常查询起来高效快捷，能最快应答成功或失败的解析，然而无法成功解析所有域名。一般发生在DNS客户端与DNS服务器间，也可以在DNS服务器与其他DNS服务器之间进行。

（2）迭代查询：又称重指引，当服务器使用迭代查询时能使其他服务器返回一个最佳的查询点提示或主机地址，若此最佳的查询点中包含需要查询的主机地址，则返回主机地址信息，若此时服务器不能够直接查询到主机地址，则是按照提示的指引依次查询，直到服务器给出的提示中包含所需要查询的主机地址为止。一般每次指引都会更靠近根服务器（向上），查寻到根域名服务器后，则会再次根据提示向下查找。例如，B访问C、D、E、F、G，都是迭代查询，首先B访问C，得到了提示访问D的提示信息后，开始访问D，D又返回给B提示信息，告诉B应该访问E，以此类推。

根据一般的经验，若企业内部网络超过300台机器，管理员就应该部署多个DNS服务器。根据活动目录或者物理位置将多个DNS平均分布。而根域名服务器应该使用迭代查询，而不应该使用递归查询。同时，为了减轻客户机的负担，所有的下级域名服务器都应该使用递归查询与迭代查询的混合模式。若整合了活动目录及有分公司分布在全球，通过使用多层的域名服务器，可以得到最佳的性价比。

8.1.3 DNS服务中的重要概念

可以把DNS服务器理解为这样一台主机：保存了一个数据库，其中存储了网络中很多台计算机的名称和IP地址的对应关系的记录，并提供了快速查询这些记录的方法。在配置DNS服务时，需要了解和掌握以下重要概念。

（1）DNS区域：为了便于根据实际情况来分散DNS名称管理工作的负荷，将DNS名称空间划分为区域（Zone）来进行管理。区域是DNS服务器的管辖范围，是由DNS名称空间中的单个区域或由具有上下隶属关系的紧密相邻的多个子域组成的一个管理单位。因此，

DNS 名称服务器是通过区域来管理名称空间的，而并非以域为单位来管理名称空间，但区域的名称与其管理的 DNS 名称空间的域的名称是一一对应的。一台 DNS 服务器可以管理一个或多个区域，而一个区域也可以由多台 DNS 服务器来管理（例如：由一个主 DNS 服务器和多个辅助 DNS 服务器来管理）。在 DNS 服务器中必须先建立区域，然后再根据需要在区域中建立子域以及在区域或子域中添加资源记录，才能完成其解析工作。

（2）正向查找区域：由已知的域名解析相应的 IP 地址。

（3）反向查找区域：由已知的 IP 地址解析相应的域名。

无论是正向查找区域还是反向查找区域，在创建时，都有三种类型可供选择：

1）主要区域：存储有该区域内所有记录的正本，其中的记录由管理员手工创建，信息权威。

2）辅助区域：信息是从一个主要区域内复制过来的，不能添加或修改，可用于客户机的解析请求，分担主要区域 DNS 服务器的解析负担。

3）存根区域：只包含用于分辨主要区域权威 DNS 服务器的记录。

区域创建完成后，需要进一步在其中创建不同类型的记录。根据使用场景的不同，最常用的记录主要有以下几种：

（4）A 记录：A（Address）记录，又称主机记录，是用来指定主机名（或域名）对应的 IP 地址的记录。A 记录存在于正向查找区域中。

（5）CNAME 记录：CNAME（ Canonical Name ）记录，又称别名记录，用于将 DNS 域名的别名解析为另一个主要的或规范的名称。这些记录允许使用多个名称指向同一台主机。与 A 记录不同的是，别名记录设置的可以是一个域名的描述而不一定是 IP 地址！

（6）PTR 记录：PTR（Pointer Record）记录，又称指针记录，用于将 IP 地址解析为对应的主机名（或域名）。PTR 记录存在于反向查找区域中。

区域中还有其他类型的资源记录，这里不再赘述。管理员在操作时，应注意查看 DNS 服务配置向导的提示，区分不同类型记录的功能和存在的位置。

8.2 DNS 服务安装与配置

我们还是按照第 7 章所介绍的“安装服务角色、配置服务功能、测试服务运行结果”三个环节来开展 DNS 服务的安装与配置操作。

8.2.1 添加 DNS 服务器角色

在网络中部署 DNS 服务器，应安装有 Windows Server 2008，建议设置静态的 IP 地址、子网掩码等网络参数，例如这里将 DNS 服务器的 IP 地址设置为 192.168.1.1/24，并应规划好网络所使用的域名。下面来添加 DNS 服务角色。

（1）在服务器管理器的“角色”窗口中，通过添加角色，打开“添加角色向导”，选中“DNS 服务器”，如图 8—2 所示，单击“下一步”。

（2）图 8—3 显示了 DNS 服务器的简要介绍。需要注意的是：第 9 章将介绍活动目录服务，该服务要求在网络上必须安装有 DNS 服务器。管理员可以通过“其他信息”的链接，进一步了解关于 DNS 的信息。单击“下一步”。

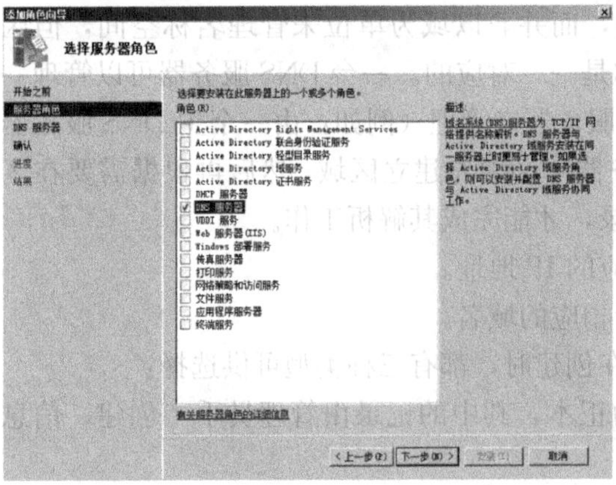

图 8—2 添加 DNS 服务器角色

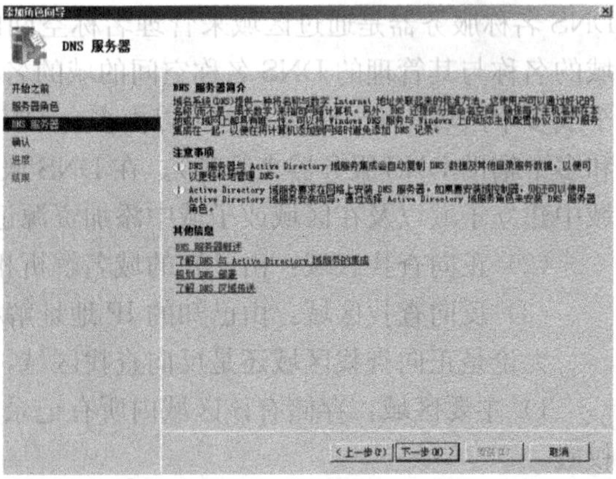

图 8—3 对 DNS 服务器角色的简介

（3）单击“安装”按钮，开始安装过程，如图 8—4、图 8—5 所示，直到安装过程结束（见图 8—6），单击“关闭”。

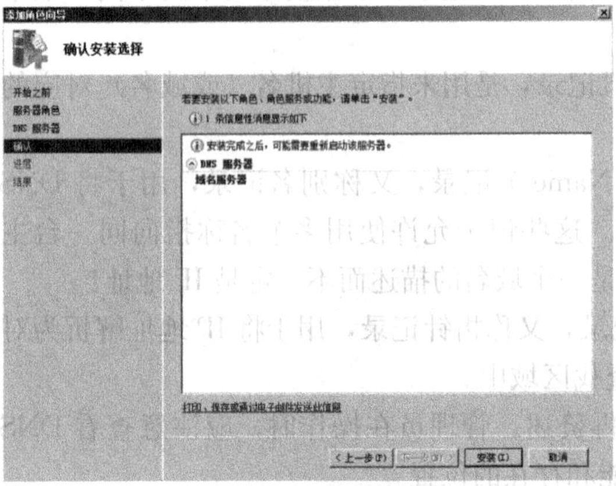

图 8—4 开始安装进程

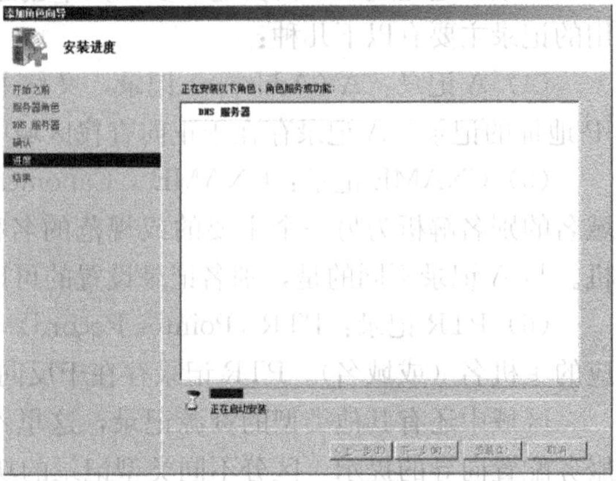

图 8—5 执行安装过程

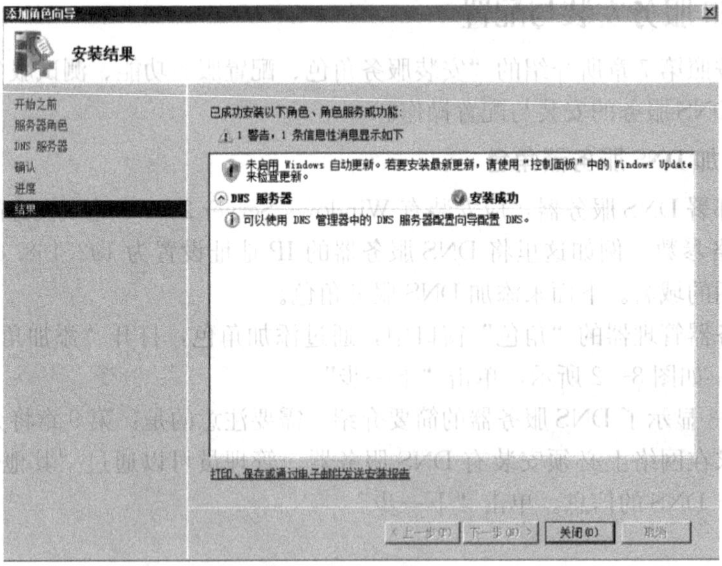

图 8—6 安装成功

与 DHCP 服务器角色的添加类似，正确安装 DNS 服务后，在“服务器管理器”控制台中，单击“角色”前面的加号，将能看到已安装的 DNS 服务器角色。在控制台右边的窗口中，还显示了 DNS 服务的运行状态和已发生的事件等信息，如图 8—7 所示。

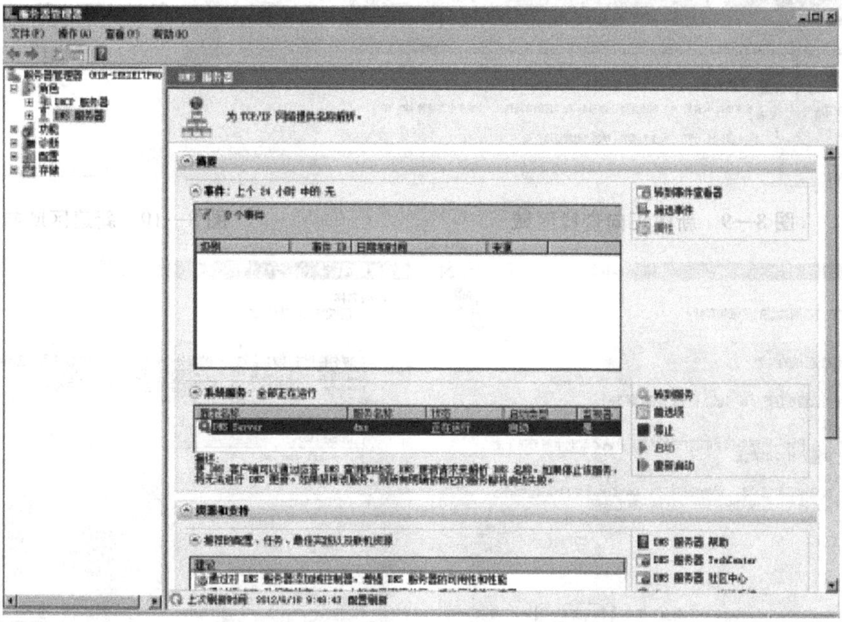

图 8—7　DNS 服务管理控制台

8.2.2　创建正向查找区域与反向查找区域

1. 创建正向查找区域

（1）在服务器“开始”菜单的“管理工具”中，单击“DNS”打开 DNS 服务管理控制台，如图 8—8 所示。控制台中显示了两种不同类型的区域：正向查找区域和反向查找区域。

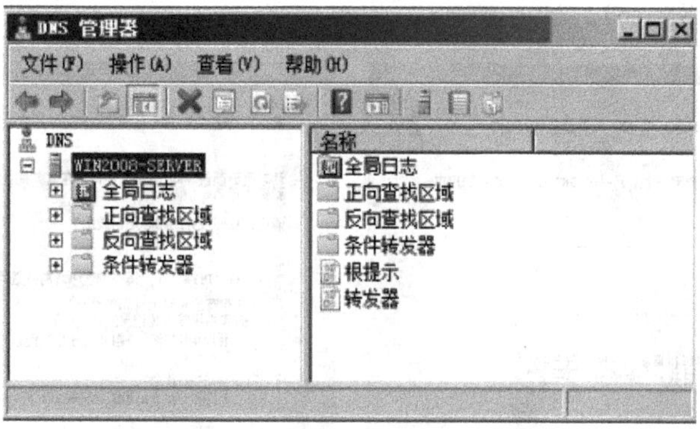

图 8—8　DNS 服务管理控制台

（2）右击“正向查找区域”，在快捷菜单中选择“新建区域”（见图 8—9），“打开新建区域向导”，如图 8—10 所示，单击“下一步”。

（3）选择合适的区域类型（见图 8—11）。

（4）输入区域的名称，如图 8—12 所示。这里输入的名称，应符合 DNS 命名规范的要求。

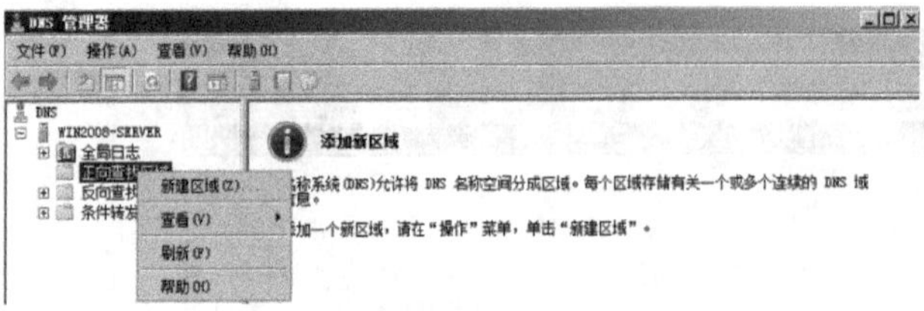

图 8—9　新建正向查找区域

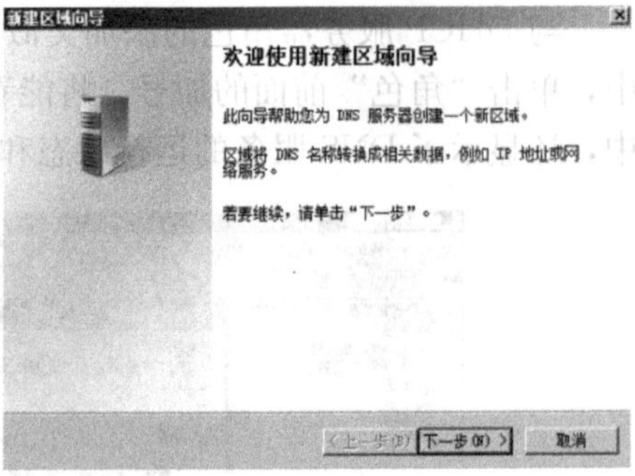

图 8—10　新建区域向导

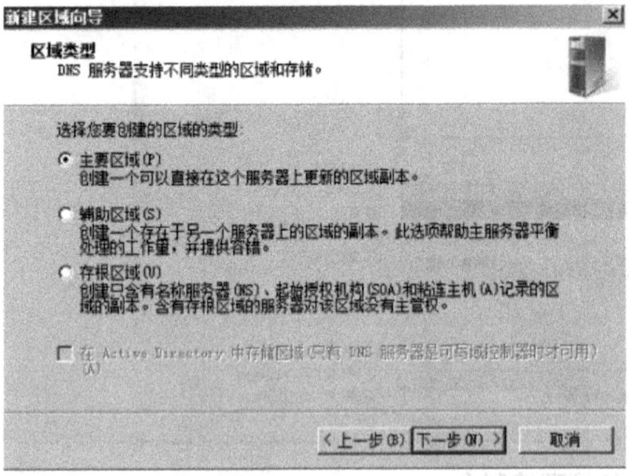

图 8—11　选择区域的类型

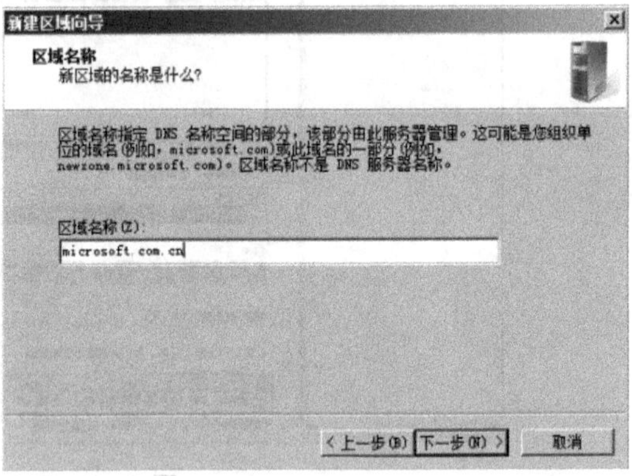

图 8—12　输入符合命名规范的域名

（5）新建区域向导将会创建新建的正向查找区域对应的数据库文件（见图 8—13），该文件以所创建区域的名称为主文件名，以“.dns”作为后缀，单击“下一步”。

（6）设置动态更新（见图 8—14）。DNS 动态更新指的是当计算机对应的主机名及 IP 地址发生变动时，能自动更新 DNS 服务器上的 A 记录或 PTR 记录。单击“下一步”。完成新建区域的创建（见图 8—15）。

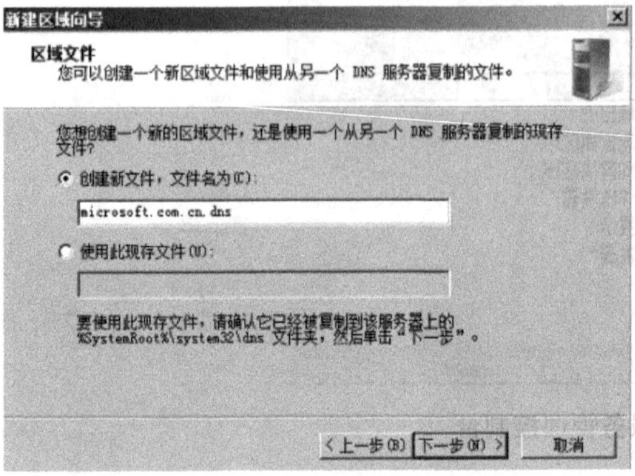

图 8—13　创建 DNS 区域文件

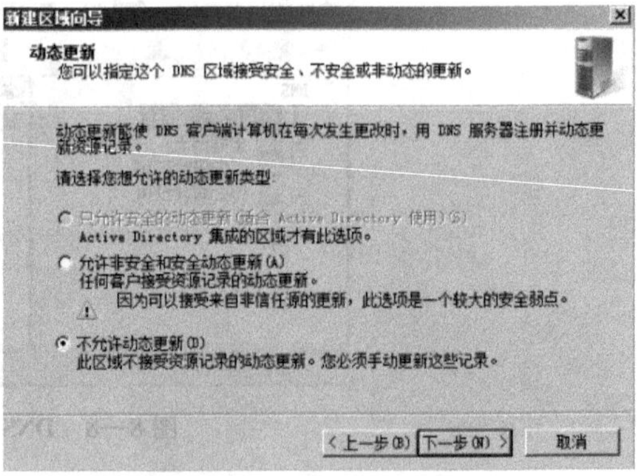

图 8—14　动态更新的设置

（7）建立好的正向查找区域如图 8—16 所示，在右侧窗口中，可以看到默认只有两条记录被创建。

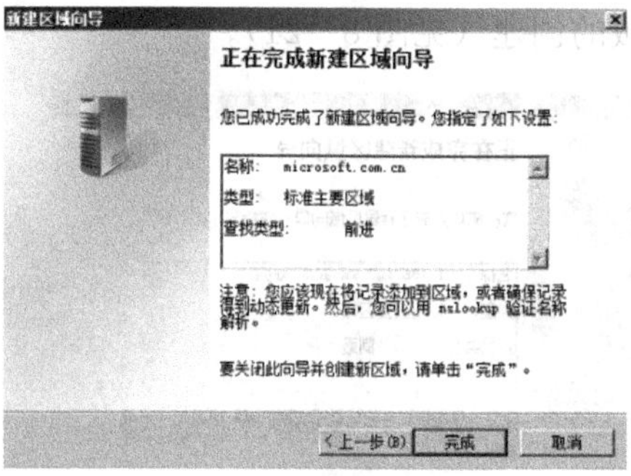

图 8—15　完成区域创建

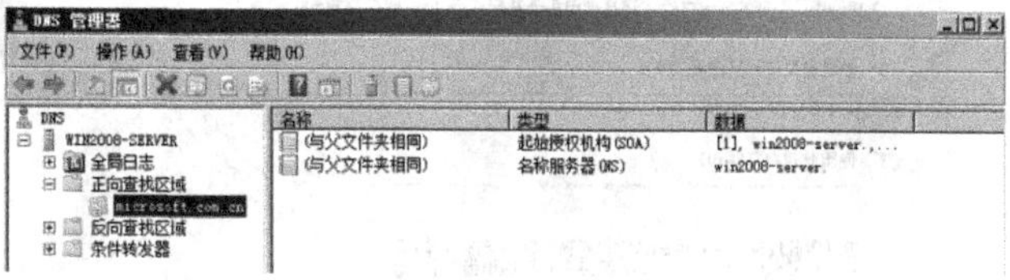

图 8—16　建立的正向查找区域

2. 创建反向查找区域

反向查找区域可以实现 DNS 客户端利用 IP 地址来查询主机名的功能。反向查找不是必需的，可以在需要时创建。

反向查找区域的建立过程与正向查找区域类似，如图 8—17 所示，选择新建反向查找区域后，也会打开新建区域向导。

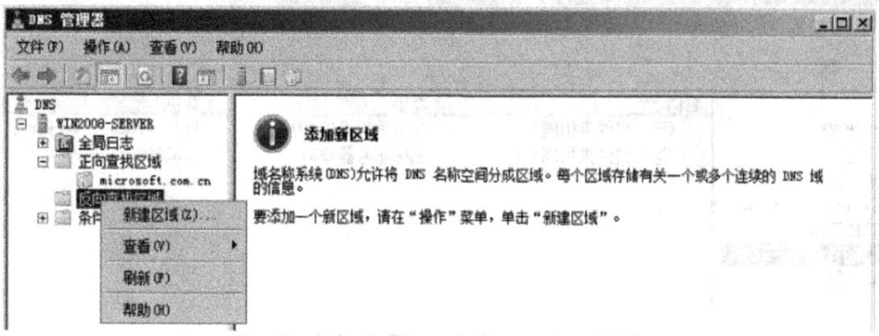

图 8—17　建立反向查找区域

（1）正确选择区域的类型（“区域类型”的解释与正向查找区域中的区域类型相同）。反向查找区域的功能是将 IP 地址转换为 DNS 名称，管理员要根据网络的实际情况选择是将 IPv4 地址还是 IPv6 地址进行转换。这里选择“IPv4 反向查找区域”，如图 8—18 所示，单击“下一步”。

（2）输入网络 ID（IP 地址中的网络号部分），如图 8—19 所示，单击“下一步”。

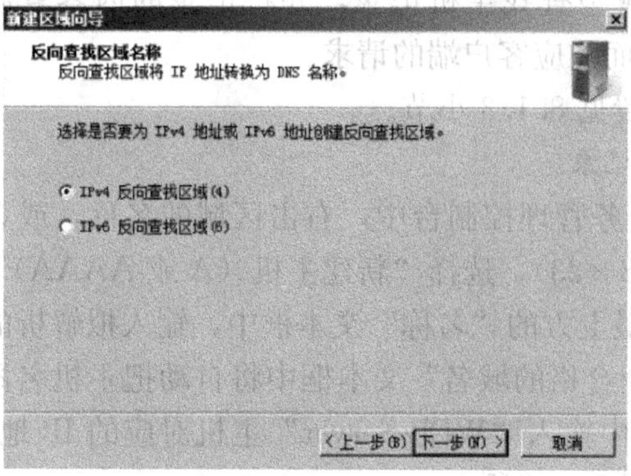

图 8—18　选择 IP 地址的版本

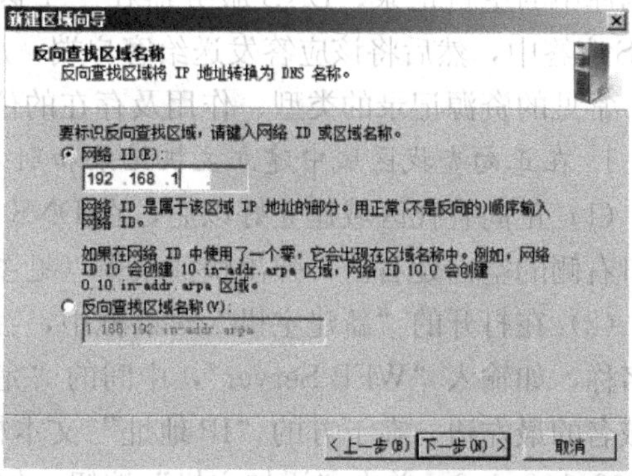

图 8—19　输入网络 ID

（3）向导将会创建新建的反向查找区域对应的数据库文件（见图 8—20），注意该文件的名称，不需要修改，单击“下一步”。

（4）设置动态更新并单击“下一步”，完成新建区域的创建（见图 8—21）。

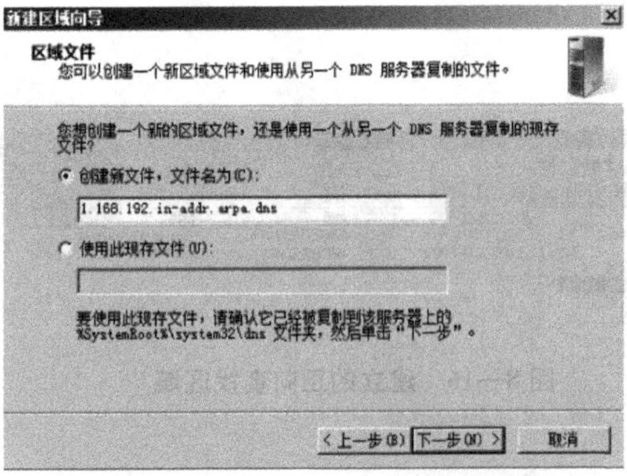

图 8—20　创建反向查找区域数据库文件

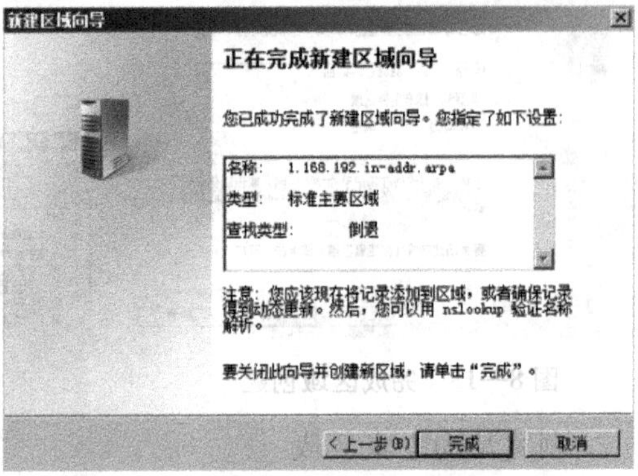

图 8—21　完成反向查找区域的创建

（5）建立好的反向查找区域如图 8—22 所示，在右侧窗口中，与正向查找区域类似，可以看到默认只有两条记录被创建。

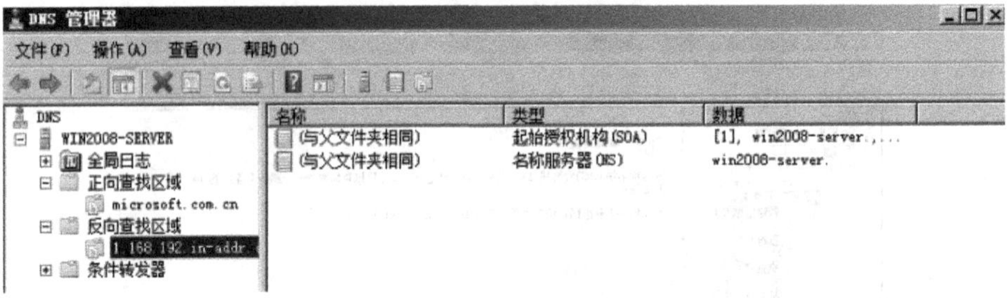

图 8—22　建立的反向查找区域

8.2.3　创建记录

在正向或反向查找区域建立好以后，产生的区域文件包含了一系列“资源记录”（Resource Record，RR）。每条记录都包含 DNS 域中的一个主机或服务的特定信息。正是因为这些记录的存在，使得客户机通过查询这些记录，进而找到目标主机的信息。例如，用户需要 www.microsoft.com.cn 服务器的 IP 地址，就会向 DNS 服务器发送一个请求，检索 DNS 数据库中的主机记录。DNS 服务器在一个区域中查找主机记录，并将记录的内容复制到 DNS 应答中，然后将该应答发送给客户端，从而响应客户端的请求。

常见的资源记录的类型、作用及存在的位置见 8.1.3 小节。

1. *在正向查找区域中建立主机记录和别名记录*

（1）正向查找区域建立好以后，在 DNS 服务管理控制台中，右击区域的名称，或者在窗口右侧的空白处右击，弹出快捷菜单（见图 8—23），选择“新建主机（A 或 AAAA）”。

（2）在打开的“新建主机”对话框中，在最上方的“名称”文本框中，输入拟解析的主机名称，如输入“WEB-Server”，中间的“完全合格的域名”文本框中将自动把主机名添加到域名的最左边，在下方的“IP 地址”文本框中输入“WEB-Server”主机对应的 IP 地址，如 192.168.1.2。单击“添加主机”按钮。如图 8—24 所示。

（3）弹出“DNS”对话框，提示主机记录创建成功，如图 8—25 所示，单击“确定”，完成主机记录的创建。

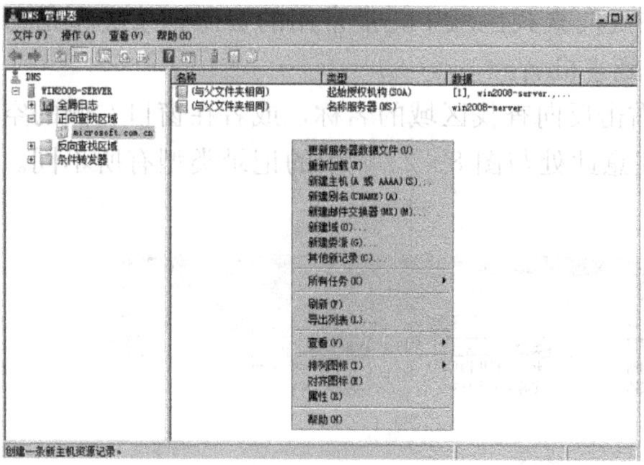

图 8—23 新建主机记录

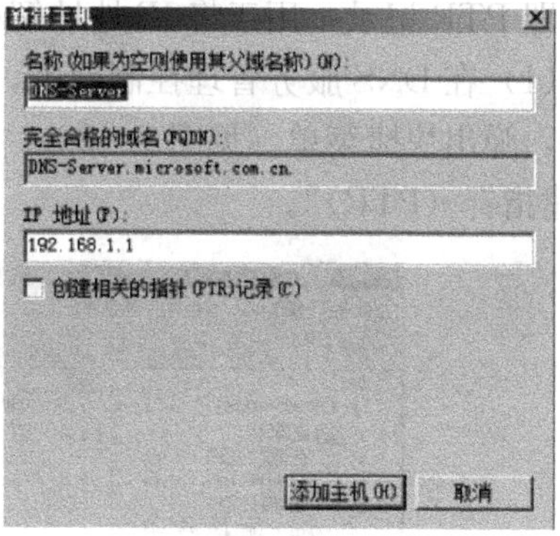

图 8—24 输入新建主机的信息

(4) 重复上述步骤，可以根据实际需求，建立多条记录，对应不同主机。如图 8—26 所示。

图 8—25 完成主机记录的创建

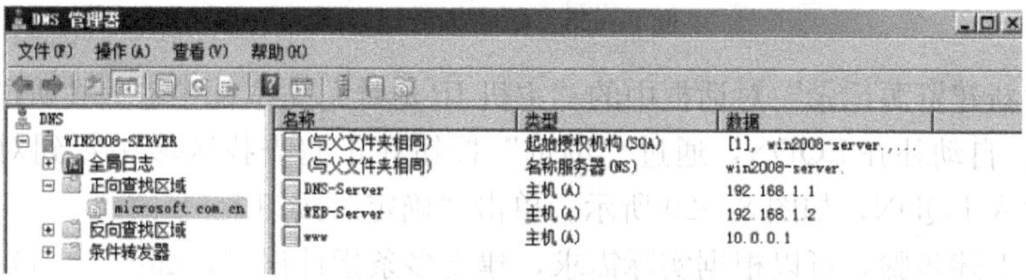

图 8—26 DNS 正向查找区域中建立的多条记录

(5) 实际应用中，可能会在同一台主机上配置多种服务，即多个服务器共用一个 IP 地址，当企业的服务承载量不大时，这种情况比较常见且实用。此时可以在 DNS 区域中为服务器建立别名记录。在图 8—23 中的快捷菜单里选择“新建别名（CNAME）”，弹出图 8—27 所示的“新建资源记录”对话框。在“别名”文本框中输入要设置的服务器的别名，如 ftp，同样“完全合格的域名”会自动补齐，通过“浏览”按钮在 DNS 区域中找到已建立的主机记录，或是直接输入已建立主机记录的 FQDN，单击“确定”即可，如图 8—27 所示。

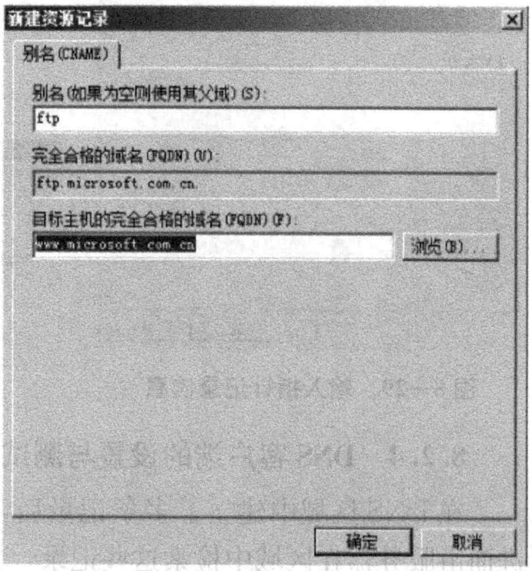

图 8—27 新建别名记录

2. 在反向查找区域中建立指针记录

反向查找区域建立后，在区域中建立记录的步骤大致与前述的在正向查找区域中建立主机记录、别名记录的步骤类似。反向查找区域不是必须要建立的，可根据网络需求取舍。在反向查找区域中，最常用的资源记录类型是指针记录，即 PTR 记录，用于将 IP 地址解析到主机名。

(1) 在 DNS 服务管理控制台中，右击反向查找区域的名称，或者在窗口右侧的空白处右击，弹出快捷菜单（见图 8—28），注意此处与图 8—23 显示的记录类型有所不同。选择“新建指针（PTR）”。

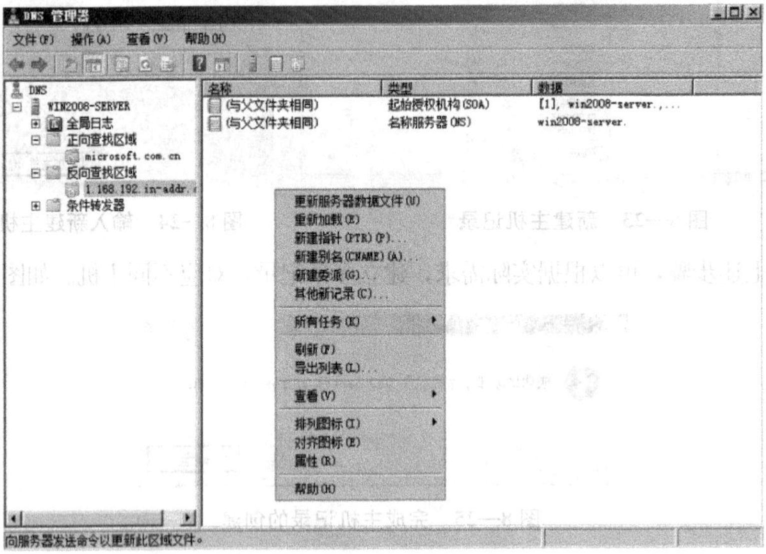

图 8—28 新建指针记录

(2) 在“新建资源记录”对话框中的“主机 IP 地址”文本框中输入主机的 IP 地址，如 192.168.1.2，自动补齐 FQDN，通过“浏览”按钮在正向查找区域中找到对应的 FQDN，也可以直接输入 FQDN，如图 8—29 所示。单击“确定”按钮。

(3) 重复上述步骤，可以根据实际需求，建立多条指针记录，如图 8—30 所示。

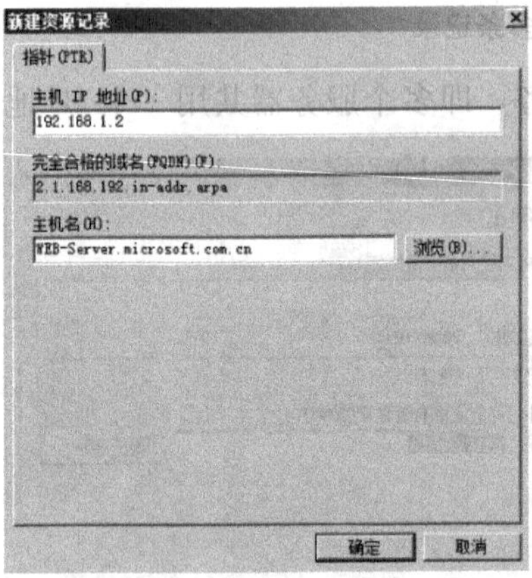

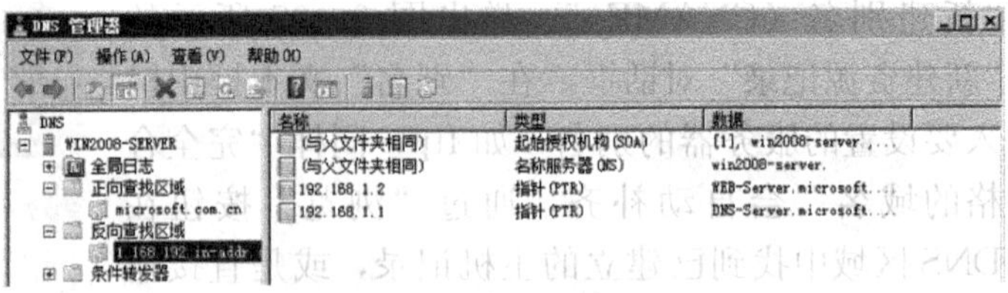

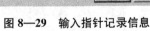

图 8—29 输入指针记录信息　　图 8—30 在 DNS 反向查找区域中建立的多条指针记录

8.2.4 DNS 客户端的设置与测试

在 DNS 区域中建立了多条记录后，DNS 客户端就可以通过向 DNS 服务器发起询问，进而由服务器在区域中检索这些记录，并将检索结果反馈给客户端。如此，客户端就能通过 DNS 服务器，找到目标主机的 IP 地址。当然，管理员需要在客户机上做一些简单的设置和测试，验证 DNS 服务是否正常运行。下面以 Windows XP 为例，介绍 DNS 客户机的设置和测试方法。

（1）修改 DNS 客户机 Windows XP 的本地连接的属性，在“首选 DNS 服务器”位置添加网络中已建立的 DNS 服务器的 IP 地址，如图 8—31 所示。这里的设置正确与否，直接关系到 DNS 客户端能否将域名解析的请求发送到正确的 DNS 服务器上。根据需要，可以设置“备用 DNS 服务器”的地址，但是只有当首选 DNS 服务器不能联系时，系统才会查找备用 DNS 服务器。

（2）在 DNS 客户端的命令提示符下，输入“nslookup”命令。该命令是一个用于查询 Internet 域名信息或诊断 DNS 服务器问题的专用工具。图 8—32 显示了能正确查询到的 DNS 服务器上已建立的主机记录，图 8—33 显示了未能查询到主机记录时，提示“DNS request timed out”，图 8—34 则显示了对主机别名记录的查询结果。

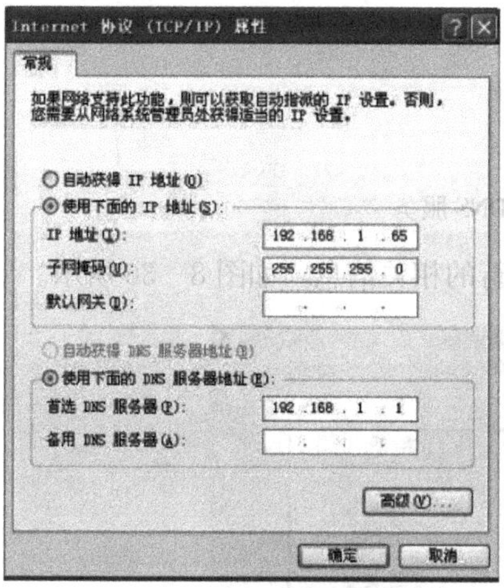

图 8—31 DNS 客户端设置

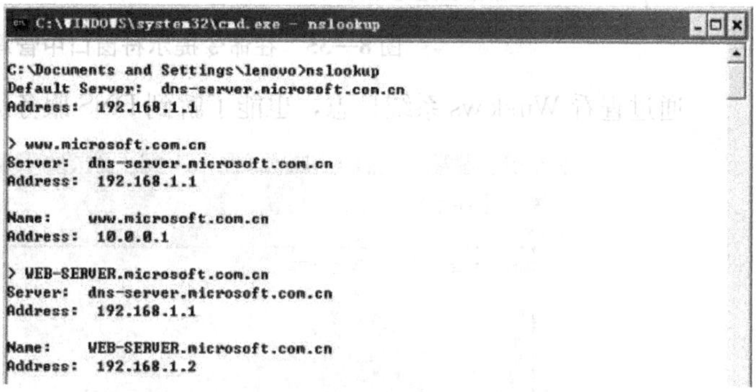

图 8—32 通过“nslookup”命令查询主机记录

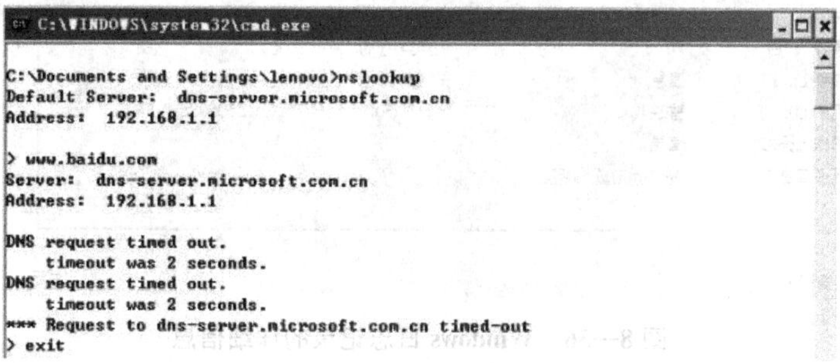

图 8—33 未能查询到有效记录

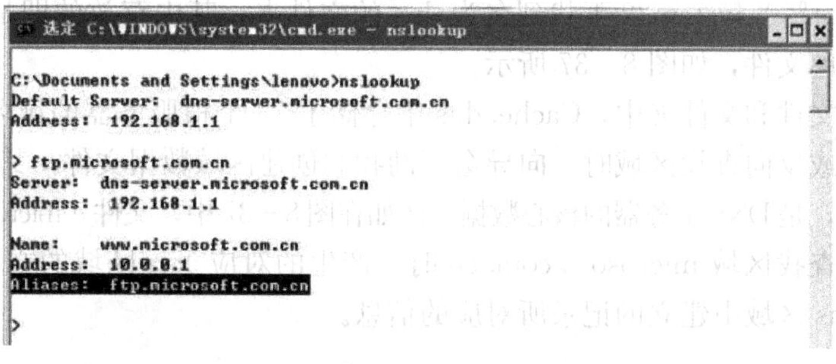

图 8—34 查询到的主机别名记录

8.3 DNS服务的日常管理

与监视DHCP服务运行状态的做法类似，管理员可以通过在DNS服务器本地，或者通过客户端，检查DNS服务器上已建立的记录能否被正确解析。通常在客户端，管理员一定要注意是否设置了正确的DNS服务器地址，对于初学者，这一点最容易出错。如果是DNS服务本身没有启动，可以在DNS服务的管理控制台中，或者在命令提示符下输入相应的命令启动或停止DNS服务（见图8—35）。

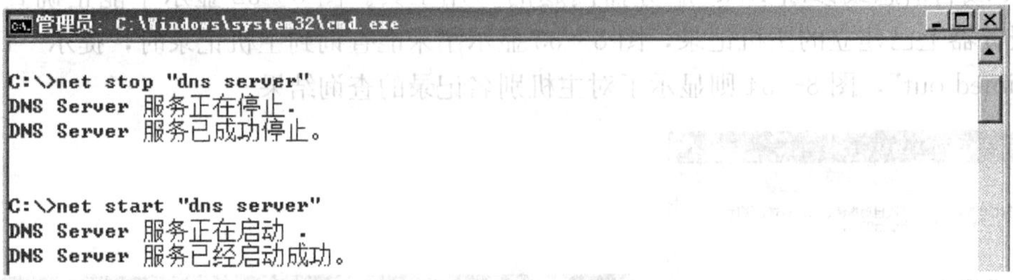

图8—35 在命令提示符窗口中管理DNS服务

通过查看Windows系统日志，也能了解到DNS服务运行的相关信息，如图8—36所示。

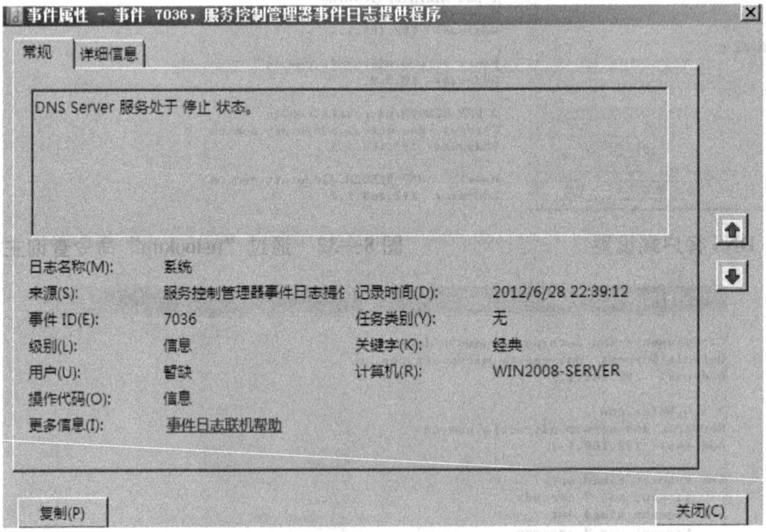

图8—36 Windows日志记录的详细信息

DNS服务本身也提供了日志功能。对比第7章DHCP数据库文件的存放目录，用户可以在%Systemroot%\system32下找到名为dns的文件夹，其中存放的即是DNS服务运行时所必需的数据库文件，如图8—37所示。

在这一系列文件和文件夹中，Cache.dns中存储了13个根服务器的域名和IP地址。而在建立正向查找或反向查找区域时，向导会帮助我们创建区域数据文件，其中保存了区域中所有的DNS记录，是DNS服务器的核心数据。例如在图8—37中，文件“microsoft.com.cn.dns”就是在建立正向查找区域microsoft.com.cn时，产生的对应于该区域的文件，打开该文件后，能看到与dns区域中建立的记录所对应的信息。

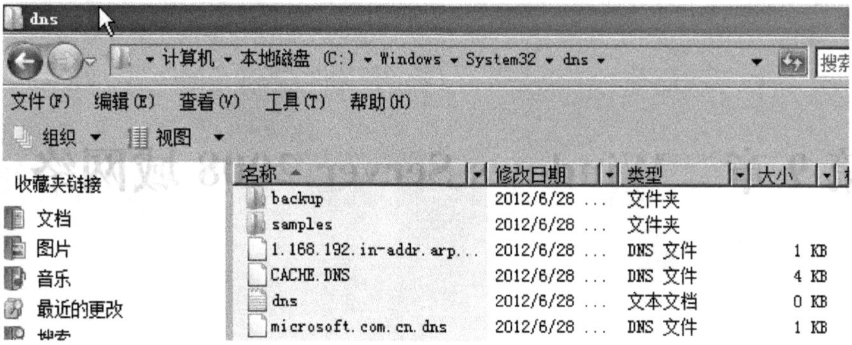

图 8—37 DNS 服务必需的数据库文件

本章小结

通过本章的知识学习和技能练习，对 DNS 的功能和应用场合应有所了解；对 DNS 服务的工作原理需要理解；对 DNS 服务角色的安装、服务的配置、管理和维护应当掌握。在学习过程中，着重注意对比方法的运用，将本章与第 7 章所介绍的 DHCP 服务的学习思路进行比较，找到网络服务配置和管理中的共通点，有利于学习效果的改进。

练习题

1. DNS 服务器的主要功能是____________________。

2. DNS 区域有三种类型，分别是__________、__________、__________。

3. 配置好 DNS 正向查找区域后，还需要建立各种不同的资源记录。最常见的包括 A 记录，又称__________；CNAME 记录，又称__________。

4. 简述 DNS 域名解析的过程？

5. 正向查找区域和反向查找区域的功能分别是什么？

6. 在正向查找区域和反向查找区域中，分别有哪些类型的资源记录？

第 9 章　Windows Server 2008 域网络

举一个简单的例子：如果要在本书中查找有关 DNS 的内容，你能快速找到吗？或许我们可以从书的第一页开始，逐页翻看，直到看到 DNS 服务的相关信息。当然我们能想到一种更为简便的方法：先查找本书的目录，从目录提供的信息中找到与 DNS 有关的内容是从本书哪一页开始，然后直接翻到目标页面。这就是“目录”的重要作用之一：提供了对象的信息，方便用户查找。在计算机网络中，“活动目录”是企业 IT 管理的重要组成，也是 Windows Server 2008 的核心内容之一。由于 DNS 服务是活动目录的重要支撑条件，所以本书在讲解了 DNS 的相关内容后，才讲解活动目录的内容，便于大家理解。

通过本章的学习，了解工作组网络和域网络这两种典型的 Windows 网络结构，理解活动目录服务中的重要概念，并掌握如何在网络中部署和应用活动目录服务。在学习中要注意与本书前面一些章节的联系，例如活动目录与 DNS 服务之间的联系。

知识点：

- 不同类型网络结构的特点
- 活动目录服务的功能
- 活动目录服务中的重要概念

技能点：

- 能够正确安装活动目录服务
- 能够正确设置客户机并将其加入到域网络
- 能够完成域用户账户、域用户组的创建和常规管理
- 能够利用组织单位简化网络管理

9.1　Windows Server 2008 网络类型

通常对“计算机网络”的理解是：将地理位置不同的、具有独立功能的多台计算机及其外部设备，通过通信线路连接起来，在网络操作系统、网络管理软件及网络通信协议的管理和协调下，实现资源共享和信息传递的计算机系统。这里所说的“多台计算机”，规模到底是多大？没有明确的定义。可以是两台，可以是两千万台，或者更多。那么，数量不同的计算机，形成规模不同的计算机网络，在实施日常管理和维护时，区别在哪里呢？这就需要了解两种典型的 Windows 网络的特点。

9.1.1　工作组网络

在安装 Windows 系列操作系统时，安装进程会提示用户进行网络配置，除了要设置网

卡的参数外，还应选择主机所在网络的类型，即选择“工作组（Workgroup）”或者选择“域（Domain）”。系统默认设置为工作组网络。

工作组网络是对等（Peer-to-Peer，P2P）网络技术在局域网中的应用（P2P网络更主要应用于广域网中），是将不同的电脑按功能分别列入不同的组中，以方便管理。划分工作组的主要目的是为了便于浏览、查找，方便管理员对用户计算机的管理。通常用户通过“网上邻居”来访问网络中的其他主机。如果网络中有成百上千台工作电脑都出现在网上邻居的列表里而不进行分组，那么这个列表看起来将会庞大而混乱，而且用户在访问共享资源时可能非常困难。为了解决这一问题，微软引入了“工作组”这个概念，对网络根据某个特点划分不同的工作组，缩小查找范围。比如在一个公司中，可能会有人事、财务、技术等部门，那么就可以按照电脑所在部门的名称，将人事部的电脑全部列入名为“人事部”的工作组中，财务部的电脑全部列入名为“财务部”的工作组中……如果要访问某个部门的资源，就在“网上邻居”里找到那个部门的工作组名，进而双击图标就可以看到该部门的电脑。

需要注意的是，“工作组”本质上是一种管理网络的形式，可以组建工作组网络的操作系统可以是所有主流操作系统，如DOS系统、Windows系统、Linux系统或Unix系统。而且，可以在一个工作组网络中混合以上所有类型的操作系统。

通过查看计算机的名称，就能看到其所在的网络类型，如图9—1所示。

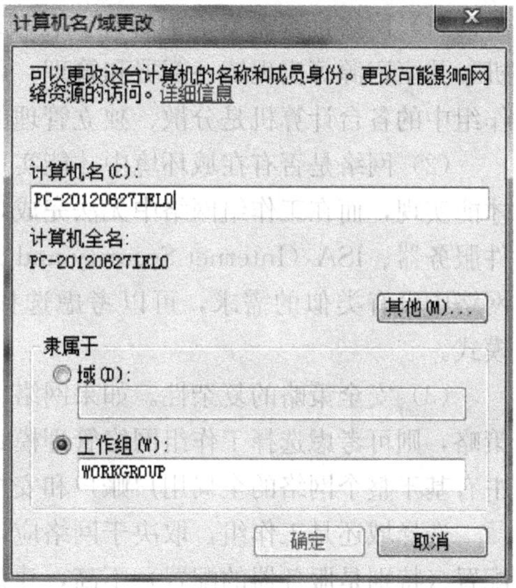

图9—1　主机默认处于工作组网络中

处在工作组网络中的计算机主要有以下特点：

（1）所有的计算机都是对等的，没有计算机可以控制另一台计算机。

（2）每台计算机都具有一组用户账户。若要登录到工作组中的任何计算机，必须具有该计算机上的账户。

（3）通常情况下，计算机的数量不宜超过二十台。

（4）默认情况下不受密码保护，在网络中共享资源不安全。

（5）所有的计算机必须在同一本地网络或子网中。

归纳起来：工作组适用于小规模网络，即主机数量较少的场合，其组建和管理比较简单，成本较低，无需复杂的管理技能，但安全性较差。账户的管理分散、独立，不利于大型企业网络的集中部署。

9.1.2　域环境网络

从图9—1可以看到，一台计算机还可以有另一个选择：域。微软对域的定义是：域是具有常用规则和过程的网络上的计算机集合，这些计算机作为一个整体进行管理。每个域都有一个唯一的名称。域通常用于办公网络。若要将计算机连接到域，需要知道域的名称，并在该域上具有有效的用户账户。

对域环境网络的部署和配置是本章内容的重点，学习活动目录的过程，就是学习域的过程。对上述关于域的定义，随着学习的深入将会理解得更深一些。一般来说，域网络有以下特点：

（1）有一台或多台计算机作为服务器。网络管理员使用服务器控制域中所有计算机的安全和权限。这使得更容易进行更改，因为更改会自动应用到所有的计算机。域用户在每次访问域时必须提供密码或其他凭据。

（2）如果具有域上的用户账户，就可以登录到域中的任何计算机，而无需具有该计算机上的本地账户。

（3）由于网络管理员经常要确保计算机之间的一致性，所以，用户也许只能对计算机的设置进行有限制地更改。

（4）一个域中可以有几千台计算机，或者更多。

（5）计算机可以位于不同的本地网络中。

归纳起来：域适用于大规模网络，即主机数量较多、跨越地域较广的场合，其组建和管理要求有一定的专业能力，安全性较好，适合于大型企业网络的集中部署。

9.1.3 两种网络类型的比较

工作组网络和域网络的区别，不在于组成网络的硬件，两者其实都是对网络的管理模式，它们之间并没有绝对的优势和劣势。即使对于只有两台主机形成的一个小型局域网，管理员既可以把它按工作组的方式来管理，也可以按照域的方式来管理。具体选择哪一种网络管理模式，主要考虑以下几个方面：

（1）网络是否需要集中管理。在域环境网络中，可以对网络中所有的用户账户、计算机、共享资源等实现统一部署和管理，可以制定统一的安全策略实现特定的管理目的。而工作组中的各台计算机是分散、独立管理的，不能实现集中的全局管理。

（2）网络是否有在域环境中才能实现的应用与管理需求。有些网络服务必须在域网络中才能实现，而在工作组网络中无法完成，例如 DFS（分布式文件系统）、Exchange Server 邮件服务器、ISA（Internet Security and Acceleration，因特网安全和加速）防火墙等。如果网络中没有类似的需求，可以考虑选择工作组网络管理模式，否则必须选择域网络管理模式。

（3）安全策略的复杂性。如果网络应用比较简单，只需部署基于用户计算机本身的安全策略，则可考虑选择工作组网络管理模式（当然这还要结合其他需求统筹考虑）。如果网络中有基于整个网络的全局用户账户和安全策略管理需求，则必须选择域管理模式。

选择域还是工作组，取决于网络应用的实际需求，没有统一的标准答案。如果网络硬件配置（特别是服务器的配置）不高，建议考虑选择工作组网络管理模式，当然同样还要结合其他需求来考虑。如果更注重的是整个网络的可管理性和安全性，则建议选择域网络管理模式。通常认为网络规模比较小可以选择工作组网络管理模式，因为这样可以实现性能和管理双重均衡考虑。否则，网络规模扩大后，势必会带来一些新的网络应用，以及相应的网络应用安全需求，如果仍采用工作组管理模式的话，就会给整个网络的管理带来较大难度，达不到性能和管理双重均衡的效果。

9.2 认识活动目录

微软在其发布的 Windows 2000 系列产品中，就提出了 Active Directory（活动目录）的概念。从字面上看，相对于“目录”，多了“活动”两个字。目录的作用在本章前面通过一个简单的例子做了说明，通过目录用户就能很快查询到需要的内容。应注意的是，在“活动目录”中，核心是“目录”，它代表的是目录服务（Directory Service）。目录服务是一种网络服务，能够存储网络资源的信息并使用户和应用程序能访问这些资源。由此可见，“目录服务”相对于“目录”，其内涵要深刻得多。“活动”是用于修饰目录服务的，表明这个目录是动态的、可扩展的。活动目录是 Windows 网络中目录服务的实现方式。

不仅微软的产品中提供了目录服务的功能，在 Novel 公司的 NetWare 中也提供了目录服务。NetWare 中的目录服务被称为 NDS（Network Directory Service）。

9.2.1 活动目录的功能与应用场合

活动目录中存储了本网络上各种对象的相关信息，并使用一种易于用户查找及使用的结构化的数据存储方法来组织和保存数据。简单地说，可以把活动目录理解为“一组数据库”和“一组管理软件”的集合：数据库里存放有网络中各种对象的信息，例如网络中的用户、计算机、共享的文件和打印机等资源信息；管理软件则是管理员对整个网络进行规划、管理、控制的工具。

目录服务能有效支撑大型网络的运行和维护。网络中存在难以计数的各种对象，用户和管理员可能难以准确地记住每个对象的特性（例如某个文件夹的具体位置），但是可以通过目标对象的一个模糊的属性（例如在设置文件夹共享时设定的关键字，它不一定是文件夹的名字），在目录中进行查询，从而进一步找到该文件夹。目录服务允许用户按指定属性查找任何对象。目录服务既是管理工具，又是终端用户工具，特别是网络中存储的对象非常多时，目录服务可以大大简化用户和管理员的操作。通过部署目录服务，可以实现如下功能：

（1）有效组织网络资源。活动目录将目录组织成能够存储大量对象的容器，能够随着组织机构的扩大而增长。这样，可以把网络扩展成拥有数百台服务器和数百万个对象乃至更大的大规模网络。目录可以存放在网络中的多台主机上，使得网络具备很高的可靠性。

（2）利于信息的组织和查找。通过活动目录提供的管理工具，提供了集中和简便的平台，可以对网络中的大量信息进行查找和使用。

（3）实现集中与分散管理相结合。使用活动目录，既能对网络中所有资源进行统一管理，例如执行统一的组策略，又能根据用户的不同需求实现分散管理，例如不同的部门采用不同的安全策略。同时，网络管理员可以进行管理权限的下派，指定某个用户代替管理员执行一定的管理任务，减少使用和管理上的开销，提高网络运行效率。

（4）实现资源访问的分级管理。通过登录认证和对目录中对象的访问控制，提高管理者定义的安全性来保证信息不受入侵者的破坏。管理员可以管理整个网络的目录数据，并且可以授权用户能够访问网络上位于任何位置的资源及权限。

因此，如果网络要求具备良好的安全性、可靠性、可扩展性、可操作性，活动目录服务无疑是一种很好的选择。

9.2.2 活动目录与域的联系

域（Domain）是 Windows Server 2008 活动目录逻辑结构的核心单元。它是基于 NT 技术构建的、Windows 系统组成的计算机网络的独立安全范围，也是活动目录对象的容器。也就是说，一个域是一系列用户账户、访问权限和其他各种资源的集合。域中所有的对象都保存在域中，都在这个域范围内接受统一管理。同时每个域只保存属于本域的对象，域管理员只能管理本域。

活动目录由一个或多个域构成。一个域可以跨越多个物理位置。每一个域都有它自己的安全策略和与其他域之间的安全关系，当多个域通过域信任关系连接起来并拥有共同的模式、配置和全局目录时，这些域就构成了一个域树。多个域树连接起来可以形成域林。域一般用三角形来表示，活动目录的典型结构如图 9—2 所示。

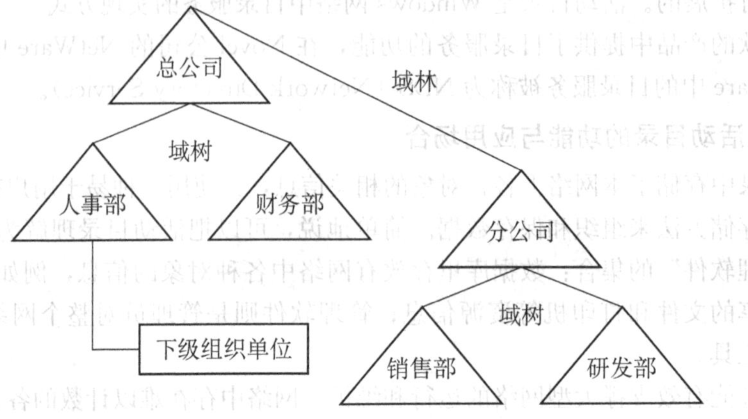

图 9—2　活动目录的结构

在学习本章内容时，最常听到的名词有活动目录、域和域控制器，初学者可能搞不清三者间的关系。域是一种逻辑的组织形式，通过域能够对网络中的资源进行统一管理，而工作组只能对网络实现松散管理。要想在网络中实现域，就必须在一台计算机上安装有活动目录。安装了活动目录的计算机被称为域控制器。

9.2.3　活动目录的结构

既然在活动目录中有很多资源对象，那么要想实现良好的管理，就必须有效组织这些资源对象。正如一个公司里可能包含多个部门，就可以按照部门的职责进行划分一样。首先需要了解的就是活动目录的逻辑结构，包括对象（Object）、域、域树（Domain Tree）、树林（Forest）和组织单位（Organization Unit）。

● 对象：在活动目录中可管理的一切资源都被称为活动目录对象，如用户、组、打印机、应用程序等。每个对象都有特定的一些属性，用于识别这些对象，例如用户的名称、联系电话等。活动目录的资源管理，就是对这些活动目录对象进行管理，包括设置对象的属性、对对象的访问权限等。对象是组成活动目录的最基本元素。

● 域：前面已对域的概念作出说明。一个域可以包含多个域控制器，当某个域控制器上存储的活动目录数据库修改以后，会通过网络将此修改复制到其他所有域控制器。域是通过域名来进行标识的。因此域和 DNS 有很密切的联系。

● 域树：由一组具有连续命名空间的域组成，可以描述对象及容器的分层结构关系。例如，公司创建了域 microsoft. com. cn，后来在北京和上海分别创办了分公司，并为每个分公司创建了各自的域，命名为 bj. microsoft. com. cn 和 sh. microsoft. com. cn。这里由三个公司所创建的域就构成了一棵域树。组成一棵域树的第一个域，被称作树的根域，如图 9—3 所示。bj. microsoft. com. cn 和 sh. microsoft. com. cn 都是 microsoft. com. cn 的子域，二者互为兄弟域。

● 树林：树林由一棵或多棵域树组成，每棵域树独享连续的命名空间，不同域树之间没有命名空间的连续性。在活动目录中，即使只有一个域，该域和其他域没有任何关系，这个域也可以被称为一个树林，只是这个树林小一点，只有一棵树，而且这棵树只有一个域。

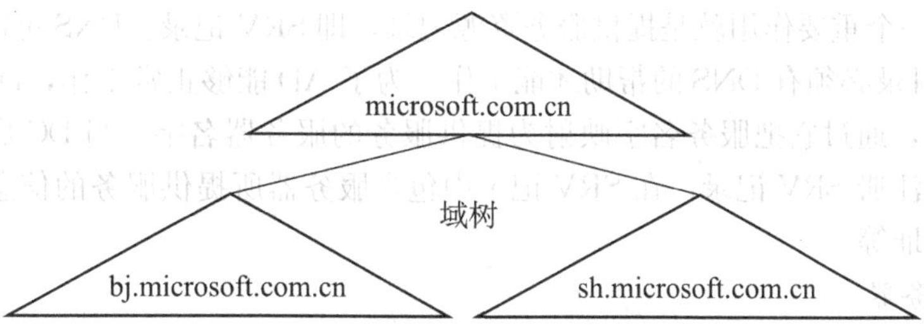

图 9—3　域树的结构示意图

● 组织单位：或称作组织单元，是活动目录中的一个特殊容器，可以把用户、组、计算机、打印机和其他组织单位等对象组织起来。可以为组织单位设置统一的策略，方便管理。如果一个域中的对象非常多，就可以通过组织单位把一些具有相同管理要求的对象组织在一起，实现分级管理，而且域管理员可以委派某个用户对组织单位进行管理，减轻了域管理员的工作负担。通常可以将组织单位与公司的行政机构相结合，这样更贴近人们熟悉的管理思维。

作为初学者，上述概念中需要掌握的是对象、域、组织单位这三个概念，其他概念可以暂时只做了解。

与逻辑结构对应的是物理结构。逻辑结构是抽象的，体现了网络资源的组织方式；物理结构则是具体的，用于管理和设置网络流量。物理结构由域控制器和站点组成。

● 域控制器（DC，Domain Controller）：实际存储活动目录的地方，也就是安装有活动目录的计算机，用于管理用户登录进程、验证和目录搜索的任务。由于本域范围内的所有对象的信息都存放在活动目录中，所以在域控制器上没有本地安全账户管理器（SAM）。这也是判断一台主机是不是 DC 的方式之一。一个域中可以有多台 DC，用以保证网络的可靠性和可用性。

● 站点（Site）：站点代表的是网络的物理结构或拓扑，一般与地理位置相对应，由一个或几个物理子网组成。为了保证用户访问 AD 信息的一致性，需要在各 DC 之间实现活动目录的复制，而创建站点的目的主要是为了优化 DC 之间复制的流量。站点有以下特征：

（1）一个站点可以有一个或多个 IP 子网；

（2）一个站点中可以有一个或多个域；

（3）一个域可以属于多个站点。

站点和域之间没有必然的联系。站点映射网络的物理拓扑结构，域映射网络的逻辑拓扑结构。

务必要掌握 DC 的概念。下面介绍其他相关的概念，帮助大家更为全面地了解 AD。

9.2.4　其他重要概念

1. SRV 记录

在第 8 章曾介绍了 DNS 的名称空间，了解到 DNS 名称反应了层次的划分，利用这种层次结构就能表示全世界所有的计算机。活动目录的逻辑结构与之类似，也是分层的。可以把 DNS 与活动目录结合起来，这样就能把 AD 所管理的资源利用 DNS 带到 Internet 上，使得人们可以利用 Internet 访问 AD。例如，公司创建了名为 microsoft. com. cn 的域，与该域对应的 DNS 区域名为 microsoft. com. cn，那么只需在 Internet 上注册该域名，并将维护该区域的 DNS 服务器的 IP 地址发布到 Internet 上即可。

DNS 的另一个重要作用就是提供服务资源记录，即 SRV 记录。DNS 可以独立于活动目录，但是活动目录必须有 DNS 的帮助才能工作。为了 AD 能够正常工作，DNS 服务器必须支持 SRV 记录，通过它把服务名字映射为提供服务的服务器名字。当 DC 启动时，会自动向 DNS 服务器注册 SRV 记录，在 SRV 记录中包含服务器所提供服务的信息以及服务器的主机名和 IP 地址等。

2. 成员服务器

成员服务器是域中的服务器，但不是域控制器，而是域中提供某一种或几种服务的计算机。例如一台安装了 Windows Server 2008 的计算机加入到域中以后，利用它向外界提供 Web 服务，那么它就是一台成员服务器。成员服务器不能执行用户身份验证，也不存储安全策略信息，通常是作为文件服务器、应用程序服务器、数据库服务器等，向网络提供特定的服务。在网络中将身份认证和服务分开，可以提高网络运行的效率。

3. 独立服务器

如果一台计算机不属于某个域，同时又承担了某种或多种网络服务，这样的计算机就可以称作是独立服务器。与成员服务器的区别就在于它是位于工作组网络中的。

4. 全局编录

一个域的活动目录只能存储该域的信息，相当于这个域的目录。当一个树林中有多个域时，由于每个域都有一个 AD，因此如果一个域的用户要在整个树林范围内查找对象时，就需要搜索森林中的所有域。此时需要有全局编录（GC，Global Catalog）。

默认情况下，域中的第一台 DC 自动成为 GC 服务器。GC 类似于一个总目录，存储已有 AD 对象的子集。通常存储在 GC 中的对象属性是那些经常用到的内容，而不是全部的属性。整个树林会共享相同的 GC 信息。

5. 域信任关系

一个域就是一个安全边界，当多个域之间进行互相访问时，需要建立对彼此的信任。当域之间有信任关系时，每个域的认证机构都信任其他所有它信任的域的认证机构。也就是说，信任是为了使一个域中的用户访问另一个域中的资源而必须存在的身份验证管道。

9.3 活动目录的安装

要想使用活动目录来管理网络中的资源，就必须在一台计算机上安装活动目录，才能实现域的管理。

9.3.1 活动目录的安装条件

首先应检查安装 AD 的以下条件是否满足。

(1) 操作系统是否满足条件。Windows Server 2008 系列的操作系统中，Web 版是不支持活动目录的，这一点要注意。

(2) 确保硬盘上有足够的剩余空间，且至少要有一个 NTFS 格式的分区。在安装 AD 时会产生一个名为 SYSVOL 的文件夹，该文件夹必须存放在 NTFS 分区之上。

(3) 确保有执行安装操作的账户权限。

(4) 确保有 DNS 服务的支持。可以在同一台计算机上安装 AD 和 DNS，也可以在不同的计算机上实现这两种服务。

作为域控制器的计算机，建议采用静态的 IP 地址，这样更有利于 DC 及网络的稳定性。

9.3.2 创建域控制器

当在一台计算机上安装了活动目录后，该计算机就变成了域控制器。域的创建过程，就是从创建 DC 开始的。在 DC 创建好以后，接下来将客户机逐渐加入到域，就形成了一个规模不断扩大的域网络。

为了更好地了解计算机在安装 AD 前后的变化，先观察一下几个关键位置。这些位置的数据在 AD 安装前后会发生变化。

(1) 计算机的名称。在安装 AD 之前，查看计算机的名称时，能看到计算机是属于工作组的，而且计算机的名称可以进行自由地更改，如图 9—4 所示。

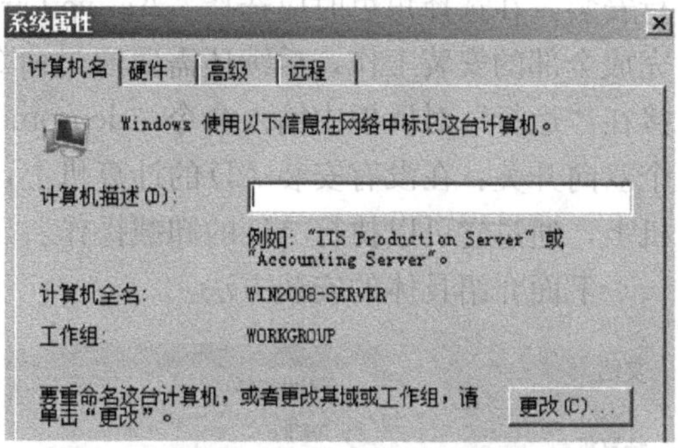

图 9—4 处于工作组网络中的计算机

(2) 本地用户和组。通过计算机管理工具，可以在控制台中找到“本地用户和组”的相关信息，如图 9—5 所示。

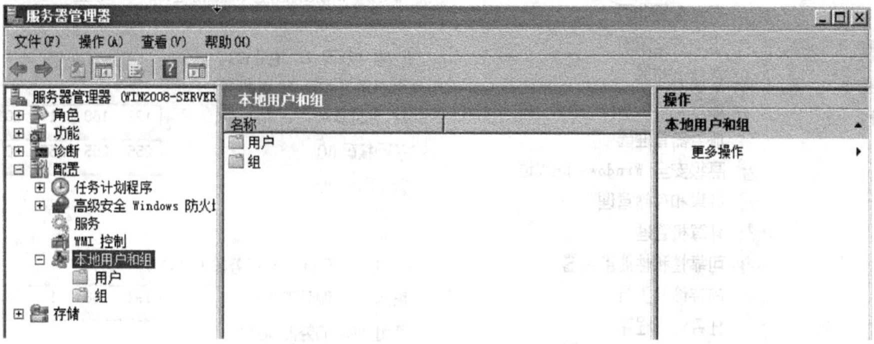

图 9—5 计算机管理工具中显示有本地用户和组

(3) 系统中的共享资源。利用“net share”命令，检查安装 AD 之前系统中已有的共享文件夹，如图 9—6 所示。

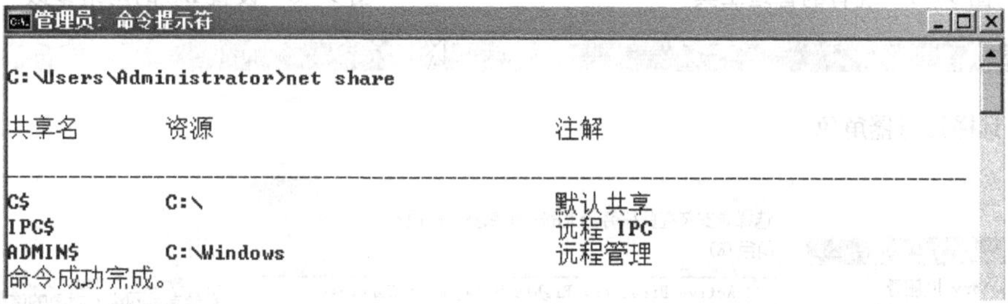

图 9—6 系统中已有的共享资源

(4) 管理工具菜单。在安装 AD 之前，在“管理工具”菜单中找不到与活动目录有关的工具，如图 9—7 所示。

上述这些关键位置应当留意，因为在安装了 AD 之后，这些位置的数据都会有明显变化，有利于帮助我们判断 AD 是否安装成功。

接下来设定 DC 的网络参数，特别是 DNS 服务器的地址要设置正确。在开始练习时，可以将 AD 与 DNS 服务在同一台计算机上配置，参照图 9—8 设置网络参数。这里 DC 本身的 IP 地址是 192.168.1.201，DNS 服务可以在安装 AD 的同时在本机上安装，因此首选 DNS 服务器地址也设置为 192.168.1.201。

与安装其他服务角色类似，Windows Server 2008 提供了一个活动目录的安装向导来进行安装，在选择角色时应选择“Active Directory 域服务”（见图 9—9）。但是该向导并没有完成全部的安装工作，后续还需要通过命令“dcpromo”来进一步配置。因此，这里推荐直接在“运行”对话框中输入命令“dcpromo”，启动安装过程，简化操作。“dcpromo”是一个双向开关：在没有安装 AD 的计算机上，通过它可以执行安装操作；在安装有 AD 的计算机上，通过它可以执行 AD 的卸载操作。

下面介绍具体的安装方法。

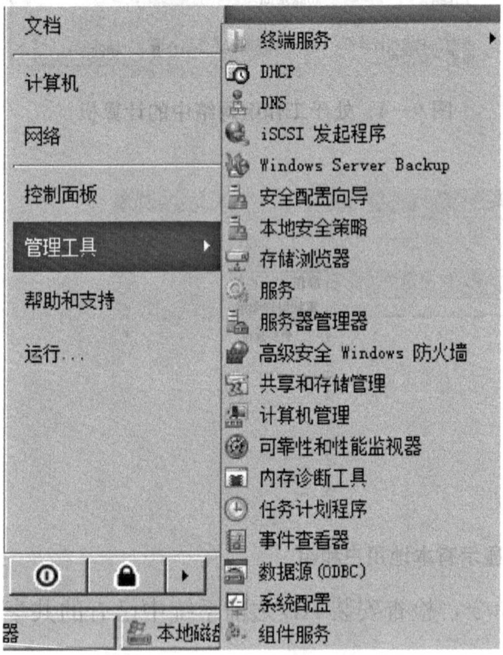

图 9—7　现有的管理工具

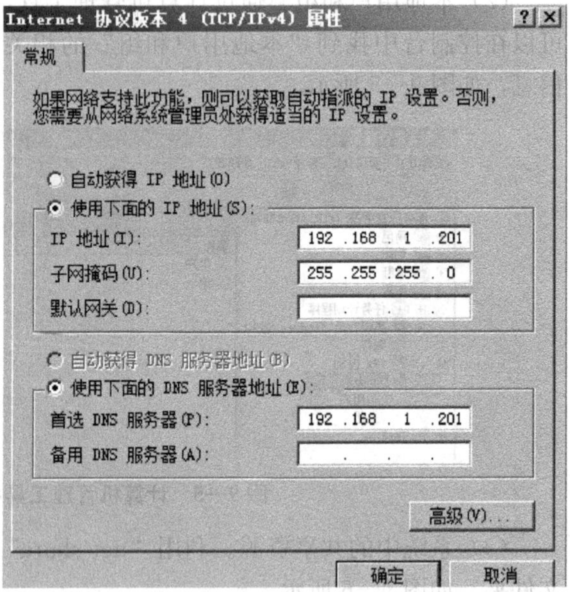

图 9—8　设置 DC 的网络参数

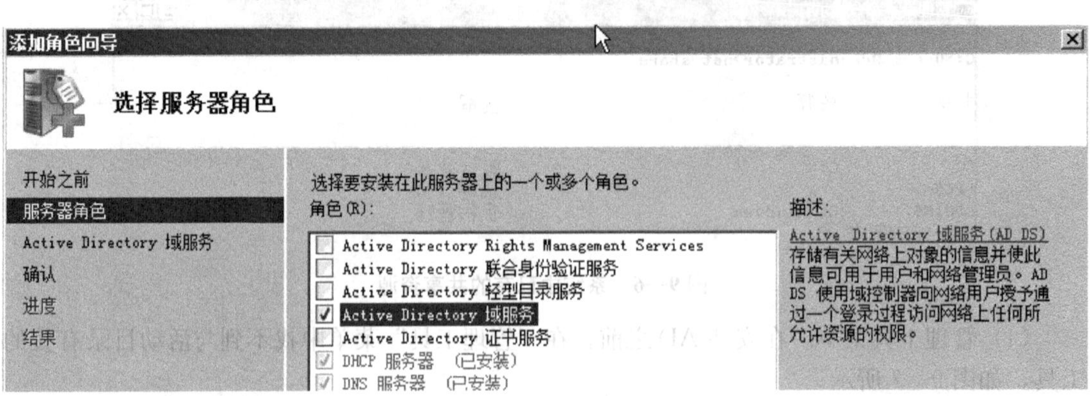

图 9—9　AD 的安装向导

1. Active Directory 的安装

（1）在“运行”对话框中输入“dcpromo”，出现图 9—10 所示界面，系统将安装 Active Directory 域服务二进制文件。

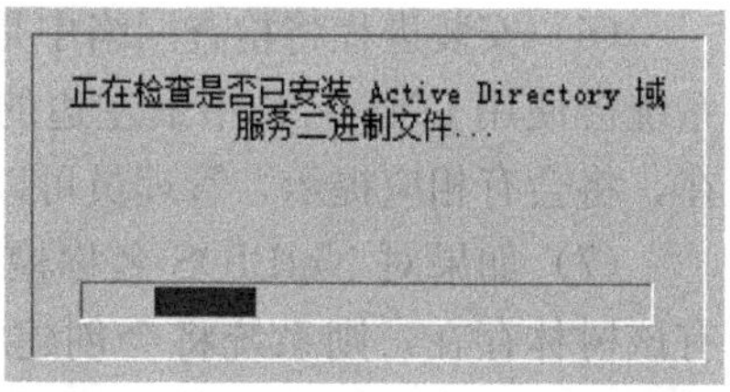

图 9—10 检查并安装 Active Directory 域服务二进制文件

（2）Active Directory 域服务二进制文件安装完成后，系统将自动打开安装向导界面，如图 9—11 所示，单击“下一步”，按照向导提示逐步完成 AD 的安装。

（3）在“操作系统兼容性”对话框中，提示与旧版操作系统安全设置的兼容情况，直接单击“下一步”即可，如图 9—12 所示。

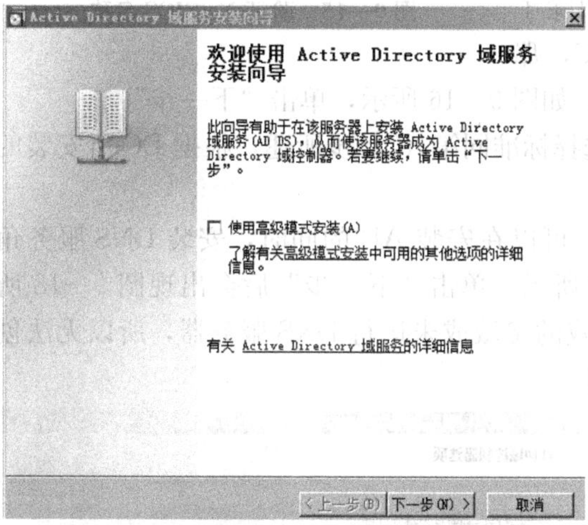

图 9—11 Active Directory 域服务安装向导

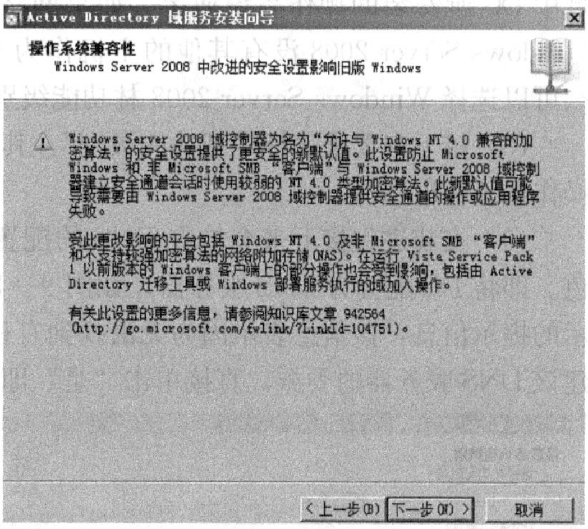

图 9—12 操作系统兼容性提示

（4）根据网络实际情况，选择为现有林或是新林创建 DC。由于这里创建的是域中的第一台 DC，选择“在新林中新建域”，单击“下一步”，如图 9—13 所示。如果是创建额外的 DC，或是创建新的域，则在“现有林”中进行选择。

（5）在“命名林根域”对话框中，输入新的林根级完整的域名系统名称，例如输入“microsoft. com. cn”（见图 9—14），即新域的 DNS 名称。此处对域的命名，应尽量符合 DNS 名称规范的要求，采用合理的域名。输入后单击“下一步”。

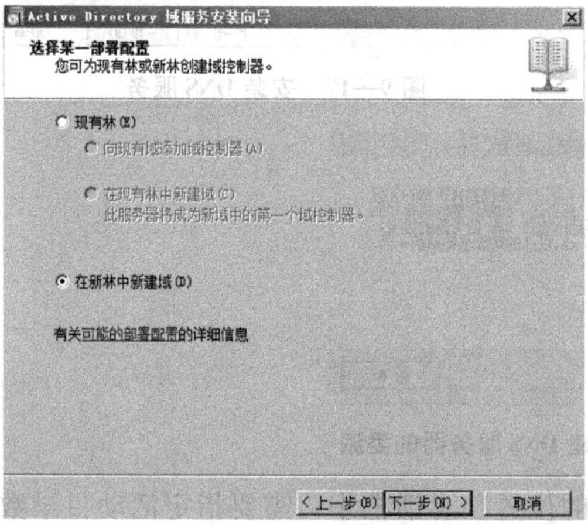

图 9—13 按实际需求选择新建域控制器的类型

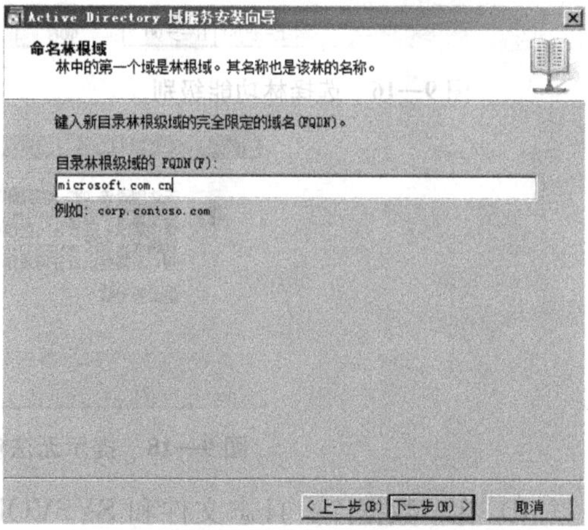

图 9—14 输入新域的 DNS 名称

（6）安装进程将检查网络中是否已存在相同的NetBIOS名（见图9—15）。默认情况下，系统会使用DNS名称中最左边的部分作为NetBIOS名，如果该NetBIOS名在网络中已存在，将会有相应提示，管理员可以重新指定使用另外的名称，确保不会冲突。

（7）如果对NetBIOS名称检查没有问题，即没有该树林存在，则系统将会创建林的根域。管理员需要根据网络中的实际状况选择林的功能级别。林功能级别有Windows 2000、Windows Server 2003、Windows Server 2008三个级别，默认为Windows 2000。林功能级别将会影响到AD的功能，但要看域中DC所安装的操作系统而定。如果网络中除了Windows Server 2008没有其他的主机作为DC，那么可以选择Windows Server 2008林功能级别，如图9—16所示，单击“下一步”。

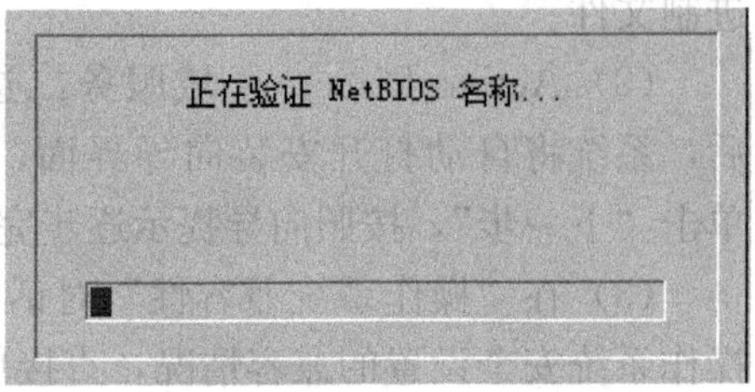

图9—15 验证NetBIOS名称

（8）接下来要求选择“域功能级别”，其选择标准同第（7）步所述，根据DC所安装的操作系统作出选择。

（9）安装进程接下来会检查DNS的配置。可以在安装AD的同时，安装DNS服务角色。即将DC配置为DNS服务器，如图9—17所示。单击“下一步”后会出现图9—18所示的提示信息，该信息表示因为无法找到有权威的父域或未运行DNS服务器，所以无法创建该DNS服务器的委派，直接单击“是”即可。

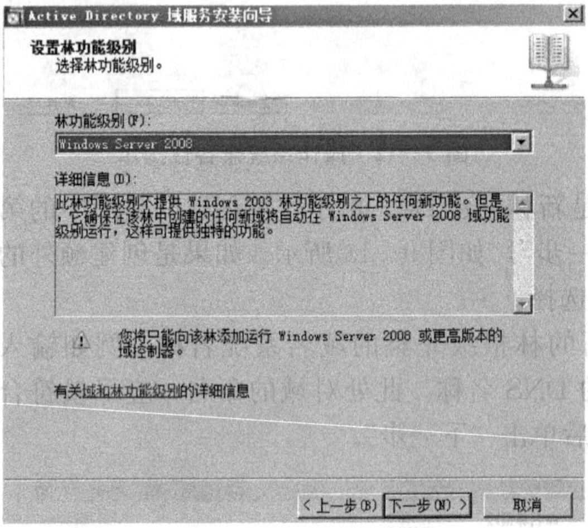

图9—16 选择林功能级别

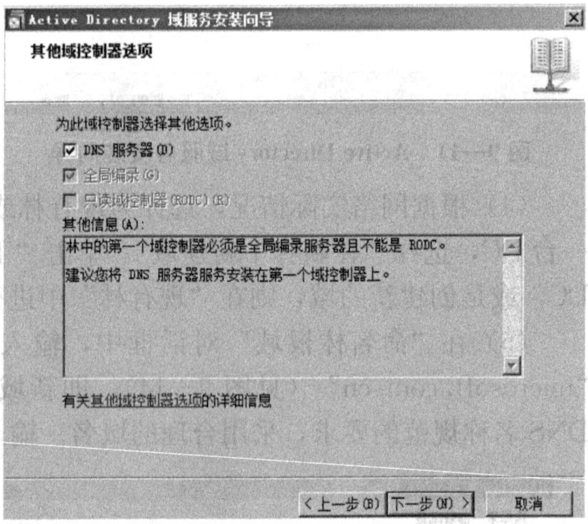

图9—17 安装DNS服务

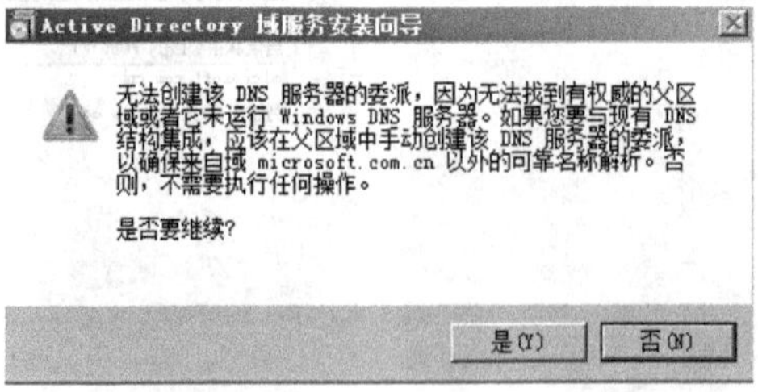

图9—18 提示无法创建DNS服务器的委派

（10）在“数据库、日志文件和SYSVOL的位置”对话框中，需要指定活动目录数据库、日志文件及SYSVOL文件夹的存储位置。默认会创建在系统盘上（见图9—19），但是建议管理员在其他 NTFS 分区上存储，这样更有利于数据的安全性。SYSVOL 文件夹是在安装 AD 时自动创建的，称作“系统卷”，用来存放组策略对象、脚本等信息。存放在 SYSVOL 文件夹中的信息会复制到域中所有 DC 上。设置完成后单击“下一步”。

（11）接下来将弹出“目录服务还原模式的 Administrator 密码”对话框。在此需要指定“目录服务还原模式”下的管理员密码。该密码不同于管理员登录系统时采用的登录密码。目录服务还原模式，是当活动目录发生损坏无法正常启动时对活动目录进行修复的模式，只有 Administrator 账户才可以执行 AD 的修复。如要进入目录服务还原模式，在进入操作系统之前，根据屏幕提示按 F8 键可选择。此处设置的密码要符合密码策略规定的复杂性要求。设置完成后单击“下一步”，如图 9—20 所示。

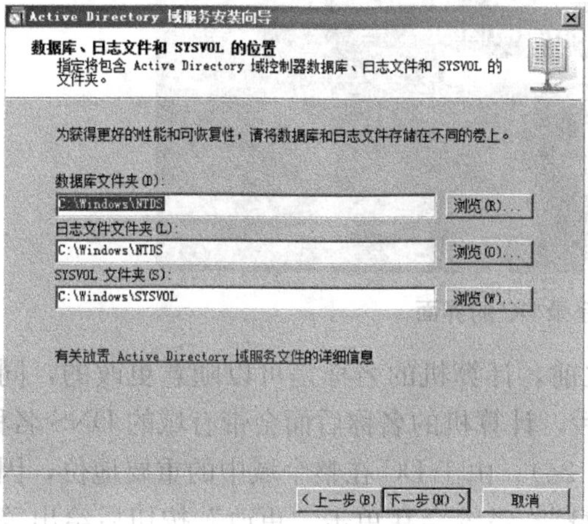

图 9—19　指定数据库、日志文件和 SYSVOL 文件夹的位置

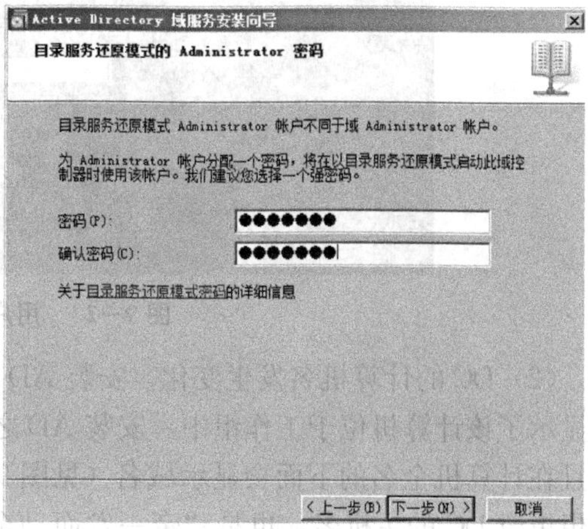

图 9—20　设置目录服务还原模式的 Administrator 密码

（12）在“摘要”对话框中显示了上述步骤设置的相关信息，确认无误后，单击“下一步”，开始执行安装操作，如图 9—21 所示。

（13）整个安装过程大概需要几分钟的时间，安装完成后会重新启动计算机。可以选中图 9—22 所示的“完成后重新启动”复选框。重启后，该计算机将以域控制器的角色出现在网络中，原有的本地账户都将升级为域用户账户。

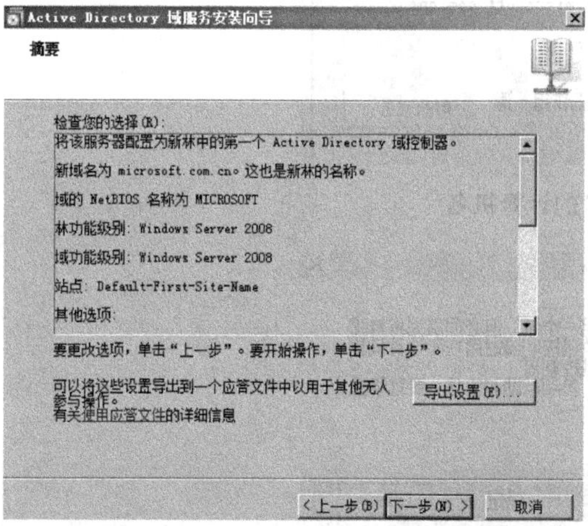

图 9—21　确认安装信息

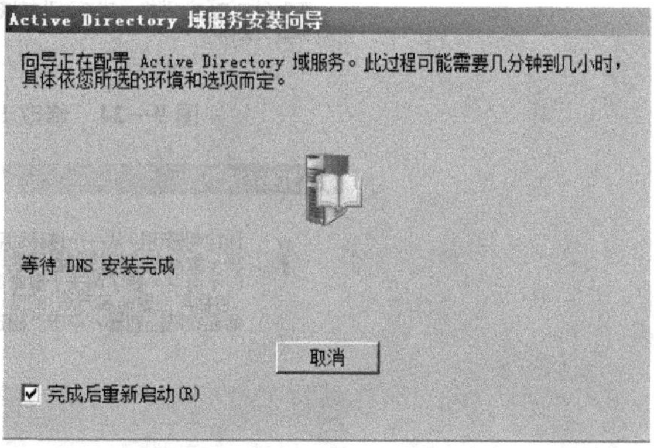

图 9—22　正在安装 Active Directory 域服务

2. 安装 AD 后操作系统的变化

对比本节开始所述的几个关键位置，一台计算机在成为 DC 后，将会发生一些变化。

(1) DC 的登录界面发生变化。如图 9—23 所示，在 DC 上进行登录时，在登录账户的前面会显示当前域的 NetBIOS 名，表明该账户是域中的账户。

图 9—23　用户登录 DC 的界面

(2) DC 的计算机名发生变化。安装 AD 之前，计算机的名称是可以随意更改的，同时也显示了该计算机位于工作组中。安装 AD 之后，计算机的名称后面会带有域的 DNS 名称，而且在计算机全名的下面会显示域名（见图 9—24）。由于 DC 在整个域中的重要地位，因此要想更改 DC 的主机名，也是“牵一发而动全身”，系统会在单击“更改”按钮后给出警告信息（见图 9—25），除非特别需要，否则不要轻易地修改 DC 的主机名。

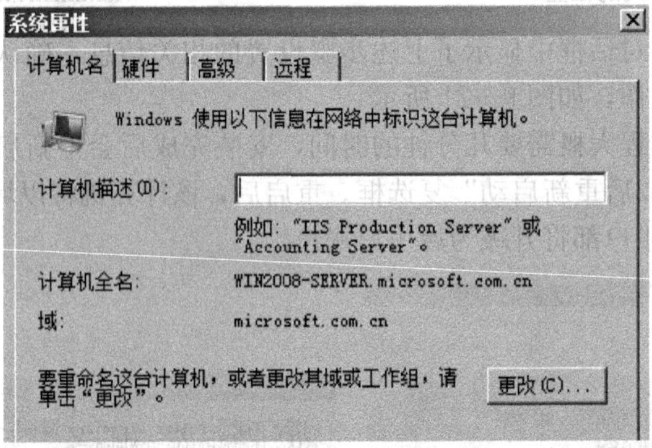

图 9—24　修改 DC 的计算机名

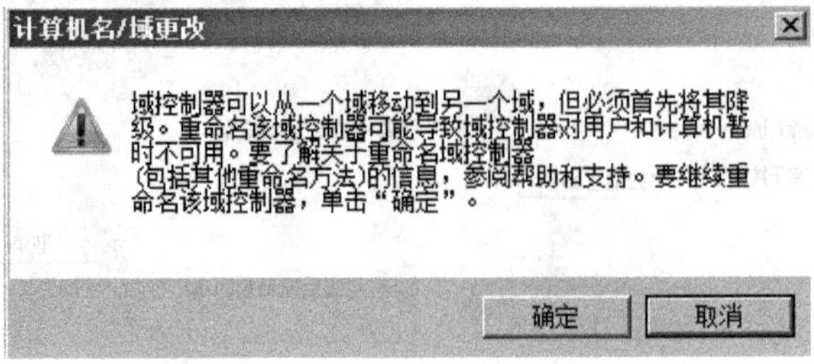

图 9—25　修改 DC 名称时显示警告信息

（3）计算机上不再有本地用户和本地组。由于网络中所有用户账户的信息都保存在 AD 数据库中，因此在 DC 上没有了保存本地用户和组的 SAM 文件，也没有相应的管理工具，如图 9—26 所示。

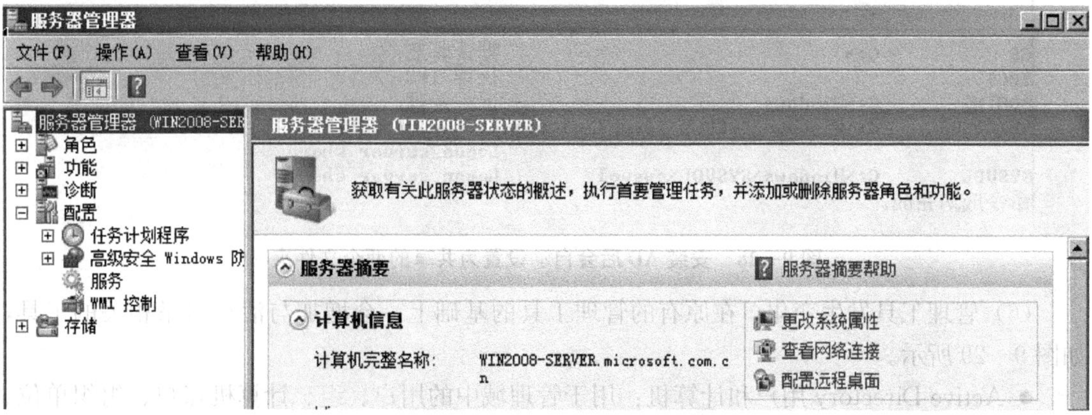

图 9—26　DC 上没有本地用户和组

（4）安装进程会产生两个重要文件夹：NTDS 和 SYSVOL。AD 数据库和日志文件都存放在 NTDS 文件夹下，其中保存的 ntds.dit 是 AD 数据库文件。SYSVOL 文件夹必须处于共享状态，否则其中的组策略和脚本等信息就不能正确地分发给域中的计算机，也无法在 DC 之间进行复制。NTDS 和 SYSVOL 文件夹默认保存在%systemroot%下，如图 9—27 所示。

图 9—27　验证 NTDS 和 SYSVOL 文件夹是否被创建

（5）共享资源发生变化。安装 AD 后，会多出两个共享，共享名分别为 NETLOGON 和 SYSVOL（见图 9—28）。

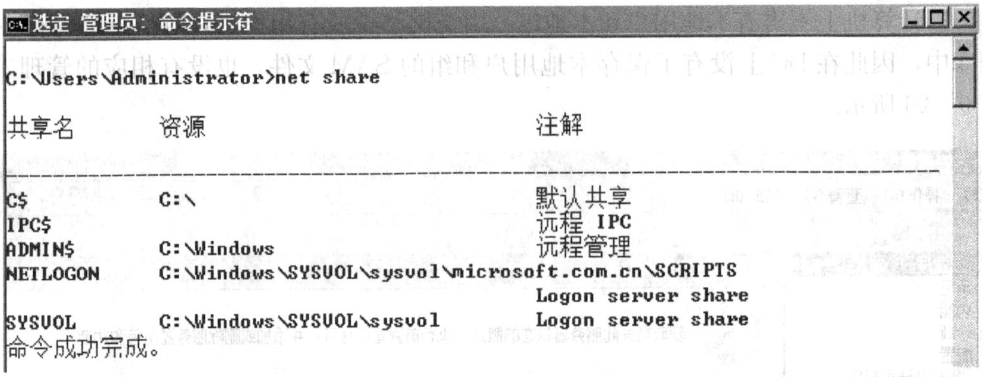

图 9—28 安装 AD 后会自动设置为共享的两个文件夹

(6) 管理工具发生变化。在原有的管理工具的基础上，会增加与活动目录相关的工具，如图 9—29 所示。

- Active Directory 用户和计算机：用于管理域中的用户、组、计算机账户、组织单位、共享资源等，是最常用的管理工具。
- Active Directory 域和信任关系：用于管理活动目录域之间的信任关系。
- Active Directory 站点和服务：用于管理与活动目录复制相关的站点信息。
- ADSI Edit：用于通过 AD 服务界面 (ADSI) 协议查看和编辑原始目录服务属性。ADSI Edit 适用于编辑 AD 中的单个对象或少量对象，但不具备搜索功能。
- 组策略管理：提供集中的组策略管理方案。

以上就是 AD 在计算机上的安装过程，也就是 DC 的创建过程，以及 DC 创建前后系统的主要变化。只要留心观察，还可以找到 DC 与一般计算机之间更多的区别，例如 DNS 中的记录、日志记录等。

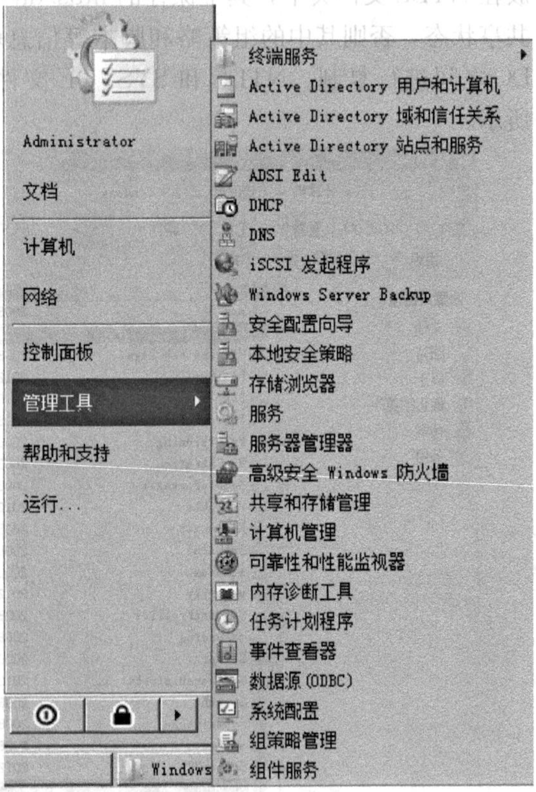

图 9—29 与活动目录管理相关的工具

9.3.3 客户机加入到域

当 DC 创建好以后，一个域就诞生了，只是这个域目前规模还很小，只有 DC 这个“光杆司令”。为了充分利用活动目录的特点，更好地管理网络中的资源，接下来，应该把网络中数量众多的客户端计算机逐步加入到域中，这样管理员就能通过前述的 AD 管理工具，对域中的计算机进行集中配置与管理。像使用 Windows 2000/XP/7/2003/2008 等系统的主机，都可以作为域的客户机加入。

下面以 Windows XP 为例，介绍将计算机加入到域的具体步骤。在加入域之前，首先检查当前主机的名称和网络环境，如图 9—30 所示，当前主机位于工作组中，且其名称不很规范，比较难记；其次，正确设置客户机的 TCP/IP 属性，保证客户机的 DNS 指向和 DC 的 DNS 指向保持一致，否则查找 DC 的过程会非常慢甚至出错。例如图 9—31，由于在创建 DC 时将其首选 DNS 服务器地址配置为 192.168.1.201，因此这里客户机的 DNS 服务器地址也设置为 192.168.1.201。这里的设置务必要正确。一般初学者容易出现客户机加入不了域的情况，多数是由于 DNS 服务器地址设置错误引起的。

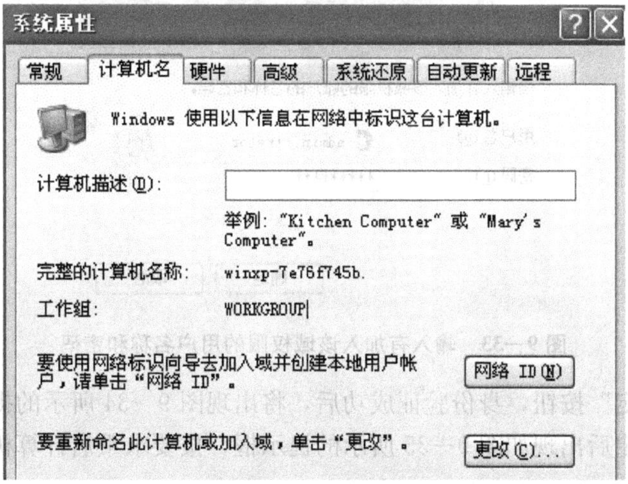

图 9—30　客户机未加入域之前显示的主机名称

（1）单击图 9—30 中的“更改”按钮，出现如图 9—32 所示的“计算机名称更改”的对话框。在“计算机名”文本框中输入要设置的计算机名（也可以不修改），在“隶属于”选项区域中，选中“域”单选按钮，在空白处输入要加入的域的 DNS 名称，即在创建 DC 时所设置的名称，此处填入“microsoft.com.cn”。

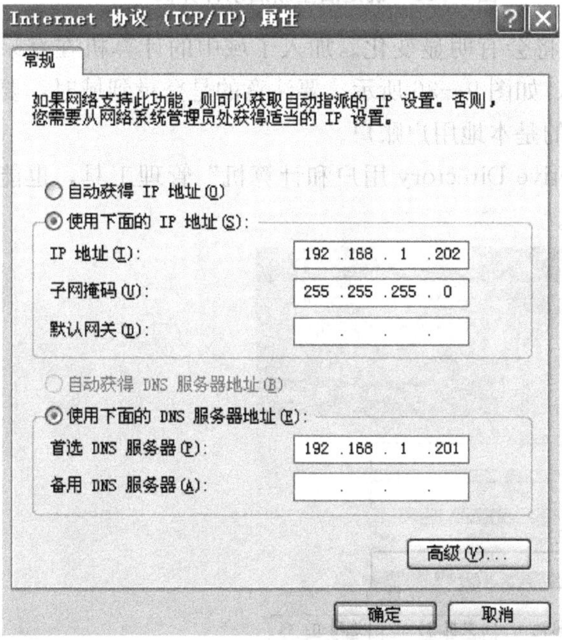

图 9—31　正确设置客户机指向的 DNS 服务器地址

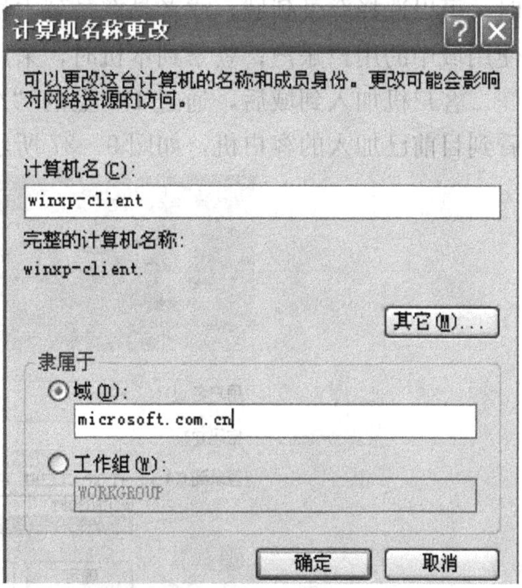

图 9—32　指定该计算机要加入的域的名称

(2) 设置了计算机名称和域名之后，单击“确定”按钮，出现如图 9—33 所示的对话框。在该对话框中，输入有加入该域权限的用户名称和密码。可以是域管理员账户，也可以是在 DC 上已建立的域中其他用户的账户。

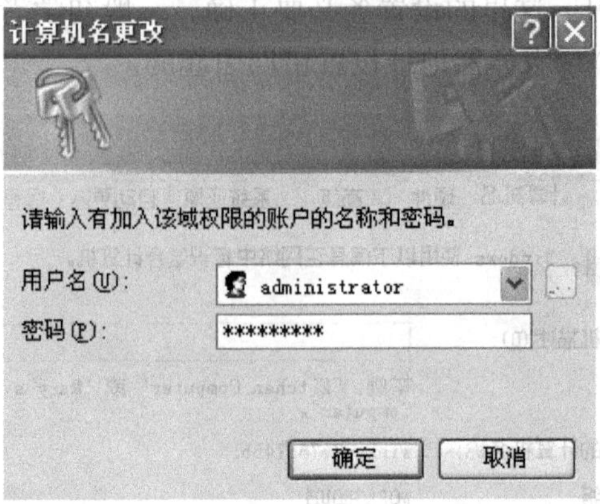

图 9—33　输入有加入该域权限的用户名称和密码

(3) 单击“确定”按钮，身份验证成功后，将出现图 9—34 所示的提示信息，显示加入域的操作成功。确定后出现如图 9—35 所示的提示框，按要求重启计算机即可。

图 9—34　显示加入域成功的提示框

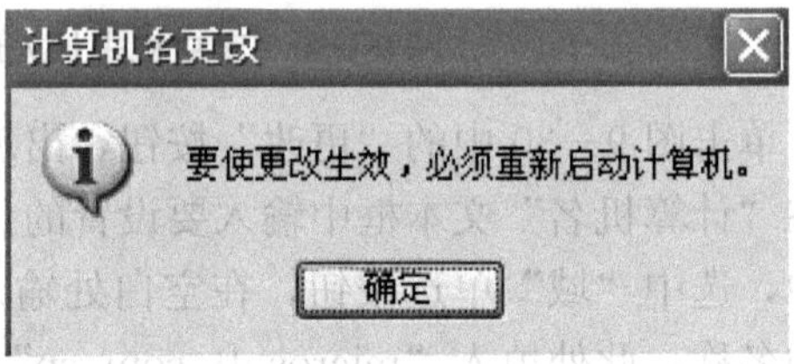

图 9—35　确定后重新启动计算机

(4) 在客户机重新启动后，其登录窗口将会有明显变化。加入了域中的计算机在登录时，可以选择登录到域，或者是登录到本机，如图 9—36 所示。要注意的是登录到域时，要使用域中的用户账户；登录到本机时，采用的是本地用户账户。

客户机加入到域后，通过 DC 上的“Active Directory 用户和计算机”管理工具，也能看到目前已加入的客户机，如图 9—37 所示。

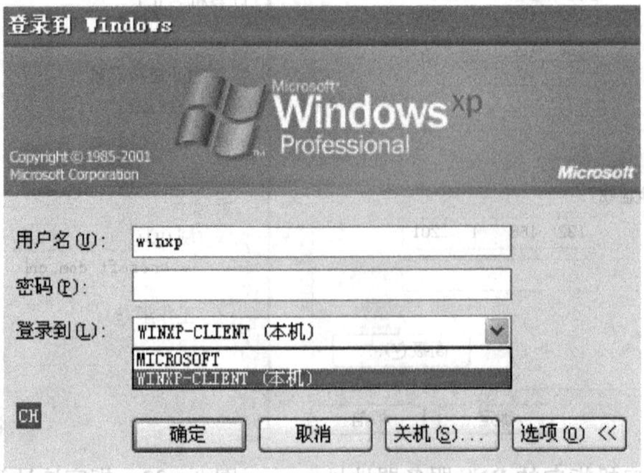

图 9—36　在域中的计算机上登录

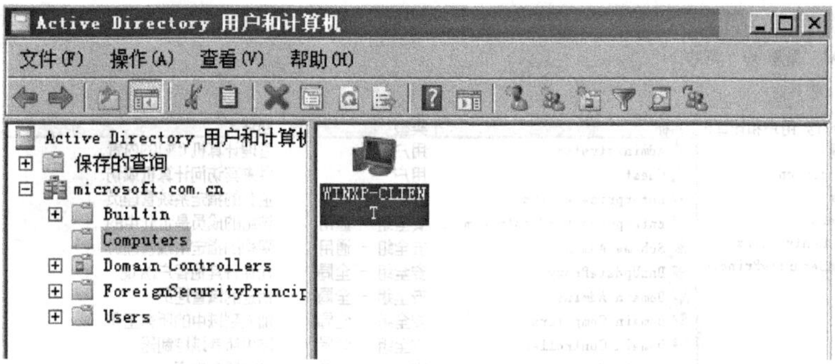

图 9—37 DC 上显示了已加入到域的客户机

9.4 域网络的初级管理

一个域中有数不胜数的对象，例如用户账户、计算机账户等，管理员可以通过 DC 上的管理工具，对域中的这些对象进行统一的部署和有效的管理。下面介绍一些常见的管理操作。

9.4.1 域用户账户的创建与管理

用户账户作为身份的唯一标识，可以通过账户赋予用户不同的权力和访问资源的权限，从而实现用户对网络资源的访问和管理。

用户账户有两种：本地用户账户和域用户账户。其中，本地用户账户位于工作组中的计算机以及域中非 DC 的计算机上，通过本地主机的“本地用户和组”工具进行创建和管理，账户信息保存在本地主机的 SAM 文件中；域用户账户位于域控制器上，通过“Active Directory 用户和计算机”工具进行创建和管理，账户信息保存在 DC 上的活动目录中。无论是本地账户还是域账户，都要确保其在本机或域中的唯一性。

创建域用户账户是在活动目录数据库中添加记录，所以一般是在域控制器中进行的，也可以使用相应的管理工具或命令通过网络在其他计算机上操作，但都需要有创建账户的权限。

（1）打开“Active Directory 用户和计算机”管理工具，出现如图 9—38 所示的窗口，展开域名前的加号，可以看到名为“Users”的容器，其中包含的是内置的域用户账户和组账户，这些内置账户是在创建域的时候自动创建的，每个内置账户都有各自的权限。

（2）在“Users”上右击，在弹出的快捷菜单中依次选择“新建”、“用户”命令，如图 9—39 所示。

（3）创建用户需要填入用户的相关信息，例如姓、名等。需要注意的是“用户登录名”文本框，这里输入的是用户在登录时所采用的名称，可以和姓名相同，也可以不同，如图 9—40 所示。从 Windows 2000 开始，引入了用户主名的概念，其结构为“用户登录名@域名”，例如 user-ZhangSan@microsoft.com.cn 就是用户主名的表达方式，跟电子邮件用户名形式相同。这种用户主名层次感更强，而且在一个多域的森林中使用起来更为方便。

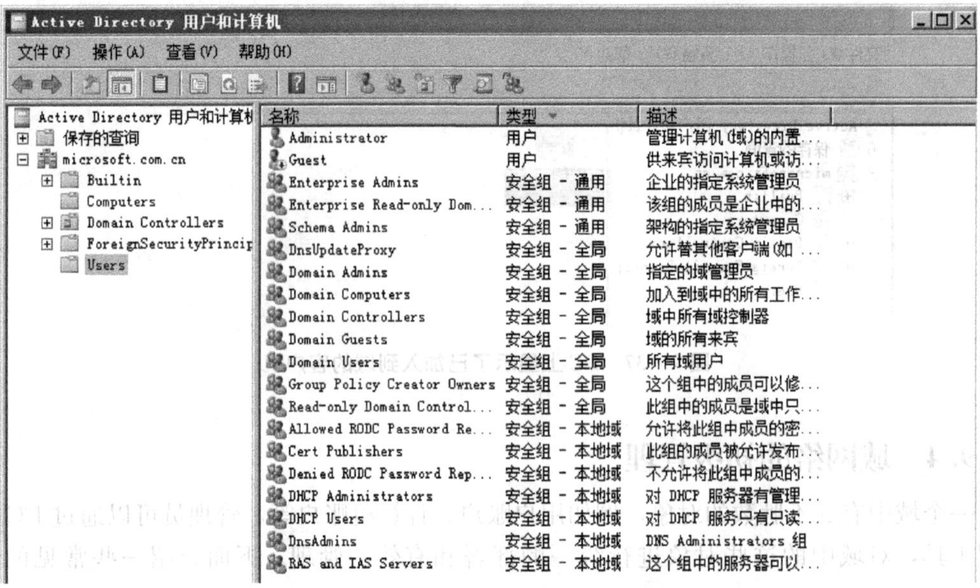

图 9—38　USERS 容器中显示了内置账户

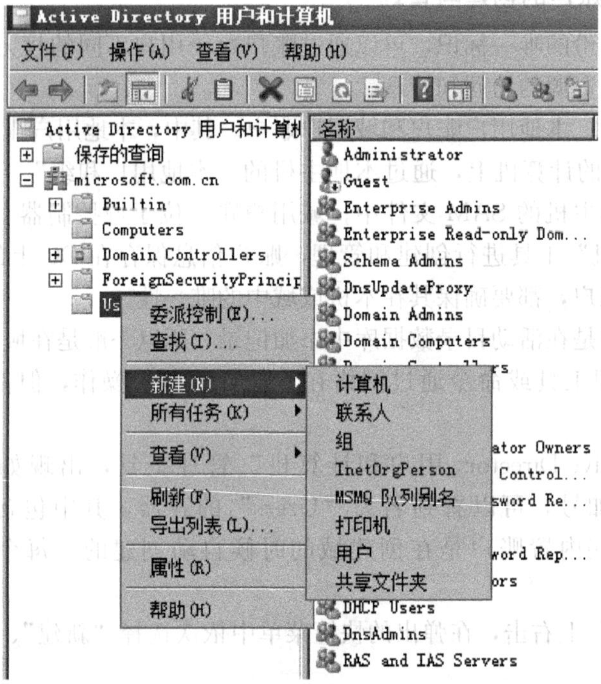

图 9—39　新建用户

（4）单击“下一步”，提示输入用户账户密码，如图 9—41 所示。按照域默认的安全策略设置，用户密码必须符合复杂性要求。输入密码后，还可以设置其他选项，例如选中“用户下次登录时须更改密码”，要求用户第一次登录该账户时，将密码改成其他形式。这样管理员可以在创建多个用户时，设置统一的默认密码，然后将该默认密码告知用户，由用户在登录其账户时自行修改。

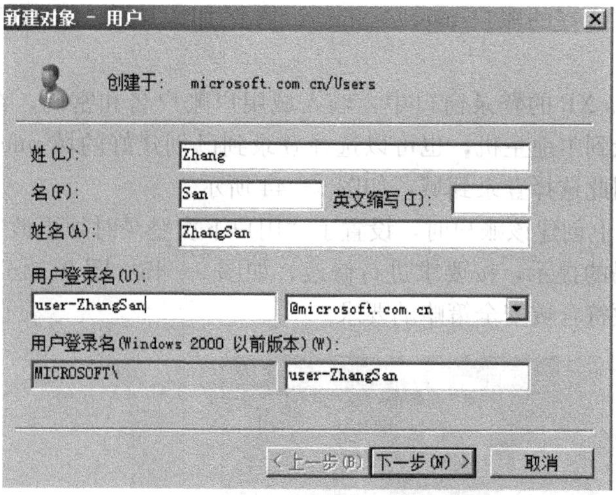

图 9—40　输入用户的相关信息

（5）密码设置完成后单击“下一步”，显示了用户创建的摘要信息。如有地方设置不妥，还可以退回上一步进行修改。确认无误后点击“完成”，完成用户创建，如图 9—42 所示。

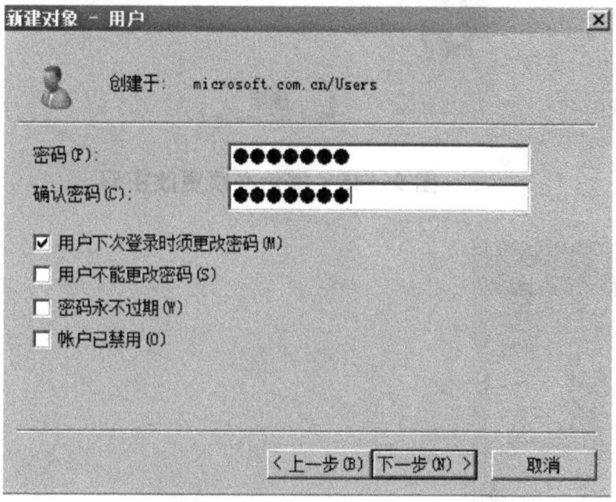

图 9—41　设置账户密码及相关选项

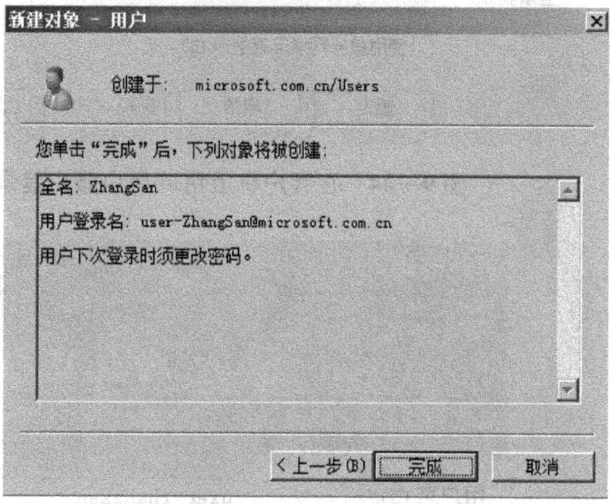

图 9—42　完成用户创建操作

（6）创建用户完成后，可以在 Users 容器下看到该用户账户（见图 9—43）。按照上述步骤可以继续添加其他所需的用户账户。

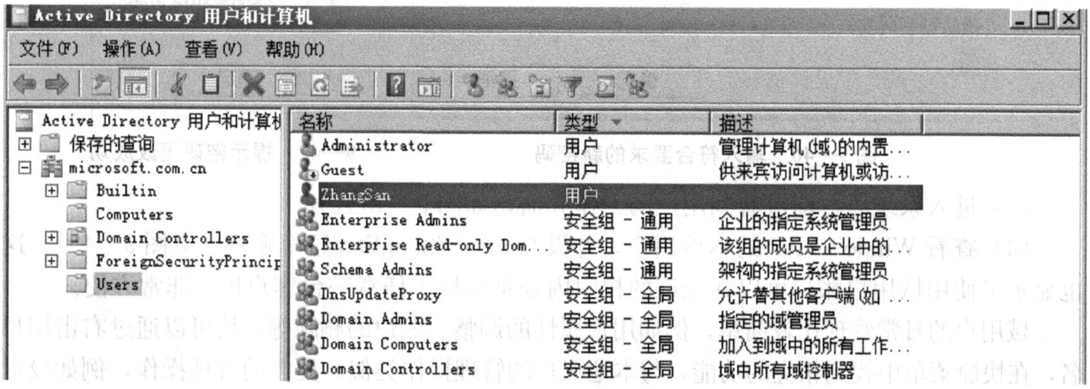

图 9—43　Users 容器中显示了创建好的域用户账户

接下来用刚刚创建好的账户 user-ZhangSan 在已加入域的客户机 Windows XP 上进行登录。

(1) 在 Windows XP 的登录窗口中，输入域用户账户名和密码，在“登录到”的选项中，既可以选择登录到本地主机，也可以选择登录到已创建好的域 microsoft 中。这里使用的是域用户账户，因此选择登录到域，如图 9—44 所示。

(2) 由于在 DC 上创建该账户时，设置了“用户下次登录时须更改密码”选项，所以屏幕上会出现修改密码的提示，按要求进行修改，如图 9—45、图 9—46、图 9—47 所示。注意：修改的密码必须符合域安全策略的要求。

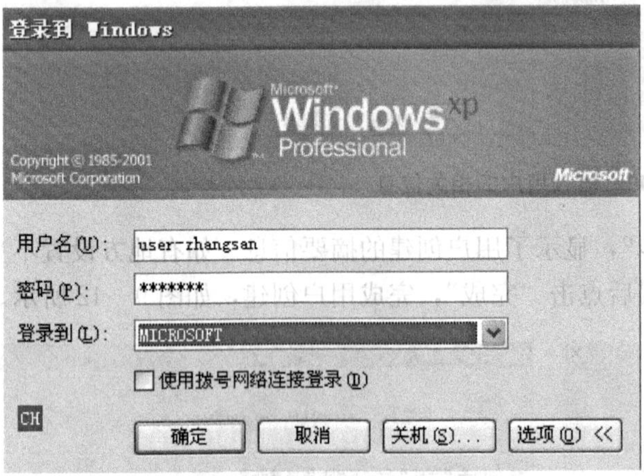

图 9—44 在客户机上用域用户账户登录

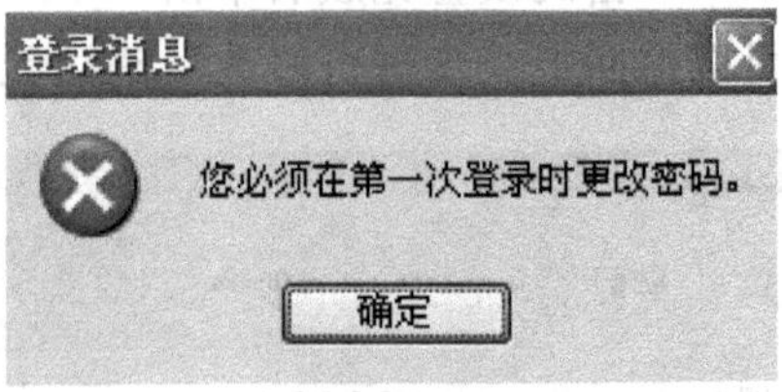

图 9—45 提示必须更改密码

图 9—46 输入符合要求的新密码

9—47 提示密码更改成功

(3) 进入系统后，即可看到用户的工作界面，如图 9—48 所示。

(4) 查看 Windows XP 的本地用户，并没有 user-ZhangSan 这个账户（见图 9—49）。这也显示了使用域用户账户可以在允许的权限内登录到域中任意一台客户机，非常方便。

域用户的日常管理比较简单，例如用户属性的调整、账户的删除等，均可以通过右击用户名，在快捷菜单中找到相应的功能，与本地账户的管理操作类似。更多的管理操作，例如设置允许用户登录的时间和地点、用户配置文件的修改等，可参考专门的 AD 书籍进行尝试。

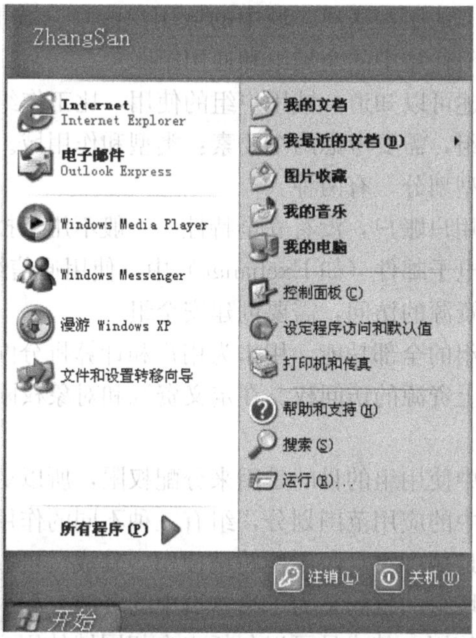

图 9—48 显示用户 ZhangSan 已登录到系统

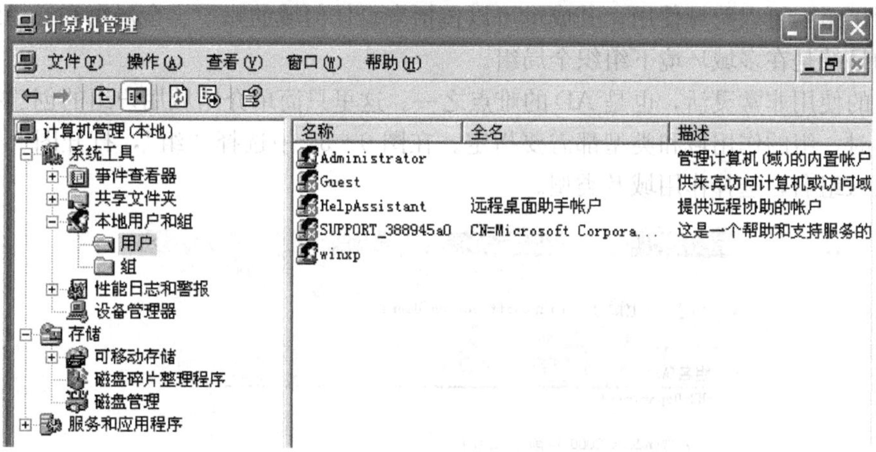

图 9—49 客户机中只有本地账户，没有域账户

9.4.2 域用户组的创建与管理

用户账户可以标识网络中的每一个用户，组账户则可以用于组织用户账户，把具有相同特点和属性的用户组合在一起，便于管理员的管理和使用。如果网络中有大量的用户、计算机等，那么利用组来管理这些对象，将是非常方便的。

组是用户和计算机账户、联系人以及其他可作为单个单元管理的集合，属于特定组的用户和计算机称为组的成员。

域中的组有两种情况：一种是位于 DC 中的组，另一种是位于域中成员服务器（非 DC）中的组。再次强调的是，DC 上没有本地用户，同样也没有本地组。DC 上只有域中的组账户，这些组账户的信息存储于活动目录中，并且会随着 AD 复制到域中所有 DC 上。对于成员服务器而言，与工作组中的组账户只能包含本地计算机上的本地用户账户不同，组中的成员可以是本地计算机上的本地用户账户、域中的域用户账户、域中的全局组和通用组账户、信任域中的域用户账户及信任域中的全局组和通用组账户。

从上面一段文字的描述可以知道，域用户组的使用，比工作组网络中本地组的使用要复杂得多。在域中应用用户组，需要考虑两个要素：类型和作用域。

域中的组，根据其类型划分，有两种。

● 通信组：用于组织用户账户，没有安全特性，一般不用于授权。通信组中可以存储联系人和用户账户，例如在电子邮件（如 Exchange）中，使用通信组将邮件发送给一组用户。如果需要组来控制对共享资源的访问，需要创建安全组。

● 安全组：具有通信组的全部功能，用来为用户和计算机分配权限。安全组提供了一种有效的方式来指派对网络上资源的访问权。在定义资源和对象权限的访问控制列表中所看到的组，都是安全组。

一般来说，在局域网中使用组的目的是用来分配权限，所以更多时候使用的是安全组。

根据组在域树或森林中的应用范围划分，组有三种不同的作用域。

● 本地域组：只在本地域中可见，不能跨域使用，其成员可以是任何域的用户账户、全局组或通用组。使用本地域组的目的是为了给本域中的资源分配权限。

● 全局组：可以跨域使用，其成员可以包括来自相同域的用户账户或全局组。使用全局组的目的是用来管理那些具有相同管理任务或访问许可的用户账户。

● 通用组：可以跨域使用，其成员可以包括来自任何域的账户、全局组和通用组。使用通用组的目的是在多域环境下组织全局组。

域组的使用非常灵活，也是 AD 的难点之一。这里只简单介绍域用户组的创建操作。创建用户组时，组的作用域和类型都需要指定。在图 9—39 中选择“组”，打开图 9—50 所示界面，填入组名，选择作用域及类型。

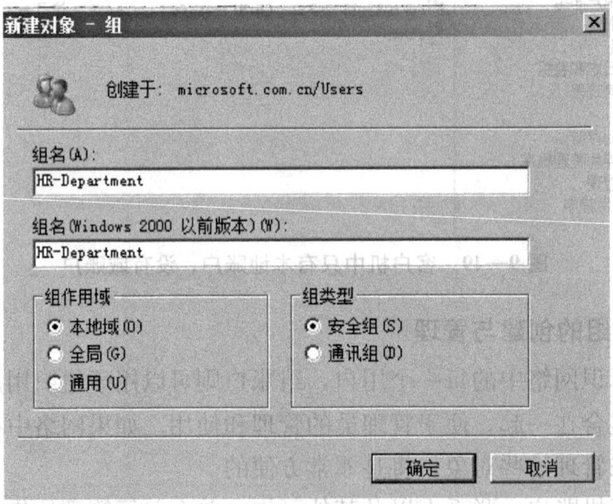

图 9—50　创建域用户组

创建好的域用户组在 Users 容器中可以看到，如图 9—51 所示。

在使用中，管理员可以根据需要随时调整域用户组的作用域、类型、组成员，还可以实现组的嵌套，即一个组可以作为另一个组的成员出现。这一点，在工作组网络中的本地组中，是无法实现的。图 9—52 所示的是已创建组的属性下的“常规”内容，图 9—53 显示了组成员的管理界面，只需单击“添加”按钮即可开始组成员的添加操作。

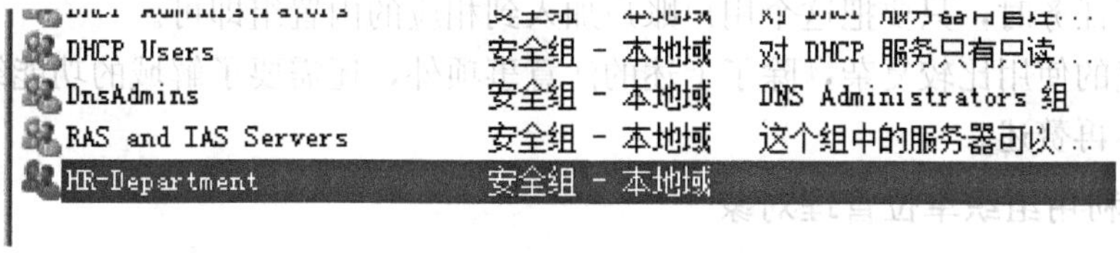
DHCP Users 安全组 - 本地域 对 DHCP 服务只有只读...
DnsAdmins 安全组 - 本地域 DNS Administrators 组
RAS and IAS Servers 安全组 - 本地域 这个组中的服务器可以...
HR-Department 安全组 - 本地域

图 9—51　Users 容器中显示了已创建的域用户组

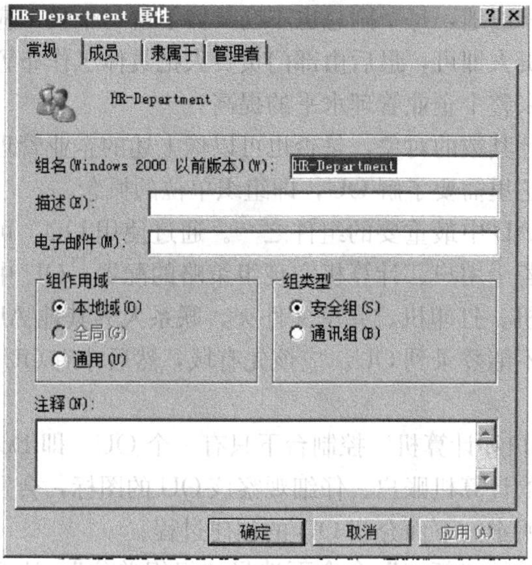

图 9—52　组的常规属性中显示组的作用域和类型

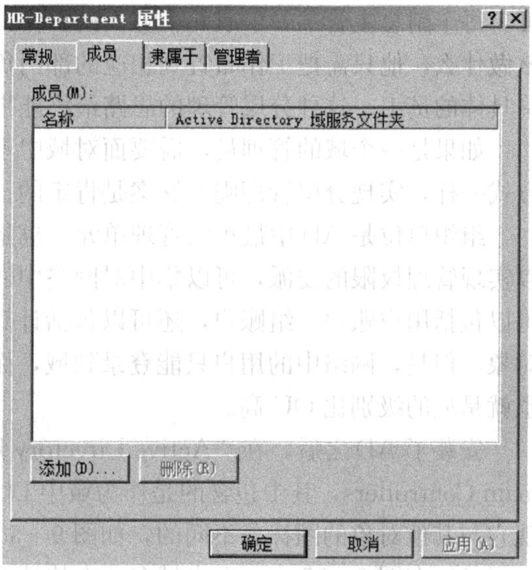

图 9—53　组成员的管理界面

在 DC 上“Active Directory 用户和计算机”管理控制台下有一个名为“Builtin”的容器（见图 9—54），意思为“内置”，其中包含的是系统创建的内置组。这些组都是安全组、本

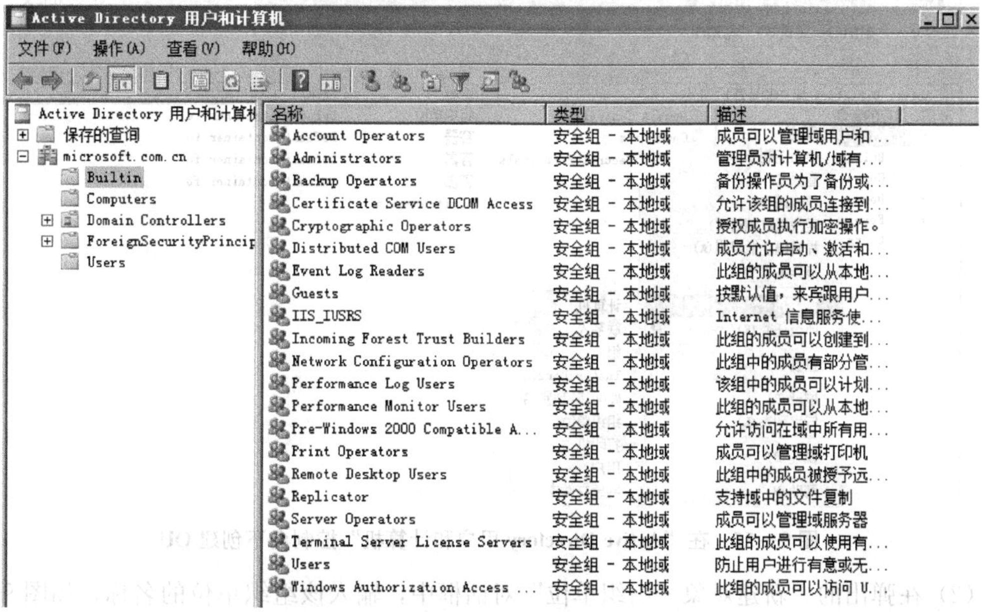

图 9—54　Windows Server 2008 中的内置组

地组，提供给用户预定义的权力和权限，用户不能修改这些内置组的权限设置。当需要某个用户执行管理任务时，只要把这个用户账户加入到相应的内置组即可。

域用户组的使用比较复杂，除了上述的注意事项外，还需要了解域的功能级别及林功能级别，此处不再赘述。

9.4.3 利用组织单位管理对象

联系实际的企业管理，如果一个公司有数十个部门，有上千名员工，那么作为公司的最高领导者没有必要具体知道每位员工具体负责什么工作。他只需将工作布置给几个副总即可，每个副总主管某一个或几个方面的工作。相应地，每个副总也不会具体了解每个员工应该做什么，他只需把工作布置到相应的部门负责人即可，最后由部门负责人把具体工作布置给具体的员工。这种分层管理的思路最终能带来整个企业管理水平的提高。

如果是一个域的管理员，需要面对域中不计其数的对象，是否也可以像上述的企业管理方式一样，实现分层管理呢？答案是肯定的。这里需要了解 OU，即组织单位的概念。

组织单位是 AD 中最小的管理单元，也是 AD 中最重要的组件之一。通过使用 OU，可以实现管理权限的委派，可以集中对网络中的若干用户、计算机实现组策略的配置。OU 中可以包括用户账户、组账户，还可以包括计算机、打印机、共享文件夹、联系人等其他 AD 对象。但是，网络中的用户只能登录到域，而不能登录到 OU。应该先有域，然后才有 OU，也就是域的级别比 OU 高。

安装了 AD 之后，在“Active Directory 用户和计算机”控制台下只有一个 OU，即 Domain Controllers，其中包含的是作为域中 DC 的计算机账户。仔细观察该 OU 的图标，会发现它与其他对象的图标是不同的，如图 9—55 所示。下面介绍 OU 的创建过程。

(1) 在图 9—55 中，右击域名，在快捷菜单的“新建”命令下选择“组织单位”。注意 OU 只能在域或父 OU 下才能创建。如果我们在 Users 容器上右击，会发现快捷菜单中是没有“组织单位”这一选项的，因为 Users 容器不是 OU，也就不能在其下创建子 OU。

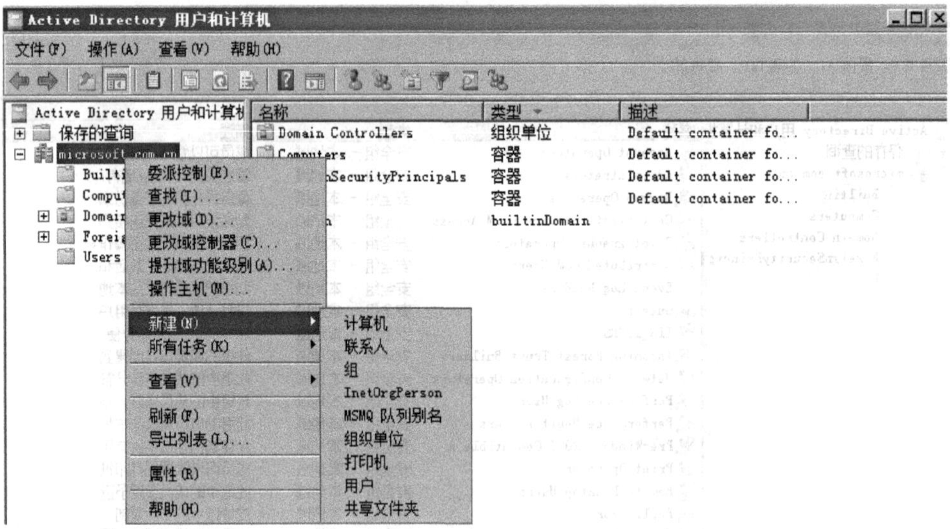

图 9—55 在“Active Directory 用户和计算机”控制台下创建 OU

(2) 在弹出的“新建对象—组织单位”对话框中，输入该组织单位的名称，如图 9—56 所示。单击“确定”按钮，即可完成 OU 的创建。返回控制台下可以看到新建的 OU—人事部已经在域 microsoft. com. cn 下，如图 9—57 所示。

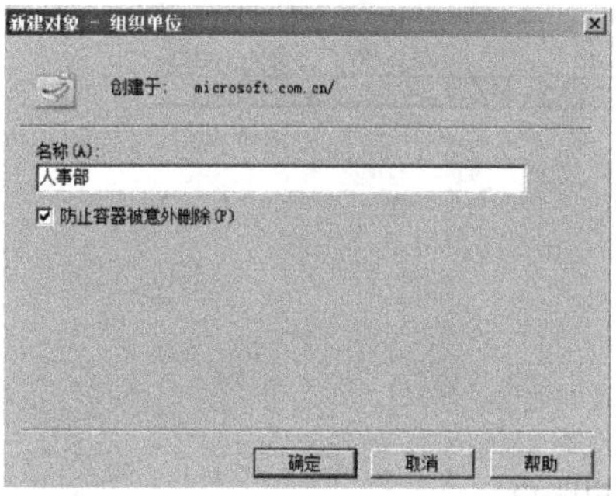

图 9—56　新建 OU

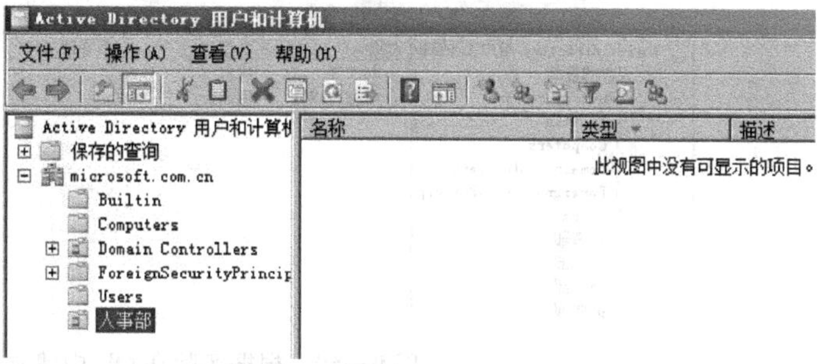

图 9—57　控制台中显示的新创建的 OU

（3）按照上述步骤建立起其他 OU，如图 9—58 所示。

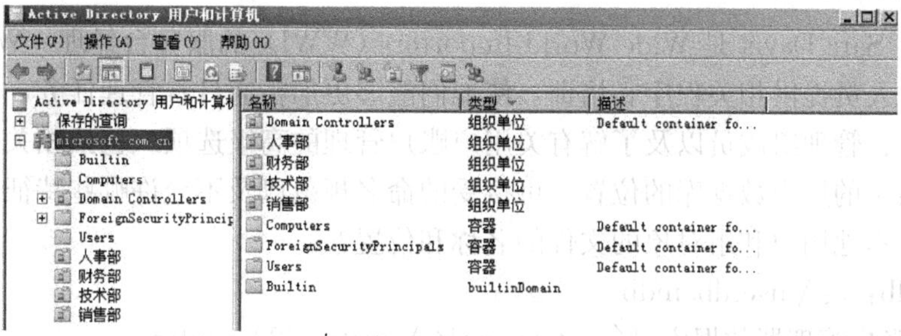

图 9—58　按照公司的逻辑结构建立对应的管理模型

（4）在一个 OU 内可以继续创建下级的 OU，即 OU 是可以嵌套的。也可以在 OU 下建立用户或计算机账户等其他活动目录对象。在刚刚建立起的"人事部"OU 上右击，选择"新建"下的"用户"，根据实际情况建立起人事部下的用户账户，如图 9—59、图 9—60 所示，这样就把活动目录和实际情况联系起来了。

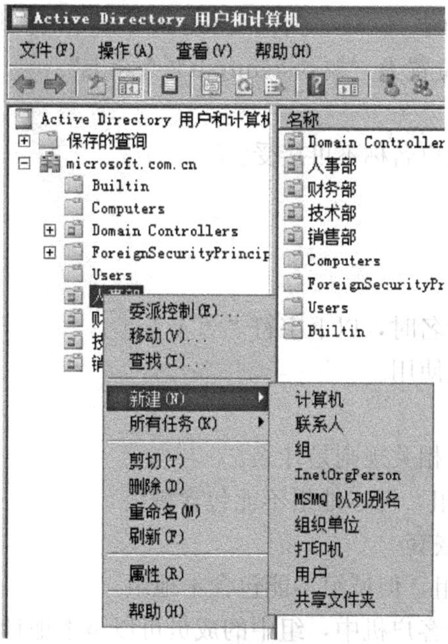

图 9—59　在 OU 下新建用户账户

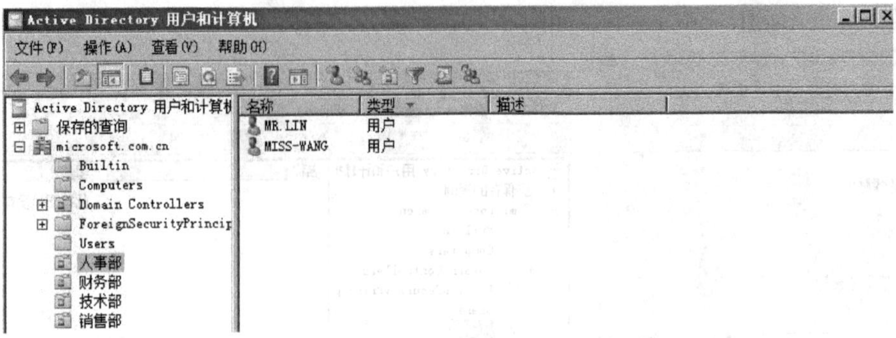

图 9—60 根据实际在 OU 中建立用户账户

9.5 能力拓展：MTA 认证考试练习

1. 场景：Sara Davis 是 Wide World Importers（WWI）的服务台经理。WWI 要求 Sara 为服务台工作人员提供相关程序和培训，使他们能够更加精通日常管理任务，包括创建域和本地用户账户、管理组成员以及了解有关用户账户管理的高级选项。包括相关技术细节，例如本地和域系统的用户数据库的位置、可接受的命名规范以及不允许哪些特征。

（1）包含本地用户和组对象的文件的名称和位置？（　　）

A. userdb：c：\ userdb. mdb

B. 安全账户管理器数据库：%systemroot% \ system32 \ config

C. ntds. dit：c：\ windows \ ntds

分析：安全账户管理器（SAM）是一个位于运行 Windows Server 2008 的服务器上的数据库，用于存储本地计算机上的用户账户和安全描述符（SID）。SID 在账户创建时就同时创建，一旦账户被删除，SID 也同时被删除。SID 是唯一的，即使是相同的用户名，在每次创建时获得的 SID 都是完全不同的。SAM 机制的具体表现就是保存在"%SystemRoot% \ system32 \ config \"下的 SAM 文件。Active Directory 域服务数据库的名称为"ntds. dit"，该文件的默认位置为"%systemroot% \ ntds"。

答案：B

（2）以下哪一个用户账户名称不可接受？（　　）

A. Abercrombie? kim

B. Mu. Han

C. MPatten

分析：在对账户进行命名时，以下字符"/ \ [ ] :; | = , + * ? ＜＞ @ 为用户账户不可接受的字符，应避免使用。

答案：A

（3）嵌套域和本地组的相关规则是什么？（　　）

A. 域组可以包含本地组，但本地组不能包含域组

B. 域组和本地组无法嵌套

C. 本地组可以包含域组，但域组不能包含本地组

分析：域成员服务器或客户机中，组中的成员可以是本地计算机上的本地用户账户、域中的域用户账户、域中的全局组和通用组账户、信任域中的域用户账户以及信任域中的全局

组和通用组账户。工作组中的组账户只能包含本地计算机上的本地用户账户。

答案：C

2. 场景：Victoria Flores 是 Humongous Insurance 的目录服务管理员。Humongous Insurance 是一家办事处遍布全国各地的大型保险公司。不同分支公司的 IT 需求各不相同，管理所有需求是一项巨大的挑战。

公司希望对其 Active Directory 结构进行设计，以更好地满足这些不同的需求，以及减轻不同计算机和部门的管理负担。他们要求 Victoria 创建一个能够满足他们目标的组织单位设计。他们的主要目标之一是创建一个可用于维护一致性和可用性的模型。他们还希望能够在无需授予特定用户完整的管理权限的情况下管理每个部门。

(1) Victoria 应采取哪些措施来解决管理问题？(　　)

A. 为管理每个部门组织单位的指定员工提供域管理员密码

B. 她自己执行所有的管理任务

C. 对管理每个部门组织单位的指定员工委派控制并授予该容器的特定管理权限

分析：域环境网络，通常是按照实际的企业运作模式来搭建其逻辑结构的。分层的思想有利于提高企业的管理水平。通过分配不同层次的管理人员以不同的管理权限实现权限的委派。

答案：C

(2) 如何创建组织单位？(　　)

A. Active Directory 用户和计算机、PowerShell、命令行、Active Directory 管理中心

B. 域用户管理器

C. 组织单位只能通过 Active Directory 用户和计算机创建

分析：在活动目录中创建资源对象，例如创建用户、组、OU 等，都能通过图形化的 AD 管理工具或字符化的命令行界面完成。PowerShell 是 Windows Server 2008 的一个新特色，充分发挥了脚本化管理的功能。

答案：A

(3) 哪个命令创建了域 HUMONGOUS. LOCAL 中名为 Marketing 的组织单位？(　　)

A. dsadd ou" ou=Marketing，dc=humongous，dc=local"

B. makeou=marketing. humongous. local

C. " ou=marketing，dc=humongous，dc=local"

分析：dsadd 命令用于向目录中添加特定类型的对象。可以在命令行模式下查看该命令的具体用法。

答案：A

3. 场景：Andrew Ma 是 Coho Winery 的系统管理员。最近的业务与广告策略的变更使 Coho 酒系列的受欢迎程度超过了预期。由于 Coho 销售量的飞速提升，公司决定从工作组网络迁移到使用 Microsoft Windows Server 2008 R2 Active Directory 域服务的集中管理的域模型。

这一 IT 变更使 Andrew 能够利用域的一些优势，包括组织网络对象、应用组策略来管理台式机以及管理安全性。Andrew 决定通过一些域控制器来实现冗余性，以及拆分操作角色。新的组织系统可支持企业的未来发展。

(1) 与工作组相比，域模型网络的优势是什么？(　　)

A. 没有任何优势，其成本太高。与集中管理的选项相比，它更易于在20个不同的计算机上管理用户账户

B. 在集中管理的系统中，它支持员工针对域而不是单个工作站进行身份验证

C. 唯一的优势是比工作站模型更易于保护

分析：域网络提供了更好的安全策略和网络管理，实现了集中和分散管理相结合。

答案：B

(2) Andrew应如何确定哪个域控制器用于维护RID主机的操作角色？

A. 联系前任系统管理员

B. 打开“Active Directory用户和计算机”，打开他的域并选择“操作主机”

C. 创建一个会查询每个域控制器的批处理文件来确定哪个控制器负责RID主机

分析：操作主机的概念与类型见下题分析。查看RID主机角色的步骤如图9—61、图9—62所示。

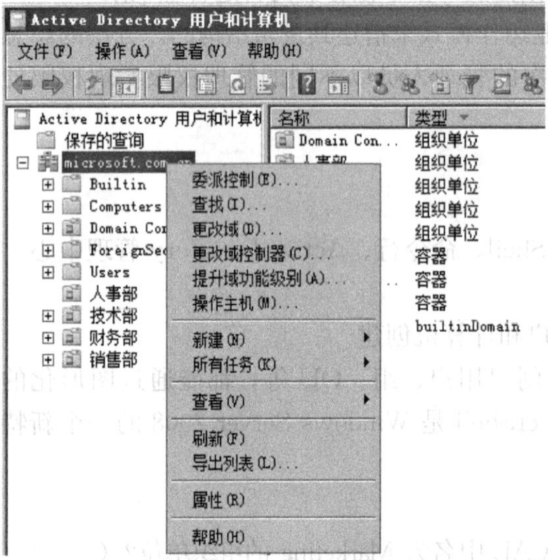

图9—61 右击域名，选择“操作主机”

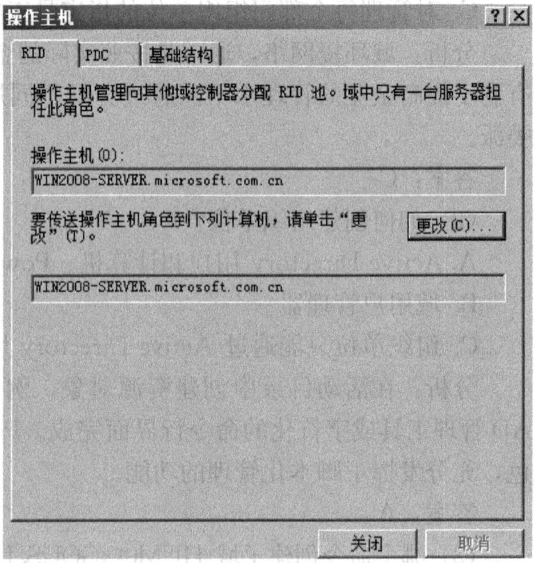

图9—62 查看充当操作主机的DC

答案：B

(3) 默认情况下，哪个域控制器维护所有5个操作角色？(　　)

A. 林中的第一个域控制器

B. 将操作角色添加到林时，它们会自动传输到后续域控制器

C. 系统提示时由管理员选择域控制器

分析：默认情况下，林中的第一个域控制器维护所有5个操作角色。Active Directory域中有5种类型的操作主机，分别是架构主机（Schema Master）、域命名主机（Domain Naming Master）、PDC仿真器（PDC Emulator）、RID主机（RID Master）、基础架构主机（Infrastructure Master）。

架构主机控制对架构的全部更新和修改；域命名主机控制树林中域的添加或删除；如果域中包含在没有Windows 2000或Windows XP Professional客户端软件情况下运行的计算机，或者包含Windows NT备份域控制器（BDC），则由PDC仿真主机担当Windows NT的主域控制器，处理来自客户端的密码更改并将更新复制到BDC。在默认情况下，PDC仿

真主机还负责同步整个域内所有域控制器上的时间；RID 主机将相对 ID（RID）序列分配给域中每个不同的域控制器；基础结构主机负责更新从它所在的域中的对象到其他域中对象的引用。基础结构主机将其数据与全局编录的数据进行比较。全局编录通过复制操作接收所有域中对象的定期更新，从而使全局编录的数据始终保持最新。如果基础结构主机发现数据已过时，则它会从全局编录请求更新的数据。然后，基础结构主机再将这些更新的数据复制到域中的其他域控制器。任何时候，在林范围内只能有一个架构主机和一个域命名主机；在域范围内，只能有一个 PDC 仿真器、一个 RID 主机和一个基础结构主机。

当林中的其他域控制器已升级时，需要手动传输此操作角色。NTDSUTIL 是可完成此任务的一个命令行实用程序。

答案：A

4. 场景：Benjamin Harris 是 Wingtip Toys 的桌面管理员。Ben 的主要职能是进行桌面管理以及为公司的桌面环境提供支持。他的主要目标是能够抽出一天的时间来研究 Wingtip Toys 的新创意。他可以使用一些工具来完成这一目标，其中最重要的一项是对域使用组策略。

（1）Wingtip Toys 仅希望将密码策略应用于其测试部门。Ben 希望测试组织单位创建一个用于设置其密码策略的组策略对象。这能否完成 Wingtip Toys 的目标？（　　）

A. 可以，在组织单位级别设置的密码策略将仅应用于该组织单位的用户和计算机

B. 可以，密码策略将应用于测试部门中的用户（无论他们登录哪台计算机）

C. 不能，密码策略只能在域级应用

分析：密码策略只能在域级设置和应用。应用组织单位策略时，用户已进行身份验证。

答案：C

（2）Ben 希望查看设置的策略是否已生效。他不希望重新引导或等待系统在 90 分钟后自动刷新。他可以发出什么命令来强制应用组策略？（　　）

A. gpupdate /NOW

B. gpedit. msc /update

C. gpupdate /force

分析：编辑密码策略后，如果仍然受到原策略约束，很可能是因为在编辑组策略后未执行刷新策略的操作。用户可以通过执行命令 gpupdate /force 手动刷新策略使之即刻生效。

答案：C

各部门出现了一些问题：

● 员工希望在其系统中使用自定义的桌面和功能，同时与 Wingtip Toys 保持一致。

● Wingtip Toys 的管理员希望一些主要设置能够与公司中的所有系统保持一致，同时允许每个部门使用有助于他们更有效地执行工作的设置。

（3）Ben 的策略为将 Internet Explorer 主页设为 http://wingtiptoys. com。测试部门将其 IE 主页设为 http://testing. wingtiptoys. com。当 Ben 登录到测试部门工作站时会显示哪个主页？（　　）

A. http：//wingtiptoys. com（英语）用户策略设置随用户而变化

B. http：//testing. wingtiptoys. com（英语）。他在测试部门站点上进行身份验证

C. Internet Explorer 默认的 MSN 主页。他不是测试用户且这不是他的工作站

分析：按照默认设置，组策略是累计性的。子目录服务容器继承父容器的策略，组策略处理的顺序如下：本地、站点、域及其后的组织单位，从最高的组织单位（与用户或计算机

账户最远）到最低的组织单位（实际包含用户或计算机账户）。

答案：A

5. 操作：查看5种不同的操作主机角色。

（1）在“Active Directory 用户和计算机”工具中，右键单击您的域并选择“操作主机…”，记录负责下列角色的服务器的名称：

1）RID主机的服务器名称；

2）PDC主机的服务器名称；

3）基础结构主机的服务器名称。

（2）在开始菜单的“附件”中，右键单击“命令提示符”，并选择“以管理员身份运行”，打开后键入“regsvr32 schmmgmt. dll”然后按Enter，完成对AD架构管理单元的注册。

（3）新建MMC控制台，添加Active Directory架构管理单元，如图9—63所示。

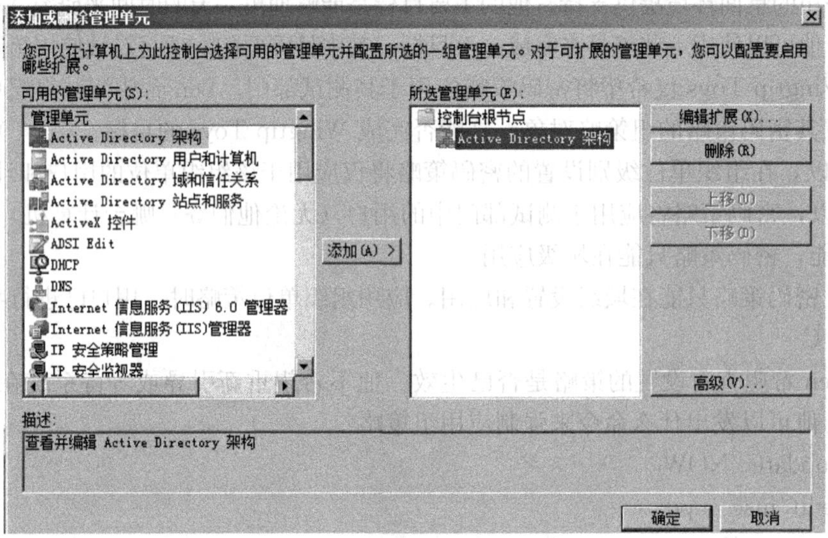

图9—63 添加Active Directory架构

（4）右键单击“Active Directory架构”并选择“操作主机…”。

（5）记录负责架构主机角色的服务器的名称。

（6）在“Active Directory 域和信任关系”管理工具中，右键单击根节点并选择“操作主机…”，记录负责域命名主机的服务器的名称。

6. 操作：更改本地组策略设置，设置本地计算机的浏览器主页

（1）以管理员身份在Windows 7工作站上进行身份验证。

（2）单击“开始”—“搜索程序和文件”—键入“gpedit. msc”并按Enter。

（3）展开“用户配置”—“Windows 设置”—“Internet Explorer 维护”。

（4）展开“URL”，双击“重要URL”并选择“自定义主页URL”，然后输入http：//support. microsoft. com。

（5）单击“确定”，然后关闭“本地组策略编辑器”。请记住，在关闭本地组策略对象以及域组策略对象的组策略编辑器之前，任意组策略设置均未保存。

（6）启动Internet Explorer。这时主页应为http：//support. microsoft. com。

7. 操作：创建域组策略对象，设置域中计算机的浏览器主页

(1) 以管理员身份在 Windows Server 2008 R2 域控制器上进行身份验证。

(2) 单击“开始”—“所有程序”—“管理工具”—“组策略管理”。

(3) 展开“林”和“域”。

(4) 右键单击您的域并选择“在这个域中创建 GPO 并在此处链接”。

(5) 在“新建 GPO”对话框中，将新策略命名为“Internet _ Explorer _ Home _ Page”并单击“确定”。

(6) 选中特定的域容器器后，右键单击刚创建的策略并选择“编辑”。

(7) 参考操作 6（提示：在“策略”中查找），将主页更改为 http：//www. bing. com。

(8) 关闭组策略管理编辑器以保存更改。

(9) 以域管理员身份在 Windows 7 工作站上进行身份验证。

1) 启动 Internet Explorer 并检验主页是否为 http：//www. bing. com。

2) 如果该页面仍为本地组策略对象（LGPO）中的设置，请关闭 Internet Explorer 并打开命令提示符。

3) 在命令行界面中（CLI），输入 gpupdate /force。这会将所有策略（用户与计算机）重新应用于工作站和用户账户。

(10) 启动 Internet Explorer 并检验主页是否为 http：//www. bing. com。

本章小结

通过本章的知识学习和技能练习，对域网络的特点和优势应有所了解；对活动目录服务中重要的、常用的逻辑结构和物理结构需要理解；对活动目录的安装、域客户机的加入以及域网络的简单管理操作应当掌握。

习题

1. 简述工作组网络和域网络的区别。

2. 创建域控制器需要具备哪些条件？

3. 简述将一台客户机加入到域的主要步骤。

4. 尝试在命令行模式下，用 dsadd 命令添加一个 OU。

5. 将你所创建的 OU 的管理权限委派给域中的某一个用户，使其具备“创建、删除和管理用户账户”、“重置用户密码并强制在下次登录时更改密码”的操作权限。

6. 利用网络，搜集关于组策略的知识。

第 10 章　网络应用服务的配置与管理

Web 服务和 FTP 服务是在互联网和企业网中得到普遍应用的两种应用程序服务。Web 服务提供企业的对外网站服务和内部网站服务，FTP 服务提供文件资料的上传和下载服务。随着技术的发展，互联网提供了良好的平台，使得文字、视频、声音、图片、动画等多种媒体形式都能得到完美的体现。各个企业在开展宣传时，只要在网络上发布本企业的网站，在网页中嵌入这些媒体资料，就可以让全世界的客户通过网站来全面了解企业的状况。而在企业内部，一些信息的发布往往也是通过网站的形式进行的。这些都需要使用 Web 服务器。另外，在网络上，一些文件资料的上传下载，通过 FTP 服务器就能很好地实现。

通过本章的学习，了解 Web 服务和 FTP 服务的工作原理，掌握如何在网络中部署和应用这两种服务，并理解相关的重要概念。在实际应用中能够根据需要架设 Web 站点，并开通 FTP 服务，结合 NTFS 权限的设置，对 FTP 站点实现有效管理。

知识点：

- Web 服务和 FTP 服务的工作原理
- IIS 7.0 的相关特性
- 主目录、主页、访问权限等重要概念

技能点：

- 能够正确安装 Web 服务器和 FTP 服务器角色
- 能够用多种方式正确配置 Web 服务器提供网站服务
- 能够正确配置 FTP 服务器提供有效的文件上传和下载服务
- 能够正确设置客户端访问 Web 服务器和 FTP 服务器

10.1　认识 IIS 7.0

IIS（Internet Information Service，互联网信息服务），是由微软公司提供的基于运行 Microsoft Windows 的互联网基本服务。自从推出该服务后，其功能和版本一直在不断地更新和变化中。例如在 Windows Server 2003 中使用的是 6.0 版本，而 IIS 7.0 则是 Windows Server 2008 中提供的一个重要的服务组件。之所以被称作是一个组件，是因为它包含了 Web、FTP、SMTP、NNTP 等多种服务。IIS 7.0 包括了一整套的管理工具，包括新的管理员和命令行工具，新的托管代码和脚本 API 以及 Windows PowerShell，支持简化开发人员和管理员的日常工作。其中 Web 服务器在 IIS 7.0 中经过重新设计，管理员能够通过添加或删除模块来自定义服务器，以满足特定需求。

1. 什么是Web服务器

Web服务器也称为WWW（World Wide Web）服务器，主要提供网上信息浏览服务。WWW是Internet的多媒体信息查询工具，也是发展最快和使用最广泛的服务。通过WWW，人们只要使用简单的方法，就可以迅速、方便地获取丰富的信息资料。由于用户在通过Web浏览器（例如Windows系统中的Internet Explorer浏览器）访问信息资源的过程中，无需再关心一些技术性的细节，而且界面非常友好，因而Web在Internet上一推出就受到了热烈的欢迎，并迅速得到了爆炸性的发展。正是因为有了WWW工具，才使得近年来Internet迅速发展，且用户数量飞速增长。

Web服务器在应用层使用HTTP（超文本传输协议），对HTML（超文本标记语言）文档格式提供支持，客户机使用浏览器通过URL（统一资源定位器）进行访问。

2. 什么是FTP服务器

FTP是File Transfer Protocol（文件传输协议）的缩写。FTP服务器是在互联网或企业网上提供存储空间的计算机，它们依照FTP协议提供服务。简单地说，支持FTP协议的服务器就是FTP服务器。

实现资源共享是组建计算机网络的目的之一。资源有很多种类型，例如硬件资源、软件资源、信息资源等。文件传输是信息共享中非常重要的一个内容。Internet上早期实现传输文件，并不是一件容易的事，因为Internet是一个非常复杂的计算机环境，有PC、工作站、MAC、大型机，而这些计算机可能运行不同的操作系统，有运行Unix、Dos、Windows的PC机和运行MacOS的苹果机等，各种操作系统之间的文件交流，需要建立一个统一的文件传输协议，即FTP。基于不同的操作系统有不同的FTP应用程序，而所有这些应用程序都遵守同一种协议，这样用户就可以把自己的文件传送给别人，或者从其他的用户环境中获得文件。

3. IIS 7.0的新特性

Web服务和FTP服务都是IIS的重要组件。除此之外，IIS 7.0还包括以下组件。

（1）SMTP（Simple Mail Translate Protocal，简单邮件传输协议）组件，通过使用SMTP发送和接收电子邮件。但是它不支持完整的电子邮件服务，只提供了基本功能。可以在网络中部署Exchange等专业的电子邮件系统来获得完整的邮件服务。

（2）NNTP（Network News Transport Protocol，网络新闻传输协议）组件，能够建立讨论组。用户可以使用任何新闻阅读客户端，如Outlook Express，加入新闻组进行讨论。

相对于以前的版本，IIS 7.0具备更多更新的特性，能提供更为完善的服务。

（1）功能的完全模块化。IIS 7.0目前包含40个不同功能的模块，如验证、缓存、静态页面处理和目录列表等功能全部被模块化。这意味着企业中的Web服务器可以按照运行需要来安装相应的功能模块。可能存在安全隐患和不需要的模块将不会再加载到内存中去，程序的受攻击面减小了，同时性能方面也得到了增强。

（2）通过文本文件进行配置。IIS 7.0使用ASP. NET支持的同样的web. config文件模型，允许用户把配置和Web应用的内容一起存储和部署，无论有多少站点，用户都可以通过web. config文件直接配置。这样当公司需要挂接大量网站时，可能只需要很短的时间，因为管理员只需要拷贝之前做好的任意一个站点的web. config文件，然后把设置和 web 应用一起传送到远程服务器上就完成了，没必要再通过编写管理脚本来定制配置。

(3) 增强的安全特性。IIS 7.0 和 ASP.NET 管理设置集成到了单个管理工具，这样，用户就可以在一个地方查看和设置认证和授权规则，而不是像以前需要通过多个不同的对话框来完成管理操作。这给管理人员提供了一个更加一致和清晰的用户界面，以及 web 平台上统一的管理体验。而且.NET 应用程序直接通过 IIS 代码运行而不再发送到 Internet Server API 扩展上，这样就减少了可能存在的风险，并且提升了性能，同时管理工具内置对 ASP.NET 3.0 的成员和角色管理系统提供管理界面的支持。这意味着用户可以在管理工具里，创建和管理角色和用户，以及给用户指定角色。

(4) 更新的 Windows PowerShell 管理环境。Windows PowerShell 是一个为系统管理员设计的 Windows 命令行 shell。在这个 shell 中包括一个交互提示和一个可以独立或者联合使用的脚本环境。可以提供对 IIS 的全面管理功能。

10.2 Web 服务的配置与管理

Web 服务的实现采用客户机/服务器模型，作为服务器的计算机安装 Web 服务器软件，例如 IIS 7.0，并且保存了用户访问的网页信息，随时等待用户访问。作为客户的计算机，只需安装 Web 客户端程序，即 Web 浏览器，例如常见的 IE，客户端通过 Web 浏览器将 HTTP 请求连接到 Web 服务器上，由 Web 服务器提供客户端所需的信息。

10.2.1 Web 服务的功能与应用场合

WWW 可以简称为 Web，中文名字为“万维网”，起源于 1989 年 3 月，是由欧洲量子物理实验室 CERN（the European Laboratory for Particle Physics）所发展出来的主从结构分布式超媒体系统。相对于传统媒体，超媒体在媒体信息中嵌入了超链接，使得从一种媒体到达另一种媒体变为可能。

在 WWW 走入人们的生活之前，人们习惯于通过传统的媒体（如电视、报刊、广播等）获得信息。这些传统媒体在传输信息时，用户只能被动地接受，缺乏自身主观的选择性。到了 1993 年，WWW 的技术有了突破性进展，解决了远程信息服务中的文字显示、数据连接以及图像传递的问题，使得 WWW 成为 Internet 上最为流行的信息传播方式。而现在，Web 服务器成为 Internet 上最大的计算机群，Web 文档之多、链接的网络之广，令人难以想象，信息的获取变得非常及时、迅速和便捷。可以说，Web 为 Internet 的普及迈出了开创性的一步，是近年来 Internet 上取得的最激动人心的成就。

Web 服务的应用极为广泛。平时在因特网中访问的门户网站，就是典型的 Web 应用。技术的发展使得 Web 的应用有了更大的空间，例如许多大公司已经开始使用 Web 服务来通过互联网连接公司数据库和其他公司的数据系统，特别是用于改进客户服务和供应链。Web 服务包括企业内部和外部交易、B2B 以及 B2C 业务等，使用多种标准，允许不同软件组件之间相互通信。

10.2.2 Web 服务的工作原理

Web 服务器的工作原理如图 10—1 所示。

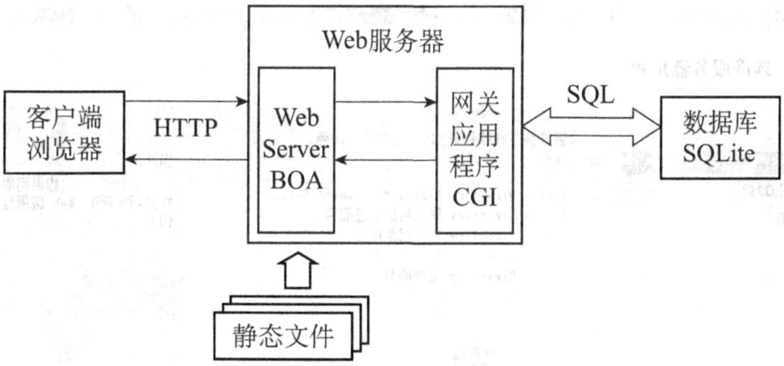

图 10—1　Web 服务器工作原理

（1）Web 服务器与客户端通过网络连接在一起。

（2）Web 服务器上提供了可供访问的网页文件，例如制作好的静态的 HTML 文件。Web 服务器还可以连接到数据库服务器，以便接受来自客户端的查询。

（3）客户机通过浏览器程序发起 Web 浏览请求。

（4）Web 服务器接受来自客户端的浏览请求，并提取所需的页面文件，通过网络反馈给客户端。客户端在其浏览器程序中显示该页面文件。

实现上述过程的三个关键元素，是前述的 HTTP、HTML 和 URL。

10.2.3　Web 服务的安装与基本设置

在 Windows Server 2008 系统中没有默认安装 Web 服务，因此需要手动安装该服务。在安装服务之前，应设置好服务器的 IP 地址、子网掩码等网络参数，建议采用固定的 IP 地址提供给 Web 服务器使用（本例中采用的是 192.168.1.201）。

（1）以域管理员或本地管理员的账户，登录到需要安装 Web 服务器的计算机上，与前述的 DNS、DHCP 等服务类似，在"服务器管理器"控制台中单击"角色"节点，在控制台右侧界面中单击"添加角色"按钮，打开"添加角色向导"界面。

（2）选中"Web 服务器（IIS）"复选框后，将会自动弹出添加功能的对话框，如图 10—2 所示，单击"添加必需的功能"按钮。功能是一些软件程序，这些程序虽然不直接构成角色，但可以支持或增强一个或多个角色的功能，或增强整个服务器的功能，而不管安装了哪些角色。

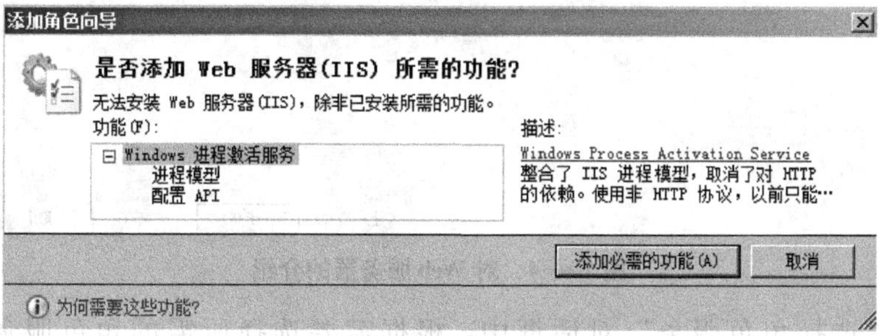

图 10—2　添加必需的功能

（3）确认选中了"Web 服务器（IIS）"复选框后，单击"下一步"，如图 10—3 所示。

（4）接下来显示对 Web 服务器的简介。通过窗口中提供的链接，可以更为全面地了解关于 Web 服务和 IIS 7.0 的信息，如图 10—4 所示。单击"下一步。"

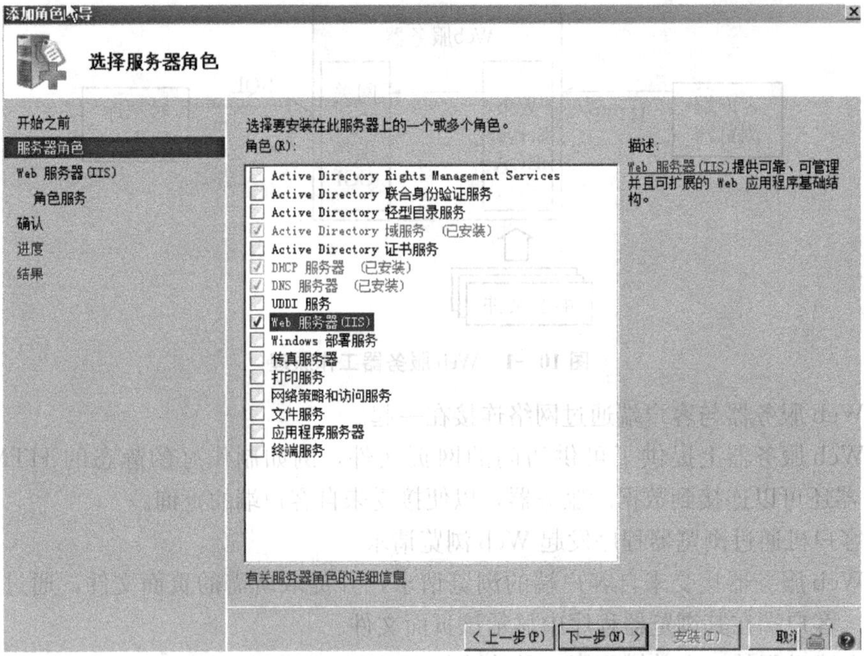

图 10—3　选中“Web 服务器（IIS）”角色

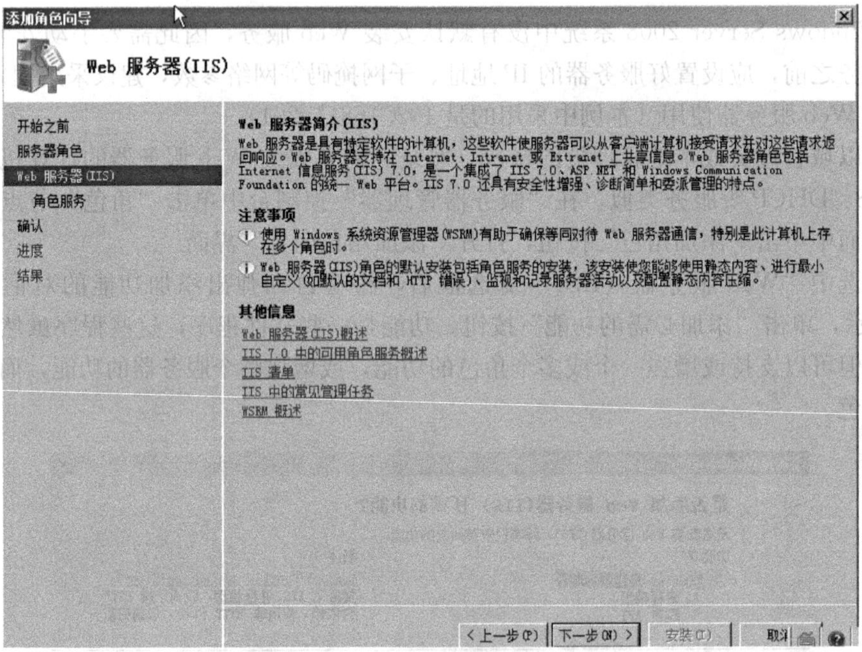

图 10—4　对 Web 服务器的介绍

（5）在“选择角色服务”对话框中，根据需要选择所需的角色服务，例如勾选 ASP. NET、日志记录等。一般直接采用系统默认的选项即可搭建一个简单的 Web 服务器。如图 10—5 所示。

（6）确认无误后，开始安装操作，直至安装过程顺利结束后关闭安装向导，如图 10—6 至图 10—8 所示。

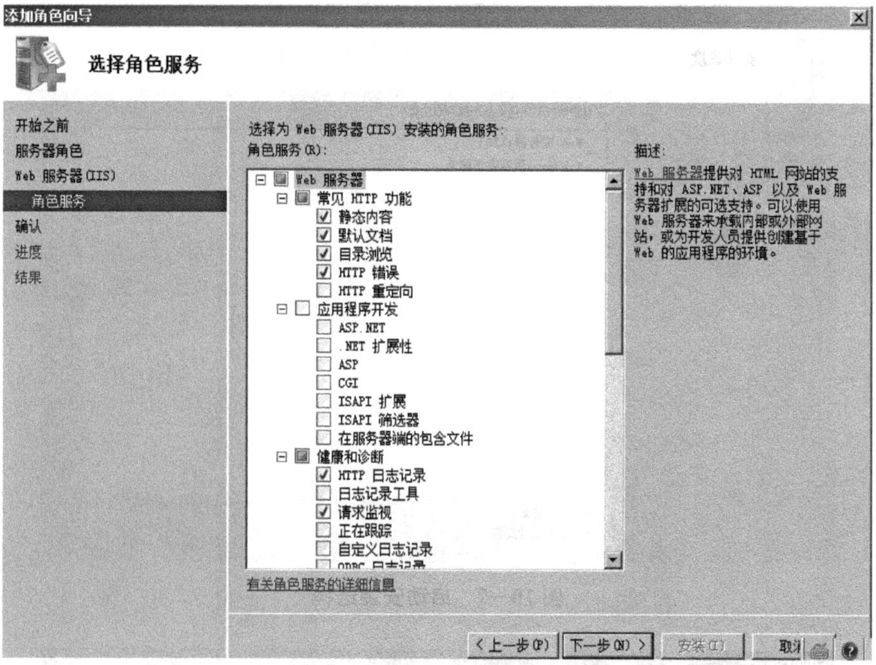

图 10—5　选择所需的角色服务

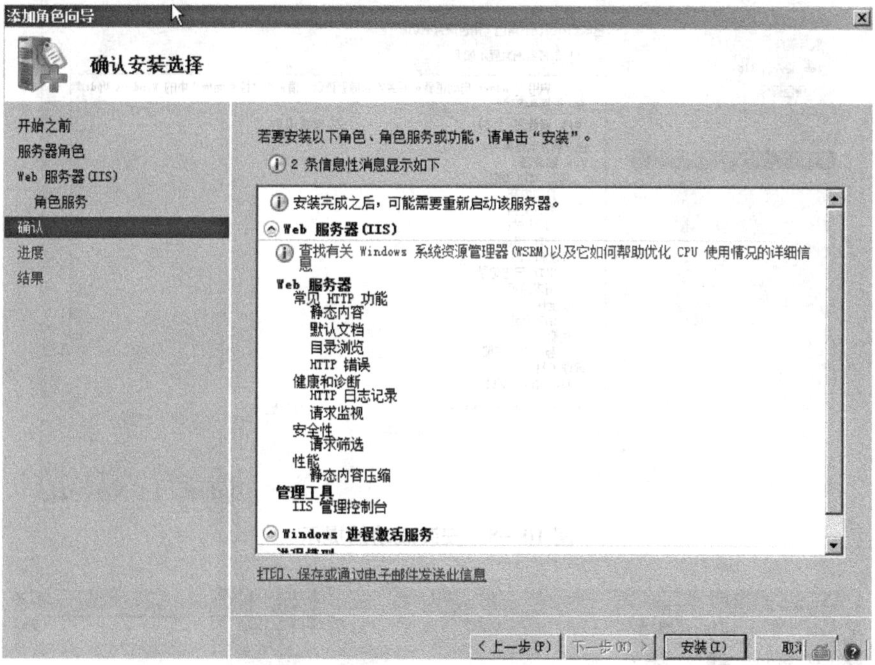

图 10—6　确认安装信息

当 Web 服务器角色成功添加后，默认在系统盘下会生成一个名为"inetpub"的文件夹（见图 10—9）。打开该文件夹后，其中的子文件夹 wwwroot（见图 10—10）中包含有默认网站所对应的文件，iisstart. html 和 welcome. png 是默认的测试页面和图片。

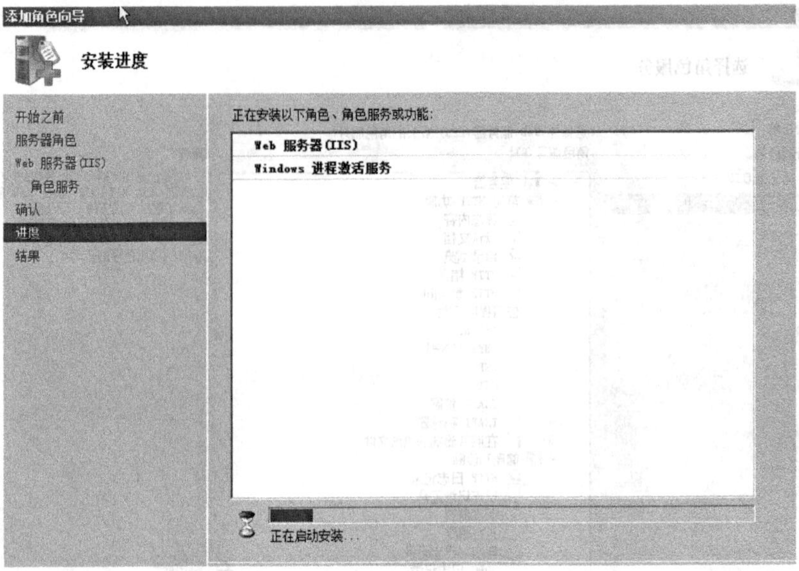

图 10—7　启动安装进程

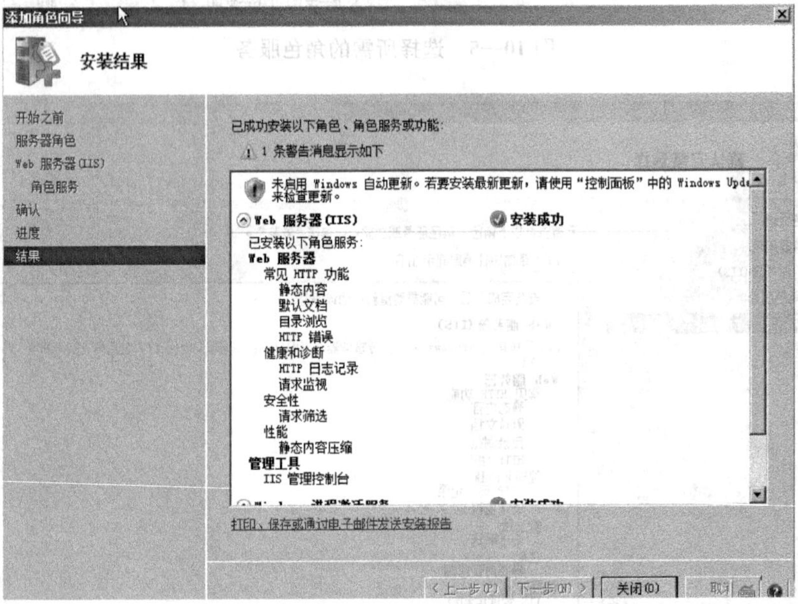

图 10—8　安装成功的提示

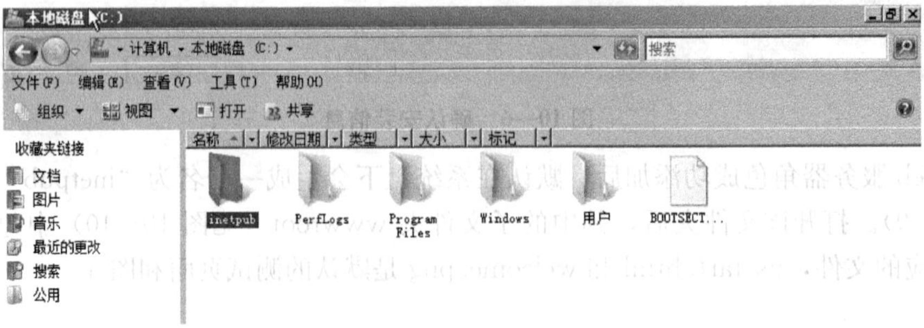

图 10—9　IIS 对应的主要文件夹

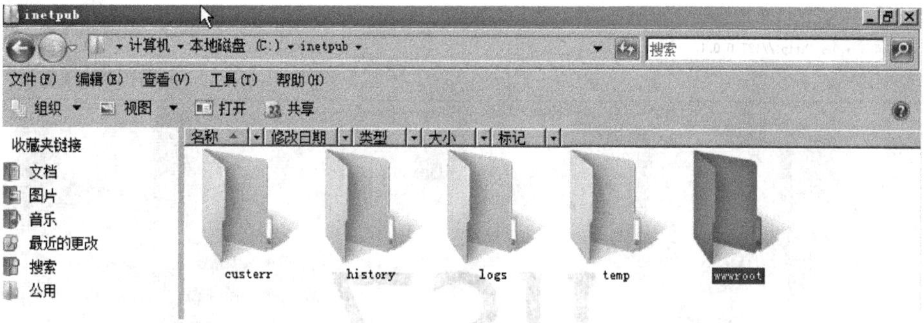

图 10—10　Web 服务默认的主文件夹

即使我们不做任何配置，在 Web 服务器计算机中打开 IE 浏览器，在地址栏输入 http：//127.0.0.1，就能访问默认的网站，如图 10—11 和图 10—12 所示。图 10—11 显示的是在输入上述 URL 后，系统将启用自动仿冒网站筛选功能，选择关闭该功能，即可打开图 10—12 所示界面，表示 IIS 工作正常。正常情况下，在同一网段的其他主机上通过浏览器访问该 Web 服务器，也能看到该界面。

通过管理工具中的“Internet 信息服务（IIS）管理器”，可以看到默认网站的一些设置，单击“网站”前的加号，出现“Default Web Site”，单击该项目，将会出现该站点的“功能视图”，如图 10—13 所示。

能够访问默认网站，只能证明我们已经有了一个可以正常运行的 Web 服务器了，但是默认网站的内容很显然不能满足正常的业务需求。我们可以把制作完善的网页文件复制到 wwwroot 文件夹中，并且修改主页的名称，这样就可以直接利用默认站点来搭建所需的网站。但是这种方法并不推荐，原因很简单：把网站数据保存在系统盘下是不安全的。通常，我们采用新建 Web 站点的方式来创建网站。具体步骤如下：

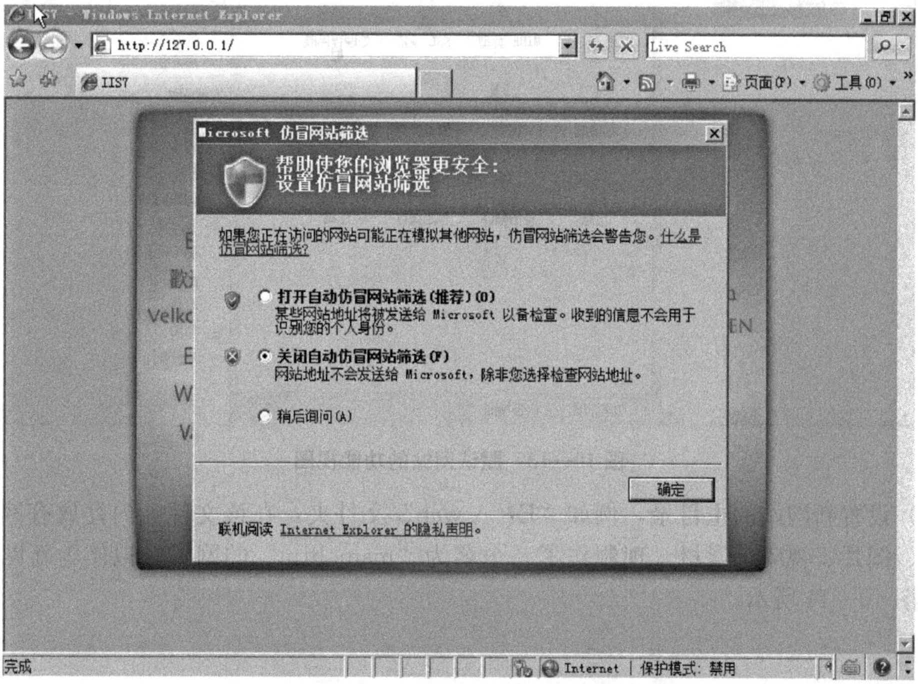

图 10—11　关闭自动仿冒网站筛选功能

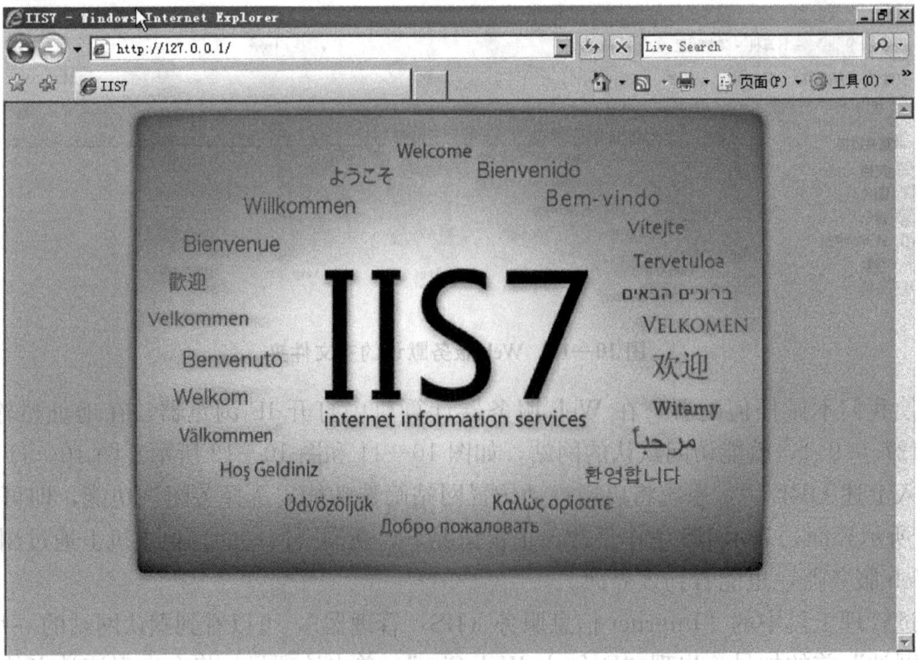

图 10—12　该测试页面表明了 Web 服务安装正确

图 10—13　默认网站的功能视图

（1）设置新网站的主目录，例如“E：\web”文件夹，在该文件夹内存放有网站所需的网页、图片、视频等素材。现制作了一个名为“main.htm”的网页，拟作为新网站的首页，如图 10—14 所示。

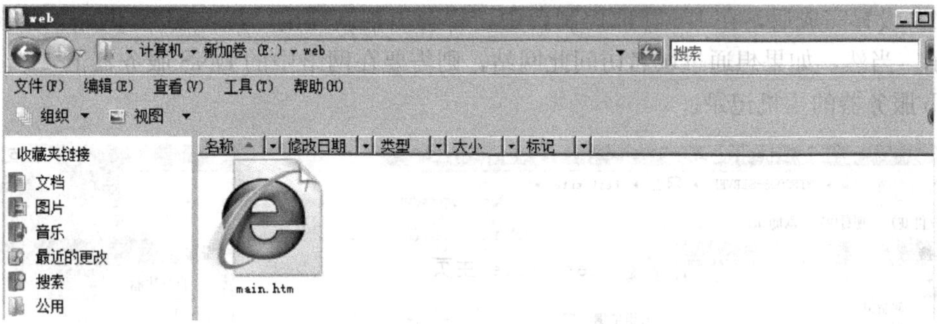

图 10—14 将网页文件存放在主目录下

（2）在 IIS 管理控制台中，右击“网站”，在弹出的菜单中选择“添加网站”，如图 10—15 所示。

（3）在“添加网站”对话框中，可以指定诸多信息，例如网站的名称、应用程序池、物理路径、IP 地址等。这里将物理路径指向设置好的网站主目录，即 E：\ web 文件夹，IP 地址、端口等信息均按实际填写，如图 10—16 所示。

图 10—15 添加网站

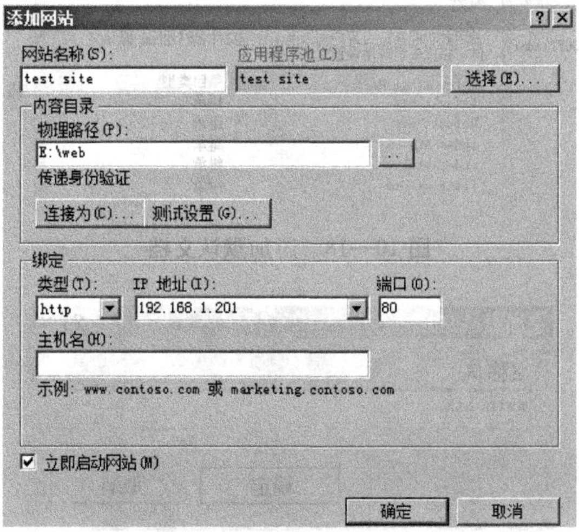

图 10—16 设置网站属性

（4）设置完成后，在 IIS 管理控制台中，将会出现新建的“test site”网站，如图 10—17 所示。当然，如果想通过域名访问此网站，则需要在网络中的 DNS 服务器上，建立关于该 Web 服务器的主机记录。

图 10—17　建立好的网站

（5）单击新建网站的名称，在其功能视图中找到“默认文档”。设置默认文档，其实就是设置该网站的主页，即用户访问此网站时所看到的第一个页面。双击“默认文档”后，打开如图 10—18 所示的界面。系统已提供了一些常用的主页名称，例如 default.htm、default.asp，可以将制作好的主页文件改成该处已有的文件名称，也可以通过窗口右侧的“添加”按钮，将主页文件添加到默认文档名称的列表中，如图 10—19 所示。需要注意的是，添加默认文档时，文件名（包括扩展名）一定要与实际的主页文件名完全一致。

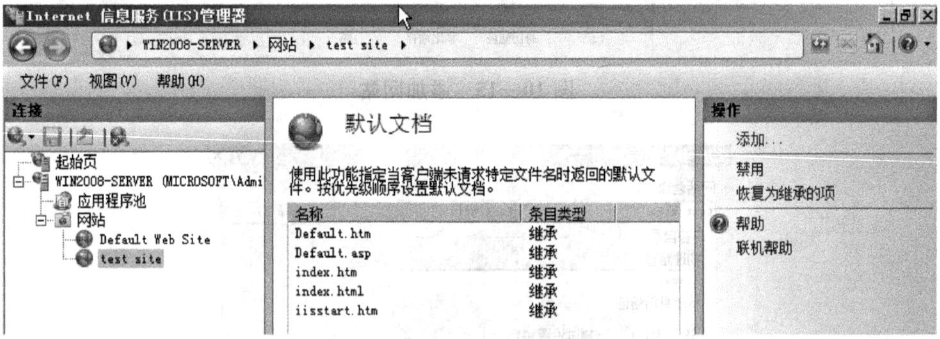

图 10—18　添加默认文档

图 10—19　设置默认文档的名称

（6）添加了默认文档后，在默认文档的文件名列表中将能看到，如图 10—20 所示。至此，网站的建立过程初步完成，网络中其他用户可以通过该 Web 服务器的 IP 地址或域名，访问该网站，如图 10—21 所示。

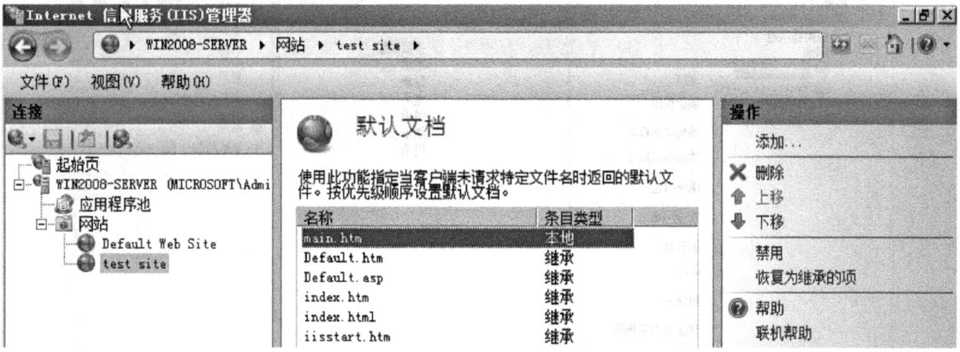

图 10—20　添加的默认文档

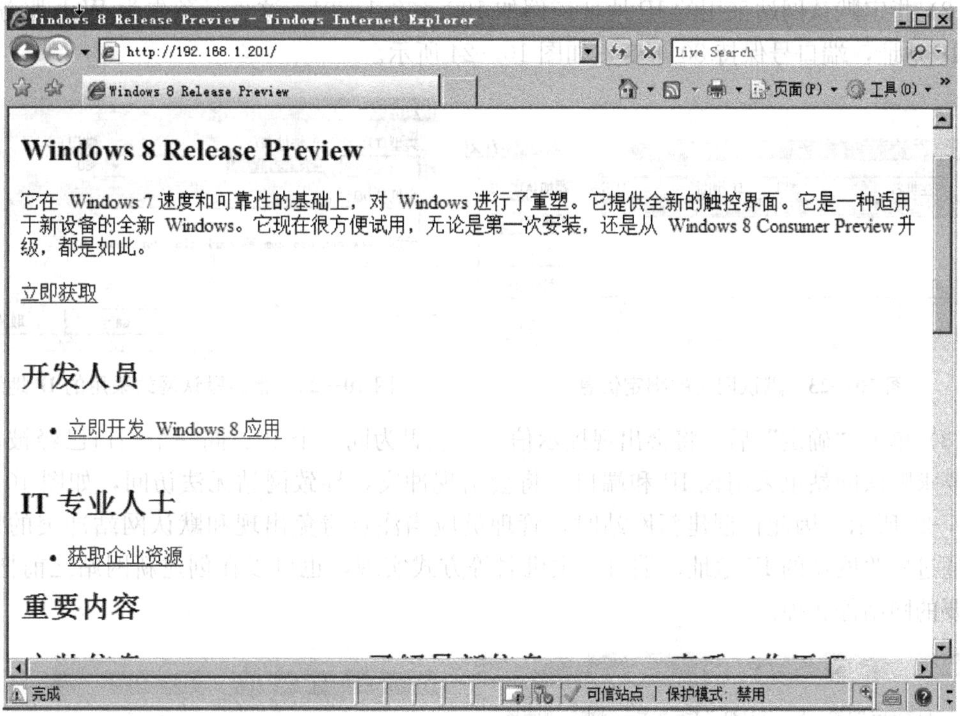

图 10—21　通过 IE 浏览器访问已建立的网站

仔细分析上述建立新网站的过程，从结果看，新建的网站可以访问，似乎没有问题。但在实际应用中，管理员需要考虑得更为全面，以保障网站的正常运行。网络用户在访问网站时，客户机和服务器通过 IP 和端口彼此联系。那么，在没有停止默认网站的情况下，是否会有一些特殊的情况需要注意呢？下面看其他的一些测试。

（1）在 IIS 管理控制台中，右击默认网站，在其快捷菜单中选择“编辑绑定”（见图 10—22），弹出网站绑定的相关信息（见图 10—23）。这些信息的主要作用是用来指明客户机在访问 Web 服务器时，通过哪个地址、哪个端口、哪种协议等，进行信息传输。

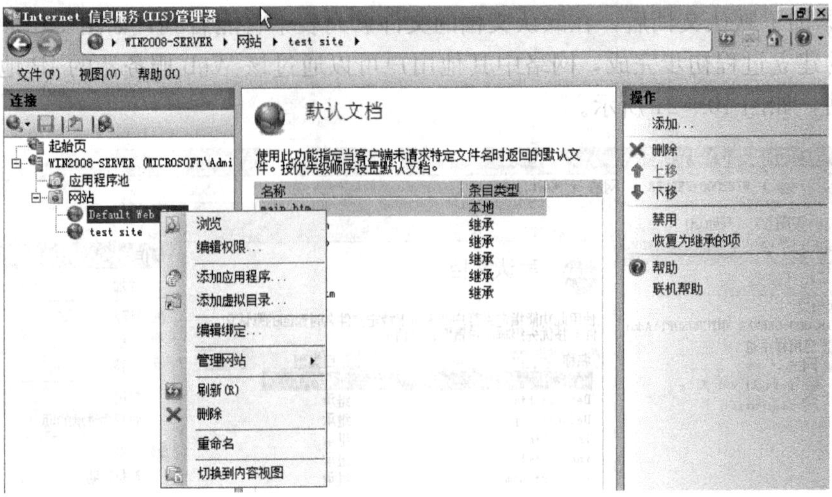

图 10—22　选择编辑绑定

(2) 指定默认网站采用的 IP 地址，例如 192.168.1.201，这也是预先为 Web 服务器设置的 IP 地址，端口号保持 80 不变，如图 10—24 所示。

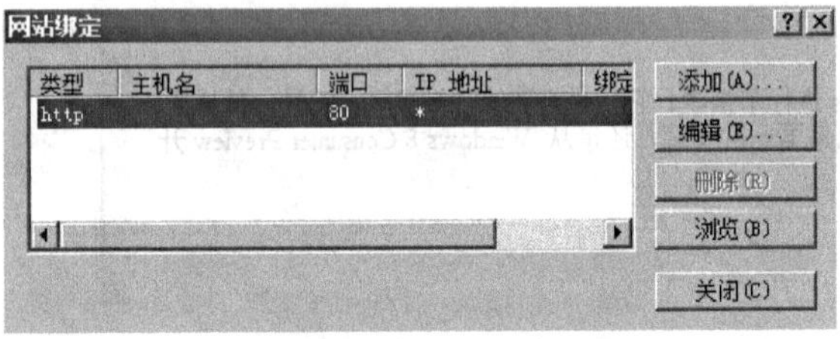

图 10—23　默认网站的绑定信息

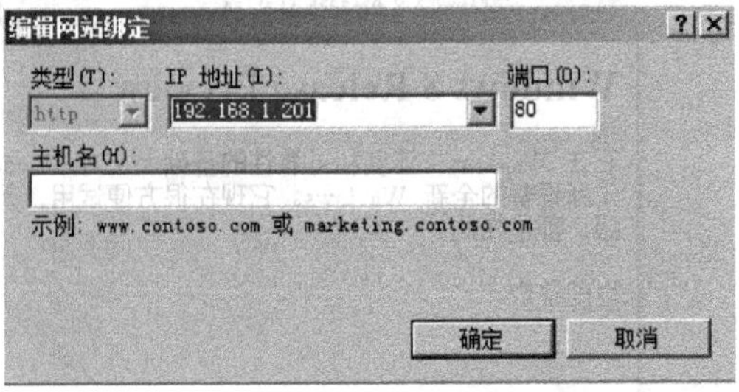

图 10—24　指定默认网站采用的 IP 地址

(3) 单击“确定”后，将会出现提示信息，意思为同一个 IP、同一个端口已经被占用，如果要求默认网站也采用该 IP 和端口，将会出现冲突，导致网站无法访问，如图 10—25、图 10—26 所示。因此在创建新网站时，管理员应当注意避免出现和默认网站冲突的情况，可以通过修改网站的 IP 地址、端口、主机名等方式实现，也可以在创建新网站之前把一些不必要的网站停止掉。

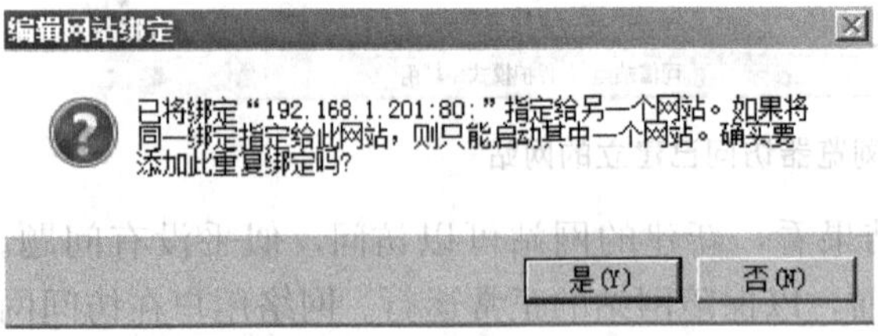

图 10—25　网站绑定的提示信息

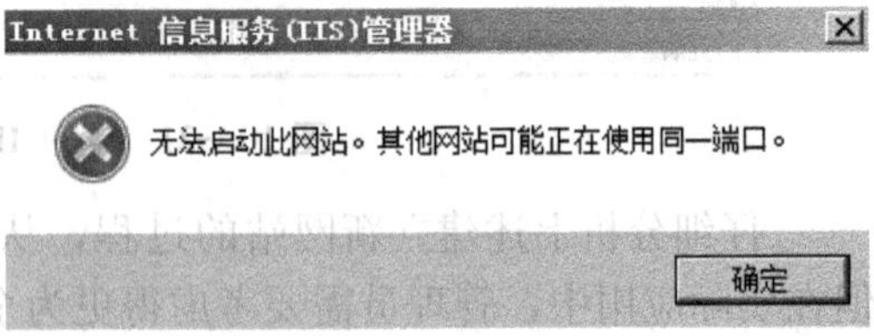

图 10—26　无法启动网站

10.2.4　虚拟目录的创建

在创建 Web 站点时，一般将站点的内容置于主目录当中。但在实际应用中，网站的内容可能不仅仅存放在主目录中，而是在多个目录中进行存放，这对于数据的安全有很大的帮助。通过应用虚拟目录，可以将其他目录下的内容映射到站点。虚拟目录与原有的文件可以不在同一文件夹、磁盘或计算机上，但用户在访问时并不能感觉到这些差别。管理员还可以为创建的每个虚拟目录分别配置不同的权限，因此虚拟目录非常适合对不同用户分配不同访问权限的情况。

要访问虚拟目录，用户必须知道虚拟目录的名称，访问方式为“http：//Web 服务器 IP 地址或域名/名称”。

使用虚拟目录的方式来建立不同的 Web 站点，需要先建立一个网站，或是利用默认的 Web 站点，然后使用 Web 服务器自身的新建虚拟目录功能，将其指定到该目录上即可完成。具体的步骤如下。

（1）在 IIS 管理控制台中，右击想要创建虚拟目录的网站，在快捷菜单中选择“添加虚拟目录”命令，如图 10—27 所示。

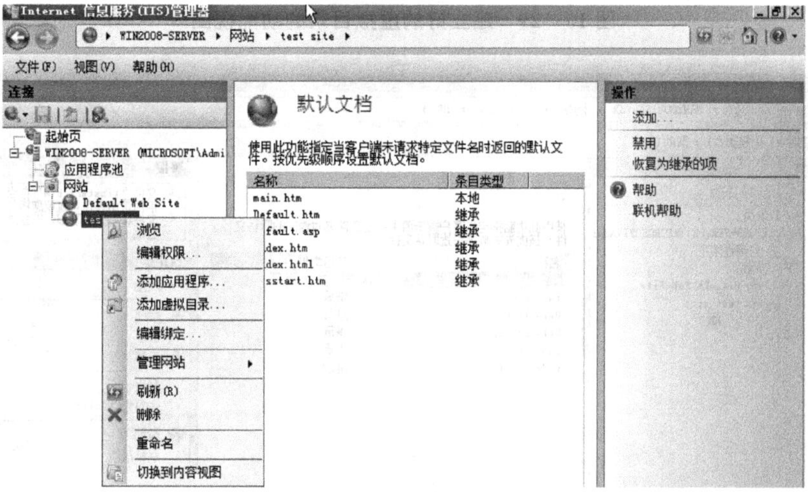

图 10—27　选择“添加虚拟目录”

（2）在“添加虚拟目录”对话框中，通过“别名”文本框输入虚拟目录的名称。这个别名就是客户端浏览虚拟目录时所使用的名称，因此设置成具有一定意义的字符较好，如图 10—28 所示，输入别名“HR”，代表人力资源部门的网站。单击“物理路径”后的按钮，指定虚拟目录实际指向的文件路径。完成后单击“确定”。

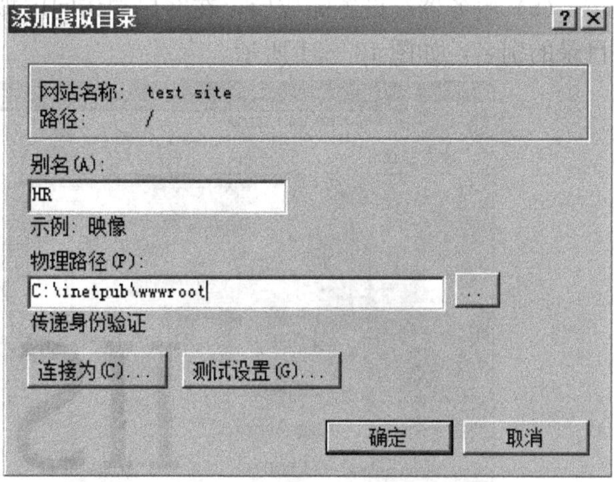

图 10—28　设置虚拟目录的别名及路径等属性

（3）完成虚拟目录的创建后，在被选中的网站下将会看到创建成功的虚拟目录图标，其上有一个指向右上方的箭头，看上去类似于快捷方式，如图 10—29 所示。

（4）通过功能视图中的“默认文档”，设置站点的主页，如图 10—30 所示。

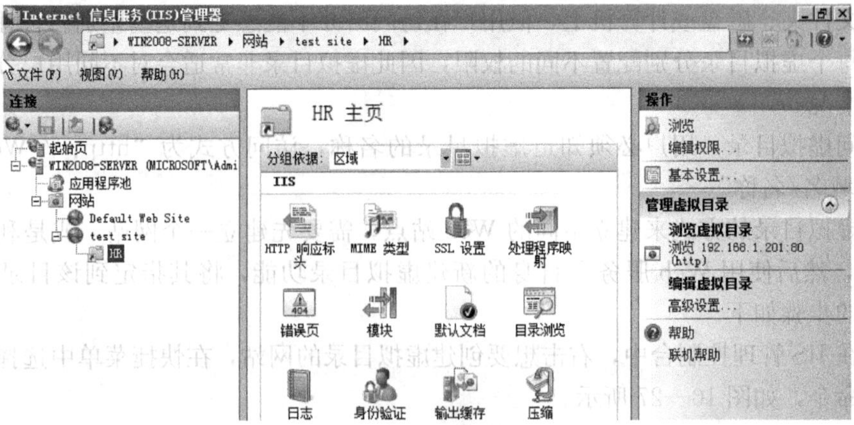

图 10—29　建立好的虚拟目录的功能视图

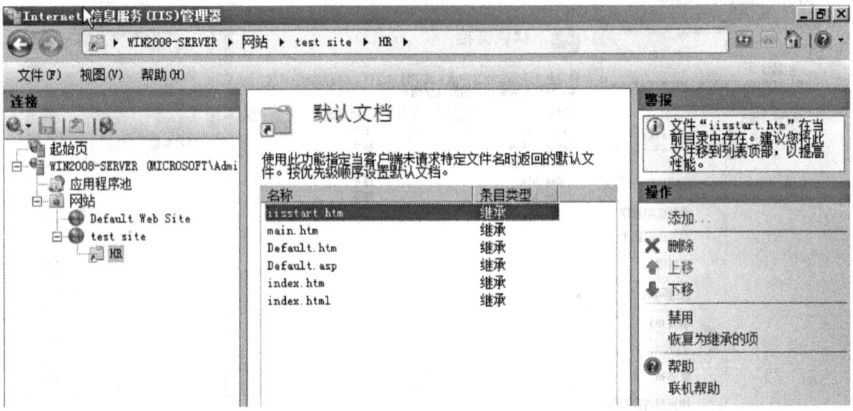

图 10—30　设置虚拟目录所指网站的主页

（5）服务器端设置完成后，在客户端访问虚拟目录，注意访问时在路径中需要加上虚拟目录的别名，如图 10—31 所示。

图 10—31　在客户端访问虚拟目录

虚拟目录的配置与管理与 Web 站点的配置管理操作类似，但是虚拟目录的管理选项相对较少，通过右击虚拟目录，在快捷菜单中选择“属性”，可以实现相应的配置和管理操作。

10.2.5 在同一台服务器上架设多个 Web 站点

实际应用中，为了实现资源的高效使用，往往在同一台计算机上创建多个网站，也就是把一台计算机当做多台 Web 服务器来使用，相当于网络中有多个虚拟的服务器在为外界提供服务。虚拟服务器的性能与独立服务器一样，并且都可以拥有自己的域名、IP 地址或端口。

每个 Web 网站都具有唯一的、由 IP 地址、端口号和主机头名称三个部分组成的网站标识，用来接收和响应来自客户端的请求。通过更改其中任何一个标识，就可以在同一台服务器上架设多个 Web 站点。下面介绍三种最常用的方法。

(1) 使用多个 IP 地址创建多个 Web 站点。每个网站使用一个独立的 IP 地址，使得用户可以通过不同 IP 地址来访问不同网站。可以在服务器上安装多块网卡分别配置不同的 IP 地址，也可以对同一块网卡设置多个 IP 地址。使用该方法，如果创建的虚拟网站很多，将会占用大量的 IP 地址。

(2) 使用不同端口创建多个 Web 站点。如果多个 Web 站点采用的是同一 IP 地址，那么彼此之间还可以使用不同的端口来进行区分。Web 站点默认使用 80 号端口向外界提供服务，如果采用的是非标准的端口，那么用户必须知道网站所使用的端口号码，并且在通过客户机访问时需在 URL 中标明，其形式为“http：//服务器地址或域名：端口号”，例如 http：//www.microsfot.com.cn：8080。

(3) 使用不同主机头名称创建多个 Web 站点。如果多个 Web 站点采用的是同一 IP 地址、同一端口，此时仍可以使用不同的主机头名称来进行区分。该方法需要与 DNS 配合，在 DNS 服务器中为每个 Web 站点建立相应的主机记录。用户在访问时，只能通过主机头名称来访问 Web 站点，且使用 HTTPS 协议时不能支持主机头名称。

根据上述的三种方法，下面简要介绍配置过程。

● 使用多个 IP 地址。

(1) 在 Web 服务器上打开网卡属性的配置窗口，单击“高级”按钮，如图 10—32 所示。

(2) 在弹出的“高级 TCP/IP 设置”对话框中，单击“IP 地址”下的“添加”按钮(见图 10—33)，在弹出的如图 10—34 所示的窗口中，输入为网卡添加的新的 IP 地址和对应的子网掩码，输入完成后单击“添加”按钮。设置完成后的界面如图 10—35 所示。

(3) IP 地址添加完成后，就可以为不同的 Web 站点设置不同的 IP 地址了，如图 10—36 所示。在添加网站或修改网站的绑定信息时，只需指明 Web 站点对应的 IP 地址即可。

(4) 打开 IIS 管理控制台，能够看到新添加的、使用了不同 IP 地址的网站，如图 10—37 所示。站点“test site”使用了地址 192.168.1.201，站点“test2”使用了地址 192.168.1.202，两个站点可以同时运行，向外界提供服务。用户在访问时，通过不同 IP 地址即可访问到不同的网站。

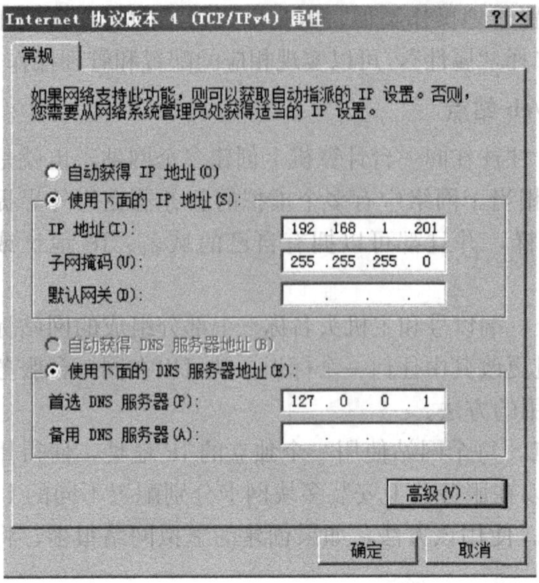

图 10—32 本地连接属性配置窗口

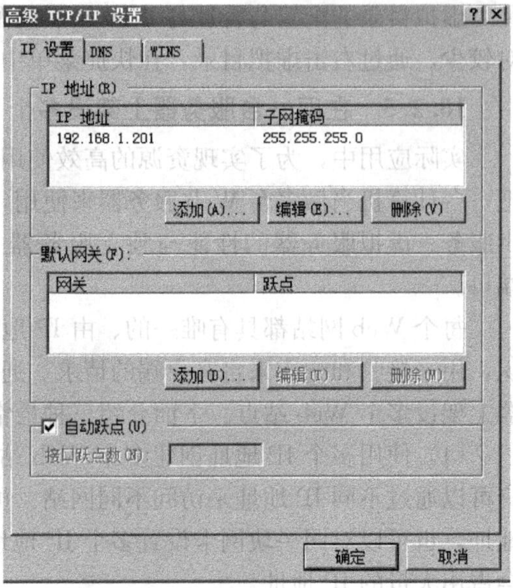

图 10—33 单击“IP 地址”下的“添加”按钮

10—34 输入添加的 IP 地址和对应的子网掩码

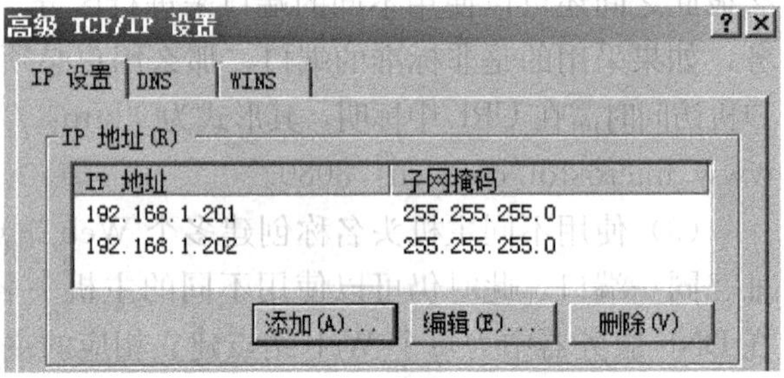

图 10—35 具有多个 IP 地址的网卡

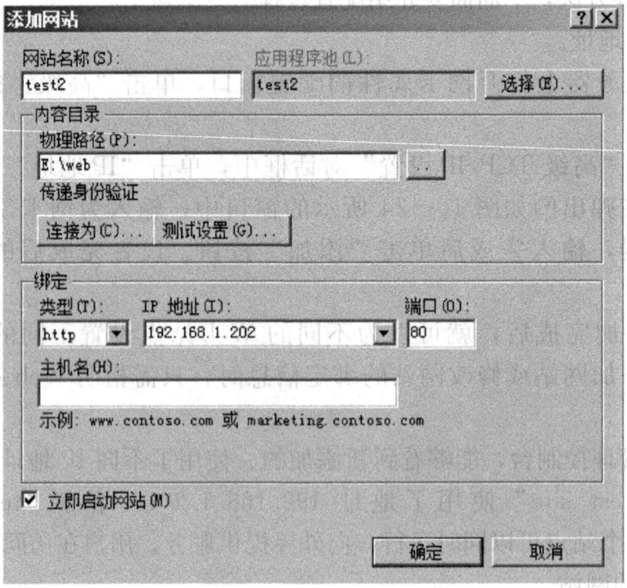

图 10—36 指明每个网站使用的具体的 IP 地址

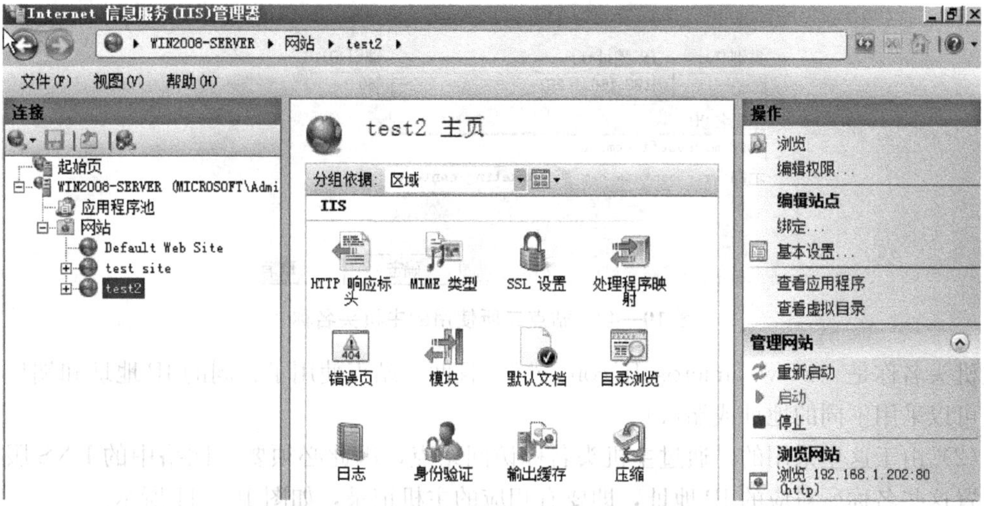

图 10—37 利用不同 IP 建立的不同 Web 站点

- 使用不同端口。

如果多个网站采用同一 IP 地址，则可以在编辑网站绑定信息时，为不同站点设置不同的端口，从而使得多个网站同时运行。如图 10—38 所示，修改新站点使用的端口为 8080，用户在访问时，需要采用“http：//192.168.1.202：8080”形式的 URL，即在 URL 中明确标明访问的 Web 站点所使用的端口号。

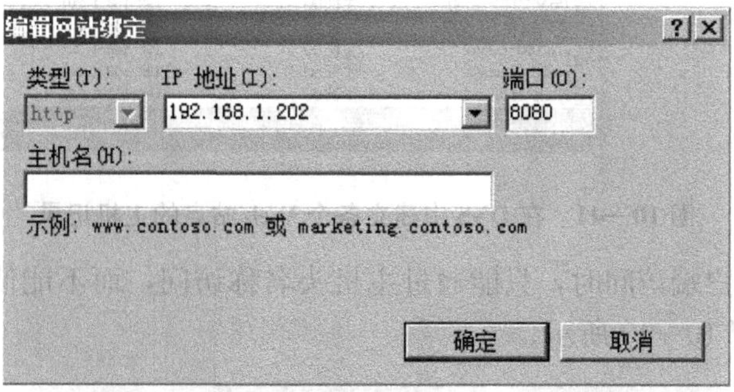

图 10—38 为不同网站指定不同的访问端口

- 使用不同的主机头名称。

(1) 在编辑网站绑定时，可以为站点指明所使用的主机名，如图 10—39、图 10—40 所示。站点“test site”使用的主机头名称是“www.microsoft.com.cn”，站点“test2”使用

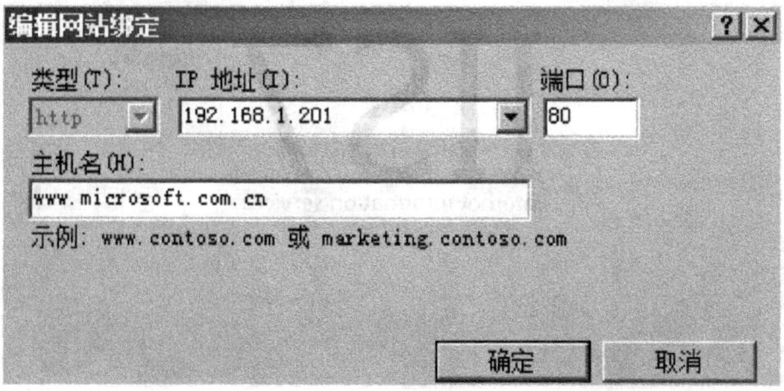

图 10—39 站点一所使用的主机头名称

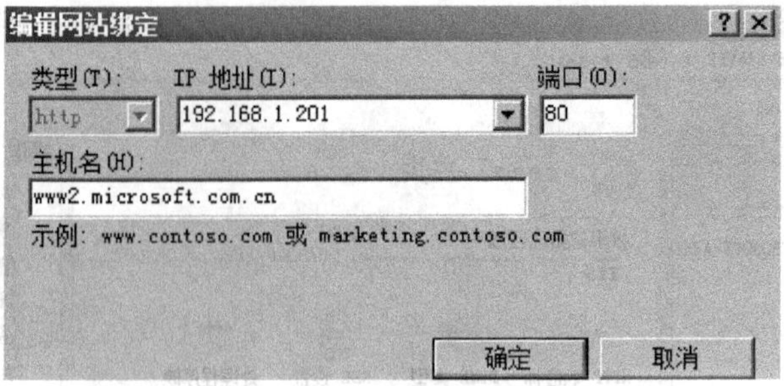

图 10—40 站点二所使用的主机头名称

的主机头名称是“www2. microsoft. com. cn”，且两个站点使用了相同的 IP 地址和端口（当然也可以采用不同的地址或端口）。

（2）由于这里采用的是通过主机头名称访问站点，因此必须要在网络中的 DNS 服务器上配置这些名称所对应的 IP 地址，即要有相应的主机记录，如图 10—41 所示。

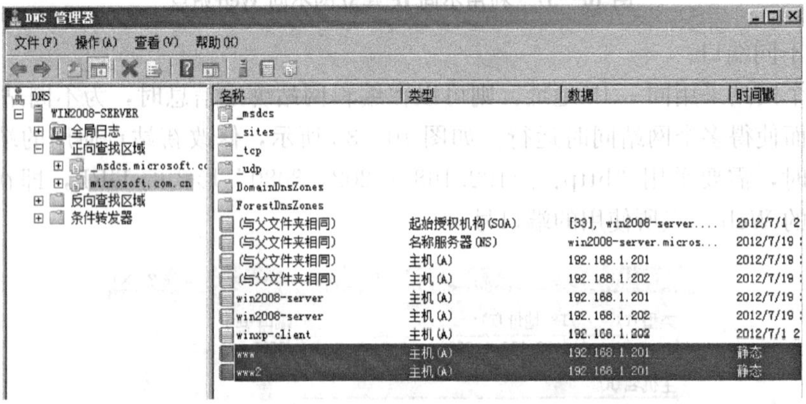

图 10—41 在 DNS 中建立各个 Web 站点的主机记录

（3）用户通过客户端访问时，只能通过主机头名称访问，而不能使用 IP 地址或端口信息。如图 10—42、图 10—43 所示。

图 10—42 通过主机头名称访问第一个网站

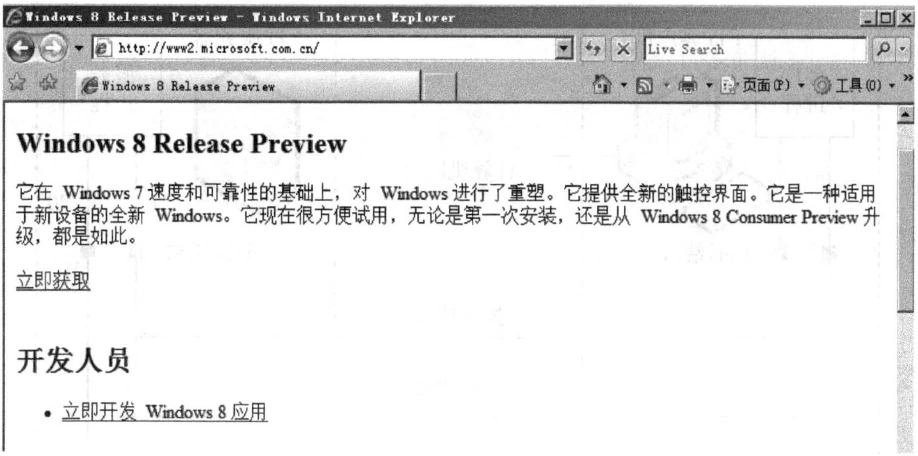

图 10—43　通过主机头名称访问第二个网站

10.3　FTP 服务的配置与管理

FTP 用于文件的上传下载，也是一种典型的“客户端—服务器”协议，它能操作任何类型的文件而不需要进一步处理，具有良好的跨平台性。但是 FTP 有着极高的延时，这意味着客户机从开始请求到第一次接收数据之间的时间可能会非常长。FTP 服务运行在 20 和 21 两个端口，端口 20 用于在客户端和服务器之间传输数据流，而端口 21 用于传输控制流，并且是命令通向 FTP 服务器的进口。需要注意的是，当数据在传输时，控制流处于空闲状态。而当控制流空闲很长时间后，客户端的防火墙会将其会话置为超时，这样当大量数据通过防火墙时会产生一些问题。此时，虽然文件可以成功的传输，但因为控制会话会被防火墙断开，传输可能会产生一些错误，应用中需要注意调整。

10.3.1　FTP 服务的功能与应用场合

FTP 可以应用在任意两台主机之间传输文件，但 FTP 不仅是一个协议，它同时也是一个程序。作为协议，FTP 被应用程序所使用；作为程序，用户需要通过手动方式来使用 FTP 并完成文件传送。FTP 的功能只限于列表和目录操作、文件内容输入，以及在主机间进行文件复制，但是它不能远程执行程序文件。

FTP 是 Internet 上的另一项主要服务，使得用户能通过 Internet 传输各式各样的文件。用户需要知道允许登录的账户和密码才能连接到 FTP 服务器。实际应用中，Internet 上有很多 FTP 服务器允许用户匿名登录，即用户可使用通用的账号“Anonymous”（中文意思为“匿名”）。这类服务器的目的是向公众提供文件拷贝服务，因此不要求用户事先在该服务器进行登记注册。出于安全的考虑，大部分允许匿名登录的 FTP 服务器一般只允许远程用户下载（Download）文件，而不允许上载（Upload）文件。

在企业网络中，FTP 服务也是应用非常多的服务之一。例如，在企业中架设 FTP 服务器后，对于企业内部文件的传输，特别是体积较大的文件的传输，就会变得非常简单，不需要用户通过 U 盘、移动硬盘等存储介质进行现场操作，提高了工作效率。

10.3.2　FTP 服务的工作原理

FTP 服务器的工作原理如图 10—44 所示。

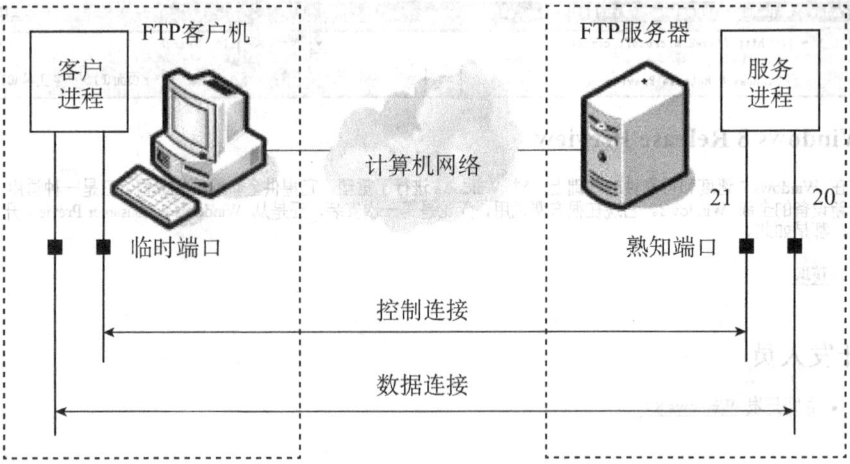

图 10—44　FTP 服务的工作原理

FTP 服务支持两种工作模式，一种叫做 Standard（又称 Active，主动方式），另一种叫做 Passive（又称 PASV，被动方式）。

Standard：客户机向服务器的 FTP 控制端口（默认为 21）发送连接请求，服务器接受后建立一条命令链路，当需要传送数据时，客户端在命令链路上用 PORT 命令告诉服务器："我打开了某个端口，你过来连接我。"于是服务器从 20 端口向客户端打开的端口发送连接请求，建立一条数据链路来传输数据。在数据链路建立的过程中是服务器主动请求，所以称为主动模式。归纳起来，在主动模式下（例如通过命令行访问 FTP 服务器），服务器用 20 号端口主动连接客户机的大于 1024 的随机端口。

Passive：客户机向服务器的 FTP 控制端口发送连接请求，服务器接受后建立一条命令链路，当需要传送数据时，服务器在命令链路上用 PASV 命令告诉客户端："我打开了某端口，你过来连接我。"于是客户端向服务器的该端口发送连接请求，建立一条数据链路来传输数据。在数据链路建立的过程中是服务器被动等待客户端请求，所以称为被动模式。归纳起来，在被动模式下（例如通过 IE 浏览器访问 FTP 服务器），客户机用大于 1024 的随机端口主动连接服务器大于 1024 的随机端口。

从以上可以看出，FTP 服务器的主动与被动模式是以 FTP 服务器进行数据传输连接的主动或被动作为依据的。

10.3.3　FTP 服务的安装与基本设置

FTP 服务本身的安装和配置比较简单，在应用中往往需要配合 NTFS 权限设置和磁盘配额设置，才能更有效地管理和应用 FTP 服务。

与添加 Web 服务器角色一样，在安装 FTP 服务之前，首先也需要设置好机器的 IP 地址、子网掩码等网络参数。如果计算机上原先安装有 Web 服务，则可以按照下面步骤来安装 FTP 服务。

(1) 打开服务器管理器控制台，右击"角色"节点下的"Web 服务器（IIS)"，如图 10—45 所示，在弹出的快捷菜单中选择"添加角色服务"。

(2) 在出现的"添加角色服务"向导窗口中，将中间部分的滚动条拖至最下方，将能看到"FTP 发布服务"（见图 10—46）。选中该服务后，又将自动弹出添加该服务所必需的功能（见图 10—47），单击"添加必需的角色服务"按钮后，FTP 发布服务才能被选中，如图 10—48 所示。

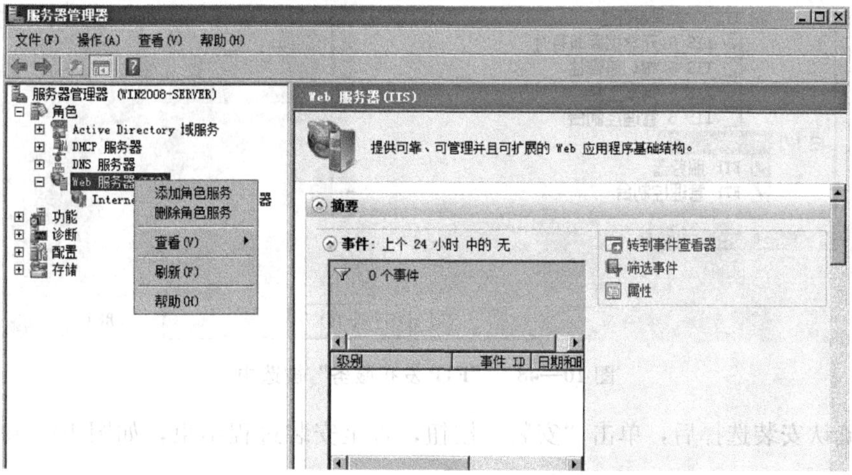

图 10—45　添加角色服务

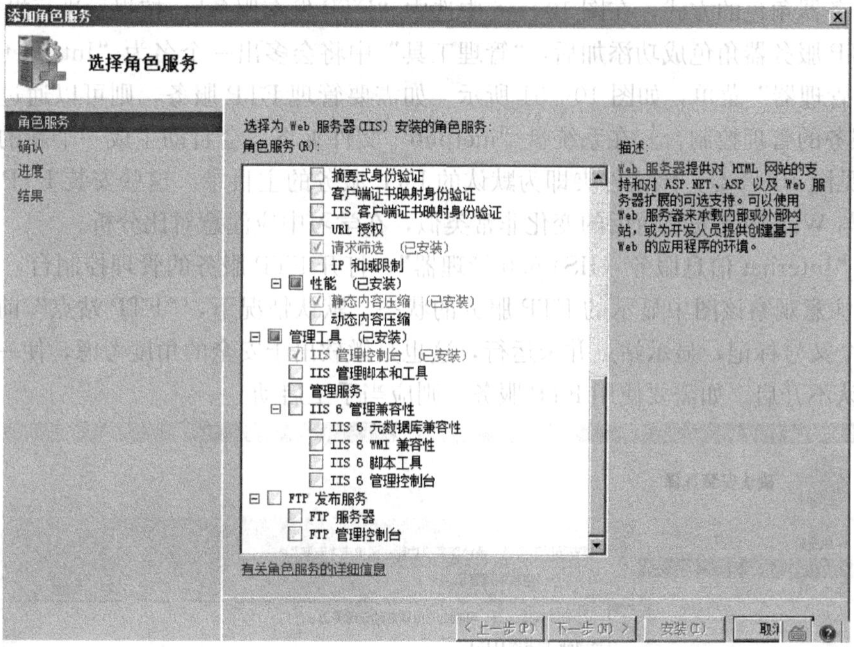

图 10—46　滚动条拖至最下方能看到“FTP 发布服务”

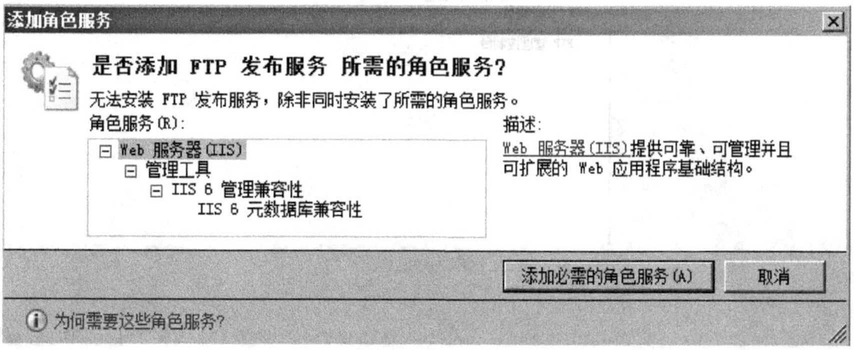

图 10—47　添加必需的角色服务

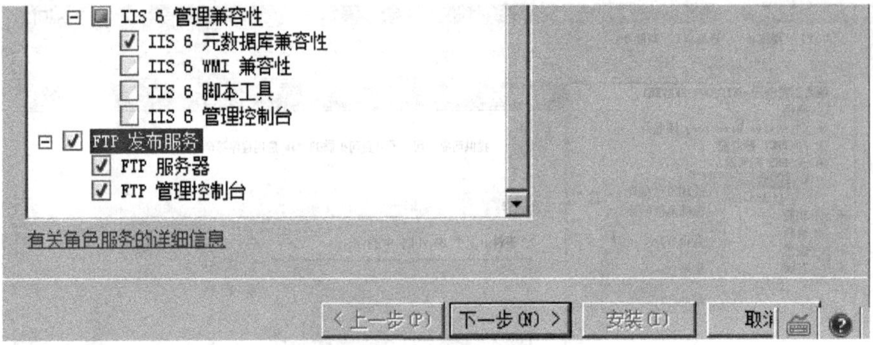

图 10—48 “FTP 发布服务”被选中

(3) 确认安装选择后，单击“安装”按钮，直至安装过程结束，如图 10—49、图 10—50 所示。

如果计算机上原先并未安装有 Web 服务，而现在需添加 FTP 服务，则可通过类似于添加 Web 服务器角色的方式，在图 10—46 中选中“FTP 发布服务”，按提示进行操作即可。

当 FTP 服务器角色成功添加后，“管理工具”中将会多出一个名为“Internet 信息服务（IIS）6.0 管理器”菜单，如图 10—51 所示。如需要管理 FTP 服务，则可以通过此菜单打开 FTP 服务的管理控制台。在系统盘“inetpub”文件夹下，会自动生成一个新的子文件夹 ftproot（见图 10—52），该文件夹即为默认的 FTP 服务的主目录。这些安装 FTP 服务前后的变化，与 Web 服务安装前后的变化非常类似，在学习中应注意对比分析。

单击“Internet 信息服务（IIS）6.0 管理器”，打开 FTP 服务的管理控制台，如图 10—53 所示，注意观察该图中显示的 FTP 服务的状态。默认情况下，“FTP 站点”前的红色圆圈里有一个叉号标记，显示站点并未运行，这也是微软出于安全的角度考虑，使一些不需要的服务默认不开启。如需要使用 FTP 服务，则应当手工启动。

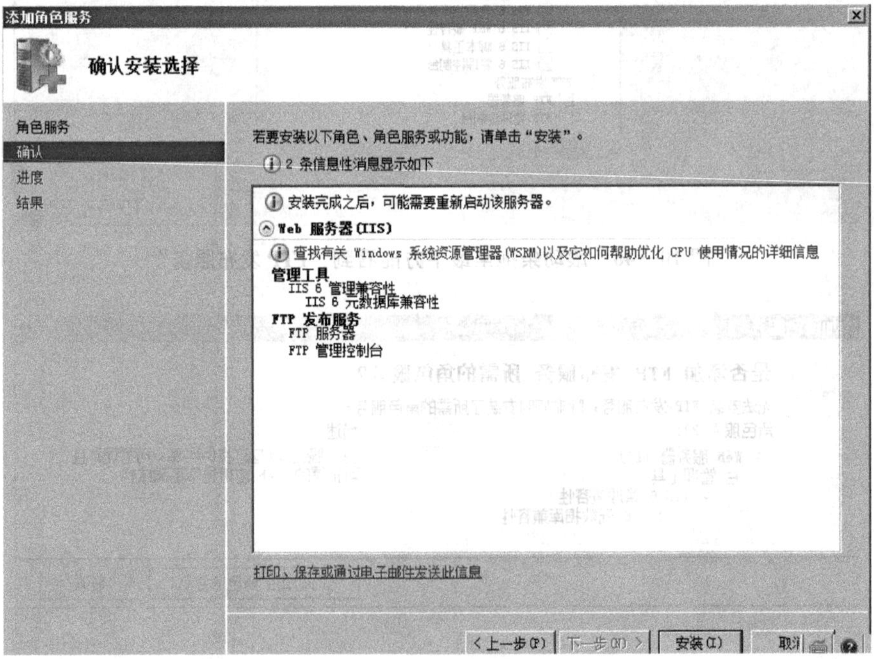

图 10—49 开始安装进程

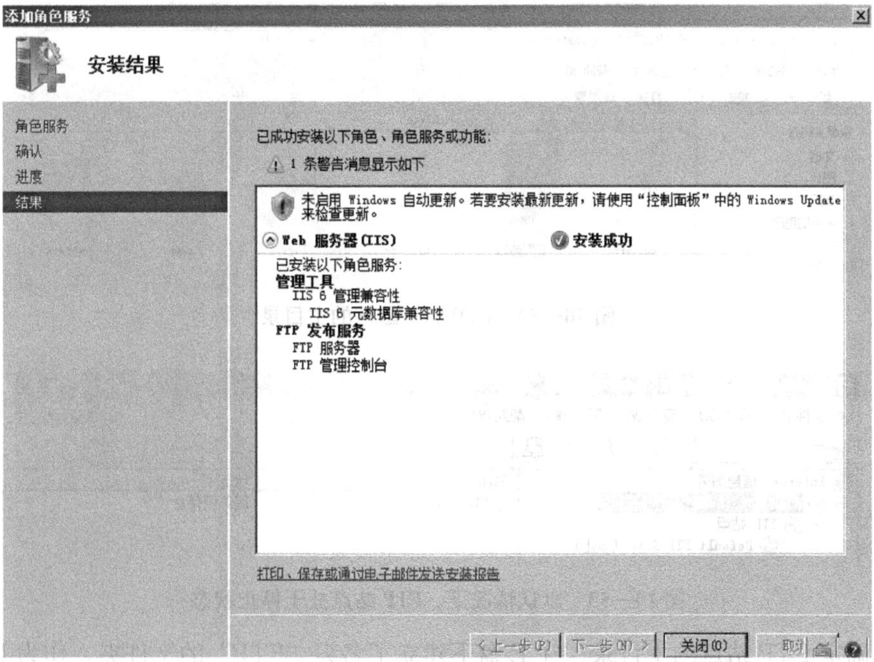

图 10—50　FTP 发布服务安装成功

可以将默认的 ftproot 文件夹设置为上传或下载文件的主目录，允许用户从该文件夹中复制文件，或是将文件复制到该文件夹中。与 Web 服务类似，不推荐这样做。实际应用中，应当将其他文件夹、磁盘或计算机上的文件夹设置为 FTP 服务的主目录，这样更有利于数据的安全性。下面介绍 FTP 服务的基本配置。

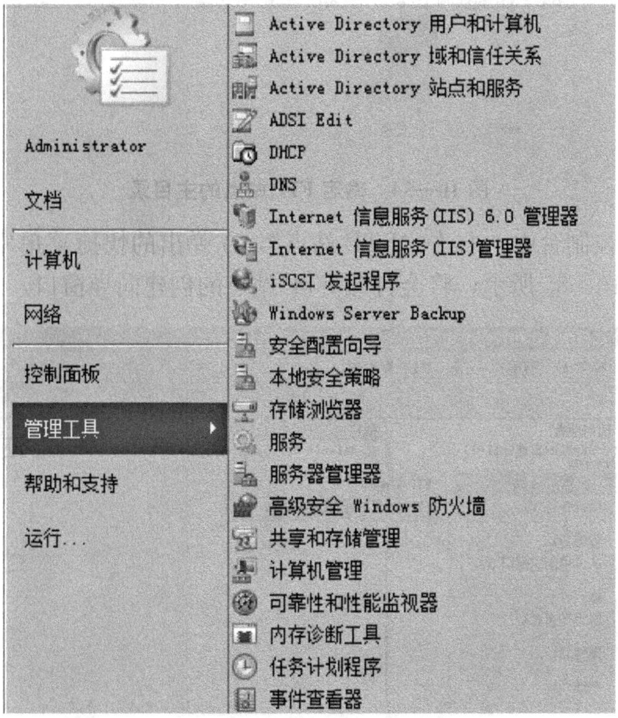

图 10—51　通过 IIS 6.0 管理器对 FTP 服务进行管理

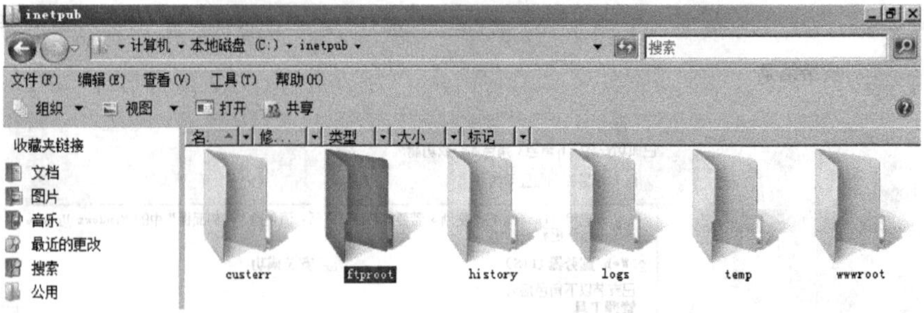

图 10—52　FTP 服务默认的主目录

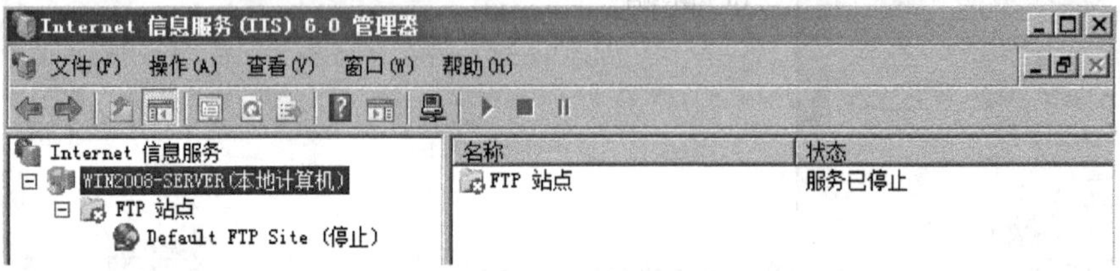

图 10—53　默认情况下，FTP 站点处于停止状态

（1）确定 FTP 站点的主目录。在 E 盘下建立了名为“FTP”的文件夹，作为 FTP 站点的主目录使用，可以在该文件夹中存入一个文件供用户在客户机上进行上传和下载测试。这里在该文件夹中存放了一个名为“ftp. txt”的文本文件用于测试，如图 10—54 所示。

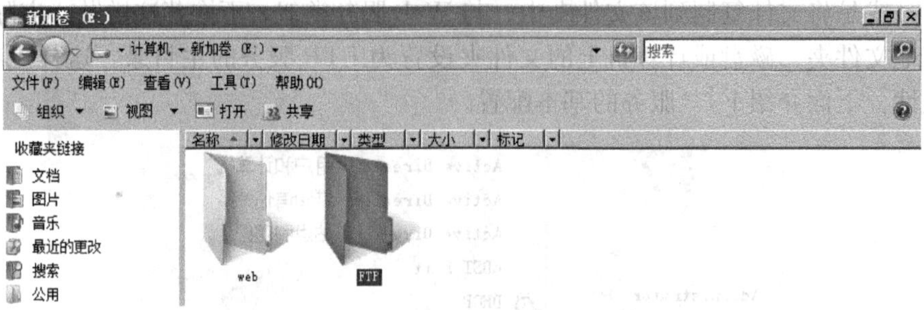

图 10—54　确定 FTP 站点的主目录

（2）在 IIS 6.0 控制台中，右击“FTP 站点”，在弹出的快捷菜单中依次选择“新建”、“FTP 站点”，如图 10—55 所示，将会打开 FTP 站点的创建向导窗口。

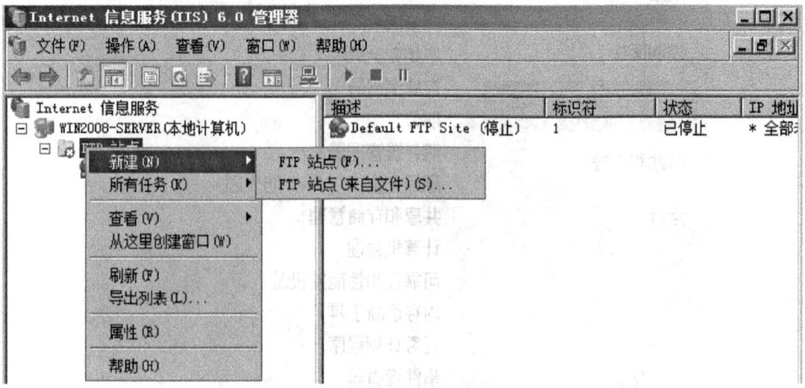

图 10—55　新建 FTP 站点

(3) 在“FTP站点创建向导”窗口（见图10—56）中，单击“下一步”，输入用于帮助管理员识别各个站点的描述信息，如图10—57所示。输入完成后单击“下一步”。

(4) 在“IP地址和端口设置”对话框中，输入用户访问FTP站点时所使用的IP地址和端口，例如这里将IP地址设置为192.168.1.201，端口采用默认的21，如图10—58所示。

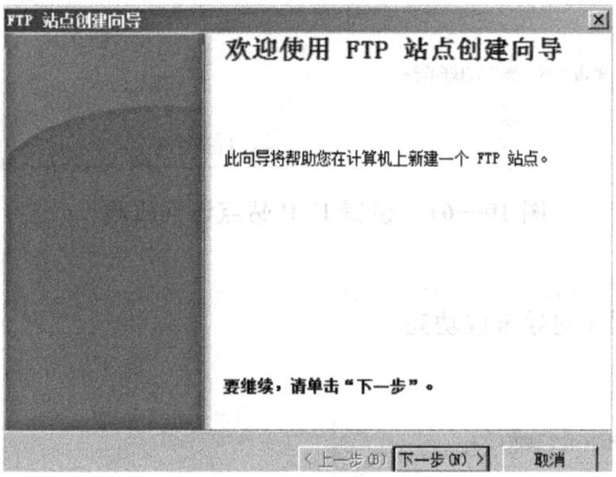

图10—56　FTP站点创建向导

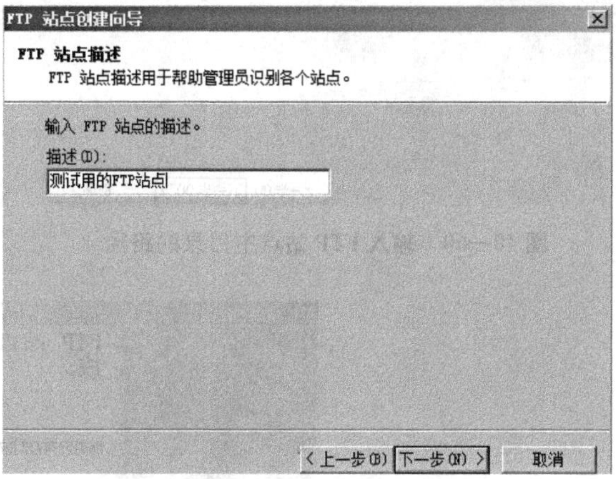

图10—57　输入FTP站点的描述信息

(5) 接下来将选择是否采用“用户隔离”功能。用户隔离是IIS 6.0中引入的新功能，可以将登录到FTP服务器的用户限制到他们自己的FTP主目录，防止用户查看或覆盖其他用户的文件内容。这里选择“不隔离用户”单选按钮，即每个登录用户都能看到FTP站点主目录中的所有内容，如图10—59所示。选择后单击“下一步”。

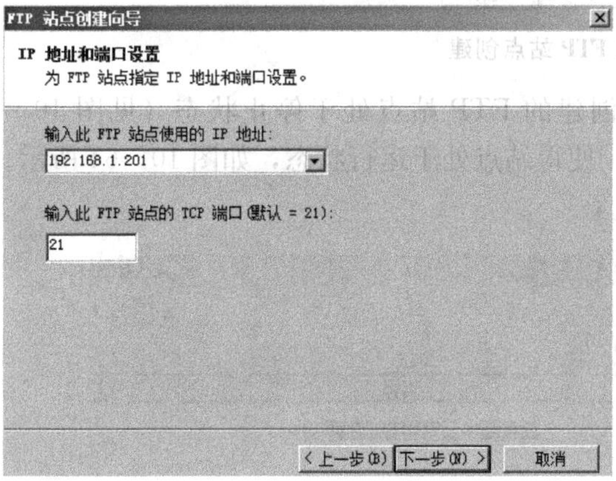

图10—58　指定FTP站点使用的IP地址和端口

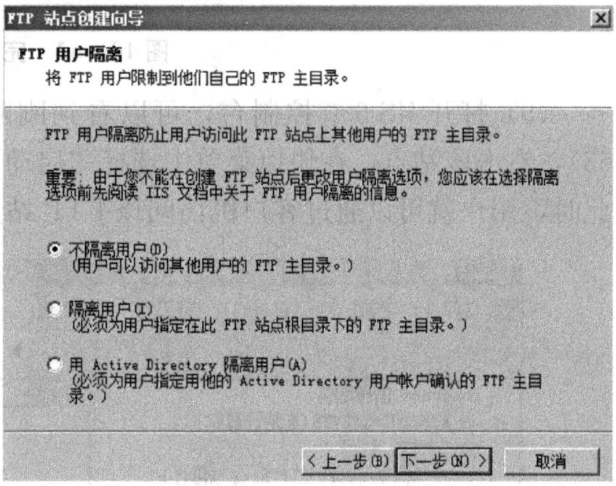

图10—59　设置FTP用户隔离选项

(6) 在“FTP站点主目录”对话框中，直接输入主目录的路径，也可以通过“浏览”按钮进行选择，如图10—60所示。完成后单击“下一步”。

(7) 接下来将设置FTP站点的访问权限，即登录用户可以对该站点的主目录进行哪些操作。这里选择默认的“读取”权限，单击下一步，如图10—61所示。

(8) 单击“完成”按钮结束FTP站点的创建，如图10—62所示。可以看到，对话框中提示“服务没有及时响应启动或控制请求”，表明创建的新站点并未运行，还需要管理员手动启动。

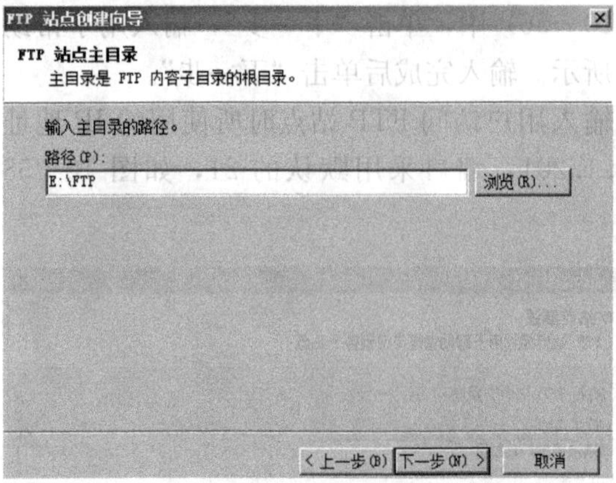

图 10—60　输入 FTP 站点主目录的路径

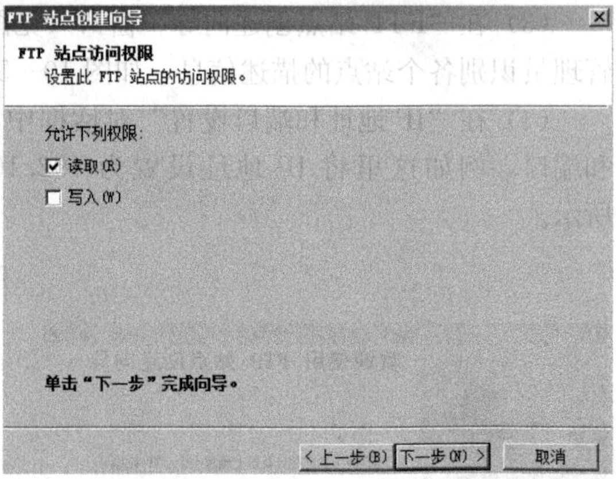

图 10—61　设置 FTP 站点访问权限

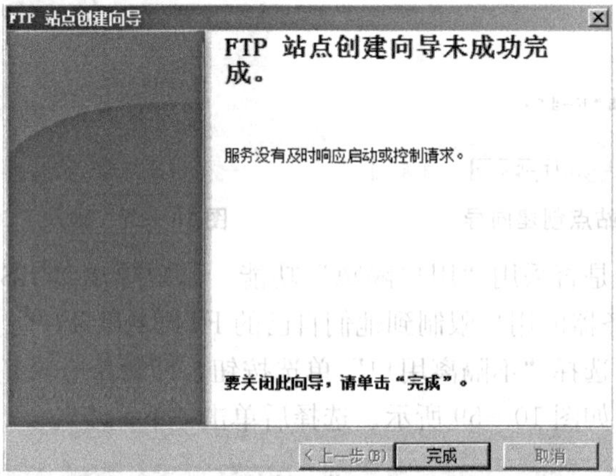

图 10—62　完成 FTP 站点创建

(9) 打开 IIS 6.0 控制台，可以看到刚刚创建的 FTP 站点处于停止状态（见图 10—63)，右击该站点，在快捷菜单中选择“启动”，使得站点处于运行状态，如图 10—64 所示。此时，用户就可以通过客户机访问该 FTP 站点了。

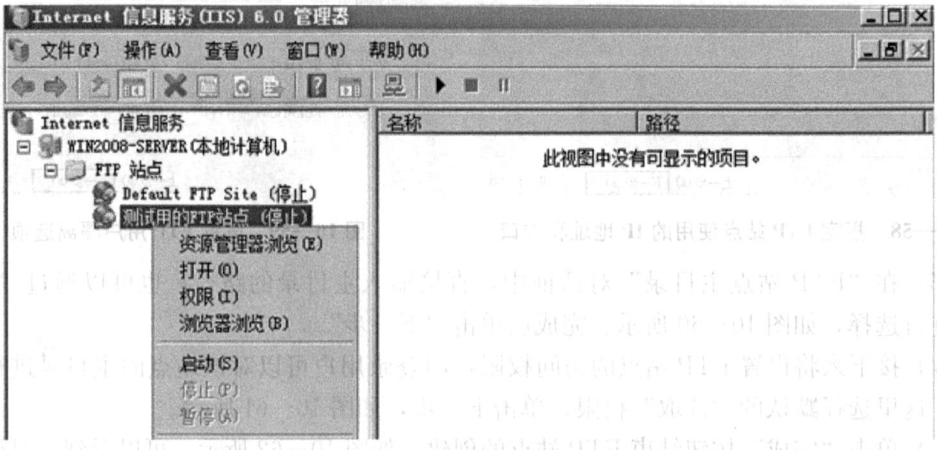

图 10—63　启动停止的 FTP 站点

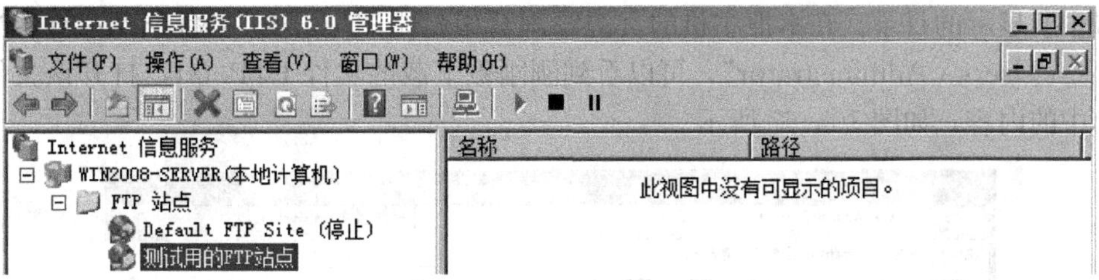

图 10—64　正在运行的 FTP 站点

按照上述步骤完成了新建 FTP 站点的操作。站点建好后，用户就可以通过命令行、浏览器、专用的 FTP 登录软件等不同方式来访问该站点。这里介绍前面两种方式。

(1) 在客户机上打开命令提示符后，输入 FTP 登录命令，即"ftp 站点地址或名称"，如图 10—65 所示。由于站点设置的地址为 192.168.1.201，因此客户端登录使用的就是 ftp 192.168.1.201（注意在 ftp 后面有一个空格）。命令输入完毕后，按回车键执行，将会出现一些提示信息，要求输入用户名和密码。按图 10—65 所示，输入的用户名为 anonymous，即匿名用户，密码为空（也可以将电子邮件地址作为密码，但是输入密码后屏幕上并不显示任何字符，这一点务必要注意）。代码"230 Anonymous user logged in"表明匿名用户已成功登录到 FTP 服务器。

(2) 登录成功后，将显示二级提示符，即"ftp>"。在二级提示符下，可以输入专用的 FTP 操作命令，例如 dir、ls 等显示 FTP 站点主目录内容的命令。用户可以随时输入"?"查看有关的操作命令及用法的帮助信息。这里输入命令"get FTP.txt"，"get"命令用于从 FTP 服务器上下载一个文件到本地，中间输入一个空格，随后跟上要下载的文件名，如图 10—66 所示。下载的结果无论成功或失败，都会有相应的提示信息。

```
选定 管理员: C:\windows\system32\cmd.exe - ftp 192.168.1.201

C:\Users\Administrator>ftp 192.168.1.201
连接到 192.168.1.201。
220 Microsoft FTP Service
用户(192.168.1.201:(none)): anonymous
331 Anonymous access allowed, send identity (e-mail name) as password.
密码:
230 Anonymous user logged in.
ftp> ls
200 PORT command successful.
150 Opening ASCII mode data connection for file list.
FTP.txt
226 Transfer complete.
ftp: 收到 9 字节，用时 0.00秒 9000.00千字节/秒。
```

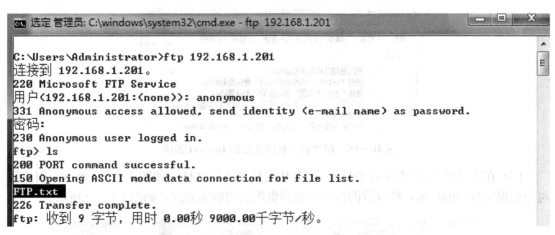

图 10—65　使用匿名用户账号登录 FTP 站点

```
ftp> get FTP.txt
200 PORT command successful.
150 Opening ASCII mode data connection for FTP.txt(34 bytes).
226 Transfer complete.
ftp: 收到 34 字节，用时 0.01秒 3.40千字节/秒。
```

图 10—66　从 FTP 服务器上下载文件到本地计算机

(3) 通过步骤 (2) 下载的文件，将会被保存到本地计算机的"当前路径"下，即命令提示符中所显示的目录。在本地主机的资源管理器中打开图 10—65 中命令提示符的当前路径“C：\Users\Administrator”，可以看到刚刚被下载的文件 FTP. txt，打开该文件可以查看其中的内容，如图 10—67 所示。

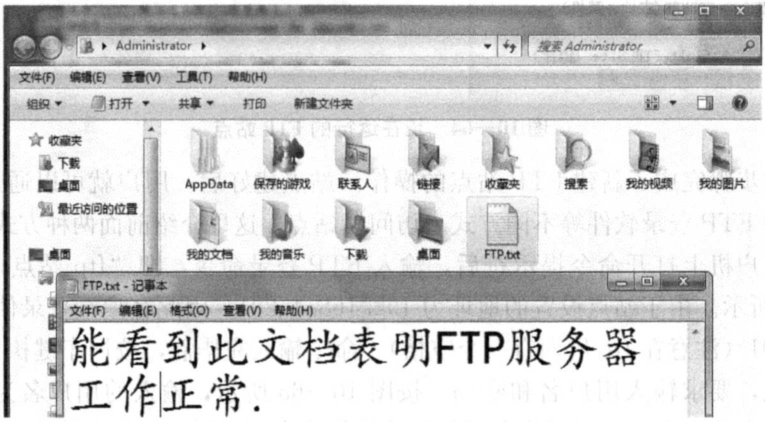

图 10—67　从 FTP 服务器上下载到本地主机的文件

上述步骤是用户在客户机上通过命令提示符访问 FTP 服务器的过程，概括为连接、登录、访问三个过程。还可以通过浏览器工具，例如 IE，在图形界面下访问 FTP 服务器。

(1) 在客户机上打开 IE 浏览器，在地址栏中输入“ftp：//192.168.1.201”，即可打开 FTP 服务器的主目录窗口。如果客户端使用的是 Win7、Windows Server 2008 之类的系统，用户可能需要调整 Internet 选项，将其中的“使用被动 FTP”前的复选标记去掉，如图 10—68 所示，否则可能出现 FTP 服务器无法访问的状况。

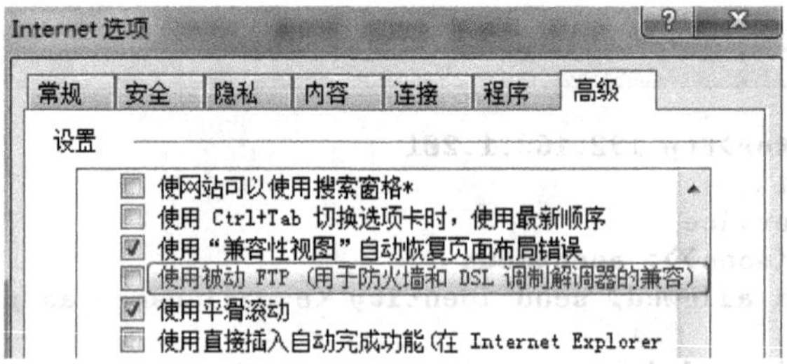

图 10—68　调整客户机浏览器的 Internet 选项

(2) 在客户机的 IE 浏览器中显示了 FTP 主目录下的文件，如图 10—69 所示。用户还可以根据屏幕中的提示，将查看的视图调整到资源管理器的方式，如图 10—70 所示。

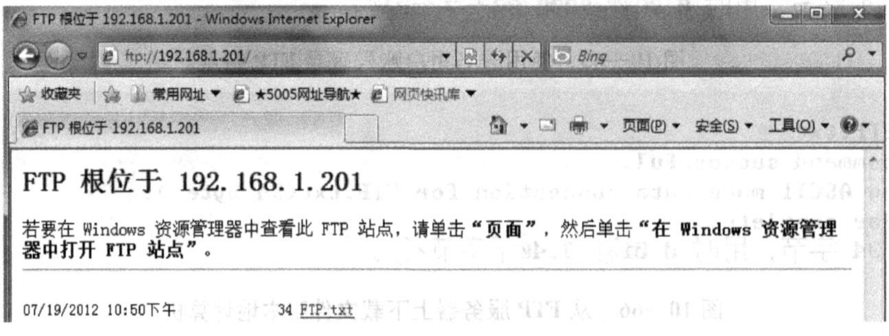

图 10—69　在 IE 浏览器窗口中查看 FTP 服务器上的内容

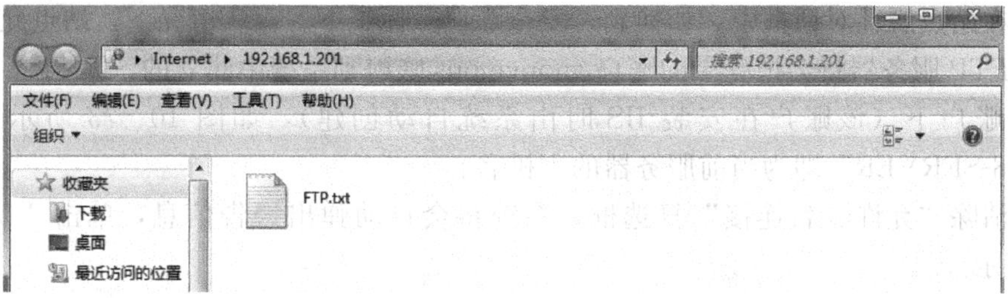

图 10—70 在资源管理器中查看 FTP 站点内容

(3) 打开 FTP 主目录下的文件，即可查看文件内容，如图 10—71 所示。

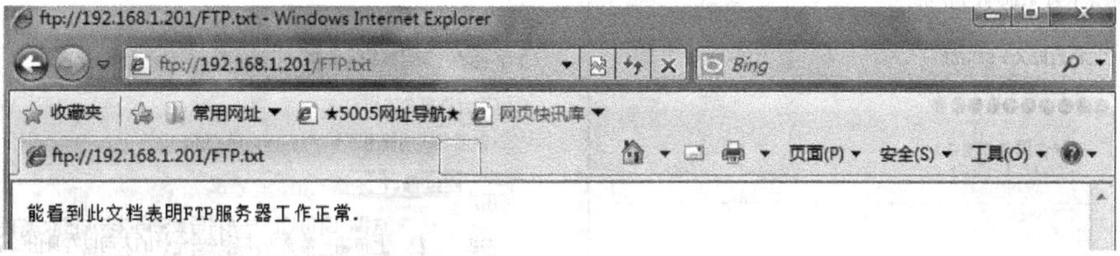

图 10—71 查看 FTP 服务器上的文件内容

上述从配置 FTP 站点到访问 FTP 站点的整个过程比较简单。与 Web 站点的配置一样，也可以为 FTP 站点添加虚拟目录，具体步骤与创建 Web 站点的虚拟目录的操作步骤类似。FTP 站点的虚拟目录不但可以解决磁盘空间不足的问题，也可以为 FTP 站点设置拥有不同方位权限的虚拟目录，从而更好地管理 FTP 站点。

实际应用中可能面临更为复杂的要求，例如是否允许匿名登录、是否允许用户上传文件至 FTP 服务器中等，这就需要将 FTP 站点的配置与 NTFS 文件系统权限的设置结合起来。

10.3.4 FTP 站点的权限管理

下面以限制匿名用户登录和设置用户上传权限为例，讲解 FTP 站点的权限管理。

(1) 右击新建的 FTP 站点，在快捷菜单中选择“属性”，如图 10—72 所示。

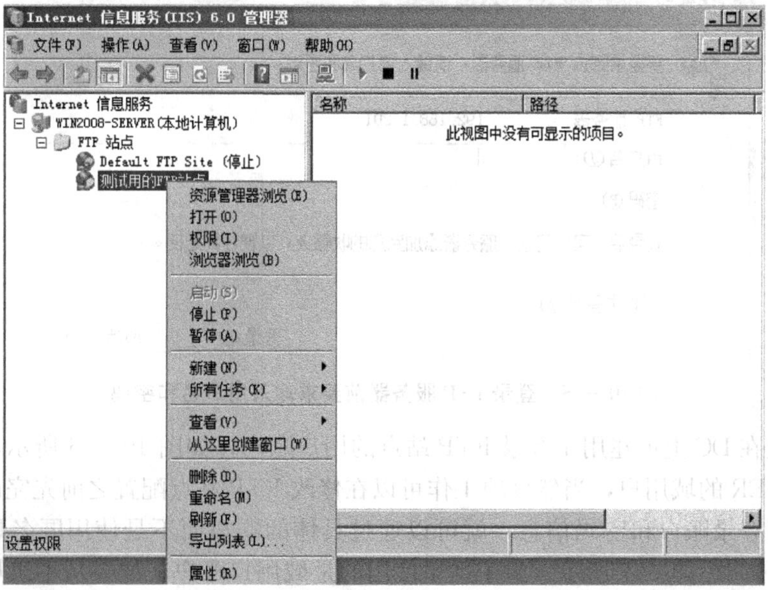

图 10—72 选择“属性”对 FTP 站点进行设置

（2）在站点属性对话框中，切换到“安全账户”标签下。默认情况下，站点允许匿名用户登录，FTP 服务器将会把登录的账户 anonymous 映射到系统中建立的“IUSR _ 计算机名称”这个账户下（该账户在安装 IIS 时由系统自动创建），如图 10—73 所示。图中的“WIN2008-SERVER”即为当前服务器的主机名。

（3）清除“允许匿名连接”复选框，系统将会自动弹出警告信息，单击“是”，如图 10—74 所示。

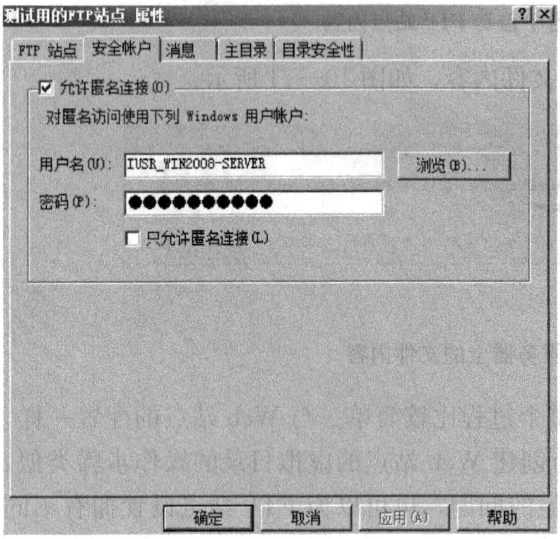

图 10—73　默认情况下 FTP 站点允许匿名连接

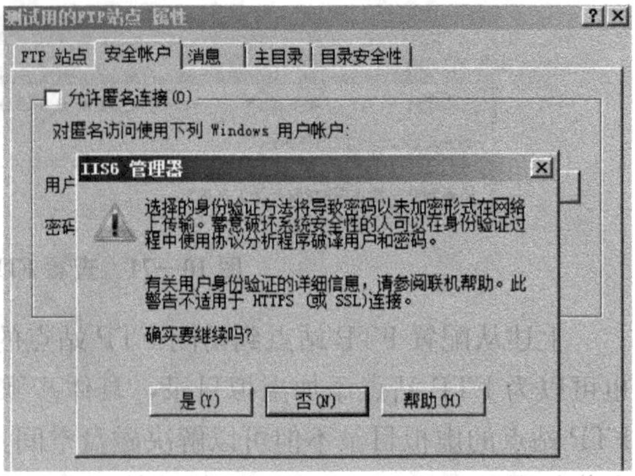

图 10—74　清除“允许匿名连接”复选框

（4）上述设置完成后，从客户机进行登录验证。此时将能看到如图 10—75 所示的登录界面，要求输入能登录到 FTP 服务器的用户账户和密码。这里所使用的账户，如果是在工作组环境中，则使用在 FTP 服务器上建立的账户；如果是在域环境中，除了可以使用 FTP 服务器的本地账户外，还可以使用在 DC 上建立的域用户账户。

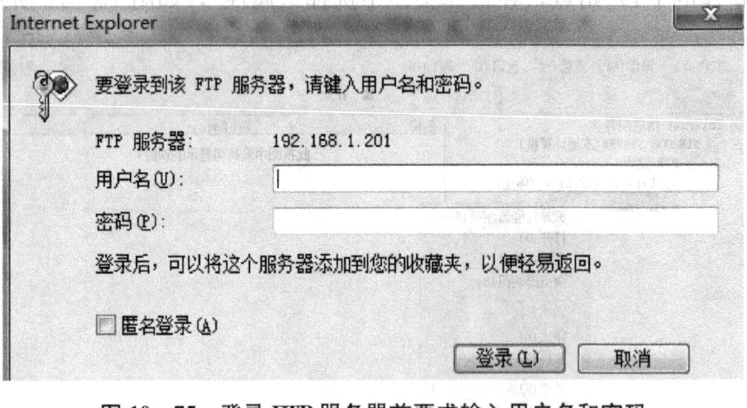

图 10—75　登录 FTP 服务器前要求输入用户名和密码

（5）这里在 DC 上创建用于登录 FTP 站点的用户账户，如图 10—76 所示，建立了一个名为 FTP-USER 的域用户，当然该项工作可以在修改 FTP 站点配置之前先完成。

（6）具有登录账户和密码信息，就可以通过具体的账户而不是使用匿名账户来登录到 FTP 站点了，如图 10—77 所示。由于这里使用的是域用户账户，如果从不隶属于该域的客户机上登录，则在输入用户名时直接将域名置于账户名之后，类似于电子邮件地址的形式；

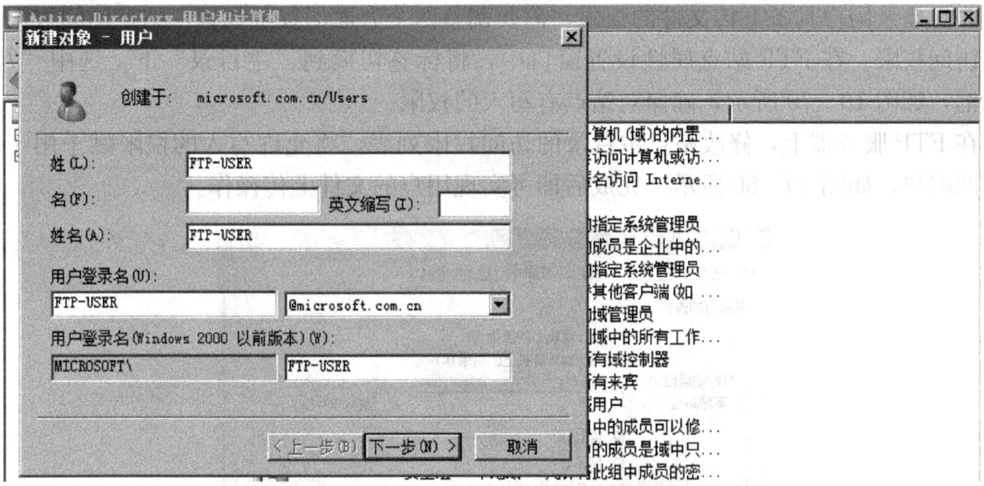

图 10—76　在 DC 上创建登录 FTP 站点的用户账户

如果客户机隶属于域，这里可以不写上域名，只需写用户名。输入完成后，单击“登录”按钮即可访问 FTP 站点。由于在登录时必须指定用户名，需要通过 DC 的身份验证，在一定程度上增加了 FTP 站点的安全性。

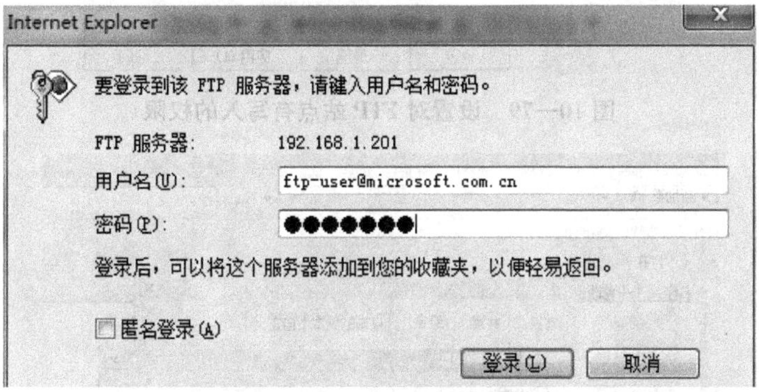

图 10—77　输入满足要求的账户信息

按照默认设置，登录用户对 FTP 站点主目录只具有读取的权限，即可以查看站点目录中的内容，但是无法写入。当用户试图将文件从本地主机复制到 FTP 站点主目录时，将会弹出如图 10—78 所示的错误提示。根据提示，可以明确是因为权限不够造成的。

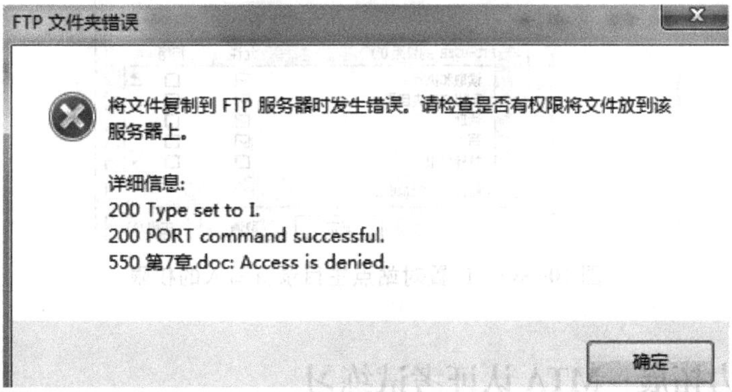

图 10—78　用户权限不足，导致无法上传

要想登录用户具备上传文件的权限，需要调整两个方面的权限设置：站点访问权限和文件夹访问权限。在 FTP 站点属性设置窗口中，将标签切换到“主目录”下，选中“写入”复选框，如图 10—79 所示，确保对站点有写入的权限。

在 FTP 服务器上，修改站点主目录的访问权限列表，将允许写入的权限赋予用于登录站点的账户，如图 10—80 所示。完成后即可实现用户的文件上传操作。

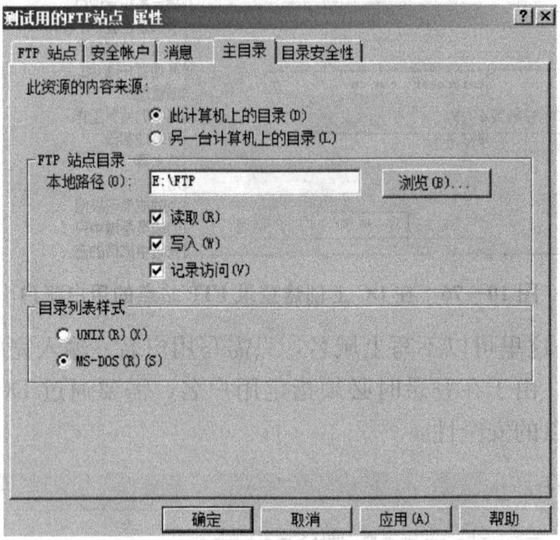

图 10—79　设置对 FTP 站点有写入的权限

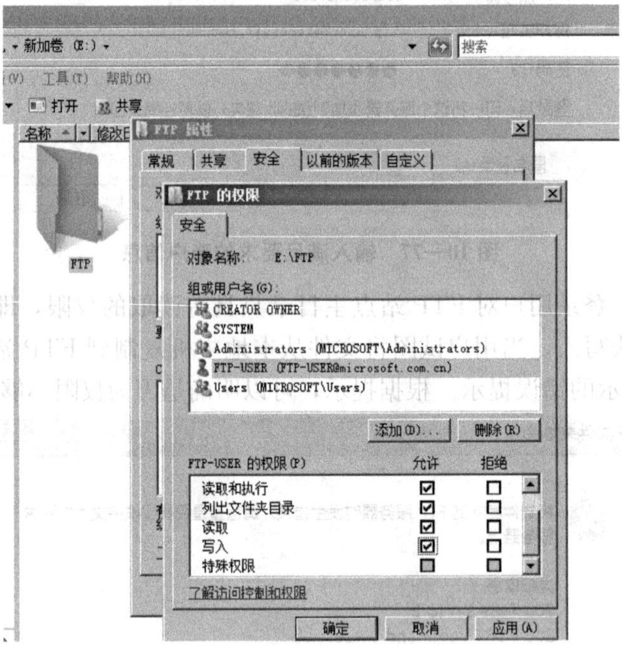

图 10—80　设置对站点主目录有写入的权限

10.4　能力拓展：MTA 认证考试练习

1. 场景：Cari 是 Contoso，Ltd. 的系统管理员。她需要开发一个系统，从而使她的公司能够使用支持邮件和日历协作的电子邮件系统。Contoso，Ltd. 使用 Microsoft Office 2010 产品套件作为其主要的办公软件。她的公司希望为其 Intranet 部署一台协作服务器。该协作服务器应支持来自 Contoso，Ltd. 员工的动态更新。公司官员希望能够通过威胁管理解决方案来实现对 Intranet 的监视和保护。

(1) 适合 Contoso，Ltd. 公司邮件系统的最佳解决方案是什么？(　)

A. 使用第三方电子邮件提供商和自定义开发的日历程序

B. 使用 Microsoft Exchange Server 2010

C. 不推荐使用任何解决方案，因为存在电子邮件系统会造成生产损失的可能性

分析：Microsoft Exchange 是一个消息与协作系统，可以被用来构架应用于企业、学校的邮件系统或免费邮件系统。它还是一个协作平台，管理员可以在此基础上开发工作流、知识管理系统、Web 系统或者是其他消息系统，适合有各种协作需求的用户使用。Exchange Server 协作应用的出发点是业界领先的消息交换基础，提供了包括电子邮件、会议安排、团体日程管理、任务管理、文档管理、实时会议和工作流等丰富的协作应用，而所有应用都可以从通过 Internet 浏览器来访问。因此在公司中使用 Microsoft Exchange Server 2010 可与 Contoso，Ltd. 现有的核心产品套件进行集成，从而降低员工的学习难度。

答案：B

(2) 哪一项能够满足 Contoso，Ltd. Intranet 协作服务器的需求？(　)

A. 实施使用 Microsoft SQL 作为支持动态更新选项的 SharePoint Portal Server 2010

B. 通过面向不同的 Web 开发公司进行招标来满足其 Intranet 需求

C. 创建一个 Microsoft Word 文档来将链接发送到整个公司并将其称为他们的留言板

分析：SharePoint Portal Server 使得企业能够开发出智能的门户站点，这个站点能够无缝连接到用户、团队和知识。SharePoint 提供可与现有的核心产品套件以及通信服务器集成的一站式解决方案。存储数据时将合并固有的 SQL 应用程序。因此人们能够更好地利用业务流程中的相关信息，更有效地开展工作。

答案：A

(3) 哪一项最适合公司的需求，使其能够通过 Active Directory 管理员工的 Internet 访问？(　)

A. 要求所有员工签署一份 Internet 使用协议、记录他们所访问的网站，并承诺不会在其系统上安装任意恶意软件

B. 推荐使用 Microsoft 威胁管理网关，它提供与 Microsoft Forefront 防病毒系统的集成，并可按照用户名或组来接受或拒绝不同类型的 Internet 行为

C. 仅允许用户签订协议按 30 分钟增量使用计算机访问 Internet

分析：新的 Microsoft Forefront 威胁管理网关媒体 Business Edition (TMG MBE) 作为基本业务服务器的一部分，以及作为独立的产品提供了 Microsoft 防火墙服务操作的重大改进。此新的最重要功能之一是防火墙的能够检查与恶意软件的 HTTP 通信。

答案：B

2. 场景：Alicia 是 Tailspin Toys 公司的服务器管理员。安全工作人员与她联系，并提供了有关 Web 访问服务器的安全性信息。他们希望了解哪些服务器将具有超出外围安全设备的访问权限，从而使他们能够调节传入和传出流量。Alicia 回答她的三台服务器中有两台需要外围访问权限：首先，运行 SharePoint 的 Intranet 需要为远程玩具销售人员提供 SSL

访问。她的第二台服务器是公司的 Web 服务器，用于在线客户从自己的家中非常方便地购买玩具。必须通过一些措施来保护客户交易的安全性。他们的 Web 开发人员还请求到 Web 服务器的 FTP 访问权限，以便他们上传和下载更新的内容。

（1）安全工作人员询问 Alicia 需要哪个端口对于运行 Microsoft SharePoint 的 Intranet 服务器可用。她会如何回答？（　）

A. 445　　　　　　　　B. 443　　　　　　　　C. 80

分析：SSL（Secure Sockets Layer 安全套接层）及其继任者传输层安全（Transport Layer Security，TLS）是为网络通信提供安全及数据完整性的一种安全协议。当为 Web 站点使用了数字证书保护其通信时，Web 服务器和客户机之间通过加密的端口进行通信，该端口为 443，而不再使用默认的 80。

答案：B

（2）Alicia 希望对 Web 服务器上的所有店面交易进行加密。哪种安全协议可以加密 Web 流量？（　）

A. 安全套接字层（SSL）

B. 点对点隧道协议（PPTP）

C. 中央情报局（CIA）

分析：SSL 可用于加密 Web 流量，支持对客户端和/或服务器的身份验证，以及对通信会话的加密。

答案：A

（3）FTP 是什么？它使用哪个端口进行通信？（　）

A. FTP 指文件传输协议，一种广泛用于使用 TCP/IP 通过网络在远程计算机系统之间快速复制文件的应用程序层协议。其通信端口为 20 和 21

B. FTP 指文件优化包，用于优化文件包，其通信端口为 3399

C. FTP 是一种专有文件协议，仅允许使用端口 20 在远程系统之间传输加密的文件

答案：A

3. 场景：Craig 是 Fourth Coffee 的网络管理员。Fourth Coffee 是美国一家提供咖啡与咖啡机产品的公司。Fourth Coffee 希望其负责各个区域的销售人员能够访问公司的资源管理应用程序，从而使他们无论身处何方都可以更新其销售编号。需要保护他们访问的安全性。Craig 还需要为其销售人员提供远程支持。Fourth Coffee 的服务器基础结构主要为 Microsoft Server 2008 R2，并且其销售人员的笔记本采用 Microsoft Windows 7 Professional 操作系统。

（1）为销售人员提供远程支持的最经济实惠和有效的方法是什么？（　）

A. 对所有销售人员启用远程协助，使 Craig 能够在他们登录时远程登录其系统，并进行疑难解答或监视其活动。远程协助是 Windows 7 的已有功能，因此不会增加成本

B. 确保所有销售人员都有手机，从而使 Craig 能够为他们提供电话帮助

C. 为每台笔记本购买一个第三方远程支持许可证。这使 Craig 能够针对进行安装和培训的目的来检索所有远程笔记本

分析：通过远程协助能实现远程控制功能。远程控制是在网络上由一台电脑（主控端 Remote/客户端）远距离去控制另一台电脑（被控端 Host/服务器端）的技术。电脑中的远程控制技术，始于 DOS 时代。远程控制一般支持下面的这些网络方式：LAN、WAN、拨

号方式、互联网方式。

答案：A

(2) Craig 可采取哪些措施来提供对 Fourth Coffee 企业软件的安全访问？(　　)

A. 要求销售人员每天三次将所有销售数据通过电子邮件发送回公司总部进行数据输入

B. 通过虚拟专业网络（VPN）启用和配置 Microsoft Windows Server 2008 R2 的远程桌面服务，并将企业软件作为远程应用程序推送

C. 使用附加许可安装使用 Windows Server 2008 的第三方远程服务器

分析：虚拟专用网络（Virtual Private Network ，VPN）指的是在公用网络上建立专用网络的技术。VPN 主要采用了隧道技术、加解密技术、密钥管理技术和使用者与设备身份认证技术，能够实现数据传输的安全保障、服务质量保证，具有较好的可扩充性、可管理性、灵活性。

答案：B

(3) 默认情况下，远程桌面协议通信使用哪个通信端口？(　　)

A. 443　　　　B. 445　　　　C. 3389

答案：C

4. 操作：启用远程桌面功能。

(1) 使用 Windows 7 或 Windows Server 2008，打开管理命令提示符，键入“netstat-an>c：\ ports. txt”（不含引号），然后按 Enter 键。此操作会将 netstat 命令的输出重定向到名为 ports. txt 的文本文件。完成操作后让命令提示符屏幕保持打开状态。

(2) 使用记事本打开文件 c：\ ports. txt。

(3) 在输出中搜索 0.0.0.0：3389。您应当找不到。（如果找到，则说明远程桌面已启用。）

(4) 打开“控制面板”，然后双击“系统”图标。在左上角单击“远程设置”。

(5) 选中复选框以“允许远程协助连接这台计算机”，并选中相应的单选按钮以“允许运行任意版本远程桌面的计算机连接（较不安全）”。

(6) 单击“选择用户”按钮，并选择您当前正在使用的用户账户（如果需要帮助，请向讲师提问）。这样将允许您的合作伙伴使用您的用户名远程访问您的系统。如果时间允许，可以在此练习中添加您的合作伙伴的用户账户。完成后单击“确定”。

(7) 返回命令提示符处，并键入“netstat-an>c：\ portsrdp. txt”。

(8) 使用记事本打开文件 c：\ portsrdp. txt。

(9) 在输出中搜索 0.0.0.0：3389。这意味着什么？如果您的输出中包含此内容，则表示您的系统现在可以接收远程桌面连接。如果没有，请向讲师提问以获得帮助。

(10) 让您的合作伙伴通过单击“开始”—“所有程序”—“附件”—“远程桌面连接”，打开远程桌面连接。

(11) 为您的合作伙伴提供您在步骤（6）中授予远程访问权限的 IP 地址、用户名和密码。此时您的合作伙伴便可以尝试远程连接到您的系统。您的合作伙伴成功了吗？如果没有成功，您是否忘了允许对您系统的访问通过个人防火墙？进行必要的更改后让您的合作伙伴重试。

5. 操作：使用远程协助功能。

(1) 您需要对有效电子邮件账户的访问，以及完成此练习所需的 Internet 访问。

（2）在 Windows 7 计算机中，单击“开始”按钮，并在“搜索程序和文件”框中键入“远程协助”。

（3）单击“邀请信任的人帮助您”。

（4）单击“将该邀请另存为文件”并将邀请保存到您的桌面。

（5）使用您的电子邮件，将邀请文件作为附件发送给您的合作伙伴。

（6）让您的合作伙伴下载邀请并从压缩文件中提取邀请。一定不要更改邀请的文件类型。

（7）您的合作伙伴应双击邀请。

（8）为您的合作伙伴提供密码。

（9）允许合作伙伴访问您的桌面。

（10）请注意，您可以在此会话中与远程协助用户进行聊天。

本章小结

通过本章的知识学习和技能练习，对 IIS 7.0 包含的服务组件和新特性应有所了解；对 Web 服务和 FTP 服务的工作原理应当理解，特别是 FTP 的两种工作模式，在应用中应注意判断分析；对 Web 站点、FTP 站点的安装、配置和访问操作应当掌握。学习中注意分析对比两种服务的异同点，提高学习效率。

习题

1. IIS 7.0 提供的服务有哪些？

2. 简述 Web 服务、FTP 服务的工作过程。

3. 描述端口的功能。在命令提示符处键入命令“netstat - aon”，查看本地端口的开放情况。利用网络，查询以下端口对应的服务：1433、80、25、143、443、110。

第 11 章　安全管理

计算机的安全问题已成为企业网络和用户必须关心的一个重要问题。网络技术的发展、计算机的广泛应用以及用户环境的日益复杂，使得计算机安全问题也变得越来越复杂。计算机安全技术覆盖面广，涉及多个领域，例如密码技术、信息安全技术、操作系统、数据库应用技术等。本章主要从操作系统本身的角度出发，介绍 Windows Server 2008 中常见的安全策略的设置和应用。

通过本章的学习，理解策略的概念，掌握如何在本地主机和域中配置安全策略及审核策略，并了解一些与系统安全有关的其他技术。通过学习树立良好的安全意识。

知识点：

◆ 本地安全策略

◆ 审核策略

◆ 增强系统安全的常见方法

技能点：

◆ 能够设置和应用本地安全策略

◆ 能够设置和应用域安全策略

◆ 能够设置和应用审核策略

11.1　计算机系统安全

与人们生活密切相关的计算机系统并不是绝对安全的，因为种种因素，例如软件系统的缺陷、硬件故障、恶劣的环境以及难以避免的人为因素，使得在使用计算机的过程中可能会碰到信息丢失或损坏、非法访问等情况。确保信息的安全，主要考虑以下方面：

● 保证数据的完整性：信息在输入和传输的过程中，不被非法授权修改和破坏，保证数据的一致性。保证信息完整性需要防止数据的丢失、重复及保证传送秩序的一致。例如全自动资金支付与账目管理等自动判定系统。

● 保证数据的保密性：又称机密性，个人或团体的信息不为其他不应获得者获得。在电脑中，许多软件包括邮件软件、网络浏览器等，都有保密性相关的设定，用以维护用户资讯的保密性，另外间谍档案或黑客有可能会造成保密性的问题。

● 保证数据的可用性：可用性是一种以使用者为中心的设计概念，易用性设计的重点在于让产品的设计能够符合使用者的习惯与需求。以互联网网站的设计为例，希望让使用者在浏览的过程中不会产生压力或感到挫折，并能让使用者在使用网站功能时，能用最少的努力发挥最大的效能。

管理员需要注意哪些方面，才能让计算机随时提供正常服务呢？可以通过提高系统部件的准确性、提供冗余、加强系统管理、阻止非法操作等方法来保证系统的可用性。因此，计算机安全要保证信息设备物理安全，保证计算机系统不受病毒干扰，保证通信设备的信息安全与网络安全，保证计算机不因偶然或恶意的操作而导致硬件被破坏、软件被更改、数据被泄露等计算机事故，保证计算机功能的正常发挥，维护计算机系统的安全运行。

威胁计算机系统安全的性质可以分为：事故与蓄意行为两种。因此建立的安全目标分别如下：

(1) 对于无意造成的计算机事故，安全目标是减少产生事故的过失。通过系统内部控制与外部安全管理相结合等行之有效的方法，明确岗位和责任，用制度和技术手段相结合避免渎职与滥用行为，降低计算机事故的发生。

(2) 蓄意破坏一般是有针对性的，入侵者往往利用系统的脆弱点开展攻击。因此，安全目标应该制定得更加明确，采取的措施要更加具体。

在今天日益复杂的环境中，为了达到较高的安全程度，Windows Server 2008 提供了一系列措施来保障系统的安全，如加密、数字签名、密钥体系、用户验证等。

11.2 安全策略的设置

11.2.1 什么是安全策略

广义的安全策略是指在某个安全区域内（一个安全区域通常是属于某个组织的一系列处理和通信资源）用于所有与安全相关活动的一套规则。这些规则是由此安全区域中所设立的一个安全权力机构建立的，并由安全控制机构来描述、实施或实现。管理员根据组织机构的风险及安全目标制定的行动策略即为安全策略。

本章讨论的计算机的安全策略，是指在计算机系统中制定的特定安全规则，建立在授权的基础之上，未经适当授权的实体，信息不可以给予、不被访问、不允许引用、任何资源也不得使用。

11.2.2 本地安全策略设置

本地安全策略指的是所设置的策略只针对本地主机，一旦离开本机的范围，这些策略将不起作用。图 11—1 显示了设置安全策略的窗口。

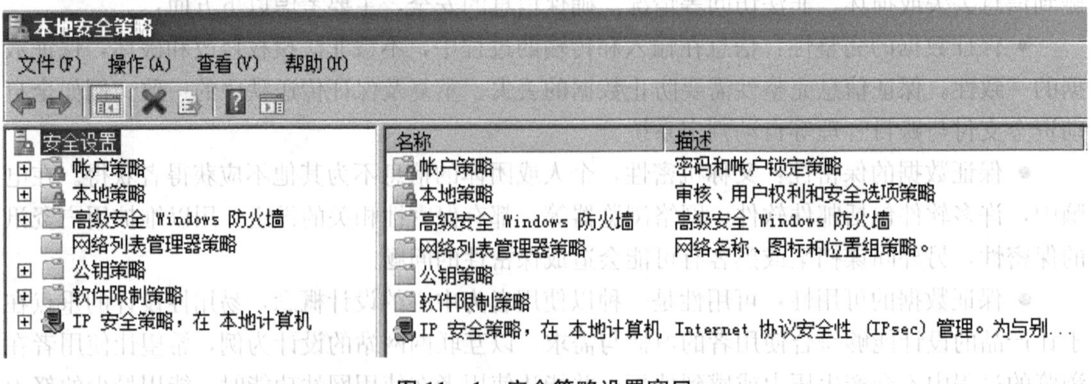

图 11—1 安全策略设置窗口

在“运行”对话框中输入“secpol. msc”，或是通过“开始”菜单下“管理工具”中的“本地安全策略”命令，都能打开本地安全策略设置窗口。另一种间接打开的方法是在“运行”对话框中输入“gpedit. msc”打开本地组策略，之后在组策略设置窗口中依次展开“计算机配置”节点下“Windows 设置”中的“安全设置”(见图 11—2)。

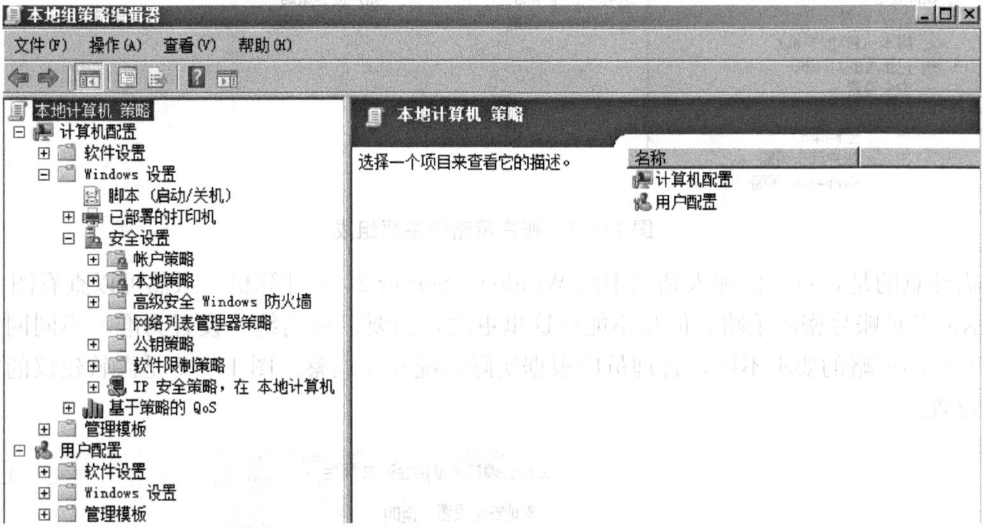

图 11—2　通过组策略打开安全设置窗口

“组策略”是在应用中经常听到的一个名词，它与修改注册表配置所完成的功能是一样的，但是组策略提供了更完善的管理组织方法，可以对各种对象中的设置进行管理和配置，比手工修改注册表方便灵活，功能也更加强大。组策略通常是系统管理员为加强整个域或网络共同的策略而设置并进行管理的，其中的设置会影响到用户账户、组、计算机和组织单位。组策略在域环境中应用非常普遍，是域网络管理工具中的一把利器。从图 11—2 也能看出，“安全设置”是本地组策略的一部分。

在运行 Windows Server 2008 系统的每台计算机上都只有一个本地组策略对象。在这些对象中，组策略设置存储在多个计算机上，无论它们是否属于 Active Directory 环境或网络环境的一部分。本地策略对象包含的设置要少于非本地组策略对象的设置，尤其是在“安全设置”下。

下面看一下本地安全策略的组成。

(1) 账户策略。主要包括密码策略、账户锁定策略、Kerberos 策略（见图 11—3)。

密码策略主要用于限制密码设定的长度、复杂性及密码更换和加密方面的要求，以确保密码作为用户身份机制重要依据的可靠性；账户锁定策略用于防止密码被其他人重复恶意猜测而造成密码泄露；Kerberos 策略只能应用于域中的计算机中，用于确定域用户账户与 Kerberos 相关的设置，例如票证的有效期限和强制执行。

在图 11—4 中，显示了当前系统与密码有关的属性设置。每个属性的设置都能调整为“启用”或“禁用”状态（见图 11—5)。如果不知道某个属性设置的含义和功能，可以点击该属性的“说明”选项卡，查看关于该属性的功能说明，如图 11—6 所示。

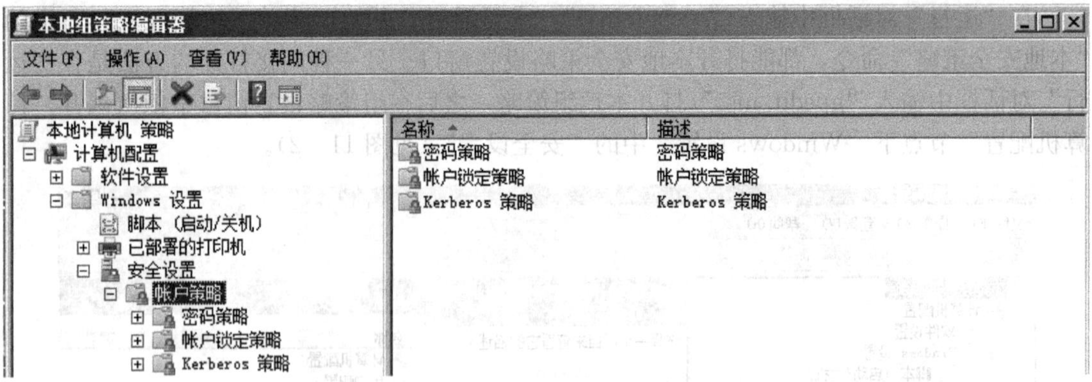

图 11—3 账户策略的主要组成

需注意的是，对于已加入到域中的 Windows Server 2008 计算机，虽然可以查看图 11—4 所示的各种账号密码策略，但是不能在这里更改，而要以域的统一设置为准。不同网络和主机对密码策略的要求不同，管理员应根据实际情况动态调整。图 11—7 是微软建议的密码策略设置。

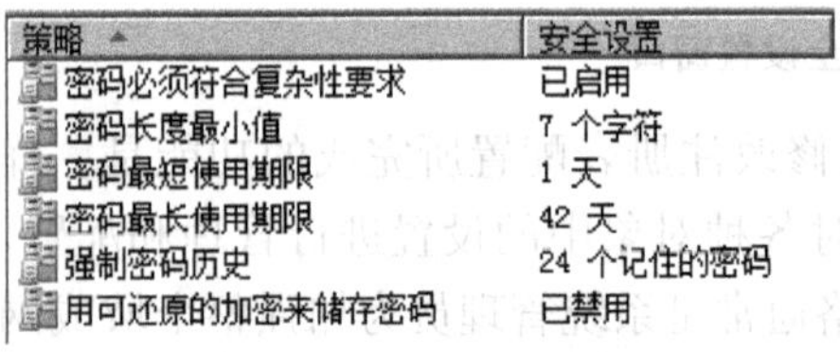

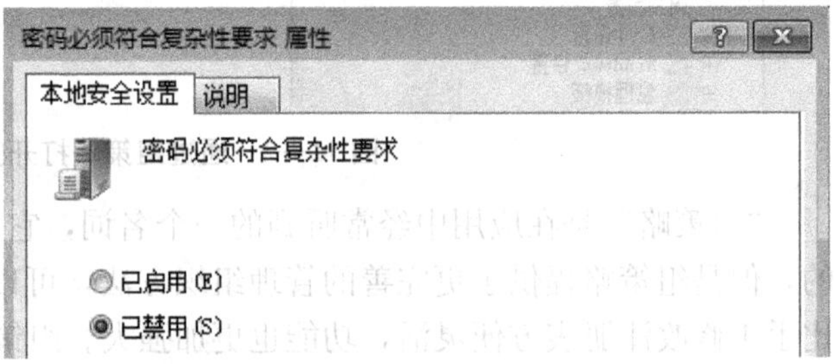

图 11—4 密码策略　　图 11—5 策略属性的设置状态

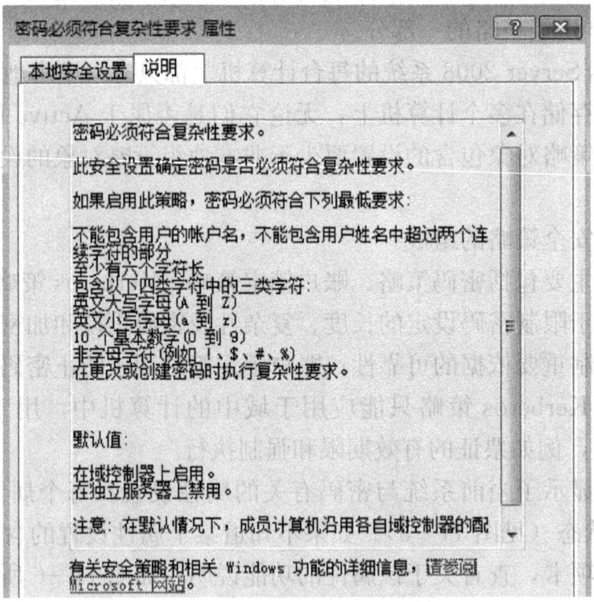

图 11—6 策略属性设置的说明

策略	作用	建议
强制密码历史记录	防止用户创建与他们的当前密码或最近使用的密码相同的新密码。若要指定记住多少个密码，请提供一个值。例如，值为 1 表示仅记住上一个密码，值为 5 表示记住前五个密码。	使用大于 1 的数字。
密码最长使用期限	设置密码有效天数的最大值。在此天数后，用户将必须更改密码。	设置 70 天的最长密码使用期限。将天数值设置得太高将给黑客破解密码提供延长窗口的机会。将天数值设置得太低将干扰用户，因为必须频繁地更改密码。
密码最短使用期限	设置在可以更改密码前必须通过的最短天数。	将密码最短使用期限设置为至少 1 天。通过这样做，将要求用户一天只能更改一次密码。这将有助于强制使用其他设置。例如，如果记住了过去的五个密码，这将确保在用户可以重新使用他们的原始密码前，必须至少经过五天。如果将密码最短使用期限设置为 0，则用户可以一天更改六次密码，并且在同一天就可以开始重新使用其原始密码。
密码长度最小值	指定密码可以具有的最少字符数。	将密码设置为介于 8 到 12 个字符之间（假设它们也符合复杂性要求）。较长的密码比较短的密码更难破解（假定密码不是一个单词或普通短语）。但是，如果您不担心办公室或家中的人使用您的计算机，则不使用密码比使用容易猜到的密码能够更好地保护您的计算机不受黑客从 Internet 或其他网络攻击的侵害。如果不使用密码，Windows 将自动防止任何人从 Internet 或其他网络登录到您的计算机。
密码必须符合复杂性要求	要求密码： • 至少有六位字符长 • 至少包含三种下列字符的组合：大写字母、小写字母、数字和符号（标点符号） • 不要包含用户的用户名或屏幕名称	启用此设置。这些复杂性要求可以帮助创建强密码。
使用可还原的加密存储密码	存储密码而不对其加密。	除非使用的程序要求，否则不要使用此设置。

图 11—7　Microsoft 建议的密码策略设置

策略	安全设置
复位帐户锁定计数器	不适用
帐户锁定时间	不适用
帐户锁定阈值	0 次无效登录

图 11—8　账户锁定策略

账户锁定策略主要包括复位账户锁定计数器、账户锁定时间、账户锁定阈值（见图 11—8），前两项只有在账户锁定阈值不为 0 的情况下才可以设置。如果在指定的时间段内，输入不正确的密码达到了指定的次数，账户锁定策略将禁用用户账户。这些策略设置有助于防止攻击者猜测用户密码，并由此减少成功袭击所在网络的可能性。

Kerberos 策略不存在于本地计算机策略中。这部分包含强制用户登录限制、服务票证最长寿命、用户票证最长寿命、用户票证续订最长寿命、计算机时钟同步的最大容差。票证是用于安全原则的标识数据集，是为了进行用户身份验证而由域控制器发行的。Windows 中的两种票证形式是票证授予式票证（TGT）和服务票证。

（2）本地策略。主要包括审核策略、用户权限分配、安全选项。其中审核策略将在 11.3 章节有详细介绍。“用户权限分配”中的“权限”，指有权去做一些事情，决定了你能做什么。图 11—9 告诉我们为什么内建组账户和用户账户有哪些特别的权利，可以在这里改变其默认权利，也可以直接为其他组和用户添加各种各样的权利。

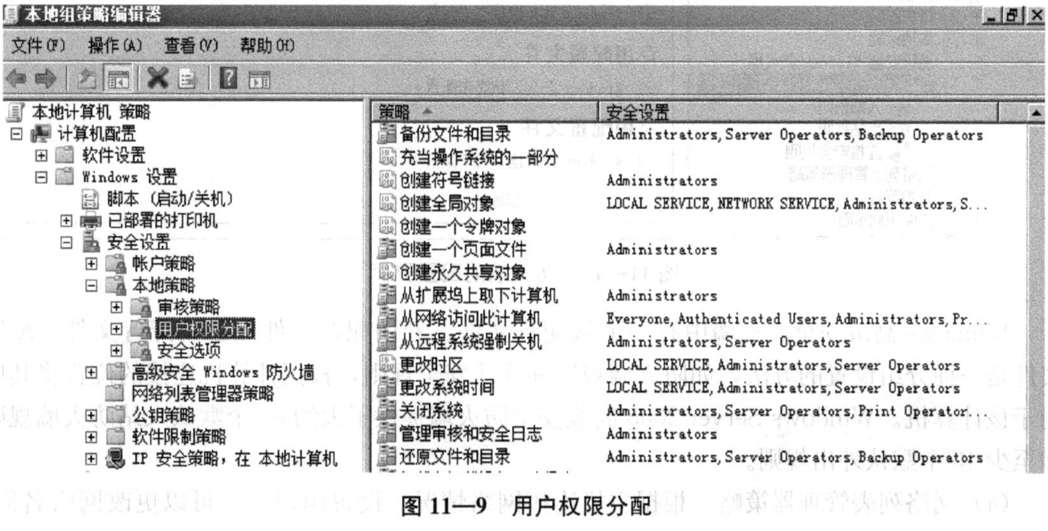

图 11—9　用户权限分配

通过安全选项可以对本地计算机进行许多方面的设置以便增强本地安全性，双击大多数设置选项都会出现类似图 11—10 所示的对话框。选择“已启用”或“已禁用”来使设置发挥作用或停止。

(3) 高级安全 Windows 防火墙。使用防火墙和入侵保护系统在企业网络周围建立起了一道铜墙铁壁，保护它们自然免受互联网上恶意攻击者的入侵。但是，如果一个攻击者能够攻破外围的防线，从而获得对内部网络的访问，将只有通过 Windows 认证安全来阻止他们来访问公司最有价值的资产——数据。Windows Server 2003 中的防火墙功能简单，让很多系统管理员将其视为鸡肋，它一直是一个简单的、仅支持入站防护、基于主机的状态防火墙。在 Windows Server 2008 中，这个基于主机的防火墙被内置在 Windows 中，已经被预先安装，与前面版本相比具有更多功能，而且更容易配置。它是加固一个关键的基础服务器的最好方法之一。具有高级安全性的 Windows 防火墙结合了主机防火墙和 IPSec。与边界防火墙不同，具有高级安全性的 Windows 防火墙在每台运行此版本 Windows 的计算机上运行，并对可能穿越边界网络或源于组织内部的网络攻击提供本地保护。它还提供计算机到计算机的连接安全，使用户可以对通信进行身份验证和数据保护。图 11—11 显示了 Windows Server 2008 中防火墙的配置界面。

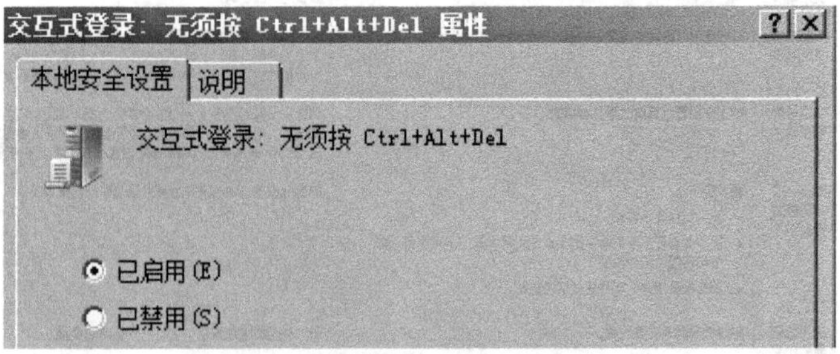

图 11—10　启用或禁用一项本地安全设置

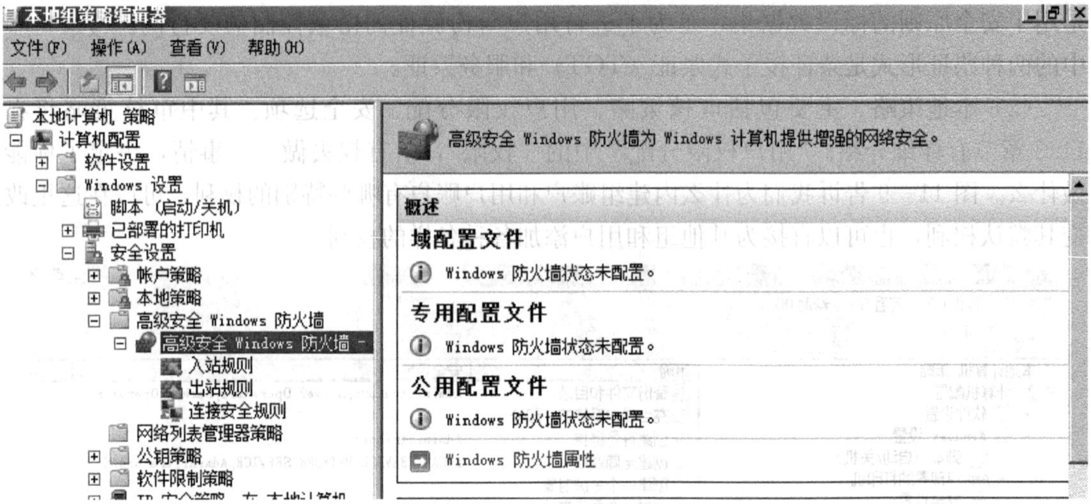

图 11—11　防火墙的配置界面

Windows 高级安全防火墙中有一个域配置文件、专用配置文件和公用配置文件。配置文件是一种分组设置的方法，如防火墙规则和连接安全规则，根据计算机连接的位置将其应用于该计算机。Windows Server 2008 高级安全防火墙提供了大约 90 个默认入站防火墙规则和至少 40 个默认外出规则。

(4) 网络列表管理器策略。根据主机连接网络情况，设置用户是否可以更改网络名称、位置或图标。图 11—12 显示了该策略的设置界面。

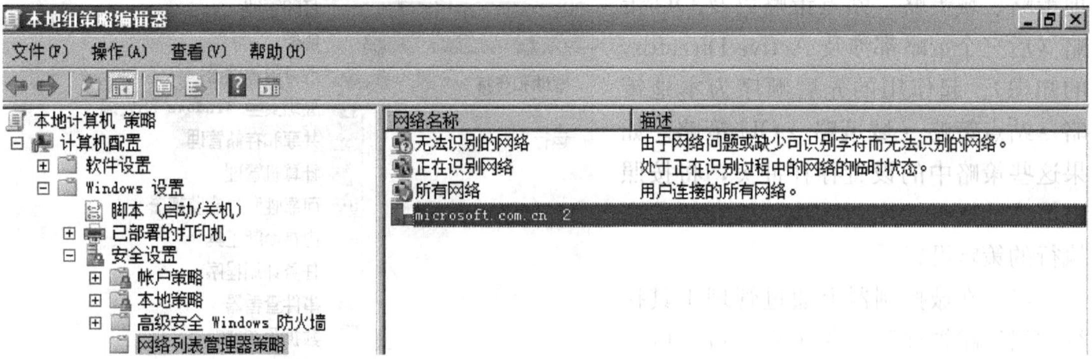

图 11—12 网络列表管理器

(5) 公钥策略。公钥策略可以使计算机自动将证书请求提交到企业证书颁发机构并安装颁发的证书、创建和分发证书信任列表（CTL）、建立共同的受信任的根证书颁发机构、添加加密数据恢复代理，并更改加密数据恢复策略设置。当在证书颁发机构中建立信任、为计算机颁发证书以及跨域部署 EFS 时，公钥策略设置能提供另外的灵活性和控制。

(6) 软件限制策略。使用软件限制策略，通过标识并指定允许哪些应用程序运行，可以保护计算机环境免受不可信任的代码的侵扰。通过散列规则、证书规则、路径规则和 Internet 区域规则，使得程序可以在策略中得到标识。默认情况下，软件可以运行在三个级别上："不允许的"、"基本用户" 与 "不受限的"，如图 11—13 所示。

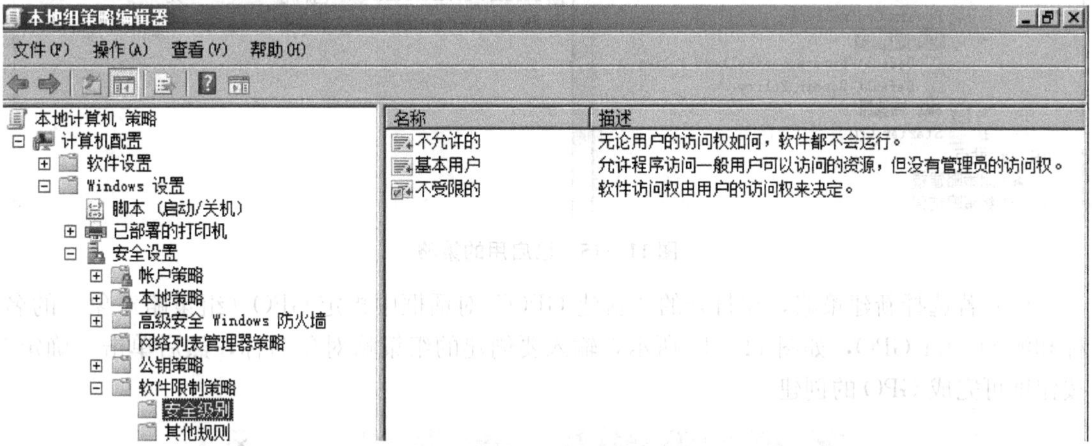

图 11—13 软件限制策略

(7) IP 安全策略。IP 安全策略是一种开放标准的框架结构，通过用加密安全服务来确保 IP 网络上保密安全的通信。IP 安全策略是一个基于通信分析的策略，将通信内容与设定好的规则进行比较以判断通信是否与所配置策略相吻合，然后决定是否拒绝通信的传输，这样可以实现更仔细更精确的 TCP/IP 安全。可以这样说，如果配置好 IP 安全策略，就相当于为服务器增加了一道防火墙。

11.2.3 域安全策略设置

本地安全策略是针对非域控制器的 Windows Server 2008 本地计算机而言的，对于

Windows Server 2008 域控制器及整个域也需要设置安全策略。计算机的策略大致可分为本地策略、域策略、站点策略以及 OU 策略（后三个策略都涉及 Active Directory 的知识）。起作用的先后顺序为本地策略→站点策略→域策略→OU 策略。如果这些策略中的设置存在冲突，将按照组策略的执行顺序，后执行的会覆盖先执行的策略设置。

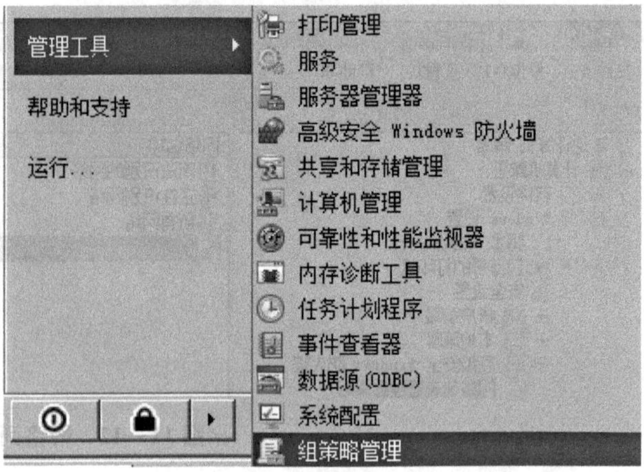

图 11—14　在域控制器上执行域的组策略管理

（1）在域控制器上通过管理工具执行“组策略管理”命令（见图 11—14）。

（2）在打开的域的组策略控制台窗口中展开“组策略对象”（见图 11—15），显示了两条已存在的组策略：默认的域控制器策略、默认的域策略。可以直接应用这些策略的设置，也可以右击“组策略对象”，从弹出的快捷菜单中选择“新建”命令新建一个策略。

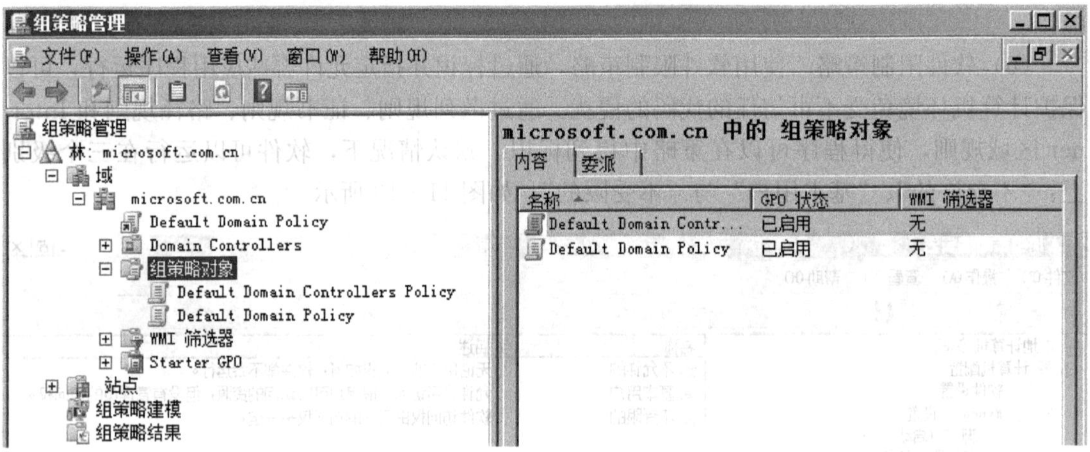

图 11—15　已启用的策略

（3）若选择新建策略，在打开的“新建 GPO”对话框中指定 GPO（组策略对象）的名称和源 Starter GPO，如图 11—16 所示，输入要创建的组策略对象名称，然后单击“确定”按钮即可完成 GPO 的创建。

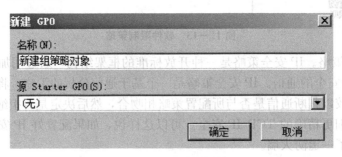

图 11—16　新建组策略对象

（4）新建 GPO 后返回“组策略管理”控制台，在“组策略对象”节点下可以看到新建的组策略对象，而且该组策略默认为已启用状态，如图 11—17 所示。

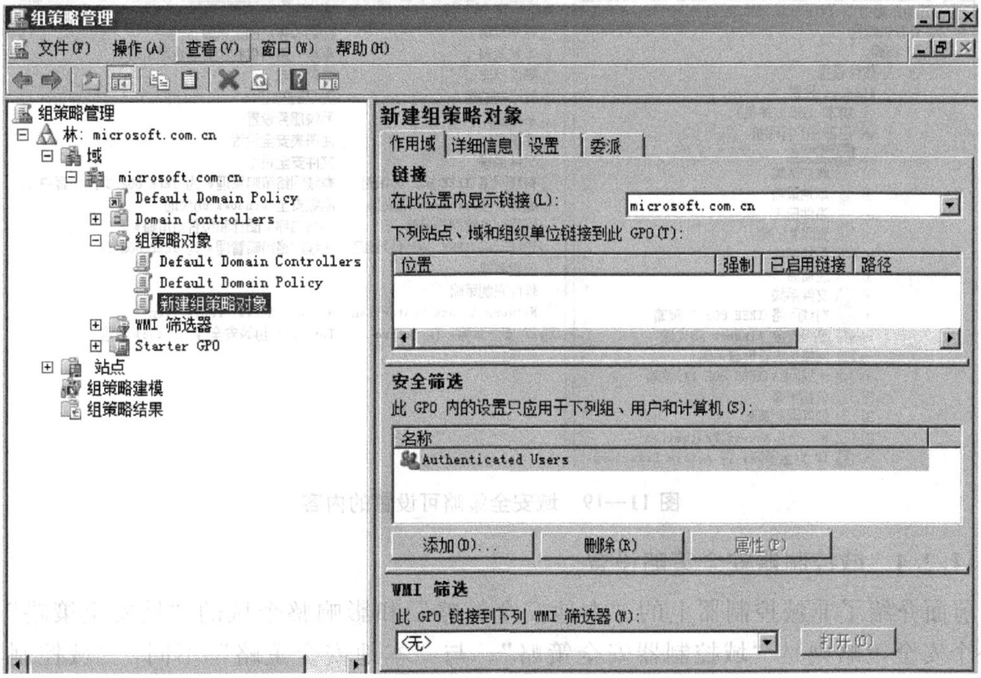

图 11—17　创建后的组策略对象

（5）在控制台窗口右侧选择“设置”标签，右击下方的“计算机配置”或“用户配置”，如图 11—18 所示。

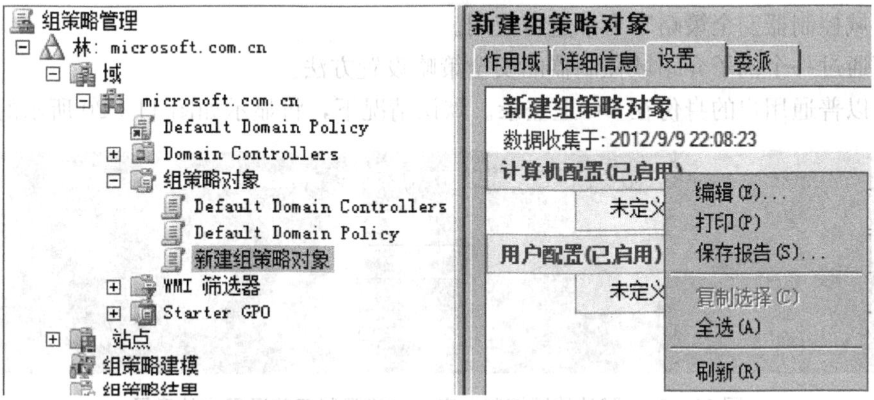

图 11—18　编辑策略设置

（6）接下来将弹出“组策略管理编辑器”窗口，如图 11—19 所示。将该图与图 11—2 比较，不难看出，这里所设置的策略，包括安全策略在内，针对的是整个域所做的设置，而不是本地计算机。策略设置的方法与前述的本地策略设置相似，但策略的应用范围是在整个域中。

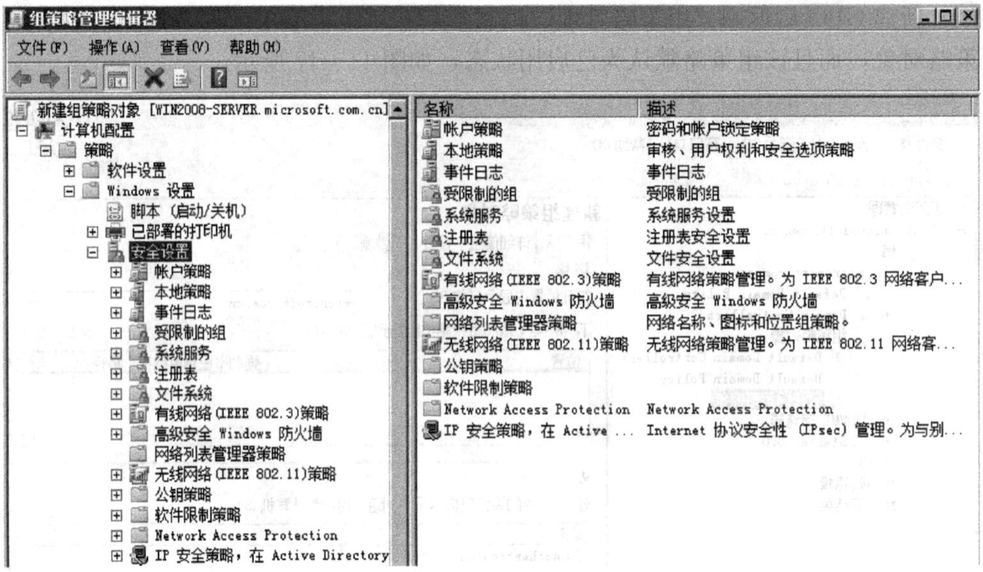

图 11—19　域安全策略可设置的内容

11.2.4　域控制器安全策略设置

前面介绍了非域控制器上的"本地安全策略"和影响整个域的"域安全策略"，另外一个安全策略则是"域控制器安全策略"。与"本地安全策略"不同，"域控制器安全策略"并不是针对本地这一台计算机的安全设置，而是针对域中所有域控制器的安全设置。

"域控制器安全策略"与"本地安全策略"没有相互交织的地方，所以不存在冲突的可能，但是"域控制器安全策略"与"域安全策略"却存在不少冲突的可能，当二者发生冲突时，以"域控制器安全策略"为准进行应用。

下面通过一个例子介绍域控制器的安全策略设置方法。

（1）以普通用户的身份在 DC 上登录。默认情况下，将显示如图 11—20 所示的对话框。

图 11—20　默认的域控制器安全策略限制了普通用户的登录

（2）以域管理员用户身份在 DC 上登录。在图 11—17 所示窗口中，展开"Domain Controllers"节点，单击"Default Domain Controllers"，在出现的对话框中单击"确定"，如图 11—21 所示。

（3）在右侧窗口的"设置"标签下，右击"计算机配置"选择"编辑"，如图 11—22 所示。

（4）依次展开"计算机配置"、"策略"、"Windows 设置"，单击"安全设置"前的加号，选择"本地策略"中的"用户权限分配"，然后在右侧窗口中找到"允许在本地登录"选项，如图 11—23 所示。

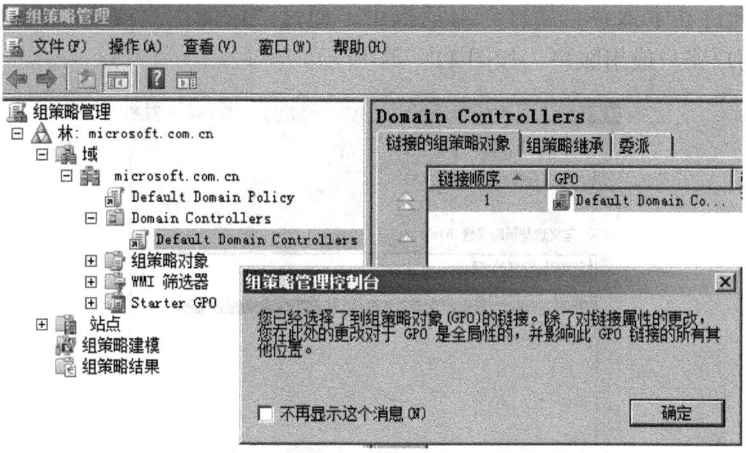

图 11—21　选择域控制器安全策略

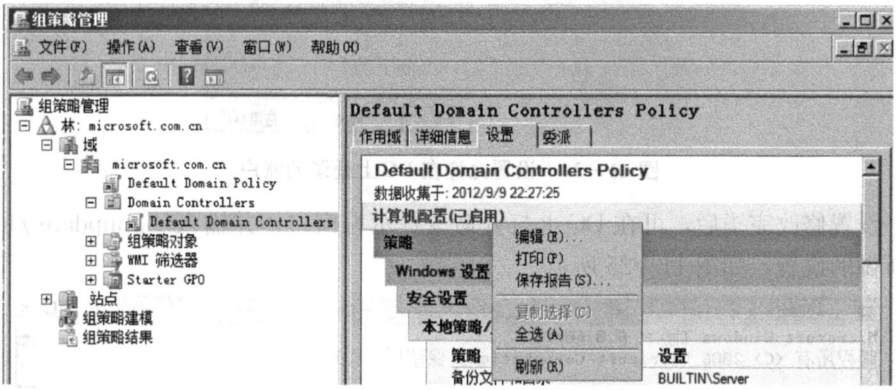

图 11—22　编辑 DC 的计算机配置

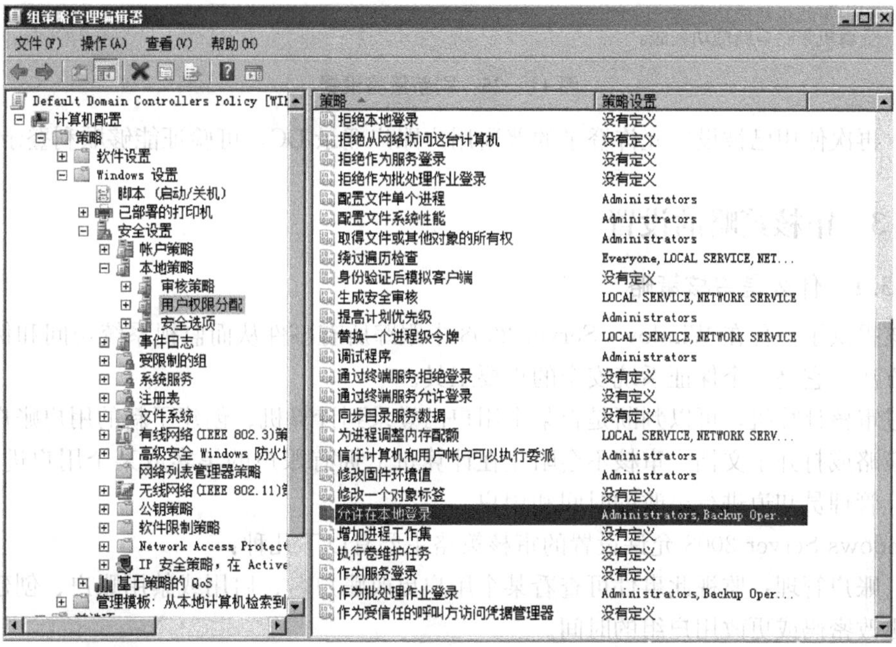

图 11—23　修改用户权限

（5）在“允许在本地登录属性”对话框中，通过“添加用户或组”按钮，添加允许在 DC 上登录的用户账户或组账户，如图 11—24 所示。

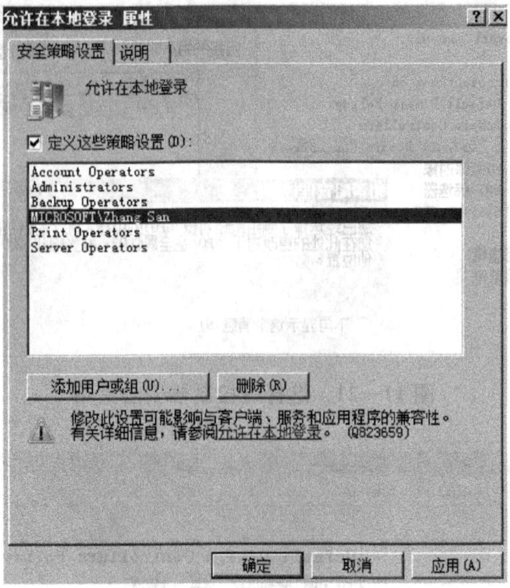

图 11—24　设置允许在 DC 上登录的账户

（6）设置修改完毕后，可在 DC 上打开命令提示符窗口，并输入“gpupdate /force”刷新刚才所做的设置，如图 11—25 所示。

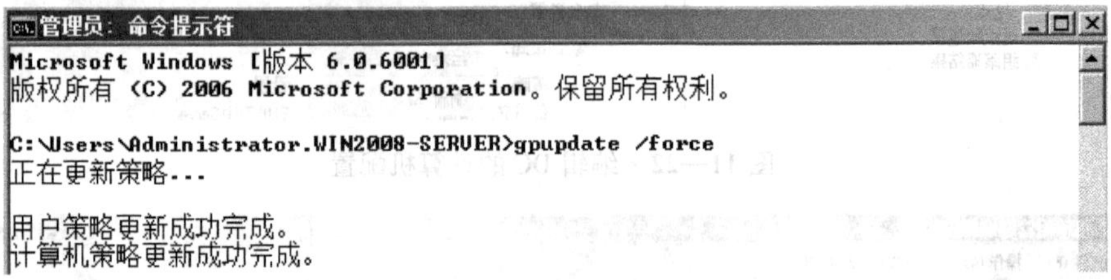

图 11—25　刷新策略设置

（7）再次使用已被设置允许登录的普通用户账户登录 DC，可验证能够顺利登录。

11.3　审核策略的设置

11.3.1　什么是审核策略

审核提供了一种在 Windows Server 2008 中跟踪所有事件从而监视系统访问和保证系统安全的方法。它是一个保证系统安全的重要工具。

通过审核计算机，可以判断是否某个用户已登录到计算机、创建了新的用户账户、更改了安全策略或打开了文档。审核不会阻止在计算机上拥有账户的黑客或某个用户进行更改，它只是让管理员知道进行更改的时间和用户。

Windows Server 2008 允许设置的审核策略主要有以下几种：

（1）账户管理：监视此事件可查看某个用户更改账户名、启用或禁用账户、创建或删除账户、更改密码或更改用户组的时间。

（2）登录事件：监视此事件可查看某个用户登录或注销计算机（不管是在计算机上进行

实际操作，还是尝试通过网络登录）的时间。

（3）目录服务访问：监视此事件可查看某个用户访问具有其自身系统访问控制列表（SACL）的 Active Directory 对象的时间。

（4）对象访问：监视此事件可查看某个用户使用文件、文件夹、打印机或其他对象的时间。尽管还可以审核注册表项，但却不建议执行此操作，除非您具有高级计算机知识并了解如何使用注册表。

（5）策略更改：监视此事件可查看更改本地安全策略的尝试，以及查看是否某个用户已更改了用户权限分配、审核策略或信任策略。

（6）权限使用：视此事件可查看某个用户在其拥有执行权限的计算机上执行任务的时间。

（7）过程跟踪：监视此事件可查看事件（如程序激活或进程退出）发生的时间。

（8）系统事件：监视此事件可查看某个用户关闭或重新启动计算机的时间，或者某个进程或程序尝试执行其没有权限的某项操作的时间。例如，如果间谍软件未经允许便尝试更改计算机上的设置，则系统事件监视就会对其进行记录。

（9）目录服务访问：跟踪对 Active Directory 对象的访问。

对上述每一种事件，管理员可以选择以下审核方式，分别是：

● 不审核：不执行任何审核。CPU 周期和磁盘空间空闲下来，以便可以提高其他进程的性能。但是将会没有任何审核信息可用于检测入侵者，发现未经授权的访问尝试，或用于任何其他用途。

● 审核成功的操作：与审核成功和不成功的操作相比，审核成功的操作可以减少事件日志的项数。使用此选项将只记录用户实际访问的内容，而不记录用户尝试访问的内容。但应注意，如果只审核成功的操作，日志中将不会出现未经授权的入侵尝试，因为未经授权的入侵尝试的特征体现在大量不成功的操作中。

● 审核成功和不成功的操作：意味着除了要使用审核事件来跟踪成功完成的任务之外，还要跟踪用户访问无权访问的区域的尝试。除非定期查看安全日志，否则，建议不要选择“审核成功和不成功的操作”。因为如果用户尝试访问无权访问的资源，可能会产生许多失败审核，从而填满安全日志。安全日志满后，将覆盖最早的审核项。

11.3.2 审核策略的设置

下面以本地安全审核策略的配置过程为例介绍其配置方法。

（1）在“本地安全策略”中，依次选择“安全设置”、“本地策略”、“审核策略”，将展开具体的审核策略，如图 11—26 所示。

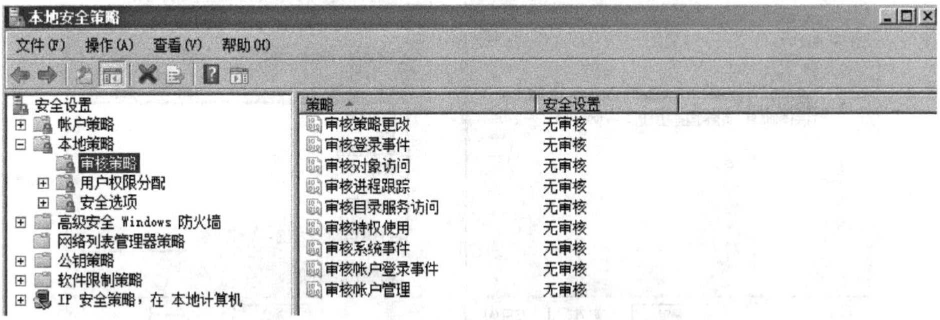

图 11—26 审核策略设置窗口

（2）在审核策略设置的右侧窗口中，双击某个策略显示出其设置，如双击“审核登录事件”，将弹出如图 11—27 所示的对话框。可以审核成功登录事件，也可以跟踪失败的登录事件以便跟踪非授权使用系统的企图。设置完成后单击“确定”。

（3）上述设置完毕后，每次用户的登录或注销事件都能在事件查看器中“Windows 日志”下的“安全”日志中看到审核记录，如图 11—28 所示。

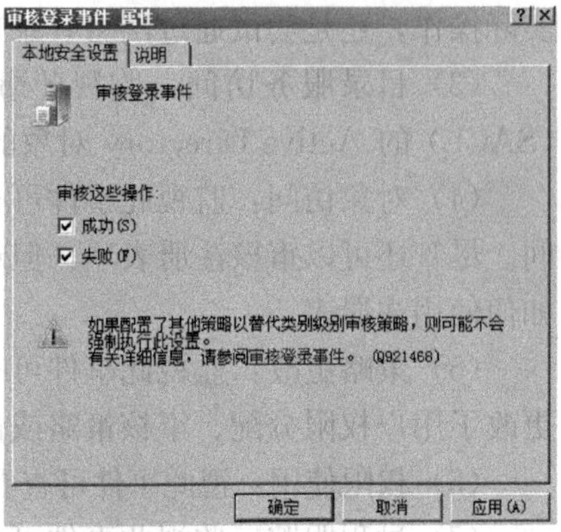

图 11—27　审核登录事件

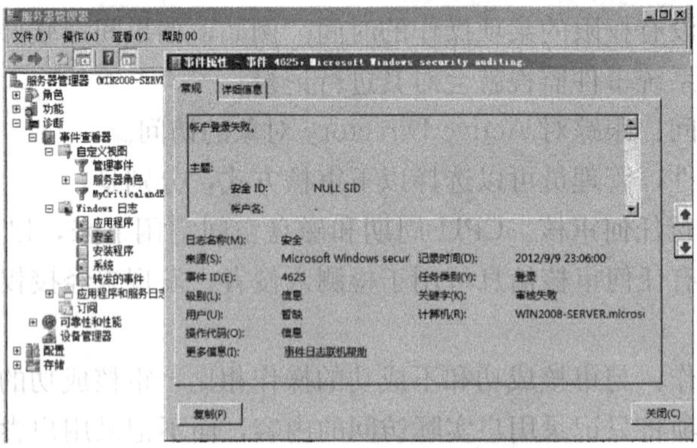

图 11—28　已审核的事件

另一种常见事件的审核是审核对给定文件夹或文件对象的访问，此时，首先要启用“审核对象访问”，如图 11—29 所示。

接下来需要在被跟踪的文件或文件夹上（必须位于 NTFS 分区或卷上），用右键选择其“属性”后，在属性界面单击“安全”选项卡，然后单击窗口下端的“高级”按钮，如图 11—30 所示，打开“高级安全设置”对话框（见图 11—31）。

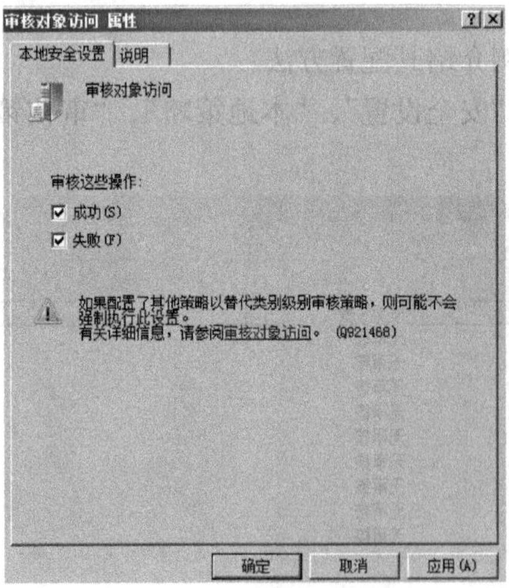

图 11—29　审核对象访问

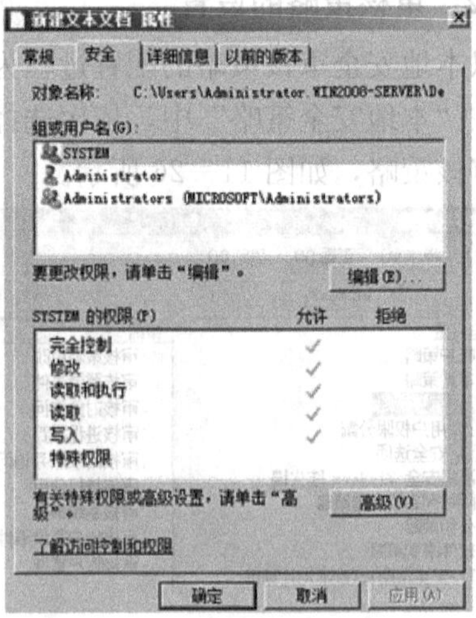

图 11—30　文件属性窗口

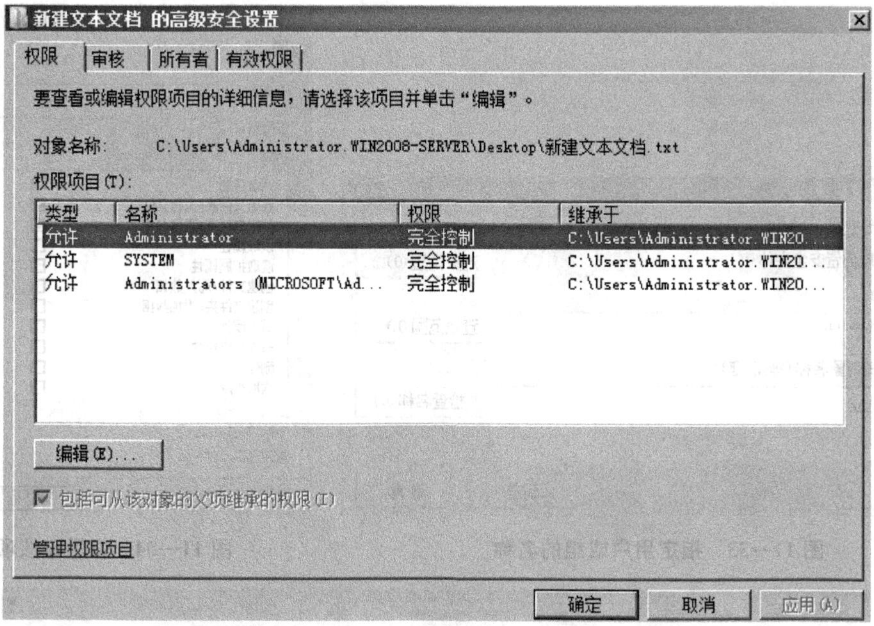

图 11—31　文件的高级安全设置

在“高级安全设置”对话框中选中“审核”选项卡显示审核属性，然后单击“编辑”按钮。通过对话框中的“添加”按钮选择所要审核的用户、计算机或组，输入要选择的对象名称，如“Administrator”，选择后单击“确定”，如图 11—32、图 11—33 所示。

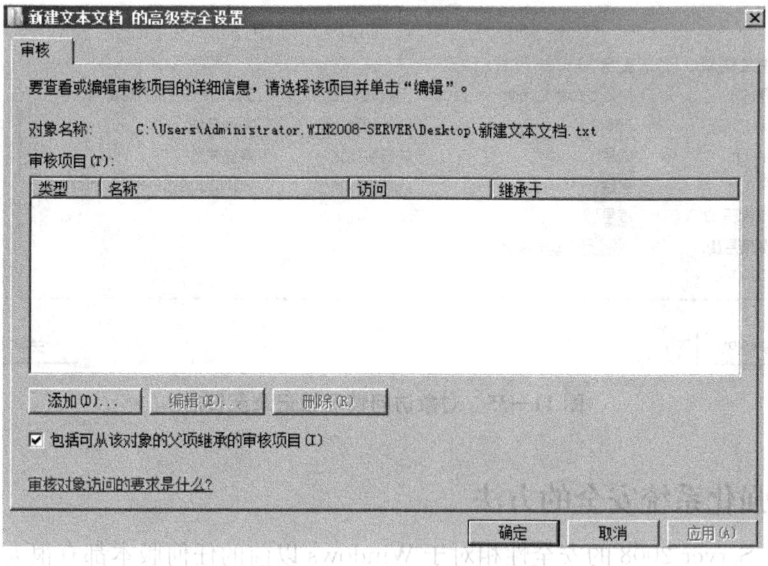

图 11—32　添加用户

系统弹出审核项目的对话框，列出了被选中对象的可审核的事件，包括“完全控制”、“遍历文件夹/运行文件”、“读取属性”、“写入属性”、“删除”等权限，如图 11—34 所示。

定义完对象的审核策略后，关闭对象的属性窗口，审核将立即开始生效。

系统将跟踪指定用户对被审核对象的访问情况，并将结果记录到安全日志当中，如图 11—35 所示。

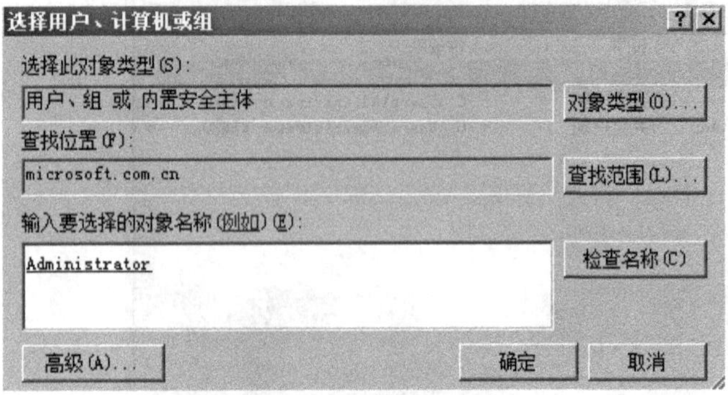

图 11—33　指定用户或组的名称

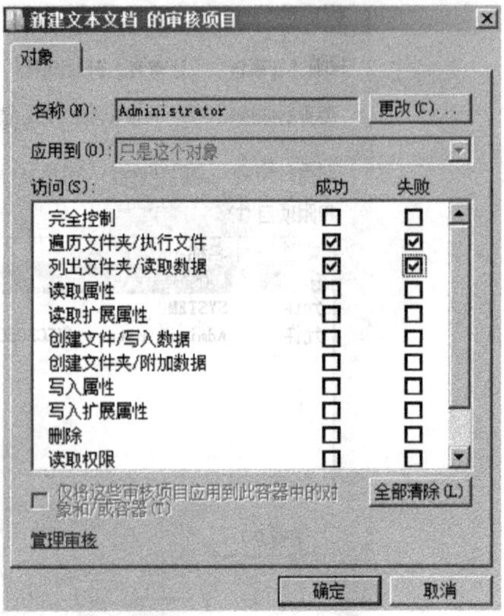

图 11—34　设置审核项目

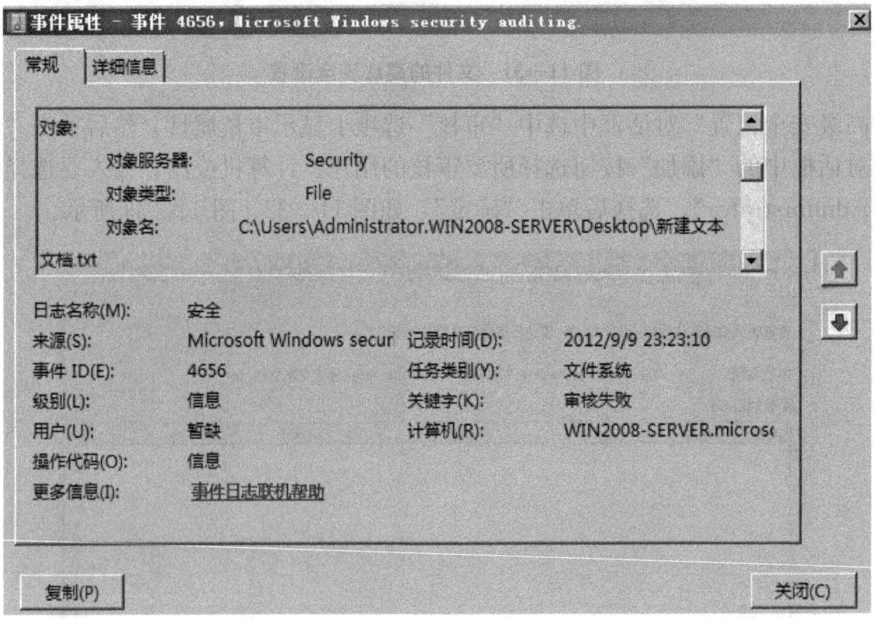

图 11—35　对象访问情况被记录至日志

11.4　强化系统安全的方法

Windows Server 2008 的安全性相对于 Windows 以前的任何版本都有很大的提高，但要保证系统的安全，需要对 Windows Server 2008 做正确的配置及安全强化（但是也还有一些不安全的因素需要强化）。需要通过更为严格的安全控制来进一步加强 Windows Server 2008 的安全性。主要有以下措施可供参考。

（1）启用密码复杂性要求。提高密码的破解难度主要是通过采用提高密码复杂性、增加密码长度、提高更换频率等措施来实现的。

（2）启用账户锁定策略。指定账户无效登录的最大次数，达到该值后系统锁定该账户。

并可配合审核策略，将这些无效登录的情况进行记录。

（3）删除共享。Windows Server 2008 的逻辑分区与 Windows 目录默认设置为共享（默认共享的特征是在共享名后面带有＄符号），这本是为管理员管理服务器的方便而设的，但却成为别有用心之徒可趁的安全漏洞。因此为了安全起见，最好关掉所有的共享，包括默认的管理共享，但是 IPC＄的共享由于被系统的远程 IPC 服务使用，所以是不能被删除的。

（4）防范网络嗅探。由于局域网采用广播的方式进行通信，因而信息很容易被窃听。网络嗅探就是通过侦听所在网络中传输的数据来嗅探有价值的信息。对于普通的网络嗅探的防御可以采用交换网络、加密会话等手段。

（5）禁用不必要的服务。例如，只做 DNS 服务时就没必要打开 Web 或 FTP 服务等；做 Web 服务时也没必要打开 FTP 服务或者其他服务。尽量做到只开放要用到的服务，禁用不必要的服务。

（6）启用系统审核和日志监视机制。系统审核机制可以对系统中的各类事件进行跟踪记录并写入日志文件，以供管理员进行分析、查找系统中应用程序的故障和各类安全事件，以及发现攻击者的入侵和入侵后的行为。如果没有审核策略或者审核策略的项目太少，则在安全日志中就无从查起。

（7）监视开放的端口和连接。对日志的监视可以发现已经发生的入侵事件，对正在进行的入侵和破坏行为则需要管理员掌握一些基本的实时监视技术。通过采用一些专用的检测程序对端口和连接进行检测，以防破坏行为的发生。

11.5 能力拓展：MTA 认证考试练习

1. 场景：Mark Patten 是 Tailspin Toys 的网络工程师。Tailspin Toys 让 Mark 寻找一种可以确保其网络中的所有系统能够定期更新的方法。他们还要 Mike 与他们的软件开发团队讨论更新，因为开发人员在开发过程中有时会遇到更新与他们的自定义软件相冲突的问题。Tailspin Toys 的桌面系统包括从 Windows XP 到 Windows 7（32 位以及 64 位）。他们还拥有从 Windows Server 2003 R2 到 Windows Server 2008 R2 的多种服务器操作系统。这种一个组织内拥有多种计算机和系统的情况并不罕见，但是对 Mark 的网络管理技术提出了非常高的要求！

（1）Mark 应采取哪些措施来简化 Tailspin Toys 的更新管理？（　　）

A. 配置 Windows 软件更新服务（WSUS），根据需要下载和部署更新

B. 每周三在 Tailspin Toys 上班之前提前抵达，以执行 Windows 更新

C. 允许用户在看到适当的更新之后随时运行

分析：及时安装更新补丁是增强系统安全的重要环节。WSUS 是 Windows Server Update Services 的简称，它使管理员能够将最新的 Microsoft 产品更新部署至运行了 Microsoft Windows Server 2003、Windows 2000 Server 和 Windows XP 操作系统的计算机上。WSUS 支持微软公司全部产品的更新，包括 Office、SQL Server、MSDE 和 Exchange Server 等内容。通过 WSUS 这个内部网络中的 Windows 升级服务，所有 Windows 更新都集中下载到内部网的 WSUS 服务器中，而网络中的客户机通过 WSUS 服务器来得到更新。这在很大程度上节省了网络资源，避免了外部网络流量的浪费并且提高了内部网络中计算机更新的效率。WSUS 采用 C/S 模式，客户端已被包含在各个 Windows 操作系统上。从微软网站上下载的是 WSUS 服务器端。通过配置，将客户端和服务器端关联起来，就可以自动下载补丁

了。这个配置几乎就是使用 WSUS 的全部工作了。

答案：A

(2) Mark 与软件开发团队如何解决遇到的问题？（ ）

A. 对软件开发团队禁用更新

B. 配置一个单独的 WSUS 组并将所有的软件开发计算机和服务器添加到该组

C. 将软件开发团队隔离为一个单独的部分并允许他们管理自身的更新

答案：B

(3) Mark 可使用哪种工具来按照 Microsoft 的安全性建议确定安全性状态？（ ）

A. Qchain. exe

B. 网络监视器

C. Microsoft Baseline Security Analyzer (MBSA)

分析：Microsoft 基准安全分析器（MBSA）可以检查操作系统和 SQL Server 更新，还可以扫描计算机上的不安全配置。检查 Windows 服务包和修补程序时，它将 Windows 组件（如 Internet 信息服务（IIS）和 COM+）也包括在内。MBSA 使用一个 XML 文件作为现有更新的清单。该软件可以从微软的官方网站上下载。

答案：C

2. 完成操作：下载、安装和运行 Microsoft Baseline Security Analyzer (MBSA)。

参考网站：http：//www. microsoft. com/downloads/details. aspx? FamilyID = b1e76bbe-71df-41e8-8b52-c871d012ba78&displaylang=en（英语），下载时应注意软件版本与操作系统匹配。利用该软件扫描完系统后，列出检查失败的对象（重要）和检查失败分数（如果有）。在失败的分数上，单击“如何纠正”并纠正此错误。

3. 完成操作：将 Windows Server Update Service (WSUS) 作为角色安装。

参考：角色名称为“Windows Server Update Services”。

4. 完成操作：在第 3 题的基础上，指定您的服务器通过更改 Windows 更新组策略设置，从其自身的 WSUS 服务中检索更新。

参考：在“本地计算机策略”部分中，展开“计算机配置”—“管理模板”—“Windows 组件”—“Windows Update”，双击“指定 Intranet Microsoft 更新服务位置”。并将设置更改为：

(1) 已启用；

(2) 设置检测更新的 Intranet 更新服务：http：//yourservername；

(3) 设置 Intranet 统计服务器：http：//yourservername。

完成后重新启动服务器，并单击“开始”—“所有程序”—“管理工具”，再单击“Windows Server Update Service”，来检验您的服务器目前是否存在于您的 WSUS 控制台中。

本章小结

通过本章的知识学习和技能练习，对安全策略的概念应有所了解；对工作组网络环境中本地主机和域环境中主机的安全策略、审核策略的配置操作应当掌握。

练习题

1. 描述安全策略的功能。

2. 试着修改 Active Directory 域的默认安全策略，并观察修改过的策略是否生效。

3. 试着更改几项审核策略，并在安全日志中查看相应的记录。

4. 根据自己的使用和管理经验，总结为了提高 Windows Server 2008 的安全可以从哪些方面着手。

第 12 章　Windows Server 2008 的虚拟化服务

近两年，“虚拟化”技术已从抽象的概念进入到具体的主流应用领域，在金融、教育、医疗、零售、政府等行业和领域，得到了越来越广泛、重要的应用。作为全球知名的领军企业，微软具有全面的从数据中心到桌面虚拟化的产品，桌面有 Virtual PC，服务器有 Virtual Server。本章介绍的 Hyper-V 是微软最新推出的服务器虚拟化解决方案。Hyper-V 和 Virtual Server 虽同为服务器虚拟化产品，但是 Hyper-V 在构架上相比后者有了突破性的进展。

通过本章的学习，了解虚拟化产品的发展概况，理解 Hyper-V 的主要功能，并掌握如何在 Windows Server 2008 中进行 Hyper-V 的安装和管理，以及如何创建虚拟机。

知识点：

- 虚拟化
- Hyper-V 的主要功能
- Hyper-V 的主要优势

技能点：

- 能够安装 Hyper-V
- 能够在 Hyper-V 中创建虚拟机
- 能够对 Hyper-V 实现常规管理

12.1　Windows Server 2008 的重要新特性

在本书第一章曾提到：“Microsoft Windows Server 2008 是为强化下一代网络、应用程序和 Web 服务的功能而设计的操作系统”，相对于以前的服务器操作系统，Windows Server 2008 增加了很多新的功能和重要特性，例如 ServerCore、虚拟化、PowerShell 等。根据设计目标，Windows Server 2008 主要面向企业级的应用，其强大的功能可以为企业网络提供更好更强的支撑。在这里选择一些具有特色的新功能做重点介绍。

(1) ServerCore：安装系统时的一个选项，如果选定这个选项，则系统没有图形化界面，用户在平时所习惯的桌面上看不到图标、开始菜单、任务栏，也没有右键功能，屏幕只显示蓝色的底色，上面有一个命令行窗口。在应用中，很多网络服务器执行特定专用且关键性任务的角色，ServerCore 安装选项就提供了这样一个最小的环境运行特定服务器角色。在安装时选定这个选项后，系统将只安装 Windows 的核心，只包含内核相关的组件。而在服务器端不常用的 IE 浏览器、Outlook 邮件收发软件、Mediaplayer 媒体播放器等应用软件都不会安装。因此，ServerCore 占用的资源很小，安装过程较快。在安装后也没有多余组件，后期维护需要打的补丁也比其他服务器要少。这样，既有利于提高可靠性和效率，使得 IT 部门更好地利用现有硬件资源；同时也简化了同步管理和补丁管理的要求。

Server Core 模式也有其自身的缺点，并不是所有的服务都可以在 Server Core 下运行，只有一些特定的服务，如虚拟化、活动目录等可以。

(2) PowerShell：服务器平台主要面向两类人群，IT Pro（就微软的领域而言，通常将除编程以外的专业人士称为 IT Pro）和开发者。IT Pro 可能并不是编程高手，但在工作中，有时需要自动化地去执行一些系统管理任务，这时往往会利用脚本来实现。PowerShell 就是这样一个工具，给 IT Pro 提供可供开发的脚本接口，在计算机上自动执行。这样，IT Pro 就可以在系统管理中实现简单的针对网络管理的任务。其不需要编程背景的特性，使得非常易于学习和使用。

(3) 虚拟化技术：Windows Server 2008 支持内置虚拟化技术，包括服务器虚拟化、应用程序虚拟化、桌面虚拟化、表示层虚拟化和集中管控五个方面。其中，服务器虚拟化技术使得可以在 Windows Server 2008 上运行虚拟服务器，Hyper-V 技术可以保证虚拟服务器的效率和单独部署同样的物理服务器的效率非常接近。Windows Server 2008 的虚拟化技术是多层次的，可以帮助用户削减成本、提高硬件使用率、优化基础结构并提高服务器的可用性。

(4) 只读域控制器（RODC）：Windows Server 2008 提供了一种新类型的域控制器，可以在 DC 安全性无法保证的位置轻松部署，降低了在无法保证物理安全的远程位置，例如分支机构，部署 DC 的风险。RODC 维护 AD 目录服务数据库的只读副本，通过将该副本放置在更接近分支机构的地方，使得用户可以更快地登录，即使身处没有足够物理安全性地方来部署传统 DC 的环境，也能有效访问网络上的身份验证资源。

(5) BitLocker 驱动器加密：通过加密 Windows 操作系统卷上存储的所有数据，可以更好地保护服务器、工作站、移动计算机中的数据。BitLocker 使用 TPM（一个含有密码运算部件和存储部件的小芯片上的系统）帮助保护 Windows 操作系统和用户数据，并帮助确保计算机即使在无人参与、丢失或被盗的情况下也不会被篡改。BitLocker 还可以在没有 TPM 的情况下使用，此时所需的加密密钥存储在 USB 闪存驱动器中，必须提供该驱动器才能解锁存储在卷上的数据。

12.2 虚拟化概述

虚拟化是一项革命性的技术，它分隔了物理硬件与操作系统，从而产生了无限可能。虽然虚拟化技术在最近几年才开始大面积推广和应用，但是如果从其诞生时间来看，可以说它的历史源远流长。虚拟化技术萌芽于上世纪五十年代末，发展于六七十年代，经历上世纪八九十年代的沉默，终于在二十一世纪初爆发，尤其是 1999 年 X86 平台虚拟化商业系统的实现和 2008 年云计算的热炒，让作为提供云环境底层支持的虚拟化备受关注，开始广泛活跃于 IT 各个领域，让千万家庭和企业受益。

12.2.1 什么是虚拟化

1959 年，在国际信息处理大会上，克里斯托弗（Christopher Strachey）发表《大型高速计算机中的时间共享》（*Time Sharing in Large Fast Computers*）的学术报告，提出虚拟化的概念。虚拟化技术由此萌芽。

1964年，科学家L. W. Comeau和R. J. Creasy创造性地设计出一种名为CP-40的新型操作系统，是专为System/360 Mainframe量身订造的操作系统，实现了虚拟内存和虚拟机。

1965年，约克镇IBM研究中心获得一台IBM7044机器。他们为系统的每一部分建立一个7044镜像。每个镜像叫做7044/44X。允许用户在同一台主机上运行多个操作系统，让用户尽可能地充分利用昂贵的大型机资源。这是为了使IBM更好地理解多编程（multiprogrammed）操作系统。这是IBM虚拟机概念的开端。他们认为，虚拟机就是真实机器的副本，只是内存减少了。这也是最早在商业系统上实现的虚拟化。

1998年，通过运行在Windows NT上的VMware来启动Windows 95的做法让人们惊叹不已。许多发烧友和工程测试人员也开始在PC和工作站领域开始运用这种虚拟方案。

1999年，VMWare在X86平台上推出了可以流畅运行的商业虚拟化软件。从此虚拟化技术终于走下大型机的神坛，来到PC服务器的世界之中。

微软在其WindowsNT系统中包含了一个虚拟DOS机。随着Windows Server 2008的发布，微软最新推出了新的虚拟技术软件Hyper-V。

通过实现IT基础架构的虚拟化，可以降低IT成本，同时提高现有资产的效率、利用率和灵活性。通过虚拟化首先消除“一台服务器、一个应用”的旧有模式，在每台物理机上运行多个虚拟机。IT管理员可以腾出手来进行创新工作，而不是花大量的时间管理服务器。在非虚拟化的数据中心，仅仅是维持现有基础架构通常就要耗费大约70%的IT预算，用于创新的预算微乎其微。下面列举了一些虚拟化应用带来的好处。

（1）可以在单个计算机上运行多个操作系统，包括Windows、Linux等。

（2）通过创建一个适用于所有Windows应用程序的虚拟PC环境，让用户的Mac计算机运行Windows。

（3）通过提高能效、减少硬件需求量以及提高服务器/管理员比率，降低资金成本。

（4）确保企业级应用实现最高的可用性和性能。

（5）通过改进灾难恢复解决方案提高业务连续性，并在整个数据中心实现高可用性。

（6）改进企业桌面管理和控制，并加快桌面部署，因应用程序冲突而带来的请求支持的来电数量也随之减少。

虚拟化有很多种理解。虚拟化，原本是指资源的抽象化，也就是单一物理资源的多个逻辑表示，或者多个物理资源的单一逻辑表示。虚拟化是一种方法，本质上是从逻辑角度而不是物理角度来对资源进行配置，是从单一的逻辑角度来看待不同的物理资源的方法。虚拟化会提高资源的有效利用，并使得操作更加灵活的同时简化了变更管理。

虚拟化有多种实现形式，例如硬件虚拟化、逻辑虚拟化、软件虚拟化、应用虚拟化。图12—1显示的就是软件虚拟化的示意图，即在主操作系统上运行一个虚拟层软件，可以安装多种客户操作系统，任何一个客户系统的故障不影响其他客户操作系统。

图12—1　软件虚拟化

虚拟化技术之所以会被广泛的采用，都有其应用背景，当前虚拟化技术主要有以下几种类型：拆分、整合、迁移。

（1）拆分：如果某台计算机性能较高，而工作负荷小，那么主机资源没有得到充分利用。这种情况适用于拆分虚拟技术，可以将这台计算机拆分为逻辑上的多台计算机，同时供多个用户使用，使此服务器的硬件资源得到充分的利用。

在性能较好的大型机、小型机或服务器上可采用此技术。

(2) 整合：如果当前有大量性能一般的计算机，但在气象预报、地质分析等领域，数据计算往往需要性能极高的计算机，此时可应用虚拟整合技术，将大量性能一般的计算机整合为一台计算机，以满足客户对整体性能的要求。

(3) 迁移：将一台逻辑服务器中的闲置的一部分资源动态地加入到另一台逻辑服务器中，提高另一方的性能，或是通过网络将本地资源供远程计算机使用。通过迁移，达到资源共享、跨系统平台应用等目的。

12.2.2 认识 Hyper-V

Hyper-V 是微软的一款虚拟化产品，是微软第一个基于 hypervisor 的技术。Hyper-V 设计的目的是为广泛的用户提供更为熟悉以及成本效益更高的虚拟化基础设施软件，这样可以降低运作成本、提高硬件利用率、优化基础设施并提高服务器的可用性。

虽然同为服务器虚拟化产品，Hyper-V 和 Virtual Server 具有非常大的区别，前者是 Windows Server 2008 中的一项重要的新增功能，是新一代基于 64 位系统的虚拟化技术，在构架上已经完全不同于后者，可以说是微软在虚拟化技术上的一个突破性的进展。

在 Hyper-V 的架构中，最下面是硬件，硬件上面就是 Hyper-V，它是一个只有 300 多 K 的小程序，用于连接硬件和虚拟机，Hyper-V 程序非常小，代码非常少，因而减少了代码执行时发生错误的概率，并且 Hyper-V 中不包含任何第三方的驱动，非常的精简，所以安全性非常高。这种构架使得虚拟机和硬件之间只通过很薄的一层进行连接，不像 Virtual Server 那样虚拟机和硬件之间需要经过多层的转换，因而虚拟机执行效率非常高，可以更加充分地利用硬件资源，使虚拟机系统性能非常接近真实的操作系统性能。

除了在构架上进行改进之外，Hyper-V 还具有其他一些变化：

(1) Hyper-V 基于 64 位系统：32 位系统的内存寻址空间只有 4GB，在 4GB 的系统上再进行服务器虚拟化在实际应用中没有太大的实际意义。在支持大容量内存的 64 位服务器系统中，应用 Hyper-V 虚拟出多个应用才有较大的现实意义。微软上一代虚拟化产品 Virtual Server 和 Virtual PC 则是基于 32 位系统的。

(2) 硬件支持上大大提升：Hyper-V 支持 4 个虚拟处理器，支持 64GB 内存，并且支持 x64 操作系统；而 Virtual Server 只支持 2 个虚拟处理器，并且只能支持 x86 操作系统。并且 Hyper-V 还支持 VLAN 功能。

(3) Hyper-V 提供了对许多用户操作系统的支持：Windows Server 2003 SP2、Novell SUSE Linux Enterprise Server 10 SP1、Windows Vista SP1 (x86) 和 Windows XP SP3 (x86)。在发布的 Hyper-V RC1 代码中还增加了对 Windows 2000 Server SP4 以及 Windows 2000 Advanced Server SP4 的支持。

12.3 Hyper-V 的安装与管理

安装 Hyper-V 有一定的软、硬件要求，管理员在安装该功能之前应确定是否满足：

(1) 采用基于 64 位的处理器，并且由于 Hyper-V 只能用于基于 64 位处理器版本的 Windows Server 2008，因此操作系统的版本也需要满足要求。在本章的实验中，OS 采用的是 Windows Server 2008 R2，它是 64 位版本的产品，集成了 Hyper-V 的功能。如果需要虚拟化的主机数量比较少，并且还需要其他的网络服务，例如 DHCP、DNS 等，则可以选择该系统并添加 Hyper-V 功能即可。

（2）硬件相关的虚拟化。该功能可用于包括虚拟化选项的处理器中，具体包括 Intel VT 或 AMD 虚拟化（AMD-V，以前是名为 Pacifica 的代码）。

（3）硬件数据执行保护（DEP）必须启用。必须启用 Intel XD 位（执行禁用位）或 AMD NX 位（无执行位）。

在网上可搜索一款名为“securable”的软件，运行后可作为查看软硬件条件是否满足的参考依据（见图 12—2）。如有必要，管理员需要设置 CMOS 设置处理器和 DEP 选项。具体设置方式应根据硬件情况，参照主板说明书进行。

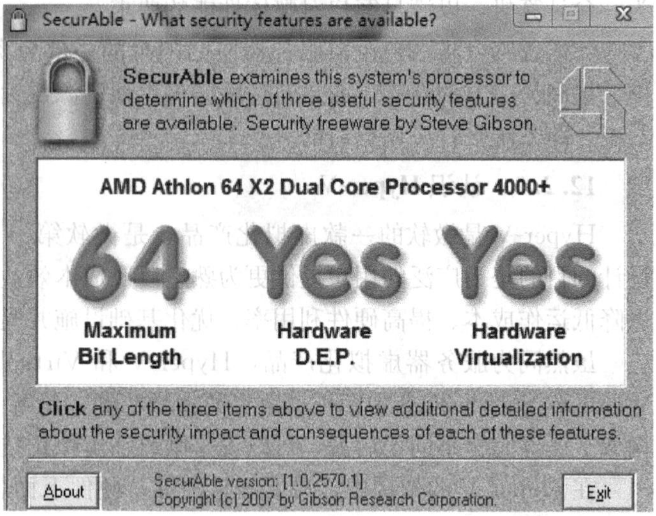

图 12—2　检查处理器是否满足安装要求

12.3.1　安装 Hyper-V

下面以 Windows Server 2008 R2（Standard）版为例，介绍 Hyper-V 的安装过程。在实际应用中，建议采用企业版或数据中心版，以获得更好的性能。

（1）64 位的 Windows Server 2008 R2 支持的服务器角色较 32 位的系统要多。打开“服务器管理器”控制台，单击“角色”节点后，可以看到可配置的角色有 18 种，如图 12—3 所示。

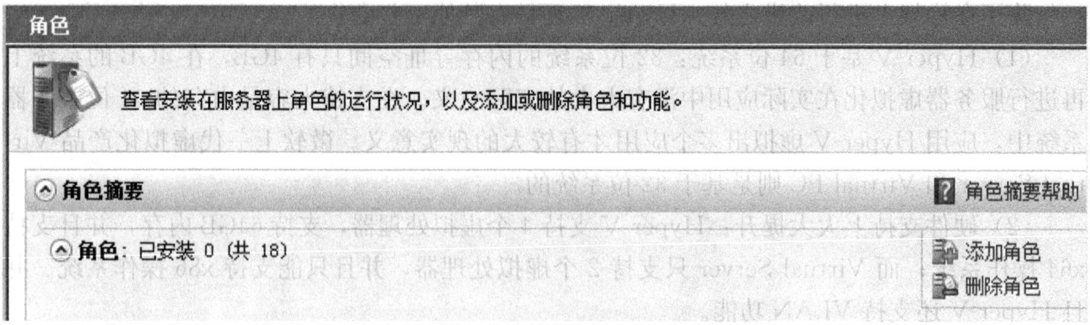

图 12—3　Windows Server 2008 R2 的角色管理控制台

（2）单击“添加角色”按钮，当进入到“选择服务器角色”窗口时，在该窗口中选中“Hyper-V”复选框，如图 12—4 所示，单击“下一步”。

（3）接下来将显示对 Hyper-V 的简介，留意其中显示的“注意事项”，提示在安装该角色后可使用 Hyper-V 管理器创建和配置虚拟机。如果想对 Hyper-V 做进一步了解，可通过单击图 12—5 中的“其他信息”下的链接，获取更多信息。单击“下一步”。

（4）接下来的窗口提示创建虚拟网络。关于虚拟网络的类型和特点，在本章的后面将有更为详细的介绍。此处选中窗口中显示的“本地连接”网卡，为 Hyper-V 虚拟机添加第一块虚拟网卡，如图 12—6 所示。当服务器中有多块网卡时，应确定好哪一块网卡作为虚拟机和外部网络的通信接口。

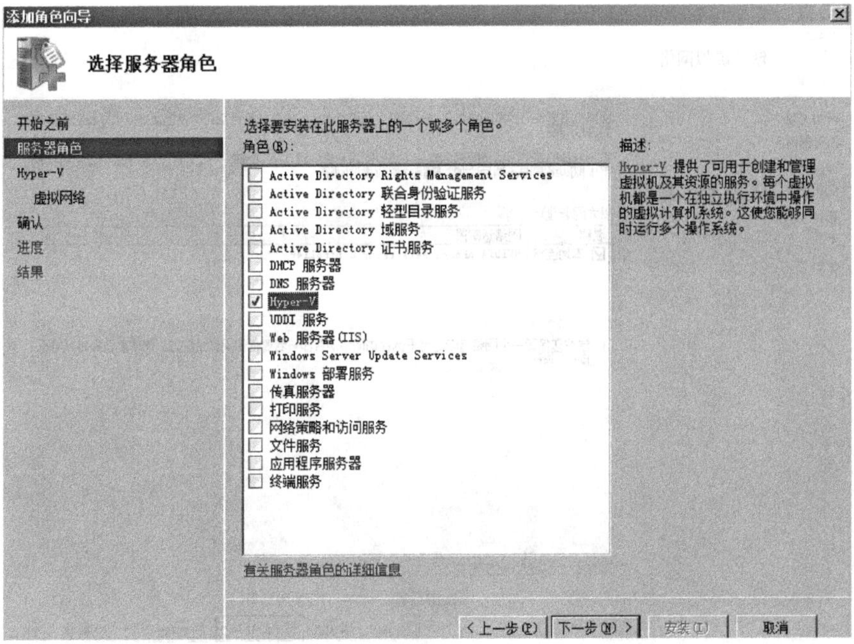

图 12—4　选中“Hyper-V”复选框

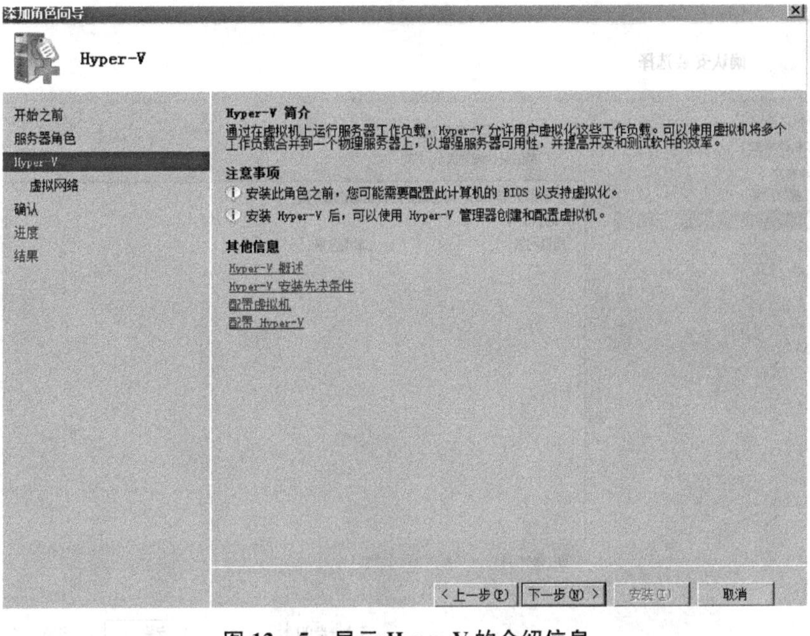

图 12—5　显示 Hyper-V 的介绍信息

（5）在“确认安装选择”窗口中，单击“安装”按钮（见图 12—7），开始安装操作，如图 12—8 所示。

（6）当安装过程结束时，将提示重新启动计算机，如图 12—9 所示。单击“关闭”按钮，安装进程询问是否立即重启，此时应选择“是”重启计算机，如图 12—10 所示。

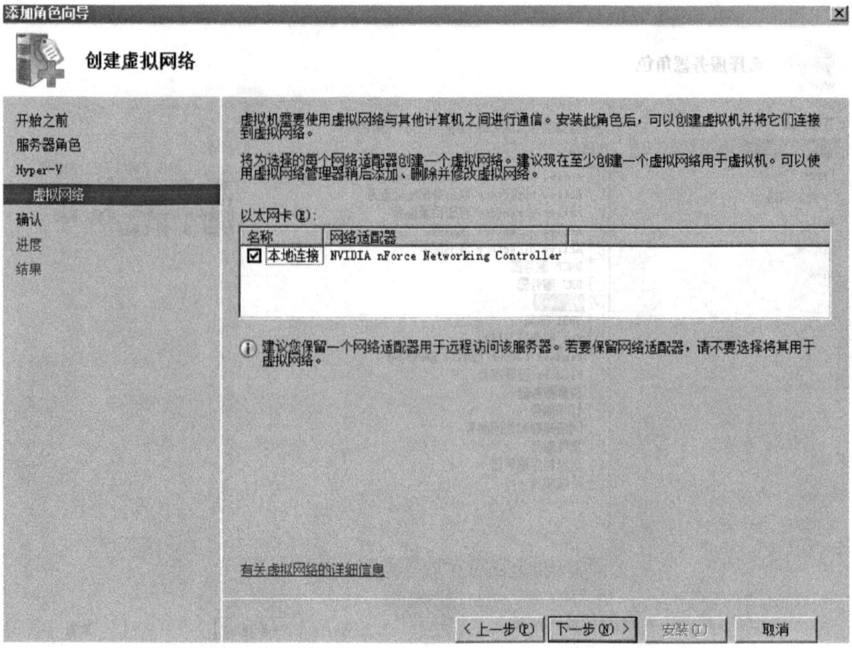

图 12—6　选择虚拟网卡以创建虚拟网络

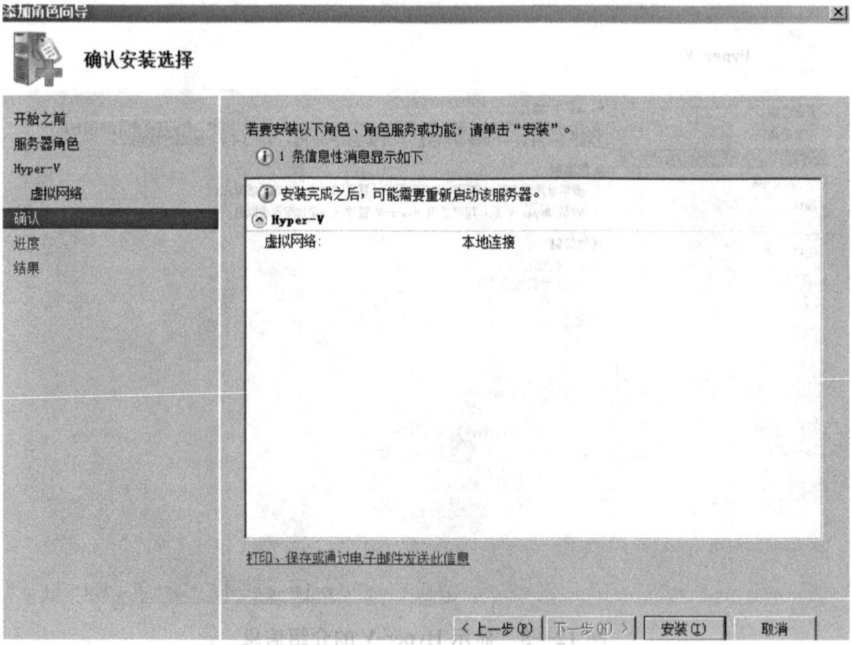

图 12—7　单击“安装”开始安装过程

（7）当计算机重新启动后，系统将自动继续执行配置过程，如图 12—11 所示，耐心等待直至出现“安装成功”的提示窗口（见图 12—12）。单击“关闭”按钮，接下来对 Hyper-V 做简要设置。

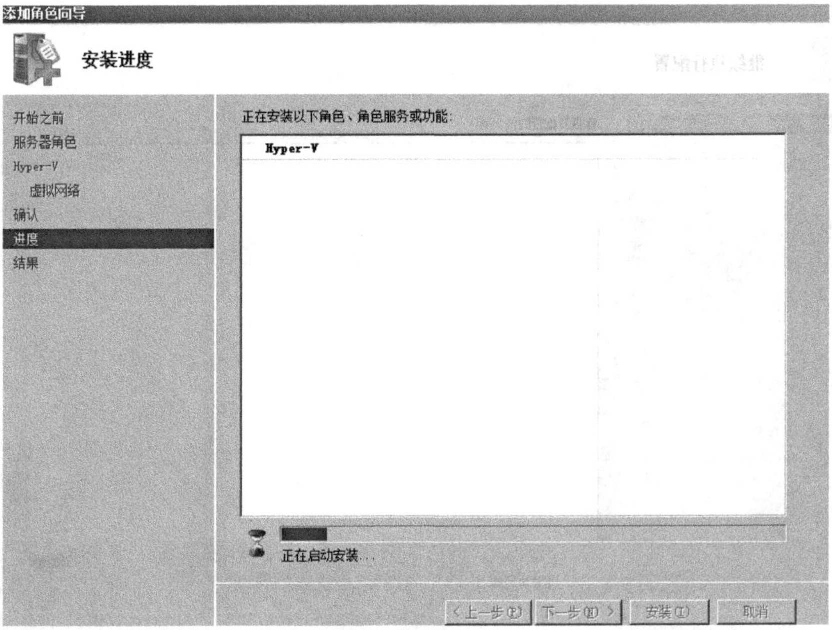

图 12—8　Hyper-V 正在安装

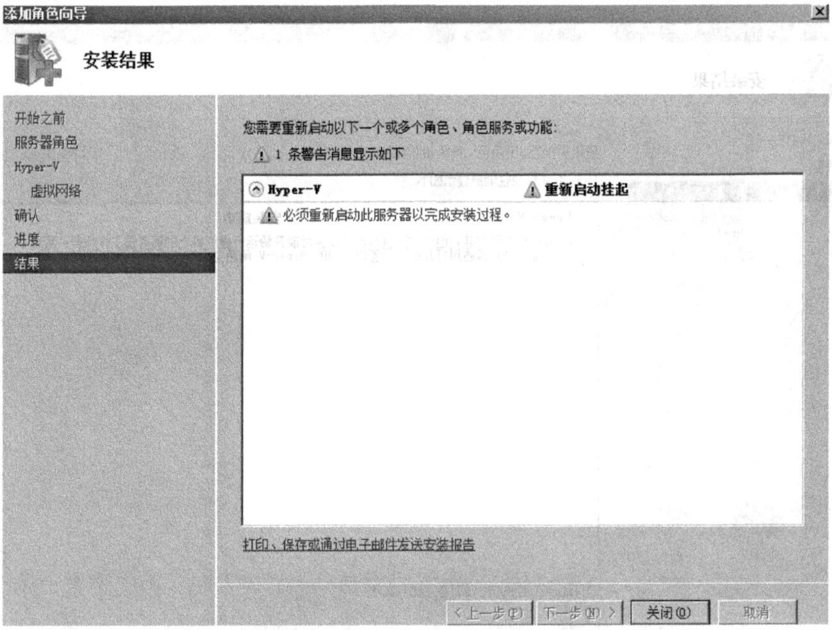

图 12—9　安装过程结束

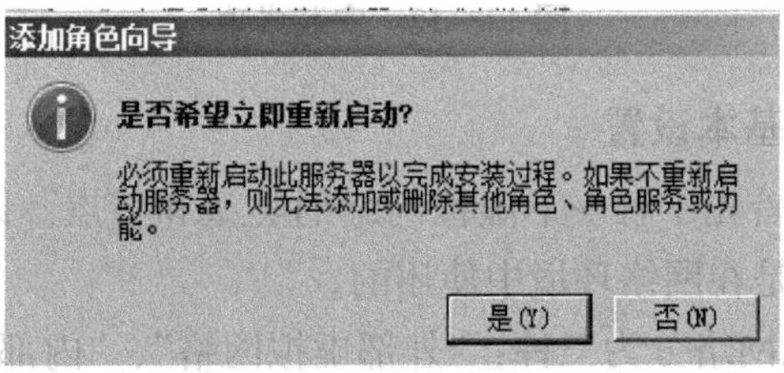

图 12—10　选择“是”重启计算机

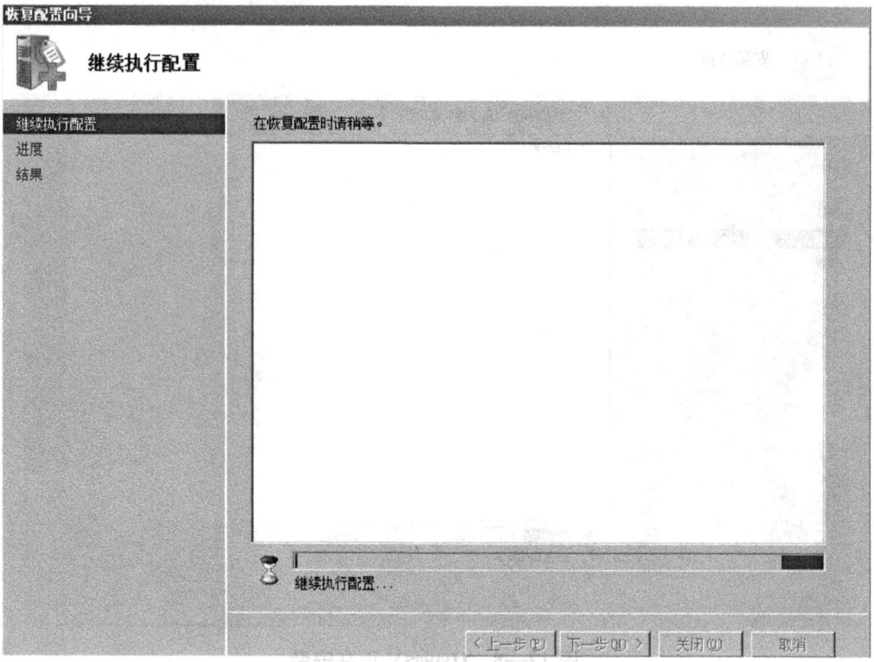

图 12—11　重启后自动执行后续的配置操作

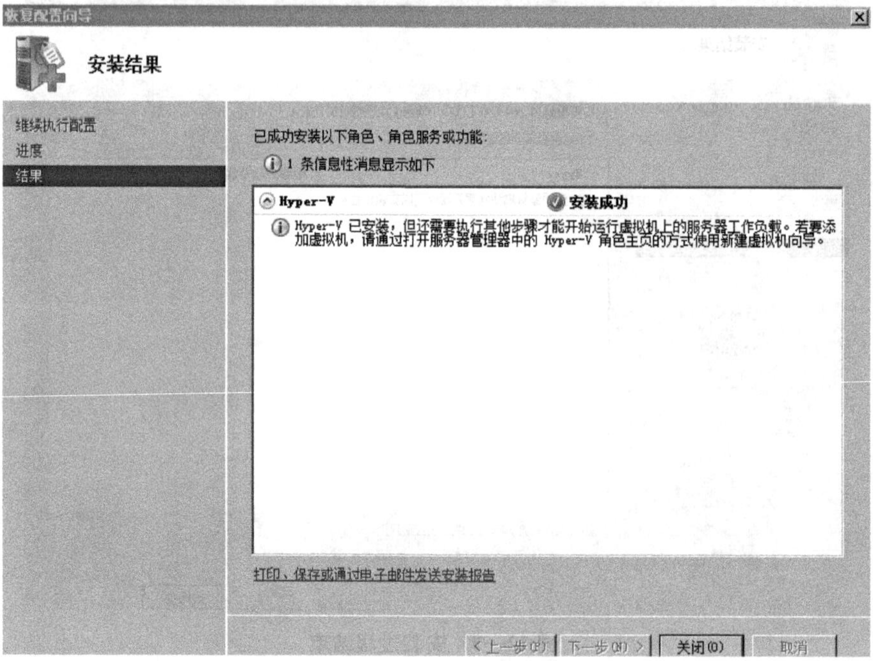

图 12—12　安装成功

12.3.2　Hyper-V 的基本设置

安装好了 Hyper-V，首先了解一下虚拟网络的类型和特点。因为在 Hyper-V 中创建的虚拟机，大部分情况下都是在网络环境中使用的。

在 Hyper-V 中，虚拟网络分为三种："外部虚拟网络"、"内部虚拟网络" 和 "专用虚拟网络"。

（1）外部虚拟网络：Hyper-V 通过将“Microsoft 虚拟交换机协议”绑定在物理网卡上实现。如果虚拟机选择“外部”虚拟网络，则虚拟机“相当”于网络中的一台计算机，是可以与物理网络中的其他计算机互相访问的。如图 12—13 和图 12—14 所示，在 Hyper-V 安装后，查看物理主机的网络连接，会发现在原有的物理网卡“本地连接”之外，还会多出一块名为“本地连接 3”的网卡，这就是用于虚拟网络的虚拟网卡。通过查看“本地连接”的属性可以看到，物理网卡绑定了“Microsoft 虚拟交换机协议”。

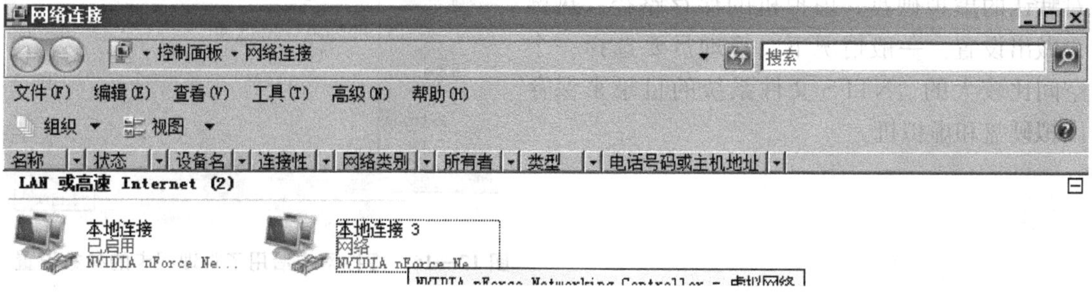

图 12—13 虚拟机可通过虚拟网卡与其他主机联系

通过查看“本地连接 3”的属性可以看到，该虚拟网卡沿用了物理主机网卡的相关参数，如图 12—15、图 12—16 所示。

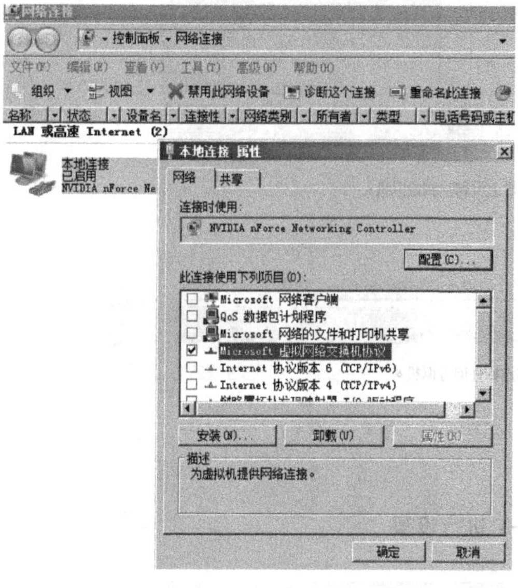

图 12—14 物理网卡绑定了“Microsoft 虚拟交换机协议”

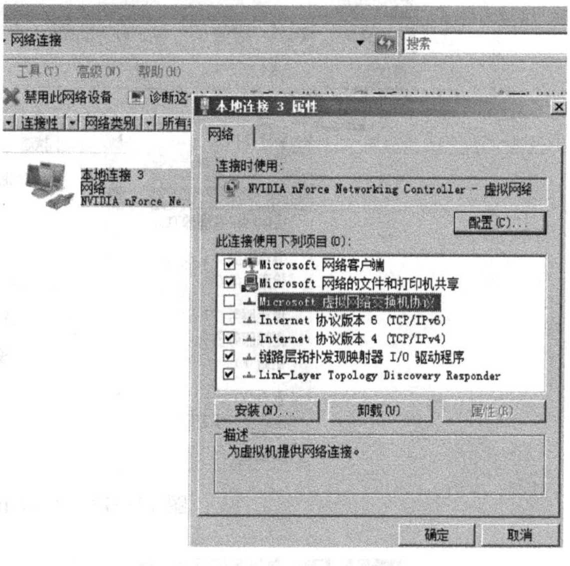

图 12—15 虚拟网卡的属性设置

（2）内部虚拟网络：只允许虚拟机与物理主机互相访问，不能访问“外部”主机（物理网络上的计算机或外部网络，例如 Internet），同时外部主机也不能访问“内部”的虚拟机。

（3）专用虚拟网络：只允许虚拟机之间互相访问，与物理主机不能互相访问。

应用 Hyper-V 时，主要创建“外部虚拟网络”，很少使用“内部”或“专用”虚拟网络，因为 Hyper-V 提供的虚拟机主要是为网络中的其他计算机提供网络服务的。当物理主机有多块网卡时，管理员需要明确创建的“外部虚拟网络”与哪一块物理网卡绑定，这样在使用中才不会出错。

接下来，在 Hyper-V 中创建虚拟机之前，单击“管理工具”菜单中的“Hyper-V 管理器”，对 Hyper-V 做一些简要的设置。

(1) 在“Hyper-V 管理器”管理控制台中，右击根节点下计算机的名称，在快捷菜单中选择“Hyper-V 设置”，如图 12—17 所示。可以对默认的虚拟硬盘、虚拟机的保存路径、热键等做出设置。一般情况下，管理员要选择一个空间比较大的、NTFS 文件系统的目录来保存虚拟硬盘和虚拟机。

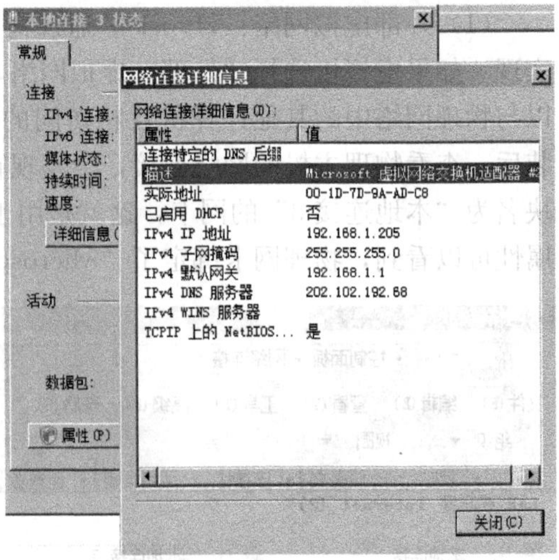

图 12—16　虚拟网卡沿用了物理网卡的参数设置

(2) 在“虚拟硬盘”选项中，可以设置 Hyper-V 虚拟机的虚拟硬盘默认的保存位置，如图 12—18 所示，图中选择“D：\ Users \ Public \ Documents \ Hyper-V \ Virtual Hard Disks”文件夹作为虚拟硬盘的保存路径。

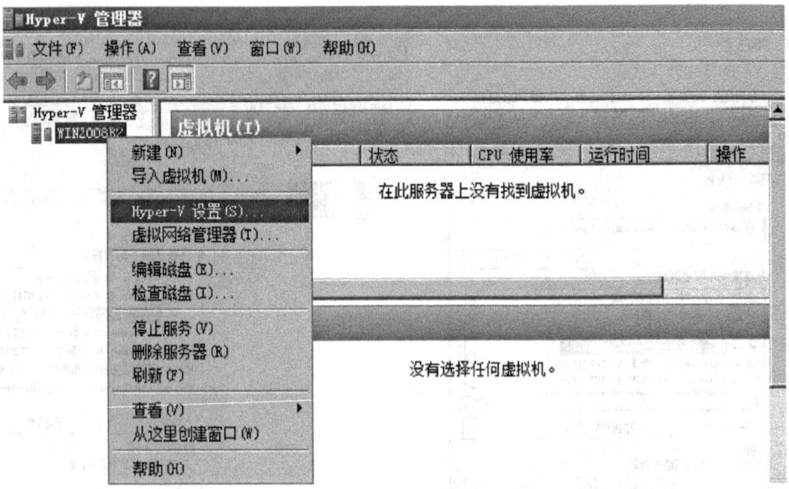

图 12—17　对 Hyper-V 进行设置

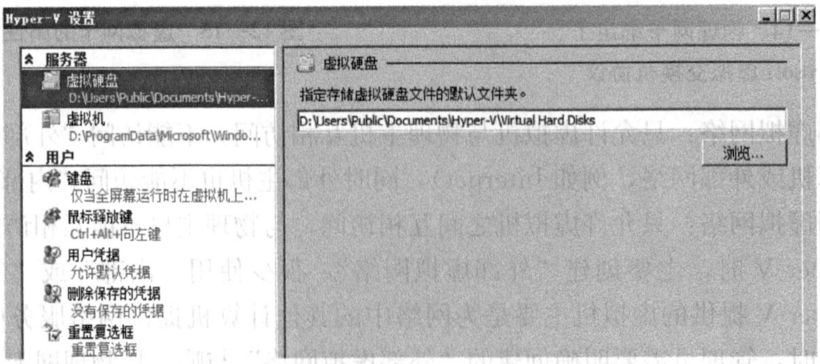

图 12—18　对虚拟硬盘的保存路径进行设置

其他选项的设置也比较简单。例如在“虚拟机”选项中，可设置在创建虚拟机时，默认的保存位置；在“键盘”选项中，可设置当运行虚拟机连接时，希望如何使用 Windows 组合键；在“鼠标释放键”选项中，可设置当未运行虚拟机驱动程序时，怎样将鼠标从虚拟机中切换到主机中，等等。用户可单击其中的每个选项，并参照窗口右边的提示对选项做出相应的修改，或是直接采用 Hyper-V 的默认设置。

如果要修改虚拟网卡的设置，可在图 12—17 中选择“虚拟网络管理器”，打开如图 12—19 所示的虚拟网络配置窗口。可修改网卡的名称，添加必要的说明信息，或是修改虚拟网络的类型。

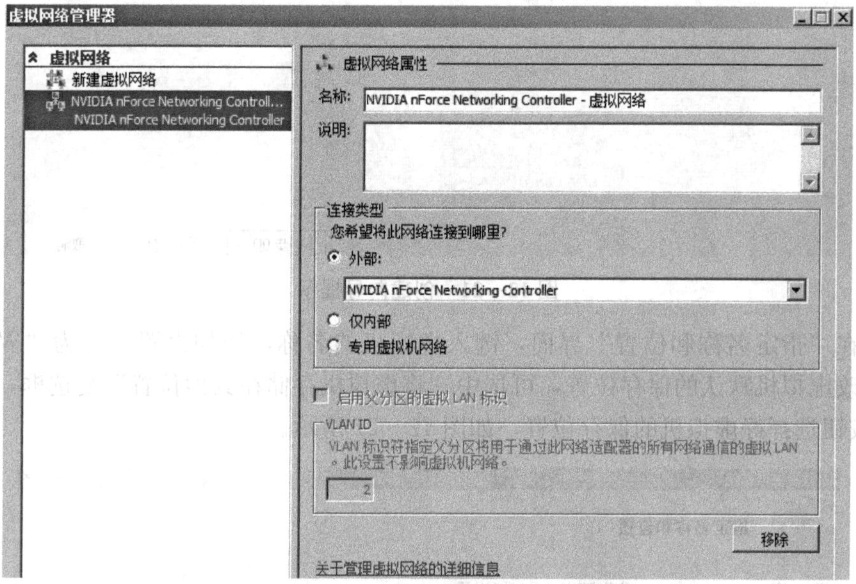

图 12—19　Hyper-V 虚拟网络配置窗口

12.3.3　在 Hyper-V 中创建和应用虚拟机

通过“Hyper-V 管理器”，可以创建、修改、删除虚拟机。

(1) 在“Hyper-V 管理器”中，右击计算机名称，在快捷菜单中选择“新建”、“虚拟机”命令，如图 12—20 所示。

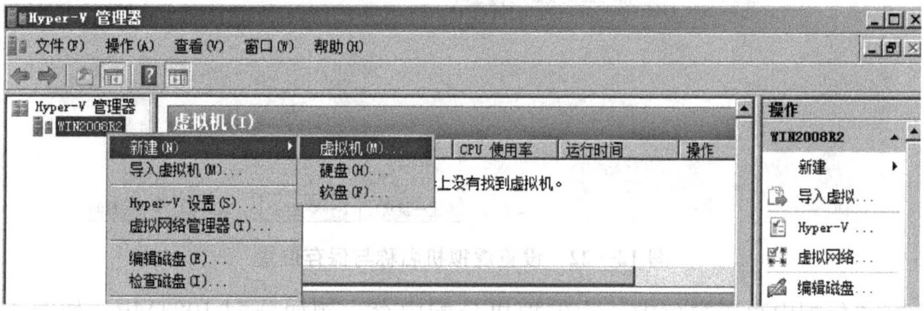

图 12—20　新建虚拟机

(2) 在“新建虚拟机向导”界面，给出了创建默认设置的虚拟机或自定义配置虚拟机的操作提示，如图 12—21 所示，可以选中“不再显示此页”跳过此步骤。单击“下一步”。

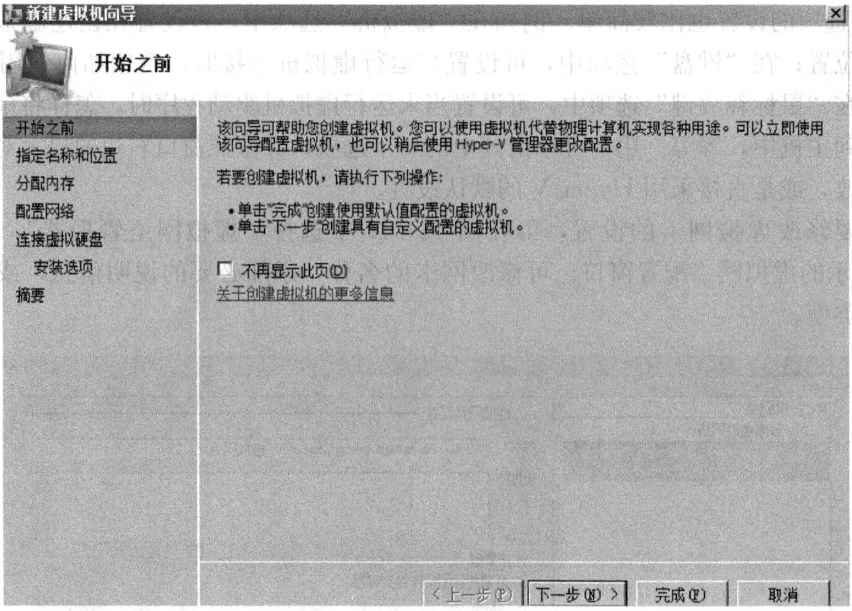

图 12—21　创建向导提示

（3）在“指定名称和位置”界面，键入虚拟机的名称，例如设置名称为“Win-2003”。如果想修改虚拟机默认的保存位置，可选中“将虚拟机存储在其他位置”复选框，并且单击“浏览”按钮选择好虚拟机的保存位置，如图 12—22 所示。

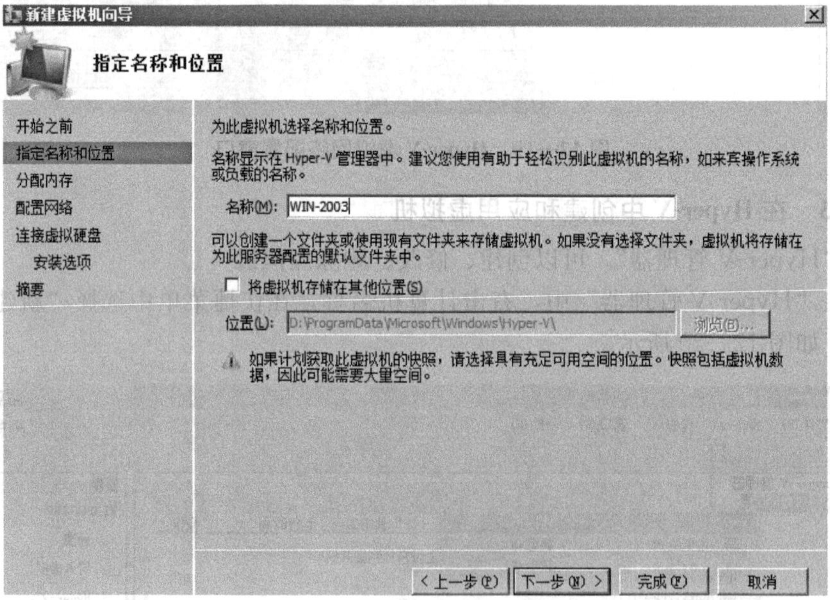

图 12—22　设置虚拟机名称与保存位置

（4）在“分配内存”窗口中，为虚拟机分配内存，例如分配 1024MB，如图 12—23 所示。内存量应设置为大于操作系统的最低推荐量，有利于提高虚拟机的性能。

（5）在“配置网络”窗口中，设置虚拟网卡，如图 12—24 所示。如前所述，可以在“虚拟网络管理器”中对网卡的类型进行配置。

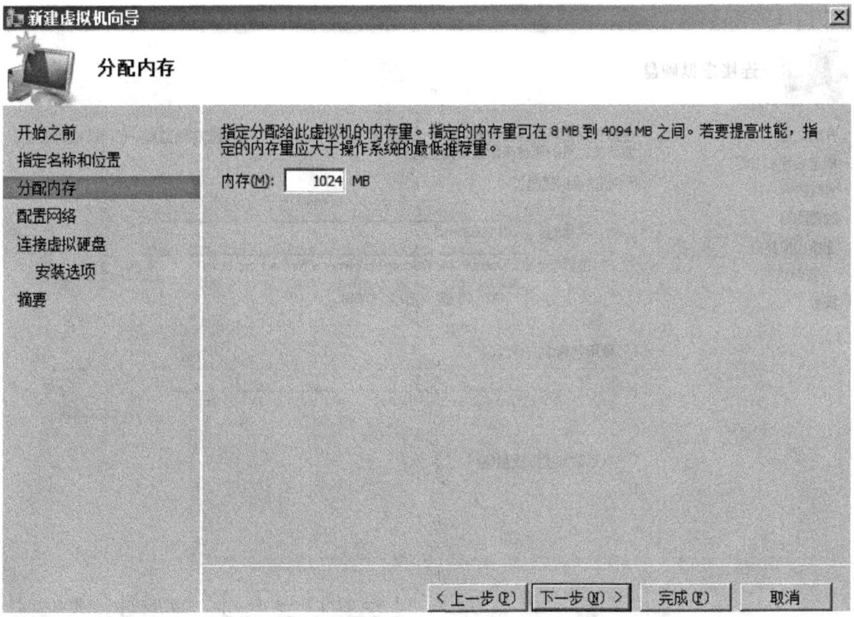

图 12—23 设置虚拟机的内存

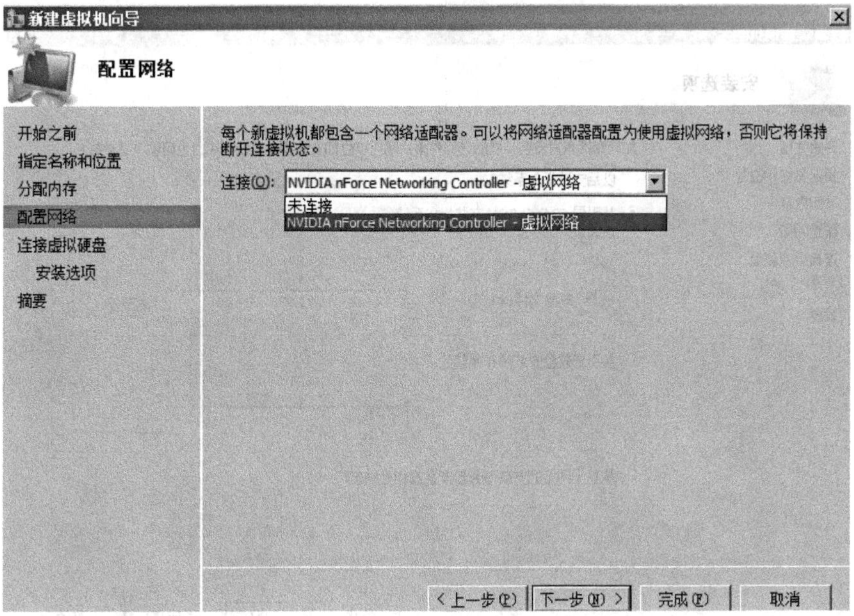

图 12—24 选择虚拟网卡

(6) 在“连接虚拟硬盘”窗口中，为虚拟机创建虚拟硬盘。在此可以设置虚拟硬盘的名称、保存位置以及虚拟硬盘的大小，如图 12—25 所示。

(7) 在“安装选项”窗口，选择安装操作系统的方法。此处选择“从引导 CD/DVD-ROM 安装操作系统”，并选择“映像文件”(扩展名为 ISO) 作为安装介质，通过单击“浏览”按钮，选择 Windows Server 2003 的光盘镜像，如图 12—26 所示。如果需要安装其他的操作系统，应选择对应的操作系统安装镜像。

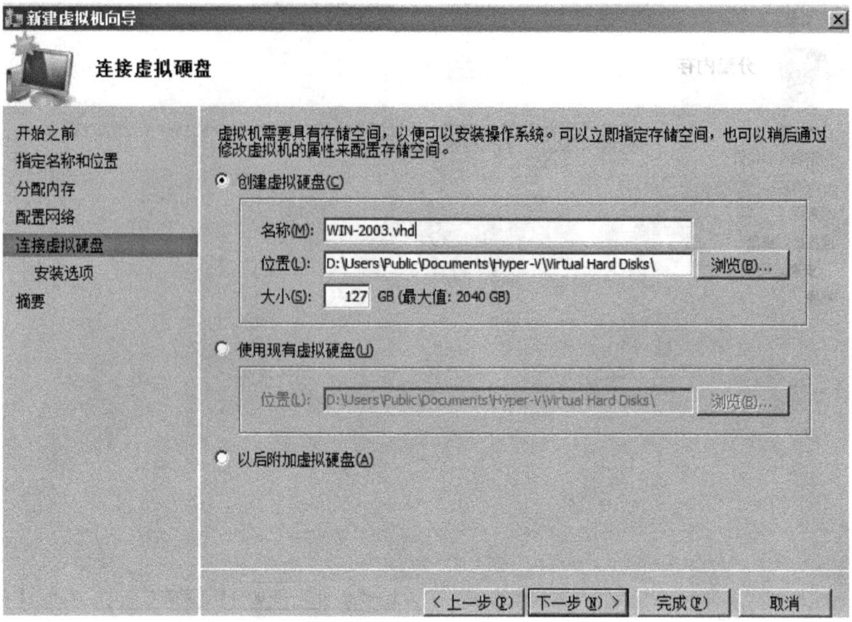

图 12—25　创建虚拟硬盘

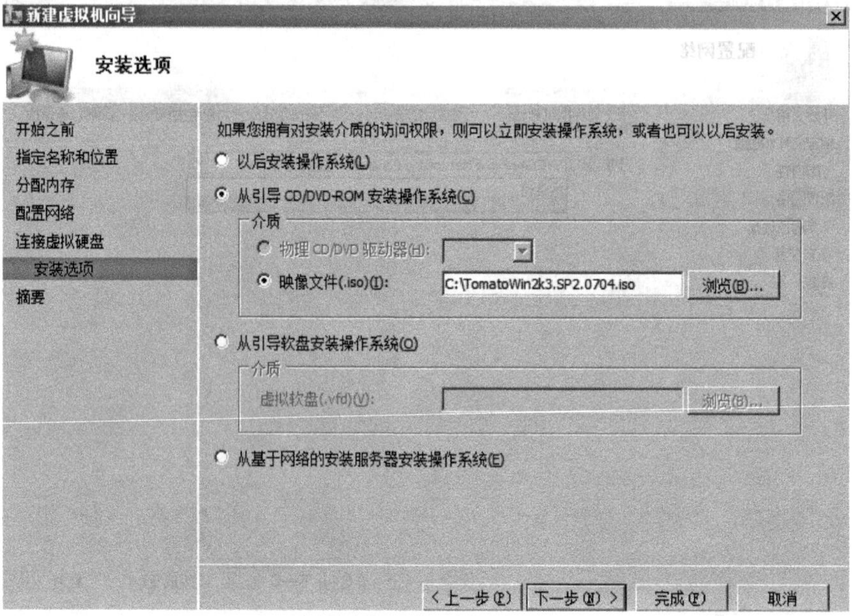

图 12—26　选择安装操作系统的方法

(8) 在“正在完成新建虚拟机向导”窗口中查看创建虚拟机的配置信息，如果需要修改，可单击“上一步”按钮。如果确认无误，单击“完成”按钮，如图 12—27 所示。

(9) “Hyper-V 管理器”中显示了已创建的虚拟机，如图 12—28 所示。注意，该虚拟机的操作系统并未安装！

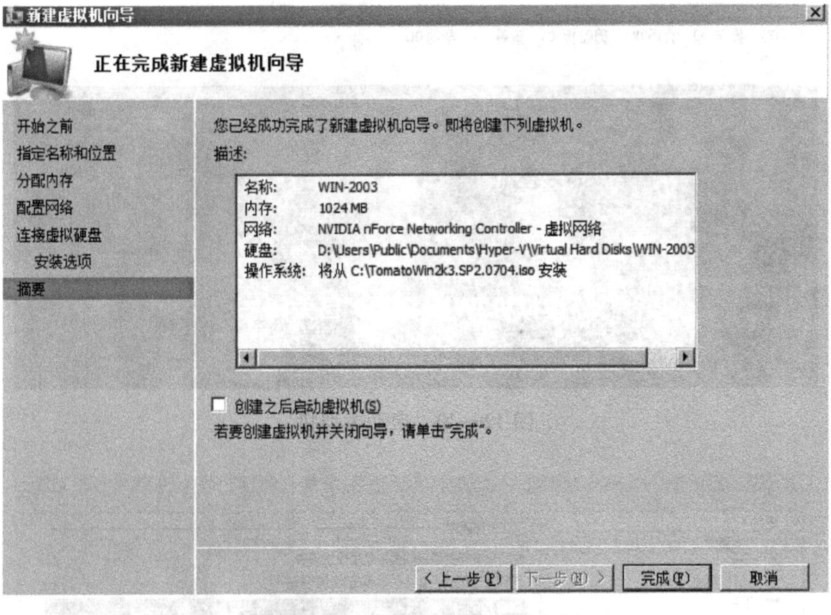

图 12—27　完成新建虚拟机向导

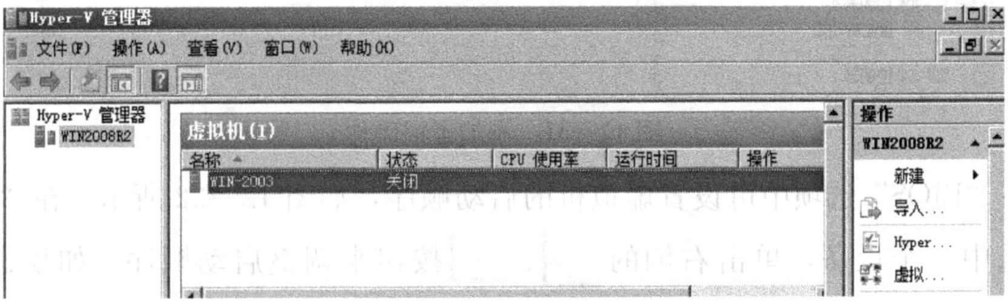

图 12—28　已创建的虚拟机

（10）选中新创建的虚拟机，用鼠标右击，选择“连接”，如图 12—29 所示。

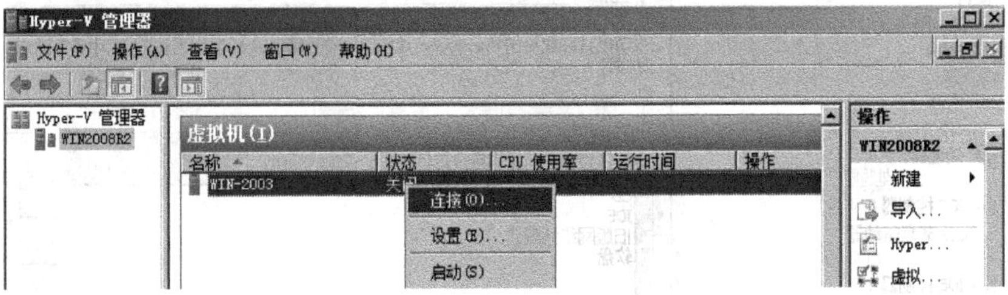

图 12—29　连接虚拟机

（11）单击图 12—30 中的“”按钮启动虚拟机。当虚拟机启动之后，用鼠标在虚拟机窗口中单击一下，然后就像在物理计算机中一样，在虚拟机中安装预先指定的操作系统 Windows Server 2003，具体安装过程不再赘述。

对于安装好的虚拟机，在“Hyper-V 管理器”窗口右侧的“虚拟机”列表中，选中想要管理的虚拟机，并用鼠标右键单击，就会弹出虚拟机管理的快捷菜单，选择“设置”命令，即可进入虚拟机设置页面，例如修改虚拟机的配置、为虚拟机添加或删除硬件等。

（1）通过“添加硬件”选项，可以为当前虚拟机添加 SCSI 卡、网卡等设备，如图 12—31 所示。

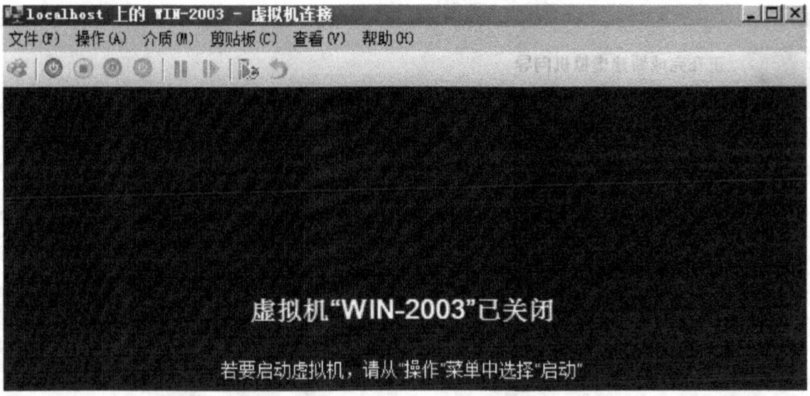

图 12—30 启动虚拟机

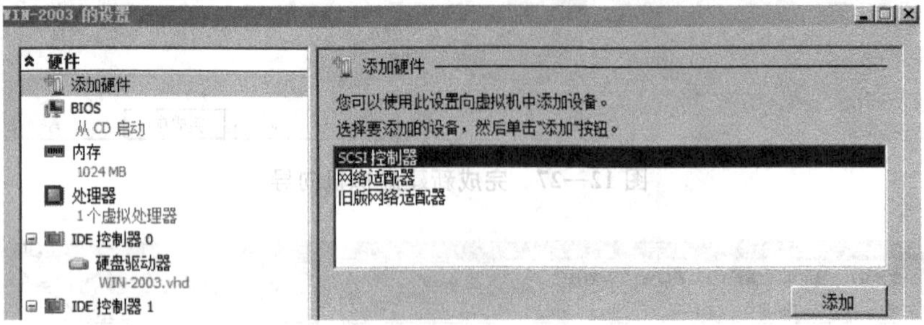

图 12—31 添加虚拟硬件

（2）在“BIOS”选项中可设置虚拟机的启动顺序，如图 12—32 所示。在“启动顺序”列表中，选中一个设备，单击右侧的 ↑ 、 ↓ 按钮来调整启动顺序。如果选中“Num Lock”，表示在虚拟机启动后，右侧的小键盘将启用数字键。

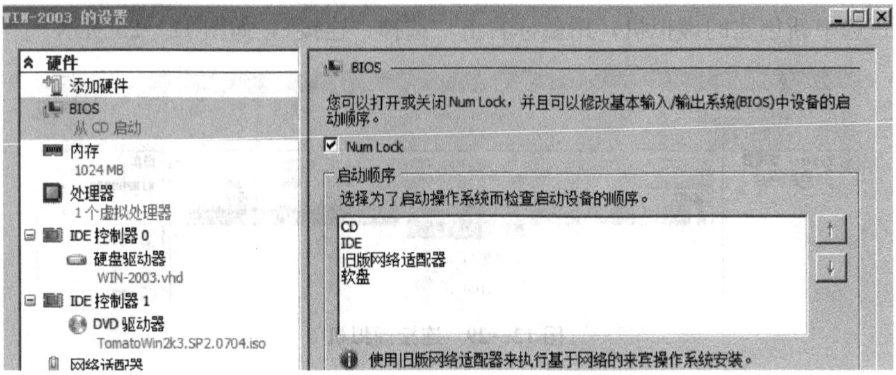

图 12—32 设置虚拟机的启动顺序

（3）在“内存”选项中，可修改虚拟机内存的大小，如图 12—33 所示。

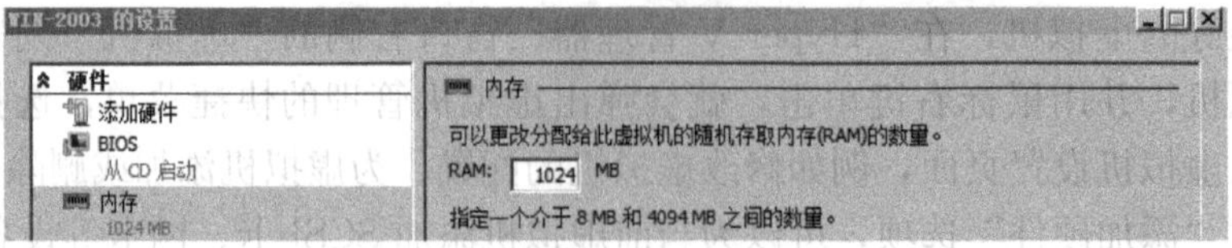

图 12—33 修改虚拟机内存

（4）在“处理器”选项中，可进行虚拟机中逻辑处理器的数量、CPU 资源控制、处理器功能等设置，如图 12—34 所示。

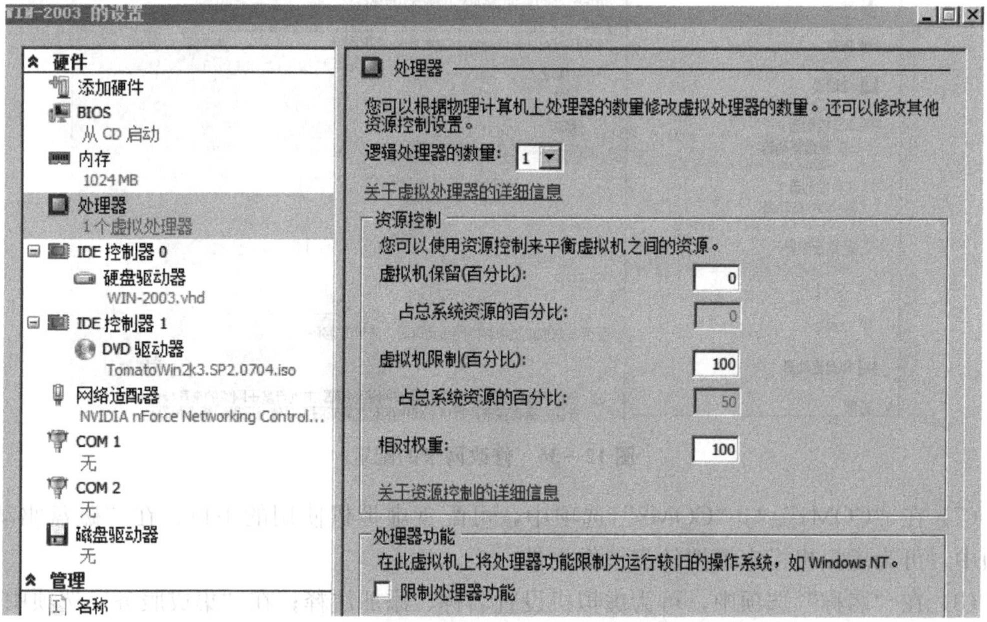

图 12—34　修改虚拟机中逻辑处理器的设置

（5）在“IDE 控制器”选项中，可以添加硬盘或者光驱，如图 12—35 所示。

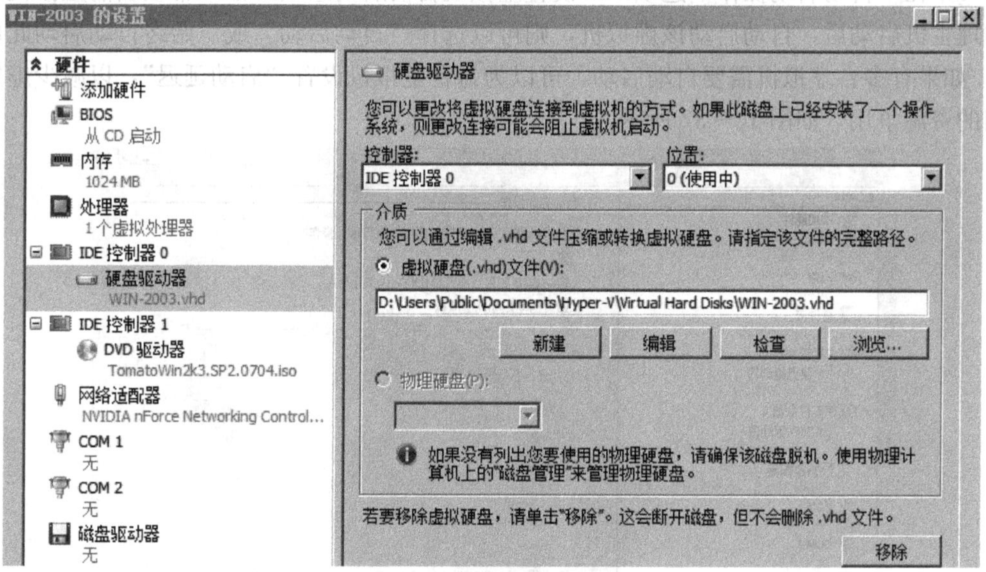

图 12—35　设置 IDE 控制器

（6）在“网络适配器”选项中，可修改虚拟网卡的属性，在“网络”下拉列表中，可以选择“内部网络”、“外部网络”、“专用虚拟网络”，从而选择虚拟机网卡所能访问的网络。在“MAC 地址”选项组中，如果选择“动态”，则该虚拟机的网卡的 MAC 地址动态生成，如果选择“静态”，则可以为虚拟机指定一个固定的 MAC 地址。如果想从虚拟机中删除该网卡，可单击“移除”按钮。如图 12—36 所示。

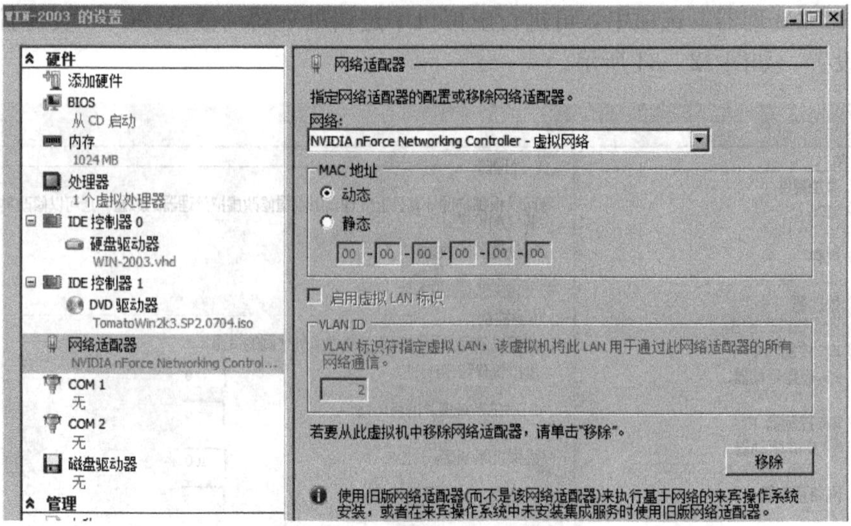

图 12—36　修改网卡的配置

（7）在"COM1"与"COM2"选项中，可配置虚拟机使用的串口；在"磁盘驱动器"选项中，可为虚拟机指定虚拟软盘镜像文件。

（8）在"名称"选项中，可为虚拟机设置名称、添加注释；在"集成服务"选项中，选择安装了 Hyper-V 虚拟机驱动后为虚拟机提供的服务，包括"操作系统关闭"、"时间同步"、"数据交换"、"检测信号"、"备份"等功能。

（9）在"自动启动操作"选项中，设置虚拟机自动启动选项，如果希望当前虚拟机可以在物理主机启动后，自动启动该虚拟机，则可以选择"自动启动"或"始终自动启动此虚拟机"。如果有多台虚拟机需要自动启动，可以为每台虚拟机设置"启动延迟"，以减少虚拟机之间的资源争用，如图 12—37 所示。

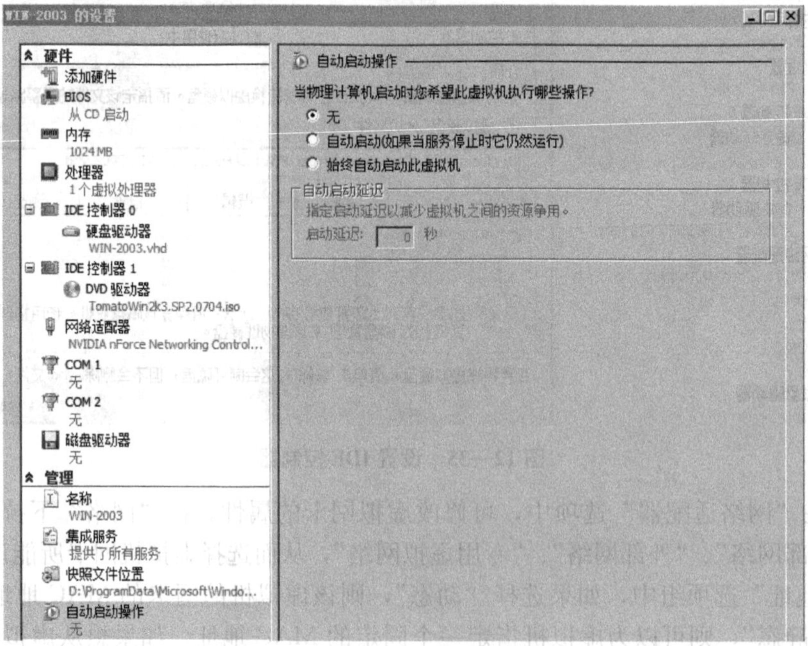

图 12—37　设置虚拟机自动启动操作

（10）在“自动停止操作”选项中，可设置物理计算机关闭时，虚拟机执行的操作，如图 12—38 所示。如果选择“保存虚拟机状态”，则当物理主机关闭时，正在运行的虚拟机会“休眠”，当物理主机启动时，如果当前虚拟机在设置中选择了自动启动，该虚拟机会从“休眠”状态中恢复。如果选择“关闭虚拟机”，则当物理主机关闭时，将关闭虚拟机的运行。如果选择“关闭来宾操作系统”，当物理主机关闭时，将关闭虚拟机操作系统的运行。

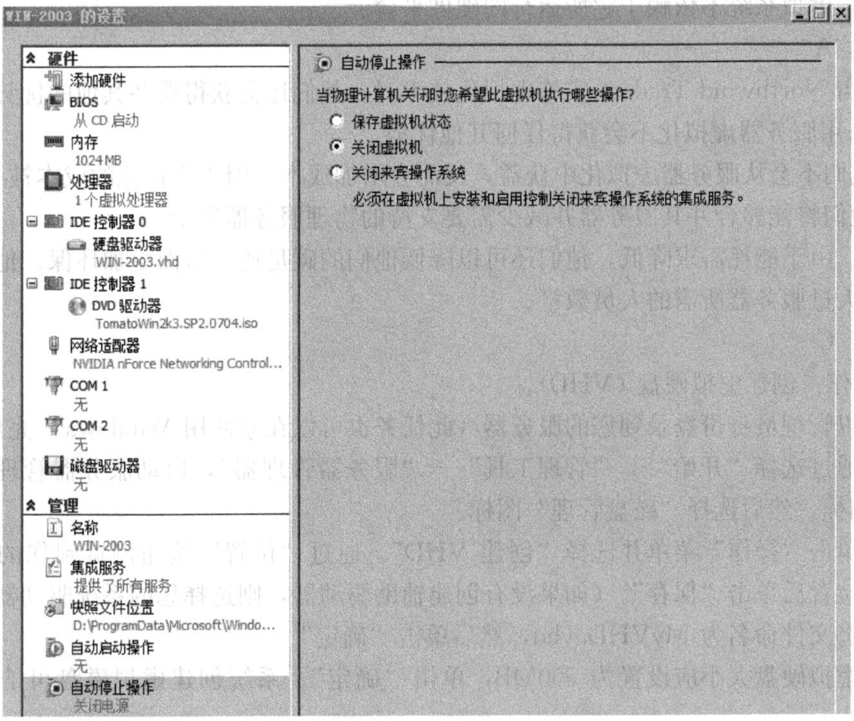

图 12—38　设置虚拟机自动停止操作

12.4　能力拓展：MTA 认证考试练习

1. 场景：Molly Dempsey 的公司 Northwind Traders 具有 50 多台需要升级的服务器。Molly 必须确定升级这些服务器的最经济高效的方法。她必须考虑一些选项来作出决策。导致出现问题的一部分原因在于 Northwind Traders 拥有一些较早的应用程序，而它们仅支持现有的旧版操作系统。Molly 还需要简化其备份和灾难恢复过程。Molly 考虑通过虚拟化来满足各种需求。

（1）下列哪一项是 Molly 的旧版应用程序的最佳解决方案？（　　）

A. 仅升级用于运行应用程序的硬件并安装旧版操作系统

B. 通过执行物理到虚拟的迁移，对旧版系统进行虚拟化，并在主机 Microsoft Hyper-V 解决方案上运行这些系统

C. 保持旧版系统在旧版硬件的旧版操作系统中运行，从而确保自己在这家公司的角色

分析：从“而它们仅支持现有的旧版操作系统”这句话可知，需要有旧版操作系统的运行环境。服务器虚拟化是在一个平台上运行完整的操作系统，并使该操作系统可以像真正的系统一样执行各种操作的功能。

答案：B

(2) 虚拟化如何有助于简化 Molly 的灾难恢复需求？( )

A. 支持应用程序跨硬件平台的可移植性和灵活性

B. 不会有助于简化她的情况，而只会导致其过程更复杂

C. 有助于简化其过程，采用虚拟化技术时无需执行灾难恢复，因为他们会执行虚拟备份

分析：虚拟系统不依赖于它所运行的硬件平台。

答案：A

(3) 当 Northwind Traders 实施虚拟化技术时，他们还会获得哪些其他的优势？

A. 采用服务器虚拟化不会获得任何其他优势

B. 他们不会从服务器虚拟化中获益，反而会增加成本，因为虚拟化的成本被严重低估

C. 他们将能够合并其服务器并减少需要支持的物理服务器数量

分析：由于能耗需求降低，他们还可以降低他们的碳足迹，从而更加环保。他们还可以减少支持大量服务器所需的人员数量。

答案：C

2. 操作：创建虚拟硬盘（VHD）。

(1) 以管理员身份登录到您的服务器（此任务也可以在家使用 Windows 7 完成）。

(2) 通过选择“开始”—“管理工具”—“服务器管理器”，启动服务器管理器。展开“存储”图标，然后选择“磁盘管理”图标。

(3) 单击“操作”菜单并选择“创建 VHD”。通过“位置”按钮浏览到您的辅助驱动器。找到位置后单击“保存”。（如果没有创建辅助驱动器，则选择您的系统驱动器。）

(4) 将文件命名为 MyVHD. vhd，然后单击“确定”。

(5) 虚拟硬盘大小应设置为 500MB，单击“确定”。系统创建虚拟磁盘可能需要一些时间。

(6) 磁盘创建完毕后，您的“磁盘管理”屏幕中便会显示一个附加磁盘。该虚拟磁盘将具有蓝色图标和“未知”类型。右键单击该磁盘，然后选择“初始化磁盘”。保留下面显示的默认选项，然后单击“确定”。

(7) 右键单击未分配的空间并选择“新建简单卷...”，在每个屏幕中接受默认选项并单击“下一步”，完成新建简单卷向导。单击“完成”完成操作。完成后，浏览 Windows 资源管理器并验证是否有可用的新驱动器。

本章小结

通过本章的知识学习和技能练习，对虚拟化技术的概念、特点、优势应有所了解；对 Hyper-V 的安装、基本配置及虚拟机的创建和管理应当掌握。在了解 Hyper-V 时，应注意从网络上查找相关资料，将它与其他虚拟化技术进行对比，了解各自的优势所在。

练习题

1. 总结 Hyper-V 的安装要求。

2. 如何在 Hyper-V 中创建虚拟机和操作系统？

3. 列出服务器虚拟化的三个优点。

4. 在 Hyper-V 中，完成以下虚拟机组件的管理操作：

（1）创建快照：用于捕捉正在运行的虚拟机的状态、数据和硬件配置。

（2）保存状态：保存虚拟机的当前状态，并停止虚拟机的运行。

（3）物理到虚拟（P2V）：将现有的物理计算机转换为虚拟机。

（4）虚拟到物理（V2P）：将现有的虚拟机转换或部署为物理计算机。

参考文献

[1] William R Stanek. 刘晖，欧阳译 . 精通 Windows Server 2008. 北京：清华大学出版社，2009.

[2] 刘瑞新，胡国胜 . Windows Server2008 网络管理与应用 . 北京：机械工业出版社，2009.

[3] 唐华 . Windows Server2008 系统管理与网络管理 . 北京：电子工业出版社，2010.

[4] 魏文胜，刘本军 . 网络操作系统教程－Windows Server 2008 管理与配置 . 北京：机械工业出版社，2011.

[5] 微软中国官方网站 . http：//www. microsoft. com/zh－cn/default. aspx.